国家重点图书

冶金过程自动化技术丛书

热轧生产自动化技术

（第2版）

刘 玠 主编

刘 玠 杨卫东 刘文仲 编著

U0342670

北 京

冶 金 工 业 出 版 社

2019

内 容 提 要

本书为《冶金过程自动化技术丛书》(第2版)之一,相对于第1版在如下几个方面进行了修订:将"生产控制管理级功能"统一归并到《冶金企业管理信息化技术》一书中。第4章增加了活套高度控制与张力控制的关系、卷取温度控制中的阀控制与带钢跟踪、卷取张力控制等内容。第6章中增加了粗轧设定模型和模型的自学习、精轧温度控制模型、精轧轧机刚度和油膜厚度测试方法及其数据处理、PC轧机设定模型及其模型自学习等内容,按照加热炉、粗轧、精轧、卷取的工艺流程的顺序,重新编排了第6章中各节的顺序。增加了第7章过程控制级系统的设计与实现。

本书可供从事冶金自动化技术的科研、设计、生产维护人员使用,也可供大专院校自动化专业的师生参考。

图书在版编目(CIP)数据

热轧生产自动化技术/刘玠等编著. —2 版. —北京:冶金工业出版社,2017.8 (2019.1 重印)

(冶金过程自动化技术丛书/刘玠主编)

ISBN 978-7-5024-7342-6

Ⅰ. ①热⋯ Ⅱ. ①刘⋯ Ⅲ. ①热轧—自动化技术

Ⅳ. ①TG335. 11-39

中国版本图书馆 CIP 数据核字(2016)第 237716 号

出 版 人 谭学余
地　　址 北京市东城区嵩祝院北巷 39 号　邮编　100009　电话　(010)64027926
网　　址 www. cnmip. com. cn　电子信箱　yjcbs@ cnmip. com. cn
责任编辑 戈　兰　李培禄　美术编辑　彭子赫　版式设计　孙跃红
责任校对 石　静　责任印制　牛晓波
ISBN 978-7-5024-7342-6
冶金工业出版社出版发行;各地新华书店经销;北京虎彩文化传播有限公司印刷
2006 年 11 月第 1 版,2017 年 8 月第 2 版,2019 年 1 月第 2 次印刷
787mm×1092mm　1/16;24. 75 印张;595 千字;373 页
118. 00 元
冶金工业出版社　投稿电话　(010)64027932　投稿信箱　tougao@ cnmip. com. cn
冶金工业出版社营销中心　电话　(010)64044283　传真　(010)64027893
冶金工业出版社天猫旗舰店　yjgycbs. tmall. com
(本书如有印装质量问题,本社营销中心负责退换)

第2版序

　　《冶金过程自动化技术丛书》出版发行已经十多年了，在这十年中，中国的经济和钢铁工业又有了飞速的发展。经济规模 GDP 从 2003 年的 13.5 万亿元增长到 2013 年的 56.8 万亿元，增长了 3.2 倍；全国粗钢产量从 2003 年的 2.2 亿吨增长到 2013 年的 7.82 亿吨，增长了 2.5 倍。中国钢铁工业不仅规模飞速增长，而且产品品种、产品质量明显提高。我国进出口钢材的变化就是很好的证明：2003 年进口钢材 3724 万吨，出口钢材 712 万吨，2013 年进口钢材 1408 万吨，出口钢材 6234 万吨。出口钢材大幅度增加，说明我们的钢材质量和品种不仅越来越好地满足了我国经济发展及各行各业的需要，而且在国际市场上也有了强大的竞争力。然而，在我国经济和钢铁工业快速发展的同时，钢铁产能过剩，市场竞争日趋激烈，许多企业出现亏损，环保压力继续增大，资源日趋匮乏等问题已经非常明显地显露出来。对钢铁工业面临的这些问题，大家都在思考如何可持续发展，政府也已经出台了许多应对政策，专家们也有各种不同的见解，但是有一点看法是一致的，那就是一定要走创新发展之路，走节能减排之路，走智能化制造之路。这样的战略，必然对企业信息化和自动化提出更高的要求，也为信息化、自动化技术提供更广阔的应用空间。因为当今世界的工业创新发展和智能制造必然涉及工业的工艺、装备、管理、销售、人才、信息等方面，而这些方面的提升必须要与信息化、自动化技术紧密结合，除此别无其他选择。

同时，十年来，信息化和自动化技术又有了惊人的发展，不仅计算机本身的运行速度、存储容量、网络技术、通信能力、智能化水平等都有极大的提高和极快的发展，而且应用功能，比如大数据分析和决策、云计算技术、虚拟技术、物联网、电子商务等层出不穷。钢铁行业的信息化、自动化技术应用水平也与十年前不可同日而语。如宝钢、鞍钢、武钢、唐钢、邯钢、太钢等企业的信息化及自动化系统的开发和建设就取得了许多可贵的成绩和经验。以上所涉及的方方面面，钢铁工业发展面临的形势，计算机科学技术的发展水平，对我们的《丛书》无疑提出了新的要求，我们感觉到需要对《丛书》内容进行修改、补充。

此外，《丛书》第 1 版出版发行以来，除了受到了广大读者的欢迎以外，也有许多读者指出《丛书》中存在的一些缺陷和不足。为了回馈读者，我们也应该进行修改和重编。为此，本次修订工作，从作者的安排，编写的要求，到增删、改写内容及归纳、审定等等，几次开会讨论，我们做了多方面的工作，力争做到与时俱进。例如修订中广泛吸收了上述一些企业的实践经验和技术，在内容上进行了大幅度地调整和修改；为此在编写人员方面也作了一些调整，吸收了一些参与企业信息化和自动化建设的高级工程技术人员，以使《丛书》第 2 版更具有实践的经验可供借鉴和参考的价值。

本次修订，尽管我们努力做到正确、完整，但仍可能有一些技术观点和论述不全面、不恰当，敬请广大读者批评指正。

中国工程院院士　刘玠

2014 年 9 月

第1版序

　　新中国建立以来，冶金工业在我国国民经济的发展中一直占据很重要的位置，1949 年我国粗钢产量占世界第 26 位，到 1996 年粗钢产量为一亿零一百万吨，上升到世界第 1 位。预计今年钢产量能达到二亿六千万吨左右，稳居世界第 1 位。根据国家统计局数据，2003 年我国冶金工业总产值为 4501.74 亿元，占整个国内生产总值的 4.8%。

　　统计表明，国民经济增长和钢材需求之间有着非常紧密的关系。2000 年我国生产总值增长率为 8.0%，钢材需求增长率为 8.0%。2002 年我国生产总值增长率为 7.5%，钢材需求增长率为 21.3%。预计今年我国生产总值增长率为 7.5%，而钢材需求增长率为 13%。据美国《世界钢动态》杂志社的研究，钢材需求受经济增长的影响是：如果经济年增长率为 2%，钢材需求通常没有变化，但是如果经济增长为 7%，钢材需求可能会上涨 10%。这也就是 20 世纪 90 年代初期远东地区和中国钢材需求量迅猛上涨的原因。

　　从以上的数据中我们可以清楚地看出冶金工业在国民经济中的地位和作用。在中国共产党的正确领导下，经过半个世纪，尤其是改革开放的 20 多年来的努力奋斗，我国已经成为世界的钢铁大国，但还不是钢铁强国，有许多技术经济指标还落后于技术发达的国家。如我国平均吨钢综合能耗，在 1995 年为 1516kg/t，2003 年降低为 778kg/t，而日本在 2003 年为 658kg/t。很显然是有差距的，要缩小这些差距，除了进行产品结构的调整，新工艺流程的研究与开发，建立现代企业管理制度以外，很重要的一条，就是要遵循党的十六大所提出的"以信息化带动工业化，以工业化促进信息化，走新型工业化道路"的伟大战略。

众所周知，自从电子计算机诞生半个世纪以来，尤其是近几年来信息技术和自动化技术的迅猛发展，为提高冶金企业的市场竞争力，缩短技术更新周期与提高企业科学管理水平提供了强有力的手段，也使得冶金企业得以从产业革命的高度来认识信息技术和自动化技术所带来的影响。各冶金企业，谁对信息技术、自动化技术应用得好，谁的产品质量就稳定，谁的竞争优势就增强，谁的市场信誉就提高，谁就能在激烈的市场竞争中生存、发展。因此这种"应用"就成了一种不可阻挡的趋势。

2003 年，中国钢铁工业协会信息与自动化推进中心及信息统计部就全国 65 家主要冶金企业的信息与自动化现状进行了调查，调查的结果表明：

第一，我国整个冶金企业在主要的工序流程上，基本普及了自动化级（L1），今后仍将坚持和普及。

第二，过程控制级（L2）近年也有了一定的发展，但由于受到数学模型的开发及引进数学模型的消化、吸收较为缓慢的制约，过程控制级仍有较大的发展空间，今后应关注控制模型的引进、消化和开发，它是提高产品质量重要的不可替代的环节。

第三，生产管理级（L3）、生产制造执行系统（MES）尚处于研究阶段，还不足以引起企业领导的足够重视，这一级在冶金企业信息化体系结构中的位置和作用是十分重要的，它是实现控制系统和管理信息系统完美集成的关键。

由此可见，普及、提高基础自动化，大力发展生产过程自动化，重视制造执行系统（MES）建设，加快企业信息化、自动化的建设进程，早日实现我国冶金企业信息化、自动化及管、控一体化，是"十五"期间乃至今后若干年内提升冶金工业这一传统产业，走新型工业化道路的重要目标和艰巨任务。

为了加速这一重要目标的实现和艰巨任务的完成，我们组织编写了这套《冶金过程自动化技术丛书》。根据冶金工业工艺流程长，而每一个工序独立性、特殊性又很强，要求掌握的技术很广、很深的特点，为了让读者能各取所需，本套丛书按《冶金过程自动化基础》、《冶金原燃料生产自动化技术》、《炼铁生产自动化技术》、《炼钢生产自动化技术》、《连铸及炉外精炼自动化技术》、《热轧生产自动化技术》、《冷轧生产自动化技术》、《冶金企业管理信息化技术》等 8 个分册出版，其中《冶金过程自动化基础》是论述研究一些在冶金生产自动化方面共性的问题，具有打好基础的作用，其他各册是根据冶金工序的不同特点编写的。

这套丛书的编著者都是在生产、科研、设计、领导一线长期从事冶金工业信息化及自动化工作的专家，无论是在技术研究的高度上，还是在解决复杂的实际问题方面都具有很丰富的经验，而且掌握的实际案例也很多，因此书中所介绍的内容也是读者感兴趣的，在实际工作中需要的，同时书中所讨论的问题也是当前冶金企业进行大规模技术改造迫切需要解决的问题。

时代的重任，国家的需要，要求我们每一个长期从事冶金企业信息化自动化的工程技术人员，以精湛的技术、刻苦求实的精神，搞好冶金企业的信息化及自动化，无愧于我们这一伟大的时代。相信，这套丛书的出版，会对大家有所帮助。

中国工程院院士　刘玠

2004 年仲夏

第 2 版前言

本书在第 1 版的基础上，进行了如下重要修改：

（1）根据编委会的决定，将"生产控制管理级功能"统一归并到《冶金企业管理信息化技术》一书中，所以删除了本书第 1 版中的第 7 章"生产控制管理级功能"的内容。

（2）根据读者的要求以及编委会的决定，增加了"过程控制级系统的设计与实现"，列为本书的第 7 章。第 7 章给出了设计方法和设计实例，都来源于实际工程，在生产线上实际使用的热轧计算机控制系统。这些设计方法适用于冶金轧制过程控制系统。

（3）第 4 章增加了"活套高度控制与张力控制的关系"；改写了 AGC 的相关内容；增加了卷取温度控制中的"阀控制与带钢跟踪"；增加了"4.9 节卷取张力控制"。

（4）第 6 章"热连轧数学模型"中，增加了"粗轧设定模型和模型的自学习"、"精轧温度控制模型"、"精轧轧机刚度和油膜厚度测试方法及其数据处理"三节的内容；改写了"加热炉燃烧控制模型"一节的内容，用国内热连轧生产线应用较多的一种加热炉燃烧控制模型取代了原书中的"加热炉自动燃烧控制模型"；增加了 PC 轧机设定模型及其模型自学习的内容。按照加热炉、粗轧、精轧、卷取的工艺流程的顺序，重新编排了第 6 章中各节的顺序。

（5）根据热轧自动化技术的发展，在第 5、6 章中增加和改写了有关内容，增加了很多新的插图，以便读者对有关内容加深理解。

（6）改写了公式中的一些符号和单位。

（7）删除了第 1 版中的"绪论"。

编　者

2017 年 6 月

第1版前言

在冶金工业生产过程中，轧钢生产过程是各种高新技术应用较为广泛的一个领域，而带钢热连轧生产过程自动化系统又是发展得最迅速、最成熟，并且取得经济效果最明显的自动化系统。

本书是作者根据多年从事设计、集成、开发和调试带钢热连轧自动化系统的经验并且收集了国内外有关文献、报告等资料编写而成的，可供从事冶金自动化工作的工程技术人员使用，也可供大专院校自动化、计算机和工艺专业的师生参考。

本书共分7章。

第1章热轧生产工艺及设备，介绍了传统带钢热连轧、薄板坯连铸连轧、新型炉卷轧机的生产工艺和设备的发展状况。

第2章热连轧计算机系统与检测仪表，介绍了热轧计算机系统和热轧检测仪表的概况。

第3章热轧工艺理论基础，介绍了与热轧生产过程有关的理论公式和实用方程。

第4章基础自动化级功能，介绍了基础自动化级的主要控制功能。

第5章过程控制级功能，介绍了过程控制级的主要控制功能。

第6章热连轧数学模型，介绍了热轧生产过程有关的数学模型。

第7章生产控制管理级功能，介绍了生产管理级的主要功能。

全书由刘玠、杨卫东、刘文仲编著。参加本书编著的还有：北京科技大学孙一康（第3章）、杨荃（2.4.2、2.4.4、2.4.5、4.6、6.5.2.1节）；鞍山钢铁公司热轧厂郑雷（第7章）、武汉钢铁公司热轧厂王越平（6.7节）。北京科技大学研究生傅剑、陈连贵、王培元做了很多文字录入工作。

本书的编写参考并引用了许多国内公开出版物的内容（如参考文献部分所示），也采纳了一些没有列入参考文献的内部资料的内容，限于本书的编写体例，在文中没有一一列出，谨此向上述文献资料的作者和提供单位表示真诚的感谢。

由于水平所限和时间紧迫，书中难免有不妥之处，恳请专家、学者和广大读者指正。

编　者
2006年9月

目　　录

第 1 章

热轧生产工艺及设备

1.1 带钢热连轧生产工艺概述

带钢热连轧是一种高产量和高效益的轧钢生产工艺。由于热轧带钢产品应用领域极其宽广，市场需求巨大，全世界迄今已建成近 300 套宽带钢热连轧生产线。在工业发达国家，板带产品在全部钢材产量中所占比重已超过 60%。

我国第一条宽带钢热连轧生产线是 20 世纪 50 年代后期从苏联引进的鞍钢 1700mm 热连轧机，其后很长一段时期内，我国的宽带钢生产无论是产量、品种规格还是质量，都远远不能满足国内需求。20 世纪 70 年代和 80 年代，我国先后引进了具有当时国际先进水平、采用全线计算机控制的武钢 1700mm 热连轧机和宝钢 2050mm 热连轧机，使我国热轧宽带钢的生产工艺、机械装备和控制水平进入了世界先进行列。进入 20 世纪 90 年代，我国宽带热连轧机的建设开始驶入快车道，特别是在 2000 年以后，呈现了雪崩式发展态势，这在世界冶金史上都是绝无仅有的。迄今为止，据不完全统计我国已建成的 1200mm 以上的宽带热连轧生产线已达 90 条左右，年生产能力 2 亿吨以上。此外，全国目前还有 20 条左右 600mm 以上的中宽带热连轧机和上百条窄带热连轧机。包括宽带、中宽带和窄带在内，我国热轧带钢的总产能已超过 3 亿吨，雄居全球首位。

自 1926 年第一套现代的宽带钢热连轧机在美国巴特勒（Butler）问世以来，近一个世纪中热轧带钢的生产工艺发生了一系列变化。特别是最近二十多年来，随着连铸连轧短流程生产工艺的发展，以及无头轧制和半无头轧制技术的走向实用，热连轧生产工艺获得了极大的进步。

20 世纪 80 年代末期出现的薄板坯连铸连轧是钢铁生产工艺的一次重大革命。为了与新发展的热轧带钢生产工艺相区别，将过去长期以来所采用的带钢热连轧生产工艺称为传统带钢热连轧。下面将分别对以下带钢热连轧生产工艺进行阐述：（1）传统带钢热连轧；（2）薄板坯连铸连轧；（3）新型炉卷轧机；（4）热轧无头轧制技术与超薄带生产。

1.1.1 传统带钢热连轧

虽然将过去长期使用的带钢热连轧工艺称为"传统"带钢热连轧，但并不意味着它的发展终止。传统带钢热连轧不仅仍是目前主要的生产工艺（无论是产量还是品种，主要还是由传统带钢热连轧生产），而且其本身也还在不断发展。年产量在 300 万吨以上以及带宽超过 1250mm 的项目目前主要还是选用传统生产工艺。

　　传统带钢热连轧生产线包括：板坯库（其中设有与连铸机出口或热坯运输车连接的辊道以便于热装）、加热炉、粗轧区、中间辊道及飞剪、精轧区、热输出辊道及层流冷却区、卷取区、运输链、成品库（包括出厂运输及与冷轧厂连接的运输链）等，如图 1-1 所示。

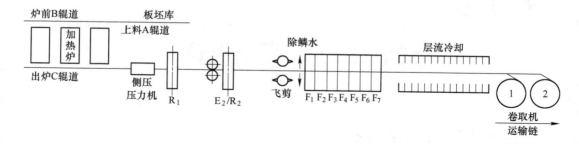

图 1-1　传统热连轧生产线

　　传统带钢热连轧的设备布置，在粗轧区、粗轧区出口部分及精轧机入口部分有多种方案，而精轧区和卷取区则大同小异。下面将从工艺观点对各区功能和设备布置进行简述。

1.1.1.1　板坯库

　　为了节省能源，一般希望能加大钢坯热装比例，但为了便于轧制品种灵活变动和产品宽度规格调整，以及缓冲轧机与连铸机生产间的不协调，保证轧机的高产量，传统带钢热连轧需设置一定面积的板坯库。板坯在库内以 (x, y, z) 坐标存放，由生产控制级计算机通过无线遥控天车进行吊装。

1.1.1.2　加热炉

　　板坯加热质量将直接影响轧制带钢质量。板坯的上下面加热不均将在粗轧时形成翘头或扣头，长度方向加热不均将影响成品厚度精度等带钢全长质量指标。推钢式加热炉由于炉内滑道将造成较大的"水印"而使带钢厚度产生波动，目前已基本上被步进炉取代。步进炉在采取步进梁"上升下降比例"控制后可有效减小水印。加热炉出炉温度通常为 $1150 \sim 1250℃$。

1.1.1.3　粗轧机

　　粗轧机的布置几十年来发生了多次变化。图 1-2 给出了粗轧机布置的四种方案。图1-2（a）为全连续式布置，粗轧区设置 5~6 台粗轧机进行连续（不可逆）轧制。这种布置由于粗轧道次限制为 5~6 道次，加上设备重量过大，生产线过长，粗轧机的能力得不到充分发挥等原因，目前基本不再采用。

　　图 1-2（b）为 3/4 连轧，即 R_1 轧制一道次，R_2 为可逆轧机，可轧制 3~7 道次，R_3、R_4 为连轧机组。这一布置增加了生产工艺的灵活性，缩短了轧线长度，但设备重量仍较大。

　　图 1-2（c）为半连轧布置，即 R_1 和 R_2 都为可逆轧机，分别可轧制 3~5 道次。在粗轧机出口可以设有热卷箱，也可以不设，由中间辊道直接送精轧机。

　　图 1-2（d）则为目前较为流行的单机架方案，即采用一架强力粗轧机进行 3~7 道次可逆轧制来满足精轧的坯料要求。所谓强力粗轧机是指：允许轧制力达到 30MN 以上；主

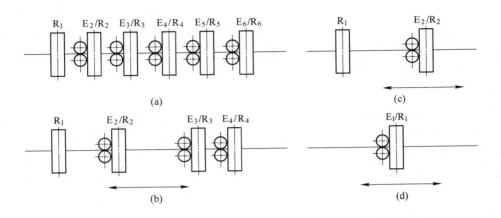

图 1-2　粗轧机布置的四种方案图

电机功率达到 10000kW 以上；轧制速度最高可达 5m/s。强力粗轧机每一道次压下量可达 35% 甚至更大，可将厚度为 200mm 以上的板坯经 5～7 道次轧成 35～45mm 厚的带坯送精轧机。采用单机架粗轧机的布置方案大大缩短了粗轧区长度，减少了粗轧轧制时间，因此对减少板坯温降十分有利，而这又将直接影响精轧机可轧产品的下限厚度。这是因为对精轧机来说，入口温度是一个十分关键的参数。如果入口温度能达到 1010～1040℃，则 F_1～F_3 就能加大压下量，最终轧出厚度为 1.5～1.8mm 的产品，而这就要求粗轧出口温度能达到 1100℃ 以上。

为达到提高精轧入口温度、保持带坯温度均匀的目的，除了减少粗轧轧制时间提高粗轧出口温度外，在粗、精轧之间设置保温罩、边部加热器或热卷箱也是几个有效的方法。特别是热卷箱的使用不仅可以显著减少带坯温降，而且具有以下一些突出的优点，即：使带坯全长温度分布均匀，进一步消除水印；有利于二次氧化铁皮的消除，提高产品表面质量；允许精轧机采用恒速轧制，有利于工艺过程的稳定及产品质量的提高；可缩短中间辊道长度。但如果热卷箱动作过慢则会使带钢头部的温度偏低，影响带钢的头部厚度命中率。

1.1.1.4　精轧机组

精轧机组是带钢热连轧生产线的核心设备，产品质量控制功能大多集中在精轧区。精轧机组一般由 5～7 架轧机组成，近年来为了加大带坯厚度，减少中间辊道的温降，提出了在精轧机组前设置 M 机架或 F_0 机架的方案。在已有热连轧机改造时常将一台粗轧机移到精轧前构成 M 机架，这样可减少粗轧道次，使带坯厚度增加到 50mm 以上，从而减少头尾温差和带坯温降，有利于缓解由于精轧能力不足而对极限产品规格限制过大的问题。M/F_0 机架根据飞剪的能力可放在飞剪前或飞剪后。

精轧机目前由于采用强力机架而减少了机架数量。以 1700mm 热连轧为例，20 世纪 60 年代设计的精轧机，牌坊断面小于 $4000mm^2$，轧机刚度 4000kN/mm 多一点，允许轧制力仅 20000 多千牛；而 20 世纪 90 年代设计的精轧机，轧机刚度达到 6000kN/mm，允许轧制力达到 30000kN，甚至有些方案通过在 F_1～F_3 采用更粗的工作辊和支撑辊，使允许轧制力增大到 35000kN，从而达到加大压下量，形成控制轧制或减小成品厚度的目的。

精轧终轧温度一般应控制在830～880℃（有些钢种要求更高或更低的终轧温度）。正是由于要求终轧温度高于A_{r3}相变点，保证精轧机组能在奥氏体相下轧出成品带钢，所以传统带钢热连轧如不采取特殊措施，其成品厚度的下限通常只能达到1.2mm左右，一般以1.5～1.8mm为其最佳薄规格。

1.1.1.5   卷取机

精轧后的热输出辊道上设有层流冷却系统用于冷却成品带钢，其目的为对轧后带钢进行控制冷却，即通过控制冷却速度和终冷温度来改善带钢性能，同时将带钢温度降至650℃左右也有利于进行卷取。

卷取区设有侧导板、夹送辊、助卷辊、卷筒等设备，可以引导带钢顺利咬入卷取机并及时建立张力，保证成品钢卷卷绕紧密，不出塔形，边部整齐。

目前普遍采用液压助卷辊以实现自动踏步控制（AJC），其目的是使带钢头部能无冲击地平稳进入每个助卷辊，保证带钢表面不出现压痕和避免对助卷机构造成撞击损伤。

卷取机的能力（最大卷取厚度，卷径和卷取速度）往往限制了已有轧机能力的进一步提高及产品的最大厚度规格，为此有的热轧生产线增设了强力卷取机。

1.1.2   薄板坯连铸连轧

1990年由德国西马克（SMS）公司设计制造的紧凑型热带生产线（CSP）在美国NUCOR公司的Crawfordsville钢厂投产（图1-3）。这是全新的短流程热带生产工艺，取消了加热炉区和粗轧区，由薄板坯连铸机直接浇铸出50mm厚板坯，经200多米长隧道炉的补热保温传送，直接进入精轧机轧制出成品带钢。CSP生产线的精轧机及其后的设备布置类似于传统热连轧机。

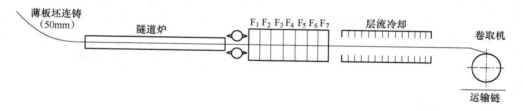

图1-3   CSP连铸连轧生产线

考虑到薄板坯连铸机的拉速通常为4.5～6m/min，因此从轧机与浇铸速度匹配角度考虑，可以设置两台薄板坯连铸机，但即便如此，轧机速度最高也仅需10～15m/s。

CSP技术使带钢热连轧生产线的初始投资及生产成本大为降低，仅需建一套电炉-连铸-热带轧机，即能年产80万～180万吨热轧卷，因此不少新厂，特别是在美国等一些废钢与电能都较充足、便宜的国家得到迅速发展。CSP技术嫁接于高炉-转炉-薄板坯连铸-热带轧机生产流程，使这一技术得到进一步的推广应用。

但是，CSP技术亦存在以下缺点：（1）薄板坯连铸拉漏率高于常规连铸；（2）连铸及连轧任一方的故障将造成全线停产；（3）产品品种受到限制；（4）产品表面质量稍差；（5）生产能力不高。

随着 CSP 技术的不断发展，这些缺陷将逐步得到克服。目前已有几十条 CSP 生产线在各国投产，而迄今为止我国也已相继建成 10 条薄板坯连铸连轧生产线，其中有 7 条采用了 CSP 技术。

随着软压下技术的发展，CSP 技术所采用的结晶器出口厚度已达到 64mm，通过软压下可获得 48mm 厚的薄板坯送入精轧；亦可采用 90mm 结晶器通过软压下获得 70mm 板坯，经一架不可逆粗轧机轧制后送精轧机组。

1992~1995 年德国德马克公司在意大利 Arvedi 厂及南非 SALDANHA 厂建立了 ISP 生产线，采用 80~90mm 结晶器经软压下获得 60~70mm 厚板坯，通过一架或两架不可逆粗轧机轧出带坯送入热卷箱，然后进精轧轧出成品。目前世界各国有多条 ISP 生产线在进行生产。

奥钢联在瑞典 Aveats shefild 厂试验 CONROLL 技术，即浇铸出厚度 80mm 板坯，经均热式加热炉短时加热后进轧机。20 世纪 90 年代结合美国 ARMCO 老厂改造，采用中薄板坯连铸机浇铸出 125mm 厚的板坯直接进入宽体步进炉，经短时加热后，用该厂已有的粗轧及精轧机轧制不锈钢，年产 70 万吨。除 ARMCO 外，还建成了 2 条生产中板的 CON-ROLL 生产线。

同一时间 DANIELI 公司亦在意大利 Sabolarie 厂开发出了采用薄板坯连铸机铸出 90mm 连铸坯，通过软压下获得 70mm 板坯，经隧道炉、粗轧及中间"热辊道"（保温及少量加热）进精轧轧制的生产工艺 FTSR。我国目前也已建成投产 3 条采用 FTSR 技术的薄板坯连铸连轧生产线。

为了利用中薄板坯生产钢种不受限制、能获得较好表面质量、比常规厚板坯（200~230mm）节能的优点，并克服现有 CONROLL 生产线连铸、连轧产能不匹配、轧钢产量过低的不足，我国鞍钢在 1700mm 热连轧改造以及新建 2150mm 热连轧时采用了 100~170mm 中薄板坯、1R+6F（或 2R+6F）轧线配置、双机双流或双机四流连铸、多流合一热送、直接热装等技术（命名 ASP），使连铸连轧生产线年产量分别达到 300 万吨（1700mm ASP）及 550 万吨（2150mm ASP），产能接近常规热连轧机。同时，由于从钢水到钢卷整个生产过程仅需 100min，并在炉前、粗精轧间采取保温措施，使能量消耗大为节省，运行成本得到显著降低。ASP 生产线现已生产出无取向硅钢、X70 管线钢、汽车用钢、集装箱钢、焊瓶钢、合金结构钢等一般薄板坯连铸连轧较难生产的钢种。由于鞍钢 ASP 生产线采用了液压压下、弯窜辊、LVC、WRS、ASPB 辊型、工艺润滑轧制、控轧控冷、自由轧制等技术，以及开发了硬度前馈 AGC，使产品质量大幅提高，已获 13 项专利。目前，除鞍钢的上述两条 ASP 生产线外，济钢 1700mm 热连轧机和鞍凌 1700mm 热连轧机也采用了 ASP 工艺。可以预期，具有我国自主知识产权的 ASP 技术必将获得进一步的推广和发展。

综上所述，可以说 20 世纪 80 年代末期到 90 年代末期是世界各国百花齐放推出众多连铸连轧方案的重大技术进步和工艺革新时期。图 1-4 给出了各种连铸连轧方案示意图。

各公司的连铸连轧方案除了加热及粗轧有其特点外，精轧机、热输出辊道及卷取区设备与传统带钢热连轧基本相同，只是由于薄板坯连铸机受拉速的制约，产能相对不是很高，因此轧机不采用高速轧制也可达到产能平衡的要求。同时由于精轧入口都具有保温补

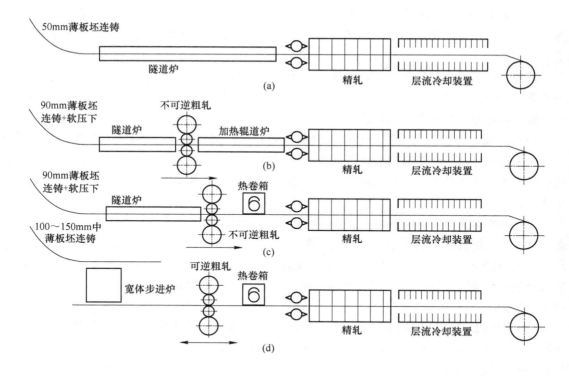

图 1-4　各种连铸连轧方案

（a）典型的连铸连轧方案；（b）有粗轧机的连铸连轧方案；（c）有热卷箱的连铸连轧方案；
（d）有步进炉、可逆轧机、热卷箱的连铸连轧方案

热设备，基本消除了带坯头尾温差，因此轧机也不需要采用升速轧制方案以补偿尾部
温降。

1.1.3　新型炉卷轧机

炉卷轧机（Steckel Mill）亦是一种传统的带钢生产工艺，其特点是所用设备少，只有
一架或两架可逆轧机及位于轧机两侧的炉内卷取机。采用炉卷轧机进行带钢生产时，每完
成一个轧制道次，钢卷都将重新开卷并经反方向轧制后即刻进入另一侧加热炉内进行卷取
和加热，直至轧出成品带钢。炉卷轧机主要用于不锈钢等特殊钢的轧制，年产量仅
40 万~80 万吨。在轧制较厚带坯时轧件可不进卷取炉，只有在轧件较薄、温降过大的道
次才使带钢进入炉内进行卷取加热。

对老式炉卷轧机来说，带钢两端不能进入炉内，致使头部及尾部温降很大，带钢厚度
很不均匀，加之操作困难，因此没有得到普遍应用。近年来对炉内卷取机结构作了很大改
进，使带钢能全部进入炉内，轧制时再将头部送出喂入轧机，加上检测仪表齐全、自动控
制系统完善，使上述缺点得以克服；同时又由于其投资少、产量不很高、能轧制特殊钢、
适合于多品种小批量轧制等特点，重新得到了用户的肯定，在热轧带钢领域占有了一席之
地。但是，由于整个轧制过程是"轧制—冷却—加热—再轧制—再冷却—再加热"这样一
种工艺制度，轧件的厚度精度及性能会受到一定影响。

新型炉卷轧机可采用多种布置形式，不同的布置产量不同，投资大小亦不同。

（1）轧机两侧各具有两台炉内卷取机，这样可实现 A、B 材交叉轧制，即 A 材轧一道次后进炉内加热，轧机对 B 材轧制，然后再轧 A 材。交叉轧制有利于提高生产效率。

（2）可以设置两机架甚至三机架的连轧，在连轧机组两侧设置炉内卷取机。

（3）可以在炉卷轧机后设置几个机架的精轧连轧机组。

轧机后的热输出辊道、层流冷却装置与一般热连轧机类似。老式炉卷轧机一般作精轧用，因此往往在前面设有一台或两台可逆粗轧机。新型炉卷轧机由于本身可进行较厚轧件的轧制，一般不再设专门的粗轧机，因此可进一步减小投资，缩短厂房长度。

1.1.4　热轧无头轧制技术与超薄带的生产

随市场竞争的加剧，用超薄热轧带钢取代一部分冷轧带钢的市场趋势日益显现。对于传统带钢热连轧机和第一代薄板坯连铸连轧工艺来说，轧制超薄带钢所遇到的最大问题是由于生产过程中轧件温降过大，无法保证终轧时带钢的晶体结构仍处在奥氏体相下；而如果从奥氏体到铁素体的相变发生在轧制过程中，则将由于混晶而严重影响成品带钢的力学性能。在奥氏体温度范围内轧制超薄带钢必须解决轧制速度的提高问题，但对传统热带轧机来说，受轧机穿带速度、卷取机咬入速度、头部为自由端的带钢在输出辊道上的输送速度等因素的制约，其所能生产的最薄带钢规格仅为 $1.0 \sim 1.2 mm$。要轧制 0.8mm 甚至更薄的超薄带，必须采用新的工艺技术和设备。热轧无头轧制技术及半无头轧制技术的出现，使超薄带的热轧成为现实，展现了良好的市场前景。

热轧无头轧制技术的出现是有着其深刻的技术、经济背景的。传统热带轧制过程中，每根材头、尾的存在产生了一系列的问题，主要为：

（1）轧件头尾部因没有外端的限制，通常会出现变形不均匀、不稳定，产生舌头、鱼尾、失宽、劈头等现象，是导致生产事故的主要故障源。

（2）轧件头尾部因散热条件与带钢本体不同，因而轧件沿纵向温度分布不均，导致头尾部分出现尺寸偏差、板形问题、性能不均等质量缺陷。

（3）虽然轧件进精轧前的切头切尾操作能在很大程度上减轻上述问题的不利影响，但不可避免地将导致金属收得率的降低。

（4）为保证带钢轧制、输送、卷取过程的稳定可靠，轧件的头部和尾部轧制必须在相对低的速度下进行，这既直接影响了生产效率的提高，也是无法轧制超薄带钢的根本原因。

如果能够实现无头轧制则上述问题将不复存在。所以在带钢冷连轧实现无头轧制之后，在带钢热连轧中采用无头轧制技术就成了顺理成章的必然发展趋势。

在带钢热连轧中使用无头轧制技术要比在冷连轧中困难得多，因对热轧来说必须首先解决以下相关技术难题：

（1）板坯的焊接。热轧带钢的板坯厚度大、温度高，不允许有像冷连轧那样的活套料仓，而且在高温环境下，操作困难。因此，热轧板坯的焊接是热带无头轧制的一大难题。

（2）精确的轧制节奏控制。轧件焊接起来以后，没有了缓冲环节，必须对原料准备、装炉、出炉、焊接、轧制、卷取、分卷、运输等整条生产线进行精细准确的节奏控制，任何一个工序的不协调都将影响全线生产。

（3）对精轧机组控制的高要求。由于没有头尾，所以产品规格的改变应能在轧制过程中动态完成，即需要具有动态变规格功能（Flying Gauge Changing，简称 FGC），这就要求精轧机组有高响应性的张力控制、厚度控制、液压位置控制和精确的检测仪表。

（4）分卷及卷取新技术。采用无头轧制技术以后，必须解决轧件的分卷问题。首先要有高速飞剪，当前一卷达到规定质量或卷径时在运动中将轧件剪断。其次必须处理好轧件剪断后出现的前一卷带钢的尾部失张问题和后一轧件头部在高速运行条件下顺利进入卷取机并实现稳定卷取的问题。

热轧带钢无头轧制技术由日本川崎制铁公司首先研制成功，并于 1996 年在其千叶厂 3 号热带轧机上投入使用。该厂无头轧制生产线示意图如图 1-5 所示。

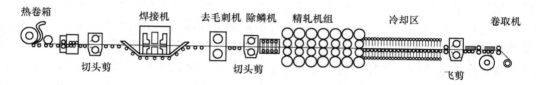

图 1-5   日本川崎制铁千叶厂 3 号热带轧机无头轧制生产线的平面示意图

该生产线所采用的关键技术主要有：

（1）热卷箱。热卷箱的使用不仅减少了中间坯的热量损失，还使轧件头尾换位，减少了进精轧轧件的头尾温差。

（2）移动焊接。移动焊接机在运动中完成对前后两块中间坯的焊接。移动焊接机使用感应式加热，并通过加力使轧件焊合在一起。其可焊接的轧件宽度为 800～1900mm，厚度为 20～40mm，焊接时间为 3～5s。

（3）去毛刺技术。焊接时在焊缝附近产生的毛刺在随后的轧制中将成为产生折叠等轧件缺陷的隐患。去毛刺机采用与棒铣刀类似的机械切削加工方法来去除毛刺。

（4）焊点轧制技术。为防止由于焊点部位温度偏高而导致轧制时在该点处轧制压力降低，引起张力波动和厚度偏差加大，采用了高精度、快速响应的 AGC 系统来纠正厚度偏差及多变量活套控制算法来防止张力波动。

（5）动态变规格技术。为了实现在无头轧制中动态改变产品的厚度规格，采用了高精度轧件跟踪技术、高精度设定计算模型、高响应性的液压压下系统和交流调速主传动系统、绝对值 AGC 与变刚度控制等，并且从 F_4 开始，其后所有机架出口都设置了 X 射线测厚仪。

（6）高速剪切技术。无头轧制的最高轧制速度可达 1200m/min，为实现高速条件下的剪切分卷，开发了高速转鼓式飞剪，其上下剪刃速度可以精确调整，以保证在剪切点处剪刃与轧件的线速度一致。

（7）防飘飞技术。为了防止超薄规格轧件在辊道上运行时出现飘飞现象，在夹送辊后面的辊道上方，用喷嘴向轧件吹压缩空气，使轧件在气压的作用下紧贴在辊道上，保证了经高速剪切后的轧件头部在辊道上的稳定运行。

（8）高速卷取技术。通过采用液压伺服机构对夹送辊和助卷辊的压紧力进行精确控制以及使用新的张力系统进行卷取张力的高精度控制，实现了分卷后的高速卷取。

热轧无头轧制技术的应用取得的效果主要表现为：

（1）稳定的轧制条件提高了带钢的厚度、宽度、板形、终轧温度和卷取温度的控制精度。

（2）消除了与穿带和甩尾有关的麻烦，大大减少了事故发生率。

（3）有利于生产超薄带钢、宽而薄的带钢以及深冲性能优异的高 γ 值产品，拓宽产品大纲，提高经济效益和市场竞争力。

（4）显著提高轧机的作业率和金属收得率，提高产能和降低成本。

除了上述嫁接在传统热带轧机上的无头轧制技术外，在新一代薄板坯连铸连轧工艺中出现的半无头轧制技术也已走向成熟和实用。可以预期，无头轧制技术和半无头轧制技术的出现，必将使超薄热带的轧制逐步普及，并将热带生产的连续化程度和产品质量提高到一个新的水平。

但必须指出，随着冷轧技术的进步和成本的降低，在考虑无头轧制时应该综合进行生产成本的比较。

1.2　机械设备

带钢热连轧的工艺技术水平和产品质量与热连轧生产线的机械装备水平有着密不可分的关系。经过半个多世纪的发展，带钢热连轧的机械设备已成为整个钢铁工业先进装备的代表。随着以薄板坯连铸连轧为代表的生产工艺的进步和革命性进展，以及用户对产品质量要求的不断提高，带钢热连轧的机械装备在近几十年里取得了一系列重大进步，特别是对整个生产线最关键的精轧机组，围绕板形控制而开发的各种机械装置构成了轧机分类的基本特征，从而派生出一系列新型轧机。

在带钢热连轧机械设备的不断进步中最具代表性的包括：板坯定宽压力机、精轧机组全液压压下装置、板形控制装置和全液压地下卷取机。

1.2.1　粗轧机组

1.2.1.1　粗轧机

A　粗轧机及其前后设备

热轧带钢生产中，粗轧水平轧机的作用是把热板坯轧制减薄为适合于精轧机轧制的中间带坯。板坯在粗轧机上前几道次的轧制，因温度较高、变形抗力小，有利于实现大压下，这就需要轧辊具有较大的咬入角；后几道次的轧制，需要为精轧机输送沿纵向和横向厚薄均匀的中间坯，因此要求轧机具有较大的刚度。

粗轧机的水平轧机结构形式通常为二辊式或四辊式。二辊式的工作辊直径大，具有大的咬入角，可实现大的压下量，因此二辊式粗轧机布置在粗轧机组的前面部分，完成前几道次的轧制；四辊式粗轧机的工作辊直径小，能减小轧制压力，又因有大直径的支撑辊，减小了工作辊的挠曲变形，因此有利于带坯的厚度控制和板形控制，故用于后续道次以轧制出较薄和厚度均匀的中间坯。

粗轧机的工作方式分为可逆式和不可逆式两种。可逆式粗轧机的轧辊开口度较大，板坯在轧机上进行往复轧制，总的厚度压下量大。不可逆式粗轧机只在一个方向上对板坯进行一道次轧制。

粗轧机前后的设备主要有立辊、除鳞集管、护板、机架辊、出入口导板等，如图1-6所示。

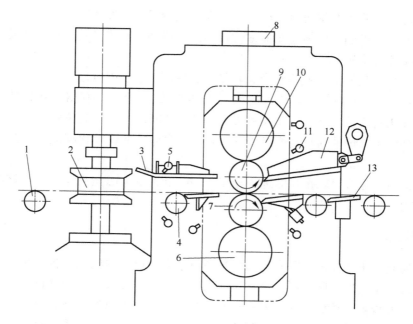

图 1-6   粗轧机及其前后设备组成

1—辊道；2—立辊；3—入口导板；4—机架辊；5—除鳞集管；6—下支撑辊；7—下工作辊；8—压下装置；
9—上工作辊；10—上支撑辊；11—轧辊冷却集管；12—出口导板；13—护板

B   粗轧机压下装置

粗轧机压下装置位于水平轧机牌坊上部，用于调整轧辊的辊缝，控制板坯压下量和出口厚度。压下装置的主要形式有电动压下和液压压下。

电动压下装置由电动机、减速机和压下螺丝组成。常用的电动压下装置有两种形式：一种是单速压下，即轧制过程中的辊缝调整和换辊后的辊缝调零都是一个速度，辊缝调零压靠后的压下螺丝回松由解靠装置实现；另一种是双速压下，即轧制过程中的辊缝设定用快速，换辊后的辊缝调零和压下螺丝回松用慢速。双速压下即可实现轧制过程中辊缝设定的快速进行，缩短轧制间隙时间，又可实现辊缝调零的慢速要求，从而避免了辊缝调零时的轧辊冲击和取消了解靠装置。双速电动压下装置的传动示意图如图1-7所示。

液压压下装置采用液压缸来实现轧辊的辊缝调整，结构简单，调整范围大，既可实现轧制过程中的快速辊缝设定，又可满足换辊后辊缝调零的慢速要求，且不需要解靠装置。液压压下的采用还使得在粗轧机上实现自动厚度控制（AGC）变得可行，因而可给精轧机组提供厚度更为均匀的中间坯。

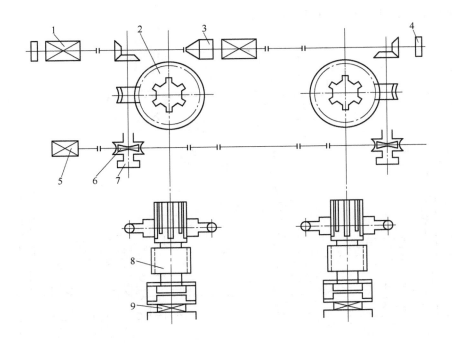

图 1-7 双速压下装置的传动示意图

1—快速压下电动机；2—压下减速机；3—电磁离合器；4—气动制动器；5—慢速压下电动机；
6—慢速传动减速机；7—气动离合器；8—压下螺丝；9—测压头

1.2.1.2 板坯宽度侧压设备

目前热轧带钢生产的原料已完成了由初轧板坯向连铸板坯的转变。连铸板坯生产中，虽然连铸机也有连续改变铸坯宽度的装置，但是要满足热轧带钢轧机对板坯多种宽度规格的要求仍然相当困难，甚至会因频繁改变铸坯宽度而降低连铸机的产量，并形成很多过渡坯。由于现代轧钢生产中连铸坯几乎完全取代了初轧坯，因此要减少板坯宽度进级提高连铸生产能力，就要求热轧带钢轧机具有大范围调整板坯宽度的功能，即要有板坯宽度大侧压设备。

A 立辊轧机

立辊轧机位于粗轧水平轧机的前面，大多数立辊轧机的牌坊与水平轧机的牌坊连接在一起。立辊轧机主要分成两大类，即一般立辊轧机和有 AWC 功能的重型立辊轧机。

一般立辊轧机是传统的立辊轧机，主要用于板坯齐边以改善边部质量，补偿水平轧机压下产生的宽展量以提高宽度精度。这类立辊轧机结构简单，主传动电机功率小，侧压能力普遍较小，而且控制水平低，辊缝一旦设定完成，不能在轧制过程中带负荷进行调节，因此带坯宽度控制精度不高。

有 AWC 功能的重型立辊轧机是为了适应板坯连铸和热送热装的发展以及对宽度质量的要求不断提高而产生的现代轧机。这类立辊轧机结构先进，主传动电机功率大，侧压能力大，在轧制过程中可对带坯进行调宽控宽及头尾形状控制，不仅可以减少连铸板坯的宽度规格，而且有利于实现热轧带钢板坯的热装，提高带坯宽度精度和减少切损。有 AWC

功能的重型立辊轧机的结构如图 1-8 所示。

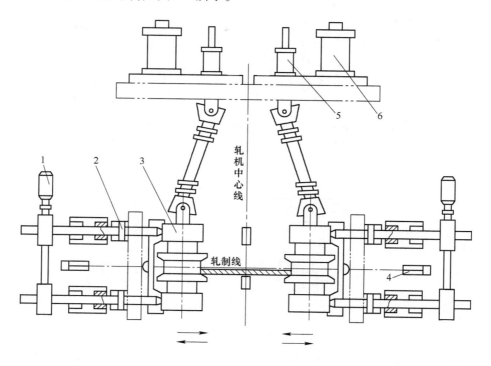

图 1-8　有 AWC 功能的重型立辊轧机

1—电动侧压系统；2—AWC 液压缸；3—立辊轧机；4—回拉缸；5—接轴提升装置；6—主传动电机

B　定宽压力机

　　定宽压力机位于粗轧高压水除鳞装置之后、粗轧机之前，用于对板坯全长进行连续的宽度侧压。与立辊轧机相比，定宽压力机每道次侧压量大，最大可达 350mm，从而可大大减少板坯宽度规格，有利于提高连铸机产量，还可降低板坯库存量，简化板坯库管理。立辊轧机和定宽压力机轧制的带坯还有以下不同点：立辊轧机轧出的带坯边部凸出量大（俗称狗骨形），经水平轧机轧制后宽展大，且易产生较大的鱼尾；而经定宽压力机侧压的板坯边部突出量小，经水平轧机轧制后宽展小，产生的鱼尾也较小，有时甚至没有鱼尾，因此可减少切损，提高热轧成材率。显而易见，定宽压力机有利于提高连铸和热轧的综合经济效益。

　　定宽压力机主要有长锤头定宽压力机和短锤头定宽压力机两种形式。

　　长锤头定宽压力机的锤头略长于板坯长度，在一个侧压行程中板坯全长边部同时受到挤压。长锤头定宽压力机可以改善带坯头尾及边部形状，避免头尾失宽，但设备结构庞大，投资大，安装维护不方便，其调宽量也小于短锤头定宽压力机。

　　短锤头定宽压力机的锤头远小于板坯长度，侧压行程中锤头从板坯头部至尾部依次快速进行挤压，以实现大侧压调宽。短锤头定宽压力机有两种形式，即间歇式和连续式。

　　间歇式短锤头定宽压力机的工作过程是锤头与板坯分别动作，即锤头打开，板坯行进一个侧压位置，锤头侧压到设定宽度，然后锤头打开，板坯再行进一个侧压位置，如此重复运动，直至板坯全长侧压完毕。间歇式短锤头定宽压力机的工作过程如图 1-9 所示。

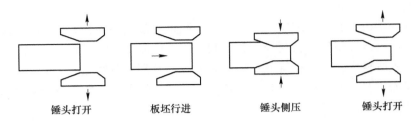

锤头打开　　　　板坯行进　　　　锤头侧压　　　　锤头打开

图 1-9　间歇式短锤头定宽压力机的工作过程示意图

连续式短锤头定宽压力机的工作过程是板坯以一定的速度匀速连续行进，锤头的动作与板坯行进同步进行，板坯在行进中进行侧压。锤头在行进过程中完成打开、行进、侧压、再打开，如此连续的往复运动，实现板坯的全长侧压。连续式短锤头定宽压力机要求侧压过程和板坯行进过程同步，其作业周期时间短，工作效率高。连续式短锤头定宽压力机的传动原理如图 1-10 所示。

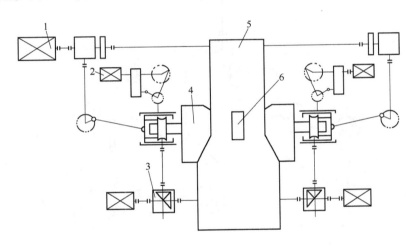

图 1-10　连续式短锤头定宽压力机传动示意图

1—主传动系统；2—同步系统；3—调整机构；4—锤头；5—板坯；6—控制辊

1.2.1.3　除鳞设备

粗轧除鳞设备用于清除板坯表面的一次氧化铁皮，其主要形式为辊式除鳞机和高压水除鳞装置。

辊式除鳞机分为二辊水平机架除鳞机和立辊式除鳞机。二辊水平机架除鳞机在作为粗轧水平轧机使用的同时，通过对板坯的压下来破碎板坯表面的氧化铁皮，并用高压水将氧化铁皮清除。立辊式除鳞机在对板坯宽度进行侧压的同时，通过侧压力的作用而使板坯表面的氧化铁皮破碎，再用高压水将氧化铁皮清除。

高压水除鳞装置是用高压水清除板坯表面的氧化铁皮。粗轧高压水除鳞装置位于加热炉和第一架粗轧机之间，常用除鳞水压力为 15～22MPa。与辊式除鳞机相比，粗轧高压水除鳞装置结构简单，设备重量轻，清除氧化铁皮的效果好，得到了广泛的应用。

1.2.1.4　保温装置

保温装置位于粗轧和精轧之间，用于改善中间带坯温度均匀性，减小头尾温差。采用保温装置，不仅可以使精轧机负荷稳定，有利于改善产品质量，扩大轧制品种规格，减少轧废，提高轧机成材率，还可以降低板坯出炉温度，有利于节约能源。

常用的保温装置主要有保温罩和热卷箱，其共同的特点是不用燃料，但设备结构大相径庭，迥然不同。

保温罩布置在中间辊道上，一般总长度为50～60m，由多个罩子组成，每个罩子都有升降机构并可根据生产要求进行开闭。罩子上装有隔热材料，罩子所在辊道是密封的。

热卷箱布置在粗轧机之后、飞剪之前，采用无芯卷取方式将中间带坯卷成钢卷；然后带坯尾部变成头部进入精轧机进行轧制，可基本消除带钢头尾温差。采用热卷箱，不仅可对带坯进行保温和均热，而且可大大缩短粗轧与精轧之间的距离。典型的热卷箱结构如图1-11所示。

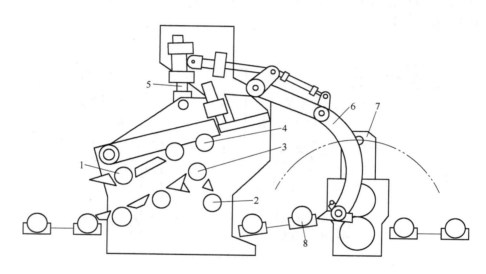

图1-11　典型的热卷箱结构

1—入口导辊；2—成型辊；3—下弯曲辊；4—上弯曲辊；5—平衡缸；6—开卷臂；7—移卷机；8—托卷辊

1.2.2　精轧机组

精轧机是成品轧机，是热轧带钢生产的核心部分，轧制产品的质量主要取决于精轧机组的装备水平和控制水平。因此，为了获得高质量的成品带钢，近年来在精轧机组采用了许多新设备、新技术、新工艺以及高精度的检测仪表，例如板形控制设备、全液压压下装置、最佳化剪切装置、轧制润滑工艺、在线磨辊技术（ORG）等，使精轧机组的装备水平有了极大的提高。

1.2.2.1　飞剪

飞剪位于精轧除鳞箱前，它的功能是将中间带坯的形状不良和低温的头尾段切掉，防止精轧穿带过程中卡钢和低温头尾损伤轧辊表面。

热轧带钢轧机的切头飞剪一般为转鼓式，少数为曲柄式。转鼓式飞剪的主要优点是较简单，可同时安装两对不同形状的剪刃，分别进行切头切尾。曲柄式飞剪的主要优点是剪刃垂直剪切，剪切厚度范围大，最厚可达 80mm，缺点是只能安装一对直剪刃。

随着中间带坯厚度和材料强度的不断加大，以及剪切质量要求的提高，转鼓式飞剪的结构也在不断改进，形成了单侧传动、双侧传动和异步剪切三种形式。特别是异步剪切方式的剪切断面质量好，剪切厚度可增大到 60mm，避免了因剪刃磨损造成剪刃间隙增大而剪不断的事故。

1.2.2.2　精轧机列设备

A　传动装置

传动装置是将电动机转矩传递给工作轧辊的机械设备。其传递过程如下：电动机→减速机→中间轴→齿轮机座→传动轴→工作轧辊。

减速机一般设在精轧机组的前 3 架轧机，减速比一般在 1：5～1：1.8 之间。精轧机组后 4 架一般为直接传动，但也有少数轧机仍采用减速机。减速机对传动系统的响应速度有影响，从这个角度来看，应减少有减速机的机架。但是，采用减速机可以扩大主电机的公用性，因此可减少主电机的规格和备件数量，并降低主电机造价。因此，带减速机的机架数量应根据具体条件来确定。

齿轮机座是将减速机或者主电机提供的单轴转矩分配给上、下工作辊的装置，由两个相同直径的人字齿轮构成，齿比为 1：1。

传动轴是将齿轮机座分配的双轴转矩分别传递给上、下工作辊的装置。传动轴接手有十字形、扁头形、齿形三种。旧轧机均采用扁头形传动轴，但随着轧制速度的提高，精轧机后段传动轴将扁头形改为齿形，保证了传动系统的平稳运行。新轧机由于中间坯增厚，轧机负荷增大，其传动轴广泛采用十字形和齿形接手。

B　压下装置

压下装置有电动压下和液压压下两种形式。20 世纪 80 年代前的热轧带钢轧机，基本上为电动压下装置。在 90 年代以后建设或改造的轧机则基本上采用液压压下装置，少数改造轧机采用电动压下 + 短行程液压缸。

电动压下装置是将压下螺母固定在牌坊横梁上，压下螺丝通过轧机平台上的电动机、齿轮减速机、蜗轮蜗杆副进行传动。两侧压下经离合器进行机械连接，可单侧动作，也可双侧同步动作。电动压下减速装置多、速比大、齿间隙多，因而传动效率低、系统惯性大，从而导致加速度小、响应速度慢，且控制精度较低。对采用电动压下装置的旧轧机进行改造，可在压下螺丝和上支撑辊轴承座之间增设一短行程（小于 50mm）液压缸，通过高精度磁尺和液压伺服系统，获得高响应性及高精度的位置控制系统，实现液压 AGC 功能，使板厚精度大幅度提高。上述两种压下装置示意图如图 1-12 所示。

全液压压下装置直接通过安装在牌坊上横梁与支撑辊轴承座之间的液压缸进行轧辊位置控制。液压缸的行程有中行程（小于 200mm）、长行程（大于 200mm）两种。中、长行程液压缸除了有 AGC 功能外，还承担辊缝预设定功能。全液压压下比电动压下机构大为简化，而控制精度则大幅度提高。

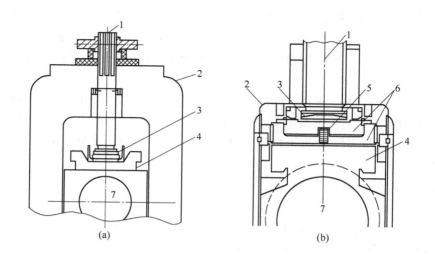

图 1-12   压下装置示意图

（a）电动压下装置；（b）液压压下装置

1—压下螺丝；2—牌坊；3—压力块；4—支撑辊轴承座；5—磁尺；6—液压缸；7—支撑辊

1.2.2.3   精轧机前后设备

精轧机前后设备主要包括：入口侧导板、入口出口卫板、轧辊冷却水及机架间冷却水装置、除鳞水装置、热轧工艺润滑装置、活套装置、在线磨辊装置（ORG）等。除在线磨辊装置属于 PC 轧机专配设备外，其余均为热带轧机的共有设备。

在线磨辊装置的主要功能是消除轧制过程中轧辊表面的不均匀磨损，保持轧辊表面光洁平滑，实现自由程序轧制。在线磨辊装置布置在上下工作辊入口侧的卫板上，由液压缸驱动实现进给运动。磨削轧辊的砂轮有传动和非传动之分。传动型是液压马达带着砂轮转动磨削轧辊，而非传动型则是砂轮由轧辊带着被动转动进行磨削，其中传动型磨削效果较好。传动型和非传动型的砂轮都在液压缸带动下沿轴线往复移动进行磨削。在线磨辊可在轧制时进行，也可在不轧钢时进行。目前，在线磨辊的控制模型还是经验模型，轧辊不均匀磨损的在线检测仍处于试验和开发过程中。

活套装置是保证带钢热连轧安全、稳定进行的关键设备之一。活套装置有气动型、电动型、液压型三种类型，目前使用最普遍的是电动型和液压型，气动型活套装置现已基本淘汰。为减小电动活套装置的转动惯量，增强追套能力和减小动态张应力，现倾向于将活套支持器由带减速机传动改为电机直接传动，并尽可能选用低惯量电机。为进一步提高活套响应速度，可采用液压型活套，由液压缸直接驱动活套支持器。三种活套装置的结构示意图如图 1-13 所示。

1.2.2.4   板形控制装置

板形控制是近十多年来促使轧机设备发生变化的最主要原因。在 20 世纪 80 年代以前，精轧机组均采用四辊式轧机。之后，由于市场对带钢的板形质量要求越来越高，因此为满足市场需要、增大板形控制能力、实现自由程序轧制，除了最常用、最基本的液压弯辊技术外，国际上各大公司还研制出了很多新型轧机，如中间辊可轴向移动的六辊轧机

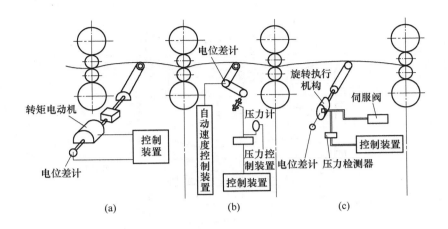

图 1-13　活套装置示意图

(a) 电动活套；(b) 气动活套；(c) 液压活套

(HC)、轧辊成对交叉轧机（PC）、连续可变凸度轧机（CVC）、弯辊和轴向移动轧机
（WRB + WRS）以及支撑辊可变凸度轧机（VC）等。精轧机组也由单一类型轧机形式演
变成了多种类型轧机组合的形式，例如四辊式轧机与 HC 轧机、PC 轧机、弯辊轧机 WRB
的各种组合，CVC 与 WRB + WRS 的组合等。

应当指出，尽管新的板形控制技术不断出现，但液压弯辊装置仍是目前采用最普遍
的，它不仅用于预设定辊缝形状（设定带钢凸度），并且由于其响应的快速性而被用于带
钢凸度和平直度的在线动态控制。因此，各种板形控制技术都采取和弯辊装置组合的形式
推出。

上述各种轧机的板形控制技术大致可分为两大类。一是通过改变空载辊缝形状来影响
有载辊缝形状，控制出口带钢的凸度及平直度，属于这类的技术包括 CVC 轧机、PC 轧机
等。二是通过改变辊系在轧制时的横向刚度来影响有载辊缝形状，以达到控制出口带钢的
凸度及平直度的目的，如 HC 轧机。

A　CVC 轧机

CVC 技术是德国著名轧机设计制造商 SMS 公司于 20 世纪 80 年代推出的板形控制技
术，CVC 为 Continuously Variable Crown（连续可变凸度）的缩写。CVC 与弯辊装置相结合
是目前冷热连轧板形控制所用的主要方案之一。

CVC 轧机将工作辊磨成 S 形曲线，上辊和下辊形状相同但错位 180°布置，形成一个中
心对称的辊缝形状。CVC 轧机的上、下工作辊可沿轴向反方向抽动，使轧辊的凸度值在最
大与最小之间连续可调。图 1-14 为 CVC 轧机调节带钢凸度的原理图，上图为工作辊抽动
生成了正辊形，下图为工作辊抽动生成了负辊形。当上、下工作辊对齐时则等效于零凸度
的平辊形。

最初的 CVC 轧机按二次曲线设计辊形，现已改用高次曲线，更有利于 1/4 波的控制。

CVC 轧机当工作辊轴向移动距离为 ± 100 ~ ± 150mm 时，其凸度的调整可达
400 ~ 500μm；若与弯辊装置相配合则可进一步扩大板形调节范围，凸度调节量可达

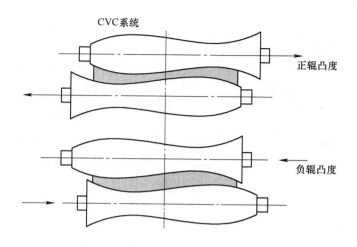

图 1-14   CVC 辊示意图

600μm 左右，这是一般轧机达不到的。但 S 形轧辊研磨需要专用磨床，比较费事。

CVC 目前在热连轧仅用于预设定，不用于在线（轧制时）凸度调节。

B   PC 轧机

日本三菱重工开发的 PC（Pair Cross）轧机在热连轧领域得到了很大的发展。PC 辊的示意图如图 1-15 所示，其基本原理为上下辊系（工作辊加上支撑辊）成对交叉一个角度后，改变了上下工作辊形成的辊缝截面，辊缝沿宽度方向从轧制中心线起向两侧扩大，使轧辊呈现为正凸度；改变交叉角，就可改变凸度值，从而达到板形控制的目的。

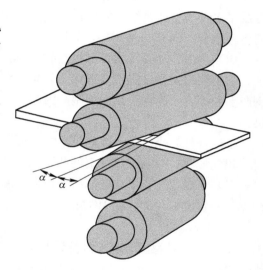

图 1-15   PC 辊示意图

PC 辊调节凸度的能力较大，交叉角度在 0°~1.5°范围内变化就能收到良好的板形控制效果，且板宽越宽其控制效果越好。但 PC 辊机构复杂，轴向力大（达到轧制力的 8%~10%），将使轴承寿命缩短，维护工作量加大。

PC 辊一般用于凸度预设定，不用于在线（轧制时）凸度调节。

C   HC 轧机

为克服一般四辊轧机横向控制能力差和板形调整困难等缺点，日本日立公司于 20 世纪 70 年代开发了一种在四辊辊系上增加两个可作轴向移动的中间辊的新型轧机，能很好地控制板形，称为 HC（High Crown）轧机。

对于四辊轧机来说，带材宽度以外的工作辊和支撑辊的接触区是一个有害的接触区，它迫使工作辊承受了支撑辊施加的一个附加弯曲力矩，使工作辊挠度变大，致使板形变坏。HC 轧机因在四辊轧机工作辊和支撑辊之间安装了一对中间辊，而使其成为六辊轧机。

中间辊可以随着带材的宽度变化而调整到最佳位置，使工作辊和支撑辊脱离有害接触区，挠曲刚度大为增强。HC 轧机的本质在于可对工作辊有载时的弯曲程度加以控制，即改变轧机的横向刚度。若同时配以液压弯辊装置，HC 轧机的板形控制能力可达十分理想的程度。

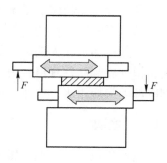

图 1-16　弯辊和轴向移动轧机
（WRB + WRS）示意图

对于热带钢轧机采用六辊 HC 轧机的主要问题是投资过大，但以 HC 轧机为契机很快演变出 HCW 形式的四辊轧机，即上下工作辊轴向对称移动的四辊轧机，如图 1-16 所示。HCW 形式与弯辊装置并用就构成了前述的弯辊和轴向移动轧机（WRB + WRS），它同样可以有效地控制带钢凸度和板形，但控制能力远不如六辊 HC 轧机。由于投资小，结构相对简单，因此不论是新建还是老轧机改造，弯辊和轴向移动轧机（WRB + WRS）都得到了比较广泛的应用。

1.2.3　带钢冷却装置

为在成品热轧带钢上获得所需的金相组织，改善和提高其力学性能，需对精轧机轧制后的带钢进行控制冷却。控制冷却装置位于精轧末架和卷取机之间的输出辊道上、下方。常用的带钢冷却装置有高压喷水冷却、水幕冷却、层流冷却等多种形式。高压喷水冷却装置结构简单，但冷却不均匀、水易飞溅、冷却效率不高，新建厂已不采用。水幕冷却装置水量大，控制简单，但冷却控制精度不高，目前仍有一些厂在使用。层流冷却装置设备多、控制复杂，但水压稳定、控制精度高、冷却效果好，是当前的主流带钢冷却装置，应用最为广泛。

层流冷却装置主要由上集管、下集管、侧喷、控制阀、供水系统组成，其布置示意图如图 1-17 所示。

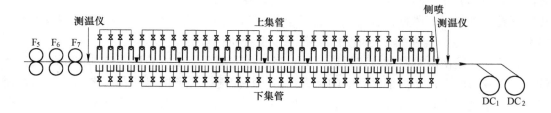

图 1-17　层流冷却装置布置示意图

层流冷却用水的特点是水压低、流量大、水压稳定、水流形态为层流。常用的层流冷却供水系统的配置方式有：泵 + 机旁水箱、泵 + 高位水箱 + 机旁水箱、泵 + 减压阀。

泵 + 机旁水箱的供水系统通过水箱稳定水压和调节水量，系统配置简单，节能效果明显。

泵 + 高位水箱 + 机旁水箱的供水系统通过高位水箱调节水量，机旁水箱稳压，其水压更稳定，节能效果明显，但系统配置复杂。越来越多的热轧生产线现都采用这种供水系统。

泵+减压阀的供水系统水压相对稳定，水量不能调节，系统配置简单，但不节能。

供水系统所选用的水泵电机通常是电压高、功率大、起动时间长、不允许频繁起动，因此大量冷却水在无钢通过的情况下仍然在无效地流出并进入水循环系统，增加了能源消耗。根据轧制品种规格合理配置层流冷却供水系统水箱，利用轧制间隙时间蓄水，调节带钢冷却的尖峰用水，可相应地减小泵的能力，节约能源。

1.2.4　卷取机

卷取机位于精轧输出辊道末端，其设备组成包括：入口侧导板、夹送辊、助卷辊、卷筒、卸卷设备等。卷取机的功能是将精轧机组轧制的带钢以良好的形状紧紧地、无擦伤地卷成钢卷。卷取机的数量一般为2~3台。

卷取机是在高速且有较大冲击力的非常恶劣的条件下进行运转的设备，其结构复杂，精度要求高，故障率也高。要保持稳定的良好卷形，设备制造精度、设备管理制度及设备维护非常重要。

目前广泛采用固定式地下卷取机，其刚度高，适应于轧制速度高速化、钢卷单重大型化、超厚高强度带钢数量增多的生产发展趋势。

1.2.4.1　卷筒

卷筒主要部件为扇形块、斜楔（连杆）、心轴、液压缸等。连杆和斜楔称为胀缩机构，扇形板（块）在胀缩机构的作用下沿径向移动，卷筒直径可随之改变。卷筒胀缩功能的作用是：在带钢卷绕到卷筒上后，通过使卷筒扩张而将带钢卷紧；在卷取完成后为使钢卷能顺利抽出而使卷筒收缩。卷筒的胀缩是由液压缸带动心轴，通过胀缩机构实现的。

卷筒扇形块直接与热带钢接触，要求具有高耐磨性、耐热性，通常采用Cr-Mo耐热钢。

卷取后的钢卷需从卷取机操作侧抽出，因此当卷重不大时为减小设备的复杂程度，对卷筒可采用单侧支撑的结构。但单侧支撑的卷筒在进行张力卷取时，其转动会产生偏心，特别钢卷大型化后更严重，这对保证卷形十分不利。为了减少卷筒的偏心量，从20世纪60年代后期开始，均在操作侧增加了卷筒活动支撑机构。

卷筒传动是由电机通过减速机进行的。当包括传动系统在内的卷筒转动惯量较大，且带钢厚度较薄时，由于头部卷紧时的张力冲击，将使得精轧末机架和卷筒之间的带钢在屈服应力最小处产生拉窄（缩颈），造成宽度超差。为了减小转动惯量，以及在卷取不同规格带钢时充分发挥卷取电机的转矩和功率能力，通常采用速比可变的减速机进行传动，即在厚带钢时采用高速比，满足低速大张力的要求，而在薄带钢时则采用低速比。

卷筒结构示意图见图1-18。

1.2.4.2　助卷辊

助卷辊的作用是：（1）引导带钢头部沿卷筒表面绕行以建立卷取过程。（2）以适当压紧力将带钢压在卷筒上，增加卷紧度。（3）对带钢进行弯曲加工，使其变成易于卷取的形状。（4）压尾部防止带钢尾部上翘和松卷。

要完成上述功能，助卷辊的布置十分重要，并构成了卷取机分类的依据。在卷取机的历史演变过程中，先后出现了8辊、2辊、4辊、3辊式卷取机，助卷辊数量多则卷附性能

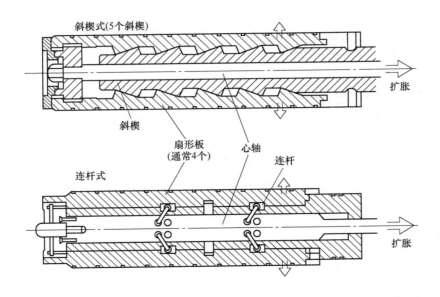

斜楔式(5个斜楔)

扩胀

斜楔

扇形板
(通常4个)

心轴

连杆

连杆式

扩胀

图 1-18 卷筒结构示意图

好，但结构复杂故障多，辊缝调整和维护困难。目前主要采用 3 辊式卷取机。

液压卷取机的出现是卷取机发展史上的重大进步。液压卷取机的助卷辊辊缝设定采用高响应性的液压伺服系统完成，在卷取过程中可以实现助卷辊的自动踏步控制（AJC），从而大幅度减轻了带钢头部压痕和对卷取设备的撞击，改善了带钢表面质量。

助卷辊工作条件恶劣，在高温、高压、高速及冲击负荷下工作，因此，要求助卷辊有高硬度和耐磨、耐高温性能，通常都使用特殊铸钢辊，并进行表面硬化处理。

3 助卷辊卷取机的示意图如图 1-19 所示。

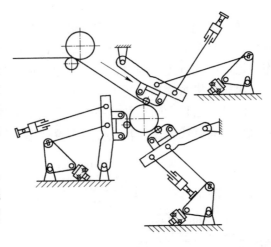

图 1-19 3 助卷辊卷取机的示意图

1.2.4.3 夹送辊

夹送辊设置在卷取机入口处，其主要功能是：（1）引导带钢头部顺利进入卷取机入口导板。（2）在带钢尾端抛出精轧机后，在夹送辊和卷筒之间形成所需要的卷取张力。（3）通过对夹送辊的水平调整，获得良好的卷形。

夹送辊是一对辊径上大下小的辊子，上下辊之间有 10°～20°的偏角，可迫使带钢头部咬入夹送辊后下弯，进入卷取机入口导板。夹送辊上下辊都带有凸度，用于补偿辊身中部的快速磨损，以便卷取时的带钢对中和延长辊子寿命。夹送辊对带钢所能施加的后张力的大小取决于夹送辊的压紧力和其传动电机所产生的制动力矩。随着轧制高速化、带钢厚度增大以及材质高强度化，夹送辊电机容量和压紧力也在增大，电机容量已由过去的200kW达到最大800kW，压紧力也由最早的100kN增大到现在的1600kN。相应地，夹送辊的形式也由摆动式发展为牌坊式、双牌坊式。

1.2.4.4 侧导板

侧导板的功能是将输出辊道上偏离辊道中心的带钢平稳地引导到卷取机中心线，保证以对中的方式进入夹送辊和卷取机。侧导板的传动一般采用电机和齿轮齿条完成，但近年来已大量采用液压传动侧导板，设定精度及对中效果均优于电动侧导板。侧导板在引导带钢过程中，频繁地与带钢边部接触，磨损严重，形成沟槽，因此在侧导板上安装有可更换的衬板。为减少衬板的消耗，部分轧机在侧导板上安装有不传动的立式导辊，以减小衬板和带钢边部的磨损。

1.2.5 辊道

辊道是热轧带钢厂中数量最多、占地最大、运送板坯和带钢必不可少的辅助设备。除了基本的衔接、输送作用外，辊道还是十分重要的缓冲设备，对协调和匹配各工艺段的生产节奏起着关键的作用，并使整条轧制线具备了正常生产所不可缺少的适度柔性。

1.2.5.1 辊道的分类和布置形式

热轧带钢生产线上的辊道一般根据其工作性质和所在位置来分类。从板坯上料到带钢卷取，通常分为：上料辊道、运输辊道、装炉辊道、出炉辊道、运输辊道、延伸辊道、工作辊道、中间辊道、输出辊道、机上辊道和特殊辊道。

由于轧机布置和生产工艺上差别的存在，各热轧带钢生产线的辊道布置形式也不尽相同，但基本上是大同小异。一般辊道位于加热炉、粗轧机、精轧机和卷取机之间，以及卷取机上。具有代表性的轧线辊道布置如图1-20所示。

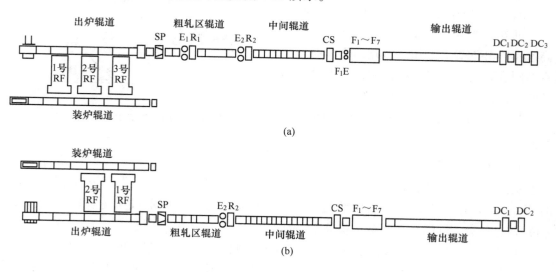

图1-20 热轧带钢厂辊道布置例图

（a）宝钢1580mm热轧带钢厂辊道布置图；（b）武钢2250mm热轧带钢厂辊道布置图

1.2.5.2 辊道的结构和传动方式

辊道的结构和传动方式与工作性质、负荷情况、环境状况及生产要求等有关，它不仅关系到设备的使用性和可靠性，而且对生产效率和产品质量有直接影响。

热轧带钢厂的轧件质量大、温度高、氧化铁皮多，要求辊道结构既要抗冲击、耐高温，有利于氧化铁皮脱落，又要实现系列化、组合化，有利于维护检修和减少备品备件，降低生产成本。

辊道由辊子、辊道架、侧导板、盖板和传动装置组成。辊道的结构形式有固定辊道、升降辊道、倾斜辊道、旋转辊道和摆动辊道等。辊子结构形状有实心辊、空心辊、圆盘辊。辊子材质有锻钢、铸钢、厚壁钢管、铸铁。辊子冷却方式有外部冷却、内部冷却、辊颈冷却。

辊道的结构选择与其用途有关。如上料辊道、出炉辊道和粗轧机工作辊道，轧件运行速度慢，但温度高、冲击负荷大，通常采用实心锻钢辊；而输出辊道的轧件负荷轻，但运行速度快，辊子易磨损，通常采用表面喷涂空心锻钢辊或空心铸钢辊。大多数辊子采用外部冷却，只有特殊场合使用的辊子才采用内部冷却或辊颈冷却。

典型的辊道结构如图1-21所示。

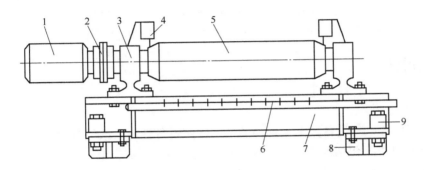

图 1-21　典型的辊道结构

1—电动机；2—联轴器；3—轴承座；4—侧导板；5—辊子；

6—冷却水管；7—辊道架；8—底座；9—快速更换块

辊道的传动方式分为集体传动和单独传动。

辊道集体传动是由1台电动机通过减速机和分配机构传动1组辊子，具有相对电机容量小、电控装置少、防止轧件打滑性能好等优点，但传动结构复杂、占地面积多、设备质量大。集体传动辊道的分配机构主要有圆锥齿轮箱和圆柱齿轮箱两种，其分配机构与辊子的连接方式又分为直接相连的传统方式和通过联轴器连接的改进方式。集体传动辊道通常用于板坯上料辊道、粗轧区工作辊道。

辊道单独传动是由1台电动机传动1根辊子，具有结构简单、设备重量轻、占地面积小、布置灵活等优点，但总的电机容量大、电控装置多。单独传动辊道通常用于加热炉出炉辊道、粗轧区延伸辊道、中间辊道、输出辊道、机上辊道和特殊辊道，其传动方式有带减速机和不带减速机两种。近年来，随着电机性能的提高，以及考虑到有利于侧导板布置，单独传动辊道也逐渐用于粗轧区工作辊道。

典型的辊道传动方式如图1-22所示。

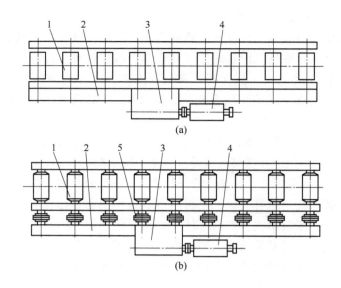

图 1-22　辊道传动方式

（a）传统的集体传动辊道；（b）改进型集体传动辊道

1—辊道；2—分配齿轮箱；3—减速机；4—电动机；5—联轴器

1.3　电气设备

1.3.1　概述

热轧带钢厂的电气设备数量大、种类多，按照设备性质大致可分为：

（1）供配电类，包括高低压动力变压器，接地用变压器，电抗器、电阻器，测量用电压、电流互感器，谐波滤波器，功率因素补偿装置，高、低压开关柜，各种用途的配电箱等。

（2）调速传动控制设备类，包括整流变压器，晶闸管直流传动控制装置，晶闸管交交变频器与传动控制装置，使用各种可控功率电子器件的交直交变频器与传动控制装置，各种用途的电抗器、电阻器、电容器，隔离开关、快速开关，电动机分配电柜（盘），直流调速电动机，交流变频调速异步、同步电动机，速度及位置测量用测速发电机、脉冲发生器等。

（3）恒速传动控制设备类，包括电动机控制中心（MCC），交流异步电动机、同步电动机，启、制动用电阻器等。

（4）厂房配套设施类，包括照明设备、吊车滑触线、防雷设施等。

电气设备中与生产工艺具有最直接和最密切关系的是调速传动控制装置。其中大功率主传动交流变频调速系统的出现更是突出反映了 20 多年来热轧带钢生产线电气设备本质上的进步，代表了当今世界电气传动领域的最高水平。

1.3.2　供电系统

1.3.2.1　电力负荷特点

热轧带钢厂供电系统具有下述特点：

（1）有功负荷较大，一般在 50～140MW 之间。

（2）有功和无功冲击负荷较大，一般在 50～130MW 之间。

（3）非线性负荷较多，高次谐波分量较大。

（4）由于热连轧厂在整个钢铁企业占有举足轻重的地位，因此其负荷等级虽为二级，但必须有两路独立供电电源。

1.3.2.2 供电变压器与电压等级

供电变压器采用 3 台比采用 2 台有明显优点，如变压器的备用容量减少，供电可靠性增加等。

变压器容量选择需要满足下述条件：变压器额定容量不小于表观负荷容量；变压器额定容量大于尖峰负荷容量/1.5。

供电电压等级按下述选择较为合适：

电源供电电压	110kV
一次配电电压	35kV
二次配电电压	6(10)kV
车间低压配电电压	0.38kV/0.22kV
200kW 及以上电动机	6(10)kV

二次配电电压以采用 6kV 为宜，这是因为 6kV 高压电动机数量较多，6kV 电动机比 10kV 电动机价格要低 20%～30%，高压开关柜（内装高压熔断器和高压接触器）价格要低 15% 左右，因此建设投资费用节省很多。

1.3.2.3 无功补偿及滤波装置

热连轧机电气传动装置产生大量的周期性的无功冲击负荷和高次谐波电流，需要进行动态无功补偿和谐波滤波。一般采用静止型动态无功补偿装置（SVC）来实现动态无功补偿和谐波抑制。

热连轧厂用电负荷产生的有功和无功冲击负荷均为 50～130MW（Mvar），而且是周期性的，周期为 120～180s。动态无功补偿装置的作用是限制由无功冲击负荷所造成的电源系统和厂内供电系统的电压波动和电压闪变，而有功冲击负荷则由电力系统承担。当轧机主传动电机采用由 GTO 或 IGCT 电力电子器件构成的交直交变频调速装置驱动时，无功冲击负荷很小，而有功冲击负荷不变，因此可不需使用 SVC 装置。

动态无功补偿装置常用的有以下三种：

（1）TCR 方式，即晶闸管控制电抗器方式。

（2）TCT 方式，即晶闸管控制高阻抗变压器方式。

（3）TSC 方式，即晶闸管投切电容器方式。

目前多数工厂采用 TCR 方式。

除无功冲击外，具有非线性负荷特征的大功率用电设备所产生的高次谐波，是供电电网的另一个主要公害。轧钢机的变流装置就是最主要的谐波污染源之一。谐波源产生的高次谐波电流向电源侧注入，并在系统谐波阻抗上产生谐波电压。

高次谐波的危害主要为：

（1）产生谐波损耗，使发变电设备和用电设备效率降低。

（2）使电容器过负荷甚至损坏。

（3）加速电力电缆老化，使其容易击穿。

（4）影响继电保护动作的准确性。

（5）对通信和控制信号造成电磁及射频干扰。

为减轻谐波对电网的污染，需设置滤波装置。静止型动态无功补偿装置（SVC 装置）可以同时用于实现动态无功补偿和谐波抑制，在热轧带钢厂的供电系统中得到了广泛的应用。

1.3.3 电气传动系统

从面向工艺设备的观点，热轧带钢厂的电气传动系统可分为主传动和辅传动两大类。主传动是指主要生产设备的主轴传动，例如轧机的轧辊传动，卷取机的卷筒传动等。辅传动是指所有辅助生产设备的传动，其中最有代表性的为辊道传动，也包括主要生产设备的非主轴传动，例如轧机的压下装置传动。

1.3.3.1 主传动系统

按照运行方式的不同，主传动系统可分为调速和不调速两类。现代热带连轧机的主传动系统基本上全部为调速系统，而不调速的主传动通常采用交流同步电动机，主要用于比较早期的部分粗轧机主传动。

长期以来，带钢热连轧机的主传动由直流传动系统所统治。从早期的直流发电机-直流电动机机组，水银整流器-直流电动机系统，直到 20 世纪 60 年代以后广泛应用的晶闸管整流装置-直流电动机系统，调速性能有了极大的提高，且已发展到了非常成熟的阶段。但是，直流电动机本身结构上存在有机械式换向器和电刷这一致命弱点，由此带来了一系列的问题和限制：

（1）机械式换向器表面线速度及换向电流、电压有一极限允许值，这就限制了电机的转速和功率，如要超过极限允许值，则大大增加电机制造的难度、成本以及调速控制系统的复杂性。

（2）为了使机械式换向器能够可靠工作，往往需增大电枢和换向器直径，导致电机转动惯量很大，难以适应要求传动系统具有快速响应特性的生产过程的要求。

（3）机械式换向器和电刷易出现故障，维护工作量大，维修费用高。

（4）在一些易燃、易爆、多粉尘、多腐蚀性气体的生产场合不宜使用直流电动机。

交流电动机结构简单，因此具有制造容易、坚固耐用、运行可靠、很少维修的固有特性，加之价格便宜、惯量小、使用环境及发展不受限制等一系列重要优点，使得在热连轧机主传动领域用交流电动机取代直流电动机成了人们梦寐以求的夙愿。但长期以来由于受科技发展水平的限制，交流电动机调速困难的问题一直未能得到很好的解决，而只有一些调速性能差、低效耗能的调速方法，根本无法应用于对调速性能有相当高要求的带钢热连轧机。从 20 世纪 80 年代开始，随着交流变频调速技术和相关高技术的发展，以矢量控制技术的发明为转折点，大功率交流变频调速系统开始在热带轧机主传动领域占有了一席之地。其后短短十几年的时间里，交流变频调速系统被越来越多新建和改造的带钢热连轧机所采用，并最终在轧机主传动领域占据了主导地位。

从直流传动发展到交流传动是一个重大技术飞跃，其主要优点是：

（1）交流主传动电动机无换向器，不存在换向问题，因而单电枢容量不受限制，以至于几乎不论容量多大，都可以制成单电枢，因此结构简单、坚固，制造成本低。

（2）交流电动机转动惯量低，响应速度比直流约提高 50%。

（3）交流电动机与直流电动机相比减少了维护工作量。

（4）对于同容量的电动机，交流传动的变频器比直流传动的整流器装置效率高、容量小、高次谐波少。如果采用 GTO 交直交变频器，功率因数接近 1，可省去动态无功补偿装置，加之安装面积减小，投资更小。

目前使用的交流调速系统有基于晶闸管循环变流器的交交变频调速系统，和基于新型电力电子器件 GTO、IGBT、IGCT、IEGT 等的交直交变频调速系统。较早时期，西门子公司提供的轧机大功率交流主传动基本采用由交交变频器供电的同步电动机实现，并采用矢量控制技术；三菱电机提供的轧机主传动采用大功率可关断晶闸管（GTO）构成的交直交电压型脉宽调制（PWM）变频器供电，亦采用了矢量控制技术。随着新型电力电子器件 IGCT、IEGT 等的出现，西门子、东芝、ABB 等国际大公司都推出了新一代的交直交变频调速系统，广泛应用于包括热连轧在内的轧机主传动领域。

表 1-1 给出了各种调速主传动系统的发展过程及主要特点。

表 1-1　调速主传动系统的发展过程及主要特点

名称	武钢 1700mm 热轧带钢厂	宝钢 2050mm 热轧带钢厂	宝钢 1580mm 热轧带钢厂
电动机	直流电动机	（1）直流电动机； （2）交流变频调速同步电动机（仅 R_3）	交流变频调速同步电动机（全部主传动）
传动装置（功率部分）	晶闸管整流直流传动装置	（1）晶闸管整流直流传动装置； （2）晶闸管交交变频调速装置（R_3）	大功率 GTO 元件交直交 PWM 变频器
传动装置（控制部分）	（1）分立元件构成的模拟控制器； （2）采用 PIO 与 L1 交换信号	（1）分立元件构成的模拟控制器； （2）R_3 采用了矢量控制； （3）采用 PIO 方式与 L1 交换信号	（1）控制器为以 CPU 为核心的全数字式控制装置； （2）矢量控制技术； （3）用数据通信方式与 L1 交换信号； （4）含有故障诊断能力
主要优点	（1）维护量减少； （2）占地面积小	（1）维护量减少； （2）占地面积小； （3）节省电能	（1）维护量少； （2）调试容易，使用维护方便； （3）功率因数高（约为 1.0）； （4）谐波量少

在电气传动技术的发展过程中，与直流可调速传动向交流可调速传动的过渡具有同样重大意义的技术进步是调节控制系统从模拟化向全数字化的转变。早期的传动调节器都是

采用分立元件构成的模拟调节器（如 20 世纪 70 年代引进的武钢 1700mm 热连轧机和 80 年代引进的宝钢 2050mm 热连轧机）。随着大规模集成电路技术特别是微处理器技术、软件技术、通信技术、故障诊断技术和控制理论的飞速发展，出现了采用微处理器的全数字主传动控制器，可靠性大为增强，控制性能、功能、水平大幅度提高，调试和维护更加方便、规范、快捷。同时，电气传动控制系统与基础自动化计算机系统的信息交换采用诸如现场总线这样的网络通信方式，大大减少了现场布线，提高了信号传输的灵活性、可靠性，可交换的信息量大为增加，极大地增强了系统故障诊断能力和远程监控能力，使电气传动控制系统的数字化、智能化发展达到了相当高的水平。

综上所述，主传动调速系统的发展方向可归结为：全交流化、全数字化、无公害化（清洁电源，即谐波少、高功率因数）。

1.3.3.2　辅传动系统

辅传动也可分为调速和不调速两类。

不调速辅传动采用交流电机，绝大多数由 MCC（电机控制中心）装置进行控制。

调速辅传动系统的发展过程与主传动类似，也经历了由直流系统向交流系统的转变。调速交流辅传动的发展现在已经达到了这样的程度，即采用一台由先进的 IGBT 元件组成的 PWM 逆变器仅仅控制一台小功率的交流电动机在经济上也并非不可行。当然也可用一台逆变器控制多台交流电动机同步运行，如成组辊道传动，在满足工艺要求的前提下，减小投资。通常辅传动单台电动机的容量较小，且这些电动机的工作时间并不一致，因此在结构上采用由一台整流器集中向多台单独的逆变器提供直流电源的功率系统配置方案，以减少整流器的台数和容量，并减小投资。

应该指出，许多要求高响应性、高精度的辅传动，例如轧机压下、活套支持器、助卷辊、侧导板等的传动，其位置控制或转矩控制用电气传动系统已在相当大程度上被性能更好的液压传动系统或液压伺服系统所取代，这是一个十分重要的技术发展趋势。

和主传动一样，辅传动调速系统的发展方向也是全交流化、全数字化、无公害化。

第2章

热连轧计算机控制系统与检测仪表

自从 1960 年在美国麦克劳斯钢铁公司的 1524mm 带钢热连轧机精轧机组上使用计算机进行设定控制取得成功后，计算机在带钢热连轧生产线上的应用就进入了一个迅速普及和不断提高与强化的阶段。几十年来，计算机在带钢热连轧生产上的应用范围早已大大超出了当初的精轧设定计算，现已扩展到从设备控制到生产管理、从原料准备到产品交付的热轧生产全部工艺流程与管理流程，其控制功能几乎涵盖了所有可能引入自动控制的生产工序和工艺设备，而其控制水平特别是有关带钢产品质量的先进控制水平，则达到了人工操作及早期自动化装置控制下不可想象和难以望其项背的高度。计算机控制系统已经成为现代带钢热连轧生产线不可或缺、须臾不能离开的关键组成部分和灵魂。

2.1 带钢热连轧计算机控制流程概述

带钢热连轧是一复杂的生产过程。从一块坯厚最大可达 320mm 的板坯变成一个带厚最薄仅为 1mm 左右的带卷，其间要经过加热、粗轧、精轧、冷却、卷取等多道紧密相连工序的连续加工。与轧件在轧制时产生的显著宏观形变相伴随，轧件的微观晶体组织结构在整个热轧生产过程中也不断地进行着复杂的演变。轧件所有这些变化（形变与相变）的状况决定了带钢产品的最终质量（几何尺寸与物理性能等），因此都必须在生产过程中加以准确的甚至是精密的控制。

带钢热连轧也是一高效高产的生产过程。当采用先进的薄板坯连铸连轧技术时，从钢液进入连铸机结晶器至热轧卷取完毕的时间仅为 15 ~ 30min。从产能来看，一套宽带钢热连轧机的年产量可达 200 万 ~ 600 万吨，是所有轧机中产量最高的，因此在任一具有热带轧机的钢铁企业中都占据着无可争议的举足轻重的地位，而它的稳定运行则与整个企业的正常运转休戚相关。

对这样一个复杂、高效、高产的现代带钢热连轧生产过程，不论是从提高带钢产品质量的角度，还是从保证生产过程高效、安全、稳定运行的角度，一个庞大的、功能完备的计算机控制系统都是不可缺少的。而由于热轧生产过程本身的复杂性，相应的计算机控制功能的复杂程度和应用软件的规模也远远超过通常的工业自动化系统。有鉴于此，为了使对本书内容不很熟悉的读者对带钢热连轧计算机控制能够首先建立起一个完整的概念，本节将从一个轧件由坯料到成品的加工全过程的角度，按照热轧带钢生产的工序顺序，对其计算机控制流程给出一个比较全面的基本描述。以此为基础，对热连轧主要的计算机控制功能特别是有关产品质量的控制功能，我们将在后续章节进行更深入的阐述。

2.1.1   加热炉区

板坯是热轧带钢生产的原料。板坯的生产方式、板坯的厚度以及板坯加热到开轧温度时所历经的相变过程是近二、三十年热轧生产工艺变化最大的部分，并同钢铁生产的短流程工艺革命密切相关。在板坯连铸技术诞生之前，热带连轧机所用的板坯都是用初轧机由钢锭轧制而成的，而从钢锭到成品带钢，其间要经过两次加热，即所谓"二火成材"。钢坯连铸技术诞生后，经过几十年的发展，已将铸锭和初轧工序彻底淘汰，目前所有带钢热连轧机的坯料已全部来自板坯连铸机。随着板坯连铸及相关技术的发展，在连铸机和连轧机的工艺衔接上，也先后出现了热送热装、直接轧制、薄板坯连铸连轧等以节能、高效为目标的新工艺，极大地缩短了钢铁生产的工艺流程和产成品生产周期，节省了大量的能源，产生了巨大的经济效益。

热连轧生产过程从板坯上料开始。根据不同的生产工艺和轧制计划，需要在板坯加热炉中加热到开轧温度的待轧坯料可以是堆放在热轧板坯库的冷坯，也可以是在保温坑中保温的热坯，或者是直接从连铸机经传输辊道运送过来的高温坯（直接热装）。这里我们暂不考虑高温连铸坯不经加热炉加热的直接轧制工艺以及采用隧道炉的薄板坯连铸连轧工艺，而以更具有代表性、采用步进炉进行板坯加热的常规热轧生产工艺为例，对其计算机控制流程进行描述。

由于市场要求的多样化，热轧带钢产品的品种、规格也必然是多种多样的。反映在轧钢生产中，每一块钢都可能和它前后的轧件在品种规格上有所不同。因此，为了保证最重达 40 多吨的每一卷带钢的质量，必须针对每块板坯的特性（钢种、坯料和成品的规格、力学性能要求等），制定特定的轧制规程（包括速度制度、压下制度、温度制度等），并据此进行生产工艺过程和设备的控制。因此，每块待轧板坯在进炉之前，都需将与其有关的初始数据作为轧制规程制定与生产过程控制的依据输入计算机。板坯和轧制计划的初始数据通常是由生产控制计算机通过网络系统传送给过程控制计算机的，如果没有生产控制计算机，就要通过初始数据输入（Primary Data Input，PDI）终端直接输入到过程控制计算机中。

板坯进炉之前首先要用吊车或其他设备将其装载到上料辊道（A 辊道）上，并在此进行长度测量和称重。测量装置自动完成测量之后，要把实测数据传送给过程计算机。过程计算机对测量数据进行检查，发现异常则输出报警信息，请求操作人员进行相应处理。

过程计算机把 PDI 中的板坯号和操作人员通过操作员站（也称人机接口，即 HMI）输入的实际板坯号进行比较，以保证上料板坯与生产轧制计划一致，这称为板坯确认或板坯识别。如果发现异常，就要根据情况或者修改轧制计划即重新排定轧制顺序，或者将板坯从上料辊道上移走，也称吊销。

在加热炉入口辊道（B 辊道），对已经测量和由过程计算机确认的板坯，按照规定的炉号、炉列，由基础自动化控制器进行板坯移动和炉前定位控制，使板坯在炉前对中。这是由 B 辊道主令速度控制（MSC）程序和自动位置控制（APC）程序来完成的。

过程计算机根据已在炉前定位板坯的宽度和炉内最后一块板坯的实际位置，确定推钢机的移动行程，并对设定值进行合理性检查。在满足装钢条件时，通过基础自动化的 APC（自动位置控制）程序控制推钢机把板坯装入加热炉内的预定位置。

在正常轧制时，计算机控制炉内步进梁进行上升—前进—下降—后退的反复循环动作，使板坯从加热炉入口侧逐渐移向出口侧。当发生异常情况时（例如由于轧线故障或检修不能生产，使板坯在炉时间大于规定时间），则控制步进梁进行上升—下降的踏步动作，避免通水冷却的固定承载梁使板坯形成过大的水印（即局部低温区）。

板坯被装载到 A 辊道上以后，就开始由过程控制计算机进行跟踪。所谓跟踪即是使计算机随时掌握每一块已上料板坯的当前位置，并根据整个轧线上各个（冷）热金属检测器的检得、检失信号，确定触发该信号的是哪一块钢，及时启动相应的处理程序。正确的轧件跟踪是对轧线设备动作进行正确的顺序控制的基础，也是使特定的轧制规程与特定的轧件一一对应，避免出现"张冠李戴"错误的根本保证，因此具有特殊的重要性。加热炉区跟踪功能主要为加热炉区的设定计算提供轧件位置信息。通常，加热炉区的跟踪功能划分成加热炉入口跟踪、加热炉炉内跟踪和加热炉出口跟踪三部分。

为按照工艺规定的加热制度控制板坯温度，过程计算机需通过数学模型不断地计算出炉内每块板坯的当前温度，并动态地计算出各段炉温的目标值，作为燃烧控制的基准值。加热炉燃烧控制由仪表控制系统完成。

计算机根据轧件的尺寸和轧件的运动方程，预测轧件在粗轧区、精轧区、卷取区的运行时间，并且根据轧制线上的生产状况和加热炉烧钢状况，决定板坯从加热炉抽出的时间，进行轧制节奏控制。除了全自动出钢方式（节奏方式）以外，还可以有定时出钢和强制出钢方式。

当有出钢请求时，过程计算机首先要检查出钢的各种条件是否满足，然后进行出钢机行程的设定计算，并通过基础自动化 APC 程序控制出钢机的前进与后退，把加热好的钢坯从炉内托出放在出炉辊道的中心线上。

板坯出炉后，由出炉辊道负责输送板坯进入粗轧区，辊道的运转速度根据前进方向是否有先行坯来决定，以避免发生碰撞。出炉板坯在向粗轧区传送时，首先要经过高压水除鳞箱进行除鳞，去除炉内加热时在板坯表面产生的氧化铁皮，以保证带钢的表面质量。除鳞水的开闭由基础自动化控制器依据板坯头尾检测信号进行控制。

2.1.2 粗轧区

粗轧区主要由粗轧机和辊道组成。粗轧机的任务是给精轧机提供温度、几何尺寸合格的带坯。对传统热轧带钢生产线，从板坯到成品带钢，轧件的减薄（压下量）绝大部分将在粗轧完成，而粗轧机的生产效率也往往对整个轧制节奏和产量有决定性的影响。

当接收到源自加热炉内传感器的"下一块板坯将被抽出"信号时，过程控制计算机就将开始进行粗轧设定计算，即通过数学模型计算出粗轧区域控制所需的全部基准值。粗轧设定（RSU）计算的启动时序为：板坯到达加热炉内出炉区时进行初次设定；板坯出钢完成，进行再次设定；板坯到达粗轧机入口时，进行第三次设定。粗轧机设定的项目主要有：（1）各水平轧机各道次的压下位置；（2）各立辊轧机各道次的开口度；（3）侧导板的位置；（4）水平轧机的咬入速度、轧制速度、抛钢速度；（5）立辊轧机的速度；

（6）前后辊道的速度；（7）除鳞方式；（8）测量仪表的基准值；（9）压下（前滑）补偿值。

粗轧设定计算使用的数学模型主要有：（1）压下（负荷）分配模型；（2）温度模型；（3）轧制力模型；（4）轧制力矩模型；（5）功率模型；（6）前滑模型；（7）弹跳模型。

基础自动化级控制器根据 RSU 算出的基准值，通过粗轧 APC 程序逐道次完成压下、侧导板的位置设定，以及通过粗轧主令速度控制程序完成轧机和前后辊道的速度设定。

板坯在粗轧可逆轧机（一般为 R_2 机架）要经过 3 道次或 5 道次轧制。可逆轧机及其前后辊道既要正向运转，也要反向运转，因此基础自动化级控制器要对可逆轧机进行顺序控制，包括正反向运转控制、除鳞喷水控制等。

自动宽度控制（AWC）是主要在粗轧区域实现的一项关键质量控制功能，并由粗轧立辊轧机完成。这是由于带钢在精轧机组已经很薄，试图通过精轧立辊轧机再对宽度进行调节将十分困难。但近年来亦提出了用精轧机组张力来克服精轧 $F_1 \sim F_3$ 宽展不均的思想，以进一步提高宽度精度。

和平辊机架类似，粗轧立辊同样有开口度设定及开口度动态控制（调控带坯全长宽度）的问题，为此需设置立辊微调液压缸或全液压侧压系统。粗轧区宽度控制方案也决定了测宽仪的配置。标准的测宽仪配置为粗轧出口及精轧出口处各设一台，但目前往往在粗轧机前增设一台测宽仪用于前馈宽度控制（FF-AWC），在卷取机前增设一台成品测宽仪，可利用其检测由于卷取机咬钢而造成的带钢缩颈（局部拉窄），以便利用粗轧立辊轧机对下一块钢予以缩颈补偿。

关于自动宽度控制的详细叙述见第 4 章。

2.1.3   中间辊道

从粗轧机组出口到精轧机组入口的辊道称作中间辊道或延迟辊道，按辊道的编号也常称为 E 辊道。中间辊道主要用于粗轧和精轧的工艺衔接，既进行带坯输送，同时也要作为工作辊道配合粗轧机和精轧机完成轧制任务。由于中间辊道的控制功能既与粗轧也与精轧有关，因此这里单独进行描述。

E 辊道的速度由基础自动化级计算机控制，其目的既要缩短带坯的运行时间，又要避免前后两块带坯相撞。当板坯进入最后一架粗轧机时，E 辊道的速度与粗轧末机架同步，而当带钢的尾部离开粗轧机时，进行碰撞条件检查，如果不会发生与先行带钢碰撞的情况，则控制 E 辊道高速运转，否则控制 E 辊道低速运转，直到不会碰撞时才转为高速运转。

当本块带坯到达切头飞剪前面的热金属检测器（HMD）时，如果先行带钢仍旧处于使 F_1 ON 的情况，则要判断本块带坯到达 F_1 时是否会与先行带钢碰撞；如 F_1 OFF，则要对轧机辊缝、速度进行是否达到设定值的检查。若有碰撞可能，或设定检查通不过，则发出摆动命令，使 E 辊道反转延迟后再正向前进。这样来回摆动（每次接通 HMD 时重复检查一次），直到检查合格，发出解除摆动指令为止。当带坯使 HMD ON 并经过一段延迟时间以后，控制 E 辊道按剪切速度运行，以保证飞剪进行切头操作时与轧件之间的速度关系。带坯切头后再经过一段延迟时间，控制 E 辊道的速度与精轧机同步，并考虑压下补偿，以利轧件顺利进入 F_1 机架。

飞剪的控制内容包括剪切方式、剪切长度、飞剪起动时序、飞剪剪切速度等。剪切方式有切头、切尾和二分割三种。一般来说，带坯都要进行切头，以使头部整齐，易于精轧机和卷取机咬入。是否切尾，根据成品的厚度和宽度规格而定。剪切方式可由计算机决定，也可以由操作人员决定。有关剪切长度，过去一般采用"定长度剪切"，并由操作人员设定切头、切尾的长度。近年来发展为根据带坯的不同头部形状进行"最佳长度剪切"，以提高成材率。切头时，飞剪的速度要高于带坯的速度，切尾时飞剪的速度要低于带坯的速度。起动飞剪剪切的控制时序为：当带坯使 E 辊道上指定 HMD ON 时，测速辊下降，以便测量带坯的实际运行速度。当飞剪前 HMD ON 时，带坯的速度已降到与飞剪的速度相适应，经过一定的延迟时间后，起动飞剪切头。切尾时飞剪的起动则依靠热金属检测器的检失信号（HMD OFF）。

切头后带坯将进入精轧除鳞箱，去除高温轧件在粗轧区轧制时所生成的次生氧化铁皮。除鳞水的开闭由基础自动化控制器依据带坯头尾检测信号进行控制。除鳞箱内的辊道因要对带坯进行夹送传输，因此要严格执行与轧机入口速度的同步控制。

2.1.4 精轧区

当带坯到达粗轧出口处时需对其进行宽度、温度数据采集和处理，然后由过程计算机进行精轧设定（FSU）计算，即通过数学模型计算出精轧区域控制所需要的全部基准值。FSU 计算时序为：带坯到达粗轧机组出口处和延迟辊道中间指定 HMD 时分别进行一次及二次设定。精轧机组设定的项目主要有：（1）延迟辊道（E 辊道）的压下补偿；（2）切头剪侧导板和精轧侧导板的位置；（3）除鳞和机架间冷却喷水设备的喷水方式；（4）各精轧机压下位置；（5）轧机的穿带速度、加速度、最高速度；（6）活套的高度、张力；（7）各种测量仪表（厚度仪、宽度仪、凸度仪、平直度仪）的基准值、补偿值。

精轧机组设定计算使用的数学模型主要有：（1）压下分配模型（或能耗模型）；（2）温度模型；（3）轧制力模型；（4）功率模型；（5）前滑模型；（6）弹跳模型。

过程控制计算机在进行精轧设定（FSU）计算的同时，还需进行板形设定计算（或称为凸度设定计算）。板形设定的项目主要有：（1）工作辊的弯辊力；（2）工作辊的窜动移动量。

精轧机组的主令速度控制程序用于连轧机速度制度的实现，即来自粗轧区并已完成切头和除鳞的带坯首先以设定的穿带速度依次咬入 F_1～F_7 机架，进入连轧状态，然后整个精轧机组以第一加速度同步加速，提高轧制速度。当带钢被卷取机卷上后以第二加速度加速，使轧制速度达到预先给定的最高速度。当带钢尾部离开减速机架（由计算机确定为 F_1 或 F_2）时，以第一减速度减速，保证末机架以规定的抛钢速度抛钢，避免甩尾；带钢尾部离开末机架后，以第二减速度减速，使轧机的速度再次下降到穿带速度，等待下一块钢的到来。

除上述精轧机组速度制度的实现外，有关精轧主传动的计算机控制功能还包括：主机起动和运行顺序控制、动态速降补偿、速度微调和逐移微调、主轴定位控制、紧急停车控制等。

成品带钢的厚度精度是带钢质量的一个重要指标。精轧机组自动厚度控制（AGC）功能主要依靠各精轧机架压下位置的改变来实现带钢厚度的调节。

带钢的厚度精度主要决定于两个方面，一是精轧坯料的温度均匀性，二是精轧机组的厚度控制能力。从精轧坯料温度均匀性的角度来看，可逆式粗轧机以及不带保温罩的中间辊道对带坯头尾端部温度不利，粗轧出口速度高而精轧入口速度低将造成带坯的头尾温差（尾部温度低）。中间辊道如设置保温罩或采用热卷箱将大为减少头尾端部温降及头尾温差，使成品厚度精度提高。精轧机组厚度控制能力主要决定于压下装置的快速响应能力、设定模型精度、AGC 控制器的配置性能和控制算法。

带钢的厚度精度包括头部精度和全长精度。带钢头部精度主要决定于过程计算机的设定模型精度（包括模型自学习）。此外，在带钢咬入精轧机组前段机架（例如 $F_1 \sim F_3$）时，计算机根据精轧设定计算时预测的轧制力和实测轧制力的偏差，通过一定的算法，及时提前修改后段机架（例如 $F_5 \sim F_7$）的压下位置，使辊缝设定得更为准确，以便尽量减小带钢头部的厚度偏差。这一功能叫做穿带自适应控制，又称精轧动态设定。

在带钢全长轧制过程中，AGC 程序动态地自动调节辊缝，以消除或减少带钢纵向厚度偏差，得到符合厚度公差要求并且厚度均匀的产品。现代新建带钢热连轧机和对旧轧机的改造，广泛采用液压压下机构，这是因为液压 AGC 系统的响应速度快，控制精度高，并且能够改变轧机刚度系数，实现变刚度控制。

关于自动厚度控制的详细叙述见第 4 章。

作为另一关键质量指标，带钢的板形精度（凸度和平直度）在精轧机控制中的重要性日益突出，其控制难度也最大。与厚度类似，过程计算机板形设定模型（包括自学习）精度决定了带钢头部凸度和平直度，而带钢全长的板形则需由基础自动化级的自动板形控制系统（ASC）来保证。ASC 设有前馈板形控制（FF-ASC）及反馈板形控制（FB-ASC）。FF-ASC 主要是指用弯辊力来补偿 AGC 造成的轧制力变动对凸度和平直度的影响，而 FB-ASC的使用则决定于是否具有可靠的板形反馈信号，即是否设置了高速响应的凸度仪（多点 X 射线方式而不是横移式测厚仪）及平直度仪。

目前采用的激光式平直度仪的效果因带钢咬入卷取机后建立张力绷直而大为减弱，为此一些单位研制了活套辊式平直度仪。板形控制的效果不仅取决于板形控制软件的算法，而且相当大程度上也与轧机板形调整机械装置的类型及选择有关（原始辊型以及可调辊缝凸度的窜辊装置或平辊窜辊/弯辊装置），而这些装置的选配与布局又与板形控制策略有关。

关于板形控制的详细叙述见第 4 章。

为使带钢的晶体结构及力学性能满足要求，除了轧件的形变控制外，还要对与带钢的相变过程密切相关的终轧温度进行准确控制。带钢的精轧终轧温度决定于来料温度、穿带和轧制速度、机架间喷水冷却条件以及轧件变形过程中所形成的轧制热和接触冷却等诸多因素。终轧温度控制由 L1、L2 两级计算机系统共同完成。在较早的终轧温度控制系统中，过程控制计算机（L2）的相关功能主要用于控制带钢头部的终轧温度，其控制精度取决于终轧温度设定计算所依据的数学模型对诸影响因素的考虑是否全面和参数是否准确，而基础自动化控制级（L1）的终轧温度控制（FTC）功能则将通过诸影响因素中可控量的调节来保证带钢全长温度均匀。其具体实现为：L2级根据带钢成品规格和终轧温度控制的要求，决定除鳞和机架间喷水模式的初始设定。L1级将通过喷水量的动态调节，进行带钢全长终轧温度恒定的反馈控制。此外，L1级还要完成机架间喷水的开闭时序控制。

随着过程计算机能力的大幅增长以及温度控制数学模型精度的提高，在更现代的终轧温度控制系统中，L2级不仅对带钢头部而且还对带钢全长各采样点都执行动态设定（前馈控制），同时根据实测温度完成控制模型的反馈修正，而L1级则只用于控制动作的实时执行。这种系统显著提高了终轧温度控制精度。

在精轧机的轧制过程中，通常采用如下几种控制手段（可控量）对带钢终轧温度实行动态控制：（1）决定适当的穿带速度；（2）调整轧机的加速度；（3）调整机架间喷水集管的数量；（4）调整冷却水的压力和流量。

终轧温度控制精度除决定于设定模型中温降模型（包括自学习）的精度外，很大程度上还依赖于机架间喷水的控制精度。当机架间喷水控制为简单的 ON/OFF 形式时，其控制粒度较粗，开启或关闭一个机架间的全部喷水量将造成终轧温度 8~10℃ 的变化。近年来，在机架间喷水控制方面又有新发展，即除了通过改变喷水组数来改变水量以外，还通过动态地调节阀门的开度来改变水压和流量，实现对喷水量的精细调节，以改善带钢终轧温度的均匀程度。目前，这种通过连续调节流量来提高控制精度的机架间喷水装置已使用得越来越多，对提高终轧温度控制精度有明显作用。此外，如在精轧机组内设立一、二个测温仪，可使控制策略更为灵活，有利于终轧温度精度的提高。

关于终轧温度控制的详细叙述见第 4 章。

带钢在精轧机组中连轧时，为保持金属秒流量平衡，避免出现堆钢或拉钢的不稳定连轧现象，应由活套控制系统利用起缓冲作用的活套装置实行恒定的微张力和微套量控制。活套控制主要有以下功能：（1）活套的高度控制；（2）活套的张力控制；（3）活套的顺序控制（起落套）；（4）活套的补偿控制。

关于活套控制的详细叙述见第 4 章。

2.1.5 热输出辊道

从带钢头部离开精轧机组末机架开始到头部卷入卷取机为止，计算机控制热输出辊道速度使之比精轧机组末机架出口带钢速度快（即速度超前），以通过辊道与带钢之间的动摩擦力给具有自由头部的带钢前段施加一个前张力，牵引带钢走行并防止带钢头部起皱。带钢头部咬入卷取机以后，辊道降速与精轧机组保持同步。带钢尾部离开精轧机组减速机架时，计算机控制辊道的速度使之慢于带钢速度（即速度滞后），以给具有自由尾部的带钢后段施加一个后张力，防止带钢尾部起皱。

轧后带钢的冷却速度和卷取温度对带钢的力学性能有重大影响，而这是通过位于热输出辊道上下方的层流冷却系统来控制的。

带钢进入 F_3 时由计算机对层流冷却进行预设定，即确定层流冷却系统的初始开水段数以及冷却方式（即带钢头尾是否冷却）。带钢在热输出辊道上运行时，计算机通过对层流冷却装置的冷却水段数目的动态设定和动态调节，按工艺规定的目标值控制带钢的卷取温度，这一功能称作卷取温度控制（CTC）。CTC 目前广泛采用的是以前馈控制为主，反馈控制为辅的"预设定＋动态设定＋反馈"方案，其中作为主体方式的预设定和动态设定的准确性在很大程度上依赖于层流冷却数学模型的精度。为此有些系统将层流冷却分成两段，利用前段强制冷却（控冷），中间留出时间使带钢温度均匀化，以及便于设置中间测温点以用于后段喷水阀的精确控制。

在具体实现时卷取温度控制可以全部放在 L2 级，而 L1 级仅用于层流装置喷水阀的开/关控制；亦可以将预设定放在 L2（包括模型自学习）级，而动态设定及反馈控制由 L1 完成。

层流装置冷却效果很大程度上取决于带钢表面蒸汽膜的破坏程度，以及为加强热交换而促使从喷水集管中新流出的水与带钢表面充分接触的能力，为此要重视侧喷嘴的设置（包括侧喷角的设计）。

由于层流冷却装置分布在近 100m 长的空间中，而在传统的检测仪表布置方式下，卷取温度测量仪又安装在层流冷却装置后面较远处，因此控制滞后很大，给卷取温度的控制造成一定的困难。

有关卷取温度控制的详细叙述见第 4 章。

2.1.6 卷取运输链区

带钢进入精轧机组第 1 机架时，过程计算机开始进行卷取设定计算，即计算出卷取区域（也包括热输出辊道）控制所需要的全部基准值。卷取设定计算不需使用复杂的数学模型，一般采用表格和简单计算公式相结合的方法，因此近年来在一些带钢热连轧计算机控制系统中已将卷取设定计算的功能从过程控制级下放到基础自动化级。

卷取区域（包括精轧出口至卷取机入口的辊道）的设定项目主要有：（1）夹送辊的辊缝；（2）助卷辊的辊缝；（3）侧导板的开口度；（4）热输出辊道、夹送辊、助卷辊、卷筒的速度；（5）卷筒的张力、超前率；（6）助卷辊的超前率；（7）夹送辊的超前率、滞后率；（8）热输出辊道的超前率和滞后率。

热轧生产线通常有 2 ~ 3 台卷取机，以交替方式进行工作，当前材卷取完毕但尚未完成卸卷时，可由另一台卷取机对后材进行卷取，以保证轧机的轧制节奏不受影响。卷取机的正确选择及其可靠实现与人员、设备安全及带钢成材率关系很大，该功能由卷取机选择逻辑完成。

卷取主令控制程序将完成卷取机的卷筒、夹送辊、助卷辊及机上辊道等设备在卷取机待机阶段的速度控制，包括超前率控制。此外，该程序还要实现带钢上卷后卷筒从速度控制到张力控制的切换；精轧机末架抛钢后夹送辊从转矩控制（零电流控制）到速度控制的切换，包括滞后率控制；以及卷取即将结束时卷筒从转矩控制到角位置控制的切换，以实现带钢尾部准确定位控制。

为使带钢卷绕得整齐紧密及卷形良好，需实行张力卷取，并在整个卷取过程中对卷取张力实现准确控制。卷取张力控制是卷取区最重要的控制功能，包括初始张力建立、轧制时卷取机与夹送辊之间以及夹送辊与精轧末架之间的恒张控制、精轧末架抛钢后卷取机与夹送辊之间的恒张控制等几个阶段，并主要通过卷筒电机的转矩控制来实现。

侧导板、夹送辊、活动挡板、上下导板、卷筒、助卷辊及助卷导板等共同构成了带钢卷取通道，而有关设备的开口度、辊缝、压力等则对带钢头部顺利上卷和保证卷形，具有至关重要的影响，并分别由卷取自动位置控制（APC）和压力控制程序实现其控制功能。

助卷辊的自动踏步控制（AJC）是液压卷取机的一项关键控制功能，也是现代卷取机的主要标志。AJC功能可有效克服带钢头端和助卷辊撞击所造成的带钢表面压痕，但为了实现这一功能，对带头检测精度、带头在卷取过程中的准确跟踪、助卷辊径向运动执行机构的快速性等，都有极高的要求，是带钢热连轧计算机控制系统中高技术含量功能之一。

带钢卷取完成后，卸卷程序负责完成一系列设备的顺序控制（包括卸卷小车的上升与平移、卷筒收缩、外支撑打开等），将钢卷从卷取机上卸下，然后再由打捆机进行打捆以防止松卷和便于安全运输。

打捆之后的钢卷由运卷小车放置在运输链上，再由运输链控制程序负责完成钢卷向下道工序的传送控制。在现代的热轧生产线上，为避免钢卷翻转后垂直放置时造成带钢折边从而影响成品质量，目前已普遍采用钢卷卧式运输方式，因此运输链上通常具有一系列用于固定钢卷防止其滚动的马鞍座，而这就给计算机控制的钢卷在运输链上的放置与步进式移动提出了较高的定位精度要求。这一功能也由运输链控制程序完成。

对于运输链上需要进行质量抽查和性能判定的钢卷应由计算机控制将其传送到检查线上，检查结果通过人机接口设备输入计算机，以便打印报表。

从成品管理的角度，所有钢卷都应进行称重和钢卷号打印。称重结束后，称重机把钢卷的实测重量传送给计算机，计算机要对称重结果进行检查，判断钢卷重量是否合理，如果卷重异常，则把计算重量作为钢卷重量，并产生报警信息。如果称重正常，计算机就设定"称重完成标志"，并向打印机输出打印命令和钢卷号，打印报表。

至此，基础自动化级和过程控制级计算机对该轧件的轧制过程控制结束，而钢卷在钢卷库、成品库的控制与管理则交由生产控制级计算机（L3）完成。实际上，在热连轧生产线上，往往同时有3~4个轧件按照流水线生产方式在不同的工序顺序进行加工，因此全轧线的计算机控制过程是十分复杂的。

2.1.7 其他

除前述按区域划分的功能外，热连轧计算机控制中还要提及的与全线有关的几个功能是自学习功能、质量分类和模拟轧钢。

自学习功能是利用前一块带钢实际轧制的结果，对下一块钢将要使用的一系列模型参数进行修正计算，以便使数学模型更加精确。在自学习算法中，并不是单独使用前一块带钢的实测数据进行学习，而是要用平滑系数对其加权并与此前的历史数据进行综合，再对模型参数给予修正，以增加模型的稳定性。

一般的带钢热轧计算机系统中，参与学习的参数有：精轧温度模型系数、轧制力模型系数、合金钢的钢种系数等。

质量分类就是按照预先给定的偏差范围，对每卷成品带钢的实测厚度、宽度、精轧出口温度、卷取温度、带钢的凸度和平直度进行统计，计算出落入各个偏差区间的采样点数在带钢总长度内所占的百分比是多少。

过程控制计算机把成品的厚度、宽度、温度、凸度和平直度的目标值及分类范围传送给基础自动化控制器，由基础自动化级完成质量分类功能，然后将分类的实际结果发送给过程控制计算机，作为控制精度的评价指标。在带钢热连轧计算机控制系统中，目前一般是沿带钢长度方向以 1m 为单位进行采样，并依据采样数据进行质量分类。

模拟轧钢是利用软件，根据预先确定的时间间隔，模拟轧件通过轧制生产线（从加热炉出口至卷取机）时所产生的各种检测信号，以此启动相应的程序运行。除了轧制线上没有真正的轧件以外，对计算机控制系统而言，应用程序的运行与实际轧钢基本相同，只是那些需要使用实际测量值并具有反馈控制功能的程序（例如 AGC、AWC、自适应等）不能简单地模拟运行。通过模拟轧钢，可以对系统进行调试，并可以对机械、电气、仪表、计算机设备等进行运行检查。

2.2　带钢热连轧计算机系统的分级与功能划分

现代化的钢铁联合企业的带钢热连轧生产线，从多品种、小批量、高质量、节约能源、提高生产率、降低成本、充分满足用户的要求出发，大多数都配置了从设备控制到生产管理的较完善的多级计算机系统，对此我们已在上一节关于控制流程的描述中有了一定的感性认识。本节将从控制系统的角度，对热轧计算机系统的分级与功能划分进一步集中描述。

一个比较完备的热轧计算机系统一般由四级构成，即：

（1）基础自动化级（L1 级），主要完成设备的顺序控制、位置控制、速度控制、质量控制（厚度、宽度、温度、板形），以及加热炉热工参数控制等任务。

（2）过程控制级（L2 级），主要执行基于数学模型的轧制规程制定与优化功能，完成轧制工艺控制参数和设备控制参数目标值的设定计算任务。

（3）生产控制级（L3 级），主要完成生产计划的调整和发行，生产实绩的收集、处理和上传给生产管理级，对三库（板坯库、钢卷库、成品库）进行管理，以及进行产品质量监控等任务。目前这一级的任务多由厂级 MES 系统完成。

（4）生产管理级（L4 级），除了 L3 级的功能以外，其余的生产管理任务多由生产管理级及 ERP 系统完成，主要包括合同管理、生产计划编制、各生产线的相互协调、按合同申请材料、将作业计划下发给 L3 级、收集 L3 级的生产实绩、跟踪生产情况和质量情况、组织成品出厂发货等任务。目前这一级的任务多由公司级 ERP 系统完成。

2.2.1　生产管理计算机系统功能

生产管理计算机系统的管理范围应从接受用户订单开始，包括合同处理、质量设计、制定生产计划、协调各工序生产、收集生产实绩、对库存和质量进行管理、制定出厂计划、进行用户账务管理、结算等整个营销和生产活动的全过程。

生产管理计算机系统的主要功能概述如下。

2.2.1.1　销售管理

销售管理包括：用户管理，订货处理，可售资源、贷款、账务的管理等内容。销售管理系统主要完成用户订货、审查用户订货内容、对热轧板/卷的期货、现货资源进行管理和分配，并对销售的热轧产品进行财务结算等工作。

2.2.1.2　合同管理

合同管理包括：用户合同处理、归并、分配和计划，以及合同的跟踪、材料的充当和申请、成品的准发等内容。合同管理主要完成下述工作：

（1）登录用户合同，并对用户合同的数据完整性进行检查，确认定货的产品能否进行生产和能否按时交货，把用户合同转成生产合同。

（2）与质量管理系统中的产品规范管理和冶金规范管理功能相结合，进行产品的质量设计及制造规格设计。

（3）制定各生产工序的质量控制参数、生产途径、计算材料规格和材料用量。

（4）进行合同归并，对钢卷余材和板坯余材进行分配处理，向炼钢提出材料申请。

（5）管理产成品与用户合同的匹配关系，将符合用户要求的热轧板/卷编成准发计划。

（6）对用户合同进行跟踪，管理合同的材料量、库存和欠量，进行合同结案处理。

2.2.1.3　生产计划编制

综合考虑炼钢、连铸、热轧等各生产区域的生产能力，统筹制订出月、周、日生产计划，在日计划的基础上根据对前工序的材料申请、存货情况、合同状况、合同对材料的要求、冷/热装（直接热装、保温热装）要求、交货期要求，变成炼钢计划、浇铸计划、热轧轧制计划，分别下达给炼钢和热轧厂的 L3 级。特别对于直接热装生产工艺，为了保证将高温连铸坯按时、顺利地送到热轧，需要炼钢、连铸、热轧各生产工序的高度同步，因此，除了应当编制出高度准确的直接热装生产计划外，还要根据炼钢、连铸、热轧的生产状况，随时对直接热装生产计划进行调整。

2.2.1.4　存货管理

对连铸板坯、热轧产品的存货进行管理，处理 L3 级上传来的所有生产实绩，计划调整信息、质量信息，对热轧生产和物流进行控制。

2.2.1.5　质量管理

管理产品规范、冶金规范，根据用户订货规格及规范规定的质量技术标准，进行产品的质量设计。收集产成品的检、化验结果，并对其质量进行跟踪和判定，管理废次品，产生质保书。

2.2.1.6　产成品管理

接受热轧板卷的入库，对发货、存货、结算情况、运输车船状况进行管理，为出厂计划提供依据，打印向用户提供的运单和质保书。

2.2.1.7　发货管理

对成品出厂资源进行平衡、调度、预分配，计算出厂能力，制定出月、周、日、班出厂计划、转库计划，并对计划进行跟踪和管理。为保证严格按期交货，降低库房负荷率和运输成本，在制定计划时要考虑用户合同的交货日期要求、库存量、运输手段及中转地等因素，并把编制好的发货计划传送给 L3 级计算机。

2.2.1.8　财务管理

财务管理由普通会计、成本会计、固定资产、库存账务管理等系统组成。它接受来自存货管理系统、出厂管理系统的信息，每天对这些信息进行收账、对账、成本核算、产量统计，制作财务报表等。

2.2.2 生产控制计算机系统功能

热轧带钢厂的生产控制计算机系统的生产控制范围从热轧厂的板坯库入口开始，到成品库发货口为止，包括板坯库区、加热炉区、轧机区、卷取区、钢卷库区、成品库区，以及磨辊间等所有生产区域。有关生产、技术、计划等管理部门的生产管理控制功能也在生产控制计算机系统完成。

生产控制计算机系统的主要功能概述如下。

2.2.2.1 生产计划调整

由于生产管理级（L4 级）计算机在编制轧制计划（包括板坯号、钢卷号、冷/热装标识、板坯尺寸、成品卷尺寸、目标值、冷却规程等）时，不知道板坯在板坯库的具体堆放位置，因此，计划中的轧制顺序的排列，可能造成库内板坯大量倒垛，影响板坯库的作业率和向加热炉上料，所以在装炉前必须对 L4 级送来的轧制计划进行优化调整，根据生产进行情况和板坯库的堆垛状况，调整轧制顺序，删除或调整轧制计划，然后处理成轧制命令传送给过程控制计算机（L2 级）。

生产控制计算机为支持热装计划的执行，应随时掌握从炼钢开始，经精炼处理、连铸开浇、铸坯切割、板坯到达热轧接受点等各生产关键环节的生产时刻，及板坯缺陷、温度、到达顺序、板坯缺号等情况，并根据板坯库中冷坯及保温坑中热坯的存量情况，加热炉、轧线的生产状况，以及装炉时间要求等来调整热装轧制计划，甚至删除一部分或取消整个热装计划。热装轧制计划优化调整好后，处理成轧制命令下达给过程控制计算机（L2 级）。

L4 级编制的精整计划（包括钢卷号/捆包号、精整目标值、分卷数/块数、规格、质量等），是根据热轧钢卷库中堆冷后的钢卷材源情况和交货期编制的，并不知道钢卷的具体堆放位置以及精整线设备的运转状况，因此精整计划与生产实际情况存在差异。为保证精整计划的顺利执行，L3 级必须根据钢卷的具体堆放位置、精整线设备的运转状况、成品库的状况，优化精整计划，改变精整计划顺序，删除或调整精整计划，并处理成精整命令显示/打印给精整线的生产操作人员。

2.2.2.2 材料跟踪

L3 级的跟踪范围从板坯库入口开始，经过加热炉、轧线，直至成品库出口。系统以单块板坯、单个钢卷为单位进行材料跟踪。在材料跟踪功能中，生产控制计算机从下级计算机采集每一轧件从板坯至成品钢卷的生产全过程的工艺参数及控制参数，形成该钢卷的技术档案，以供产品的质量分析及新产品开发使用。

2.2.2.3 三库管理与控制

L3 级对三库（板坯库、钢卷库、成品库）进行管理与控制，其主要任务是：

（1）板坯/钢卷的入库、库内移动、出库作业管理。

（2）搬运作业命令的执行，以及板坯/钢卷移动和堆放实绩的管理。

（3）板坯/钢卷的封锁、释放、余材、判废管理。

（4）吊车、运输辊道、过跨台车等搬运设备的跟踪、控制。

（5）库图管理。

在三库中执行搬运任务的吊车装备有吊车自动跟踪系统，通过无线电/激光和 L3 级进行通信，接受 L3 级的指令，并将指令显示在吊车司机室的终端上。吊车司机按指令执行搬运任务。吊车自动跟踪系统可在 X、Y、Z 三个方向定位，定位精度可达 ±2mm。

2.2.2.4　质量控制

根据带钢的温度、厚度、宽度、板形、表面质量等数据对钢卷的质量进行判定，管理人员可根据轧制状况和质量判定情况，改变判定结果和下工序去向，指出待查钢卷，发出送往机械实验室的指示，接收机械实验数据和判定结果数据，并对这些数据进行统计分析处理。

2.2.2.5　发货管理

接收来自 L4 级的发货计划，根据掌握的发货材源清单（包括钢卷号、用户名、规格、质量、堆放位置等），确认发货品，释放或取消发货计划，给出发货指示，接受操作员从终端送入的发货实绩，打印发货票。

2.2.2.6　实绩数据收集

收集、处理并上传给 L4 级生产实绩数据、机械试验结果等质量数据、成品发货实绩数据。这些数据的准确掌握是质量管理、合同管理，以及成材率、作业率计算等不可缺少的项目。实绩数据收集不仅可把接收到的数据反映到下工序的生产指示中去，并可进一步提高产品质量和生产率，改善操作和管理水平。

2.2.2.7　生产作业管理支持

生产作业管理支持的目的是把生产状况显示/打印给生产操作和管理人员，以获得最佳的生产作业，其主要内容有：

（1）板坯库、钢卷库、成品库状况显示。

（2）生产计划和操作命令的显示及变更修正输入。

（3）生产实绩数据（板坯处理量、热轧卷产量、异常材状况、收得率、冷热装比率等）的显示和统计分析。

（4）各种报表（生产计划、发货计划、发货记录、班报、日报）的输出。

（5）连铸浇铸状况信息接收和显示。

2.2.2.8　磨辊间管理

磨辊间管理主要是对轧机工作辊、支撑辊的库存和研磨实绩进行管理。所有轧辊从购入日起就开始登录，按其研磨实绩、轧制实绩、使用实绩进行管理，直到轧辊报废。每个轧辊都要按使用中、准备中、研磨中进行登记和显示，并把轧制计划显示给磨辊间操作人员，以便按计划研磨和供辊。

2.2.3　过程控制计算机系统功能

现代热轧过程计算机的控制范围从板坯核对开始，到钢卷称重、喷印结束，包括加热炉、大侧压机、粗轧机、热卷箱、精轧机、层流冷却、卷取机及运输链等设备。其主要作用是通过数学模型的计算，完成工艺过程参数和设备控制参数目标值的设定，规定轧制过程和轧机等设备的静态工作点，从而提高带钢成品头部的厚度、宽度、温度、凸度及平直度等质量目标的命中率，为带钢全长的质量控制提供良好的初始状态。其主要功能包括：加热炉燃烧控制、数据跟踪、轧制节奏控制、粗轧设定计算、自动宽度控制、精轧设定计算、自动厚度控制、终轧温度控制、板形控制、卷取温度控制和卷取机设定计算等。

2.2.3.1   加热炉燃烧自动控制（ACC）

加热炉燃烧自动控制通过计算加热炉各段炉温的设定值，使每块板坯在预定的出炉时刻能够达到规定的出炉目标温度和均热度，适应多品种小批量生产的要求，实现保证产品质量、节约能源、自动操作运转的目的。其主要内容包括：（1）板坯装炉温度计算；（2）炉内板坯温度计算；（3）炉内跟踪；（4）炉温设定值计算机模型自学习；（5）必要的在炉时间计算；（6）出炉温度计算；（7）停炉处理。

2.2.3.2   数据跟踪

轧线跟踪的目的有两个，一是跟踪板坯（带钢）在轧线上的位置（一般是指板坯处于那一个跟踪区），这一般由 L1 负责；二是跟踪处在某个位置的板坯（带钢）的数据以用于设定模型，这主要由 L2 完成。为此需由 L1 向 L2 发送位置跟踪的结果（如果操作员用 L1 画面进行了跟踪修正，则送 L2 的为修正后的结果）。

每一块板坯在运送到炉前上料辊道时，过程计算机会将与此板坯有关的初始数据（由 L3 按轧制计划传送给 L2 的或由计划员用 L2 终端输入的信息，包括板坯的材质成分、板坯厚度、宽度以及要求轧制的成品厚度、宽度、凸度及温度等）送此板坯的数据区，此数据区将随板坯位置在各跟踪区间的移动而移动，以便数据能与板坯对号入座。

在板坯移动时，通过各种检测仪表获得的实测数据将充实到随此板坯移动的数据区中，当板坯（带钢）到达设定启动位置时设定程序将从与启动点位置相应的数据区中取出有关（该板坯）数据进行设定计算，设定结果除下送 L1 外，一般亦将送入此板坯的数据区以便最后打印本板坯（带钢）的 LOG 表。

2.2.3.3   轧制节奏控制

轧制节奏控制主要是协调加热炉和轧线之间的生产操作，根据板坯在加热炉内的加热状况和轧线上的实际轧制状况，控制加热炉的最佳出坯时刻，以实现板坯的顺利输送和提高生产率。

2.2.3.4   粗轧机设定

根据轧制计划提供的数据，进行平辊和立辊机架各道次的设定计算，以实现粗轧出口的目标温度、目标宽度和目标厚度。设定计算内容包括：各粗轧机架轧制道次数、水平轧机压下位置、立辊轧机开口度、轧制速度、轧制力、除鳞等设定值。

除上述粗轧常规设定内容外，对具有自动宽度控制（AWC）功能的轧机，还需进行自动宽度控制设定。宽度控制包括静态控制和动态控制两类，过程计算机主要完成静态控制，动态控制则由基础自动化级完成。

自动宽度控制设定即静态控制的内容为：

（1）带钢宽度预设定控制，即计算粗轧各立辊轧机的开口度值，并给出轧件头尾短行程控制曲线。

（2）带钢宽度自适应控制。

2.2.3.5   热卷箱的设定计算

根据带钢的厚度、宽度、入口速度、材质硬度、弯曲辊的直径等计算弯曲辊的位置、入口和出口侧导板的位置基准值以及弯曲辊的张力基准值等。

2.2.3.6　精轧设定计算

精轧设定计算功能依据基于轧制理论的数学模型，计算精轧各机架的轧制温度、轧制压力等物理量的预报值，进而决定精轧机和其他精轧设备的设定值，以满足对精轧目标终轧温度，成品带钢目标宽度、厚度、凸度及平直度等的要求。

精轧设定计算的主要功能包括：

（1）输入处理。从相关功能模块获得为精轧轧制规程计算所必需的计算值、实际测量值、轧制计划目标值、操作人员输入值等数据，并进行相应的处理。

（2）精轧入口温度保证。根据粗轧出口温度和带钢在中间辊道上的运行时间，依据温降模型计算精轧入口温度。为使其达到目标温度，确定中间辊道上保温罩的使用方式，并计算带钢在中间辊道上的摆动时间。

（3）轧制规程的计算。依据目标终轧温度和负荷分配模型，计算各机架的轧制温度、轧制速度和压下量，并用变形抗力模型、轧制力模型、电机功率模型、前滑率模型等基于轧制理论的数学模型，计算出轧制力、轧制力矩和轧制功率等物理量，进行设备力能参数校核。当任一机架的力能参数大于设备允许值时则要对轧制规程进行重新计算，直到满足要求为止。

（4）设定值的确定。通过上述计算，最终决定满足轧制规程的所有精轧设定值，包括保温罩的开闭、带钢在中间辊道上的摆动时间、剪切方式、穿带速度、加速度、轧机速度、最大速度、抛钢速度、压下位置、侧导板开口度、弯辊力、活套张力、除鳞方式和机架间喷水模式等。

（5）动态设定计算。此功能也称穿带自适应功能，即在精轧机前几个机架（如 $F_1 \sim F_3$）咬钢时，根据精轧机实际轧制力和设定计算时给出的预测轧制力的差，对后几个机架的压下位置在咬钢之前进行调整，使设定值更为准确。

2.2.3.7　板形控制

板形控制通常指凸度控制和平直度控制。为了控制板形，已经开发了各种轧机，而轧机形式不同，其控制的数学模型也有所不同，相应地板形设定的内容也有差异。板形设定模型的主要内容包括：

（1）初始化模型。初始化模型根据轧辊辊径和轧辊材质等初始参数，计算板形模型所需参数的初始值，并对工作辊温度分布模型中轧辊划分参数进行计算。

（2）轧辊温度分布和热凸度模型。本模型首先确定轧辊内的温度场，然后根据温度场的计算结果求解轧辊热变形后的凸度。

（3）轧辊磨损模型。建立轧辊磨损的理论模型比较困难，因而多使用统计回归模型计算磨损量。

（4）凸度设定模型。凸度设定模型是板形模型的核心，各机架带钢凸度分配的基本原则是在允许的凸度控制范围内保持比例凸度恒定。

带钢平直度控制是通过前馈控制和反馈控制动态地调节精轧后部机架的弯辊力来实现的，由 L1 级完成。

2.2.3.8　精轧终轧温度控制（FTC）

精轧终轧温度通常取决于精轧设定计算。通过控制穿带速度、加速度、除鳞方式、机架间喷水方式和喷水压力，将终轧温度控制在最佳范围。

对于温度要求严格的产品，可根据实测的精轧出口温度，通过反馈控制的方法进行准确控制，但这不属于 L2 级的任务，而是由 L1 级完成。

2.2.3.9   卷取温度控制（CTC）

卷取温度控制是决定带钢产品力学性能的一项主要质量功能，并由过程控制级和基础自动化级共同完成。

过程控制级依据冷却策略，进行开阀数的初始设定计算。当带钢到达精轧机内时，根据轧制计划数据和操作人员输入的相关信息，进行控制方式和冷却模式的选择及控制参数的设定计算，并根据预测终轧温度和目标卷取温度进行冷却水量计算，确定阀门开闭模式，然后传送给基础自动化级执行。

2.2.3.10   卷取机设定计算（CSU）

计算卷取机卷取所需要的所有设定值，以保证带钢具有良好的卷形。卷取设定计算的主要内容包括：夹送辊辊缝、夹送辊压力、助卷辊辊缝、助卷辊压力、卷取张力、侧导板开口度、卷取区设备速度的超前率和滞后率等。

2.2.4   基础自动化系统功能

基础自动化系统的应用软件包括轧线跟踪、模拟轧钢等全线性的功能及按区域划分的各项功能。整个热轧生产线包括板坯库、加热炉、粗轧、精轧、卷取、钢卷运送、热轧平整分卷线、地下油库等区域。其主要功能分述如下。

2.2.4.1   轧线跟踪

基础自动化一般负责轧件的位置（跟踪区）跟踪，为此根据工艺需要将轧线分为二十多个跟踪区。跟踪结果一方面送 L2 以便进行数据跟踪（见过程自动化部分），另一方面用于 L1 的节奏控制，运送控制及碰撞检查。

轧件跟踪的主要检测元件为 CMD（冷金属检测器，用于炉前上料及装料辊道，但当工艺上采用热装时则将使用 HMD）、HMD（热金属检测器）及 LR（负荷继电器—轧件进入轧机时轧制力或电流的跃变信号）。

轧件跟踪不是根据 CMD、HMD、LR 的状态信息（ON 或 OFF）而是根据它们的状态变化信息（OFF→ON 称为检得，ON→OFF 称为检失）来发现轧件的到来及离开，通常将这些信息称为"事件"。计算机控制系统正是通过对这些事件的实时感知，及时调度相应的事件处理程序以完成特定的功能，使整个轧制过程能够有序地正确进行。

CMD、HMD 及 LR 主要设置在跟踪区的边界处（两个跟踪区之间），以用来判断轧件离开或进入某跟踪区。除此之外还将设置在某些特殊地点以便利用检得或检失事件来启动或停止 L1 特定程序的运行。这些事件一般需和跟踪结果（轧件处于某个跟踪区）一起上送 L2，以便启动或停止 L2 的程序，例如"轧件到达粗轧出口处设定点"的事件将用来启动精轧设定程序。

为了及时判断轧件（轧线上可有多个轧件）位置的变化，一般每 100ms 对所有跟踪检测元件的状态进行采样，通过上次采样状态及本次采样状态的比较可分析出哪些检测元件发生了状态变化以及是发生了检得还是检失变化，以便跟踪轧件位置（跟踪区）变化，并通过查检得表和检失表来决定启动或停止哪个功能程序。

2.2.4.2 板坯库区域

板坯库区域主要完成以下控制功能：

（1）板坯库辊道设备运转的顺序控制；

（2）称量机板坯位置控制；

（3）称量结果向 L2、L3 级计算机传送；

（4）接受板坯库 L3 级计算机的板坯搬运指令；

（5）传感器跟踪信号向板坯库 L3 级计算机传送；

（6）人机接口功能。

2.2.4.3 加热炉区域

加热炉区域主要完成以下控制功能：

（1）加热炉入口侧辊道顺序控制；

（2）板坯在加热炉前的测长及对中控制；

（3）装料机的顺序控制、行程控制及板坯测宽；

（4）装料炉门的控制；

（5）步进梁的顺序控制及行程控制；

（6）出料炉门的控制；

（7）出料机的顺序控制及行程控制；

（8）实际数据收集及称量；

（9）向 L2 级计算机传送实际数据，接收 L2 级计算机的设定数据；

（10）人机接口功能；

（11）加热炉数据采集用记录仪的自动启/停功能。

2.2.4.4 粗轧区域

粗轧区域主要完成以下控制功能：

（1）粗轧机与前后辊道的速度控制；

（2）粗轧除鳞控制；

（3）粗轧压下零调；

（4）侧导板开口度控制；

（5）粗轧压下位置控制；

（6）粗轧压下液压微调控制；

（7）侧压轧机（SP）板坯侧压控制；

（8）SP 入口辊道提升装置的升降控制；

（9）SP 模块更换的自动位置控制（APC）；

（10）轧线仪表用记录仪的自动启/停控制；

（11）粗轧换辊控制；

（12）实际数据的收集处理；

（13）向 L2 级计算机传送实际数据，接受 L2 级计算机的设定数据；

（14）粗轧自动宽度控制（RWAC），其中包括反馈宽度控制（RF-RAWC）、前馈宽度控制（FF-RAWC）、短行程宽度控制（SSC）、动态设定、缩颈补偿；

（15）人机接口功能。

2.2.4.5　精轧区域

精轧区域主要完成以下控制功能：

（1）延迟辊道与粗轧、飞剪、精轧的速度协调控制与摆动控制；

（2）延迟辊道及飞剪运转的顺序控制；

（3）飞剪前测量辊的升降控制及测长控制；

（4）飞剪控制与优化剪切；

（5）除鳞箱喷水阀开/闭控制；

（6）飞剪前与精轧机入口侧导板开度控制；

（7）精轧前立辊轧机（F_1E）速度控制；

（8）精轧前立辊开口度控制；

（9）精轧机速度控制；

（10）活套高度控制；

（11）活套张力控制；

（12）液压压下自动位置控制；

（13）自动厚度控制（AGC），包括加速补偿、压下补偿、轧辊偏心补偿、轧机弹性模量的非线性补偿、轧机弹性模量的支撑辊直径补偿、轧机弹性模量的宽度补偿、轧辊热变形补偿、支撑辊轴承油膜厚度补偿、带尾失张补偿、带钢硬度补偿、负荷重新分配补偿、前馈补偿、机架速度 AGC 的质量流补偿；

（14）PC 轧机交叉角自动位置控制；

（15）精轧窜辊控制；

（16）精轧弯辊控制；

（17）精轧板形控制，其中包括 FB-ASC（反馈板形控制）、FF-ASC（前馈板形控制）、板形保持、出口机架的平直度自动闭环控制；

（18）精轧终轧温度控制（FTC）；

（19）精轧换辊控制；

（20）轧机的零调控制；

（21）精轧在线磨辊控制；

（22）轧辊冷却控制；

（23）实际数据的收集处理；

（24）向 L2 级计算机传送实际数据，接收 L2 级计算机的设定数据；

（25）轧线仪表用记录仪的自动启/停控制；

（26）人机接口功能。

2.2.4.6　卷取区域

卷取区域主要完成以下控制功能：

（1）热输出辊道速度控制；

（2）卷取机自动选择；

（3）侧导板开度控制；

（4）夹送辊前侧导板的短行程控制；

（5）夹送辊控制；

（6）卷筒、夹送辊及助卷辊速度控制；

（7）卷径测量；

（8）卷取机张力控制；

（9）助卷辊自动踏步控制（AJC）；

（10）钢卷搬运设备的顺序控制；

（11）卷取温度控制（CTC）；

（12）实际数据的收集处理；

（13）向 L2 级计算机传送实际数据，接收 L2 级计算机的设定数据；

（14）质量分类功能（QCA）；

（15）轧线仪表用记录仪的自动启/停控制；

（16）人机接口功能。

2.2.4.7　钢卷运输系统

钢卷运输系统主要完成以下控制功能：

（1）钢卷运输系统上的钢卷搬运顺序控制；

（2）钢卷对中自动控制；

（3）检查线的控制；

（4）与称量机、喷印机的接口。

2.2.4.8　油库系统

热轧厂油库系统一般按工艺设备布置划分为三大部分，即粗轧区油库系统、精轧区油库系统和卷取区油库系统。

油库电气系统主要完成如下控制功能：

（1）板坯库、加热炉、粗轧、精轧、卷取设备用润滑油及液压油泵的顺序控制；

（2）除鳞泵设备的顺序控制；

（3）液压压下油系统的 PID 控制。

2.2.4.9　设备故障监测和监视系统（MDS）

设备故障监测和监视系统进行传动设备、机械设备、基础自动化系统的故障检测和监视以及记录、打印等。其主要功能为：

（1）传动设备监视，其中包括主要设备断路器开闭状态的周期性监视及显示、主要设备断路器操作情况的存储并打印、主要设备的故障状态周期性读入、故障时刻和故障项目的打印及显示。

（2）测量值监视，周期性地读出主要传动设备测量值（电机线圈和轴承温度，电机电流、电压等），当这些测量值过极限时，将异常时刻和故障项目在打印机上打印，并在故障恢复时，将故障恢复时刻在打印机上打印。

（3）传动设备负荷监视和数据跟踪。

（4）控制系统设备状态监视。

（5）机械设备监视功能，按一定周期读入主要的机械设备的数据（温度、压力），监视其数据值和前次读入时的变化量，当其数值超过一定量时，进行报警，并将报警信息和时刻在打印机上打印，当故障恢复时，将恢复信息和恢复时刻进行打印。

2.2.4.10 模拟轧钢

模拟轧钢范围包括从加热炉出口到卷取机为止的整个轧线。模拟轧钢功能模拟板坯在轧线上运行的时序，实时生成各检测器（HMD、温度计、负荷继电器等）的 ON/OFF 信号，自动化系统按此信号进行各个设备的预设定及 APC 动作，对计算机、电气、机械的正常运转进行确认，从而检验机械、电气传动、基础自动化 I/O 信号及应用软件（和过程机软件）的正确性。在无负荷试车阶段，该功能用于主轧线机电设备、公辅设施与计算机功能程序的联合调试；在热负荷试运转阶段，用于在试轧前快速完成机电设备检查及控制软件运行正常的确认；在正常生产时期，用于定期检修后的设备动作确认。

2.2.4.11 热轧平整分卷机组

热轧平整分卷机组主要完成以下控制功能：

（1）主令速度控制；

（2）开卷机及卷取机张力控制；

（3）各设备的逻辑顺序控制；

（4）液压推上系统位置控制、恒压力控制、倾斜及同步控制；

（5）伸长率自动测量及控制；

（6）通信功能；

（7）人机接口功能；

（8）实际数据的收集处理；

（9）向生产管理计算机传递实际数据，接收生产管理计算机的有关数据。

2.3 带钢热连轧计算机系统结构

2.3.1 带钢热连轧计算机控制系统结构的演变

伴随着计算机控制范围和控制功能的不断扩大和强化，以及以计算机、网络通信、PLC 等为代表的相关高技术领域的飞速进步，带钢热连轧计算机控制系统的结构也在不断演变和发展。

最初的计算机系统只使用一台小型计算机进行精轧设定计算，全部功能实行集中的单机控制。采用这种控制方式，当计算机系统发生任何局部故障时，都会影响到整个生产线，因此可靠性不高。尽管如此，在计算机还是奢侈品的 20 世纪 60 年代初期，也仅有少数实力雄厚的大公司才有可能在热带生产中引入计算机控制。

到 60 年代末期，由于小型计算机的推广应用，热轧计算机系统用几台小型计算机作为下位机对整个生产线各个区域分别进行直接数字控制（Direct Digital Control，DDC）、用一台中型计算机或超级小型机作为上位机进行监督控制（Supervisory Control Computer，SCC）的分级系统结构，由此形成了早期的两级计算机控制系统。这样的系统属于分级分区集中控制系统，与全线单机集中控制系统相比，其功能、性能、灵活性及可靠性都有了很大提高。

70 年代末期开始，随着微型计算机和可编程序控制器（PLC）的出现，分布控制系统开始越来越多地成为热带连轧机的首选计算机系统。分布控制系统将越来越庞大的热连轧计算机控制功能分配给众多的性价比很高的控制器来完成，从而使得在系统总体处理能力飞速增长的同时，控制了相应投资的攀升。在技术层面上，分布控制系统还具备控制功能强、控制方式灵活、系统扩展容易、可靠性高、故障处理及维修方便等重要优点，使得用分布控制系统取代集中控制系统成为一种必然的趋势，迄今已形成一统天下的局面。

近三十年来，计算机技术、信息技术、网络通信技术、PLC 技术等高新技术的持续迅猛发展，管控一体化技术的成熟，以及市场需求的催化，使得热轧计算机系统的更新换代步伐从来没有停止过。光纤高速网络、分布式数据库、基于 Internet 的远程诊断与技术支持、现场总线、面向对象的编程语言、强有力的人机交互系统、以神经元网络为代表的人工智能的应用等，越来越快、越来越多地全方位进入和渗透到热轧计算机系统中，令人目不暇接。当前，热轧计算机系统结构总体上可用"分级分布式"来表征，并且这种结构形式在可预见的将来将继续占据主导地位。

应该指出，带钢热连轧计算机系统的结构因基础自动化系统的不同而异，这也是在讨论热轧计算机系统结构时我们把主要注意力集中在基础自动化系统上的原因所在。

2.3.2 基础自动化系统组成及其特点

带钢热连轧基础自动化系统的控制范围从板坯库入口到运输链末端以及精整线和辅助设施，包括板坯库、加热炉、粗轧、精轧、卷取、钢卷运输链、热轧平整分卷线、液压润滑站、地下油库及机电设备的设备监视等。

基础自动化系统由高性能控制器（HPC）、可编程序控制器（PLC）、电气传动与液压传动控制器、本机 I/O 与远程 I/O、传感器与检测仪表、人机界面（HMI）、通信网络及编程器等组成。HPC 和 PLC 是基础自动化系统最重要的控制设备，用于生产过程的逻辑顺序控制、闭环调节控制、设备控制、质量控制、数据采集及处理等，其主要控制功能包括主令速度控制、自动位置控制、活套控制、自动厚度控制、自动宽度控制、温度控制、板形控制、卷取张力控制、卷取机踏步控制等。HMI 用于参数设定和修改、操作方式选择与操作命令输入、报警和故障显示、过程画面动态显示、系统状态显示等。通信网络用于各控制器之间、控制器与 HMI 之间、基础自动化系统与过程计算机之间的信息传递。编程器用于程序开发与调试。

由于热轧带钢生产工艺与设备的复杂性和特殊性，使得其基础自动化系统具有不同于其他生产过程控制系统的一系列特点，主要如下：

（1）要求快速控制。由于控制对象是机电设备（包括液压系统），因此要求实现快速控制。现代轧机设备参数及工艺参数的控制周期一般为 10~20ms（温度控制周期可以适当放长），液压位置控制或压力控制系统的控制周期应为 1~5ms，这和以热工参数（温度、压力、流量）为主的过程控制相比，控制周期约小一到两个数量级。

（2）控制功能多而且集中。以带钢热连轧精轧机组为例，7 个机架上集中了 70~80

个控制回路，即：1）包括压下、侧导板、弯辊系统在内的液压位置或压力控制；2）自动厚度控制（前馈、反馈、偏心补偿及监控 AGC）；3）自动板形控制（前馈及反馈板形控制）；4）主令速度控制；5）活套高度、活套张力控制；6）终轧温度控制。

实现如此高度集中的众多快速控制功能，必须具有强大的计算能力，因此要求采用多控制器及控制器内多处理器的系统结构。

（3）功能间相互影响。由于众多功能的最终影响都集中到轧件变形区，因此功能间相互影响显著。例如：当自动厚度控制系统调整压下时，必将使轧制力变化，从而改变轧辊挠曲变形而影响辊缝形状，最终影响带材出口断面形状及平直度（板形）；而当自动板形控制系统调整弯辊力控制带材断面形状及平直度时，必将改变辊缝形状而影响出口厚度。因此，功能间需要高速传递补偿信号。

（4）多个功能需共享输入和输出模块。例如：AGC 和 APC 都是输出控制信号控制电动压下或液压压下，活套高度控制和主令速度控制都是控制主电动机速度，AGC 和 ASC 都需要轧制力输入信号，AGC 和 APC 又都需要辊缝信号。

前两个特点要求系统采用处理能力强的快速 CPU，并采用多 CPU 控制器及多控制器系统，而后两个特点则要求系统具有快速通信能力。因此，快速处理能力及快速通信能力将是配置带钢热连轧基础自动化系统所必须考虑的特点。

2.3.3　计算机控制系统的结构

通过对国际上一些主要电气公司推出的热连轧计算机控制系统的对比研究，可将热连轧计算机系统的结构归纳为以下四种类型：

（1）总线型结构（以 20 世纪 80 年代美国西屋公司的 WDPF 系统为代表）。

（2）区域控制器群结构（美国 GE 公司的 DM2000 系统，德国 SIEMENS 公司的 SIMATIC TDC 系统）。

（3）超高速光纤环网结构（日本三菱电机公司 FDDI 系统，美国 VMIC 公司的内存映射网）。

（4）双网结构（基于 GE 公司的 RX7i PLC 和 VMIC 公司内存映射网的集成系统）。

2.3.3.1　总线型结构

总线型结构是最早出现的分布式控制系统结构形式，而西屋公司 20 世纪 80 年代中期推出的 WDPF 集散控制系统即为典型的总线型结构。虽然 WDPF 系统在新建热连轧机中已不再使用，但因 90 年代曾用于我国若干套热连轧机，且对总线型结构系统具有一定技术代表性，因此在此做一简介，以资借鉴。图 2-1 所示为用于我国某热连轧机的 WDPF 系统结构框图。

在 WDPF 系统中，过程计算机、DPU、MAC-DS 控制器和人机接口装置均连接在 WESTNET Ⅱ 通信网上，计算机系统的拓扑结构为总线型。此外，MAC-DS 控制器还连接在第二条总线型通信网 V-CHANNEL 上，用于实现快速通信。

WESTNET Ⅱ 用于基础自动化系统和过程自动化系统的通信（100ms 或 1s），以及各控制器之间的中速通信（100ms）。操作员站及工程师站亦连接在 WESTNET Ⅱ 网上。V-CHANNEL 用于各 MAC-DS 间的快速通信（3 ~ 5ms），同时用来连接传动控制器。

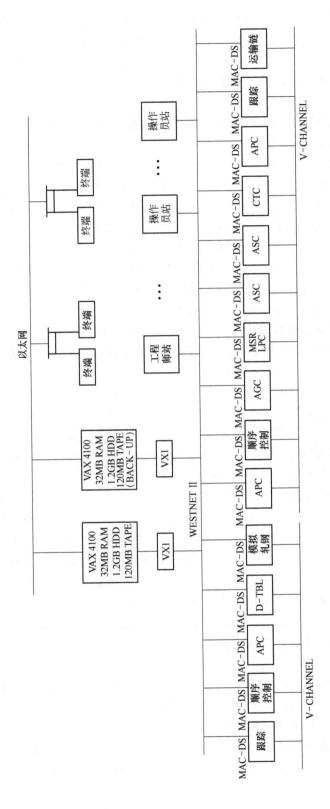

图 2-1　某热连轧厂 WDPF 系统结构框图

MAC-DS 控制器采用辅助处理器和特殊 I/O 来实现微张力、活套、主速度、位置以及厚度、板形等快速控制功能。多台 MAC-DS 的辅助处理器之间的高速通信通过 V-CHANNEL进行，主、辅处理器之间的数据交换则通过系统总线 MULTIBUS 完成。

WESTNET Ⅱ的分布数据库驻留在主内存板上，而 V-CHANNEL 的内存映象式分布数据库则驻留在辅助 CPU 板内存中。

从结构上来看，WDPF 系统在当时的年代满足了热连轧基础自动化系统对快速处理能力和快速通信能力的要求。

由于 WDPF 系统的 WESTNET Ⅱ 通信网络往往需要连接总数多达几十台的 DPU、MAC-DS、MMI 及过程控制计算机，因此站点比较多，通信负荷大，而这正是总线型结构的基本特点。在当时网速较低的局限下，为保证通信不发生冲突，WESTNET Ⅱ采用了广播式令牌传递方式，即按时间片让各个站轮流发送信息来与别的站进行通信。

WESTNET Ⅱ的基本通信周期为100ms，但因其通信量大，因此不能全部点都采用100ms 广播一次，为此设立了"1s 点"。WESTNET Ⅱ采用了分布式数据库结构，每个站都由用户在系统配置时指定该站的广播点和接收点，所指定的广播点在该站拿到令牌时发送出去，而当别的站广播时，则只将本站接收点的值予以更新。

V-CHANNEL 根据需要可分段设置，并严格限制需在 V-CHANNEL 上广播的变量数。V-CHANNEL 亦采用令牌传递广播方式，但其分布数据库使用的是内存映象模式，所有站的数据库互为镜像，并将在 3～5ms 内全部更新。

WDPF 系统所有人机界面站（MMI）都连接在 WESTNET Ⅱ 网上，轧线上任何一区的任意一台 MMI 都可以显示全轧线的所有画面，以及调出任一台 MAC 控制器的梯形图程序。因此，不论是加热炉区还是粗轧区、也不论是精轧区还是卷取区，所有的操作员和程序员都能通过任一台 MMI 看到整个生产线上的全部画面和控制程序，这是 WDPF 系统迄今仍对我们具有很大借鉴意义的一个重要优点。

WDPF 系统所采用的双总线结构（WESTNET Ⅱ 和 V-CHANNEL），在当代最新的用于快速过程控制的分布式系统中继续得到了发扬光大。一些大公司近年相继推出了功能类似于 V-CHANNEL 的高速网，例如西门子公司的全局数据内存网（GDM），GE（VMIC）公司的内存映射网（RT-net）。它们不仅有效实现了主网的数据分流、大大减轻了主网的通信负荷，更重要的是为大规模快速控制系统中大量检测、控制数据的实时交换提供了一条高速通道，其数据传输率甚至远远超过了标准的工控机背板总线，使得许多地理上分散的 PLC、HPC 控制器变成了一台虚拟的超大型多处理机控制器，大大提高了整个控制系统的性能，业已成为现代热连轧机计算机控制系统的标准配置。

2.3.3.2 区域控制器群结构

区域控制器群结构的基本特点是大量控制器按区（粗轧区、精轧区、卷取机区等）构成若干个控制器群。群内各控制器（包括传动控制器）通过高速局域网连接在一起，而其中仅有一台或少数几台挂在主网（L1 级和 L2 级间的网）上。

考虑到热连轧过程本身是由多个区域构成的（炉区、粗轧区、精轧区、卷取区等），区内功能相互联系密切，要求快速交换信息，而区与区之间功能联系相对来说要弱得多，通信速度要求相对较低，因此采用区域控制器群结构是比较合理的。控制器群内高速网一般采用令牌传递广播方式和内存映像方式，要求数据更新时间为 1 ~ 5ms。

区域控制器群本身通常分为两层。上面一层为本区的综合控制器，一般包括逻辑顺序控制、过程机下送设定值与人机界面的半自动设定值的管理、上送过程数据的预处理以及其他涉及全区的一些功能。第二层则为"功能"或"机架"控制器。按功能进行配置时，一台控制器负责完成整个机组的某一项控制功能（如 APC）；而按设备进行配置时，一台控制器负责完成一个机架的全部控制功能。传动控制器或者与机架控制器同等地连在区域控制器群的群内网上，或者另设传动网与机架控制器相接。区内高速网目前正越来越多地用光缆取代电缆。

在这种拓扑结构下，主网由于站数很少（总数减少到 10 个以内），加上许多要求快速交换的信息已在区域控制器群内交换，因此信息量大为减少，并且不是那样紧急，故往往选择比较容易维护使用的以太网来担当。对以太网来说，当通信负荷量小于网络带宽能力的 30% 时，各站随机发送数据产生碰撞的机会大大减少，从而可使其实时性得到提高。

一个区域内的多项功能将在多台控制器及控制器内多个 CPU 上分工执行，功能间的信息交换通过机箱内系统总线、群内高速网来实现，而群和群之间的信息交换则通过主网完成。这种多层通信网使快慢数据分流，提高了通信效率。在系统设计进行功能分配时，应充分考虑不同网络通信能力的差异和应用软件对不同数据通信速率要求的不同，对数据流进行合理的规划。

德国 SIEMENS 公司的 SIMATIC TDC 系统是这一类结构的典型代表。

SIMATIC TDC 系统是一种易于编程和设计的全数字模块化控制系统，广泛应用于传动和基础自动化领域。该系统能进行高速动态信息处理以及对特殊控制目标进行调节和控制，尤其适合于高速、实时的开环和闭环控制。

SIMATIC TDC 具有多种标准模块，例如处理器板、通信缓冲器、存储器、数字量输入/输出板、模拟量输入/输出板及通信板等，可根据具体功能要求进行配置。外部信号通过输入/输出模块与系统连接，这些标准接口模块提供了电气隔离、信号匹配和变换的能力。SIMATIC TDC 还提供了多种与其他设备、系统进行数据交换的通信手段。

SIMATIC TDC 使用的控制器都是多处理机结构，在一个机箱内一般可插入 4 ~ 8 个以"多主"方式工作的处理器模板，可实现具有高速、高精度控制要求的多个任务的并行处理。每个处理器模板都有其自己的程序和数据存储器，可独立地完成分配给它的任务。

SIMATIC TDC 的软件系统由系统软件、服务软件和控制软件组成。系统软件用于确定硬件配置，服务软件用于启动、在线调试及诊断。控制软件由功能块、功能包和主程序组成，用于完成工程应用中最主要的处理任务，包括开、闭环控制、工艺控制、通信及数学逻辑运算等功能。STRUC 编程软件提供了强大的编程手段和功能多样的标准软件模块及程序库，大大方便了应用软件的编程。

2.3.3.3　超高速光纤环网结构

超高速环网通常是基于 FDDI 的光纤网（上层协议各自不同），通信速度达到 100Mb/s，并有进一步提高到 1Gb/s 的趋势。由于所有过程机、基础自动化控制器、人机接口界面站都挂在此网上，因此快慢数据同网，最快的数据更新时间为 1.7ms，慢的为 100ms 和 1s。

日本三菱电机公司 20 世纪 90 年代中后期推出的热连轧计算机系统 MELPLAC 750 为

典型的超高速 FDDI 环网结构（见图 2-2），具有下述特点：

（1）增加了质量控制用小型计算机（AQC 或 ADVANCED DDC），将板形数学模型及板形自动控制功能、宽度数学模型及宽度自动控制功能、卷取温度控制模型等都放在此小型计算机内（也有些系统不采用 AQC 小型机）。

（2）为了 AQC 的快速输入输出，专门开发了直接挂在主网上的 DRIO 系统，即不需要基础自动化控制器读取后上送或代为输出。

（3）基础自动化采用可编程序控制器或多处理器控制器。

（4）数字传动（电气传动或液压传动）控制器与基础自动化控制器通过传动通信网相连。

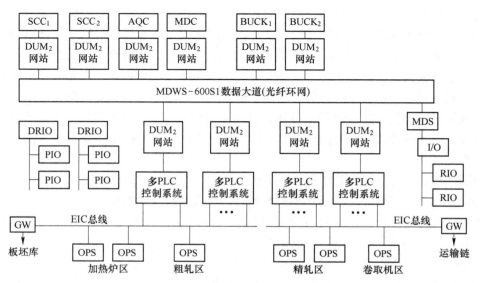

图 2-2　超高速光纤环网系统结构框图

MELPLAC 750 系统由 PLC 控制系统、MDWS-600S1 数据大道、DUM$_2$ 网站、EIC 系统总线及相连设备、DRIO、MDS（设备监视诊断系统）等部分组成。

该系统广泛采用网络通信技术将有关控制装置连接起来，构成了一个完整的、多网络的控制与管理系统。主要网络有 MDWS-600S1 光纤环网和 EIC 系统总线。

MDWS-600S1 光纤环网是实现上位机 SCC、DRIO、多 PLC 控制系统、MIDS 之间通信的数据大道，它采用 FDDI 标准，以光纤为传递媒体，传递速度为 100Mb/s，采用令牌传递方式。在 FFDI 网络中的所有连接都是双向链路。在一个完全连接的主干环网中，双向链路支持反向循环的双环结构。MDWS-600S1 环网的拓扑逻辑是将所有的节点逐个串行连接构成一个封闭的环路。信息传递是单向的，正常时一条环工作，一条环备用，两条环的信息传递相反。每个节点从前一个节点接收信息，向后一个节点传递信息。信息正常时沿环路而行，直至目的节点。每个节点的工作站（DUM$_2$）对信息有地址识别能力，如果 DUM$_2$ 判断信息中的地址符合本站地址，则接入本站，然后转给本站下面的多路控制器，再根据信息中的目的地址对各 CPU 进行分配。如果信息中的地址与本站地址不符，则继续传递，直至返回发送站。

EIC 系统总线用于实现 PLC 与 PLC，PLC 与 OPS 等设备之间的通信连接，而 PLC 又把电气传动系统、仪表控制、RIO 站连接起来，这样就组成了一个开放式的综合控制系统——EIC 系统。EIC 总线是一个具有较高可靠性的控制总线，具有总线异常监视和总线在线自动切换及恢复功能。其最大传输速率为 40Mb/s，传输媒体可以是同轴电缆或光纤。数据传送方式有循环、会话、广播等三种方式。

5 个"多 PLC"控制系统分别完成热轧板坯库、加热炉、粗轧、精轧、卷取等区域的板坯自动跟踪和所有设备的自动控制。DRIO、RIO 将一些重要的远程信息收集起来，送往 MDWS-600S1 网络或 EIC 系统总线。MDS 可对全厂 35kV、36kV 真空断路器进行遥控操作，对各种主要的电气设备和机械设备进行状态监视和故障诊断，对主要电气设备的检测数据进行计算分析，以获得较佳的设备维护信息。

2.3.3.4 我国自主设计和集成的快速过程计算机控制系统

我国从 20 世纪 90 年代中期开始，采用国际上先进的硬软件技术，以自主集成方式构建的热连轧计算机控制系统，已成功应用于包括鞍钢 2150mm ASP 在内的 20～30 条中、宽热带连轧机，其系统结构和性能已达到国际先进水平，获得了极大的经济效益，展现了很好的应用前景。

由于热连轧这一类快速过程要求高速控制及高速通信（液压 APC 控制周期 1～2ms，AGC/ASC/CPC 等功能间补偿数据传送的更新时间 1ms），因此其计算机控制系统不是靠选购标准 PLC 所能构成的。正因如此，目前仅部分国际大电气公司能提供这类系统。北京科技大学从 1993 年开始进行适用于热连轧这类快速过程的计算机控制系统的自主研制，期间经 1995 年在 500mm 窄带热连轧、1996 年在 750mm 中宽带热连轧的应用和改进，于 1997 年正式用于鞍钢 1700mm ASP 宽带热连轧机。在该套轧机中，自主设计和集成了 L1/L2/L3 三级计算机控制系统，自主开发了包括数学模型在内的全部控制软件，并于系统投产后进一步研发了 LVC，ASPB 以及板形模型和 FF-ASC 功能，和以 KFF-AGC 为核心的综合 AGC，使板形及厚度精度达到了国内先进水平。

为了适应以下通信要求：（1）L3/L2 的秒级数据通信；（2）L2-HMI 及 L1-HMI 的 500～1000ms 数据通信周期；（3）L2/L1 及 L1 各区间的 50～100ms 数据通信周期；（4）L1 同一区内各控制器间的 1～10ms 数据通信周期；（5）L1 控制器与传动控制器，辅助系统 PLC 以及远程 I/O 的通信。

在系统设计中采用了三种通信网：（1）100～1000Mb/s 的标准以太网；（2）2000Mb/s 高速内存映象网；（3）12.5Mb/s 的标准 DP 网。

为了使系统保持开放性，系统中各控制器都基于国际标准 PCI 总线和 VME 总线。对于基础自动化所需实现的顺序控制，泵站控制以及慢中速电动 APC，选用基于 VME 总线的 PLC 来完成，质量控制则采用基于 VME 总线的多 CPU 控制器（控制周期 10ms）完成。对于控制周期要求最短的液压 APC（控制周期 1～2ms），则是通过在多 CPU 控制器中插入液压控制模块（板上自带用于磁尺、伺服阀等专用 I/O 子板的 Power PC 处理器模板）来实现。

利用以太网、内存映象网、DP 网以及 PLC、多 CPU VME 总线控制器及液压控制模块即可构成上面所述的两种典型拓扑结构（区域控制器群或超高速环网结构）的系统。图 2-3 给出了采用超高速环网结构的鞍钢 1700mm ASP 热连轧计算机系统结构图。

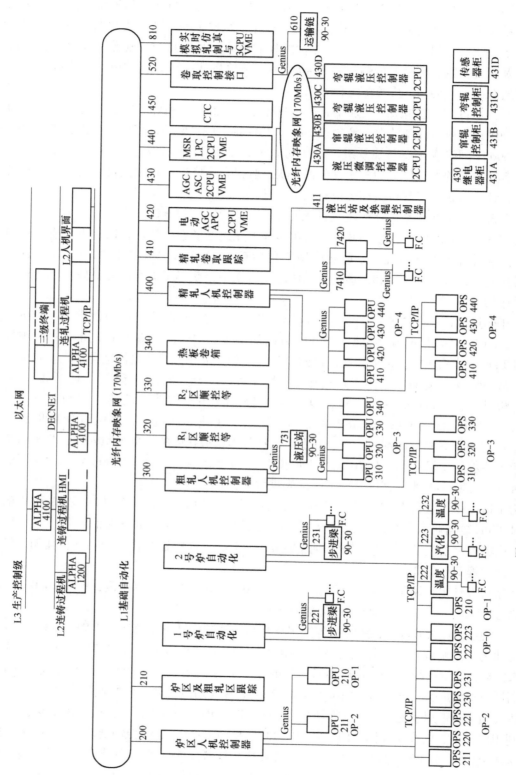

图 2-3 自主集成的鞍钢 1700mmASP 热轧机超高速环网结构系统

这一系统在进一步进行局部改进提高后已先后用于鞍钢 2150mm ASP（于 2005 年底投产）、济钢 1700mm ASP（于 2006 年初投产）、鞍凌 1700mm ASP（于 2011 年投产）等热带连轧机。十多年来，这些轧机的生产实践证明了自主设计的快速过程计算机控制系统不仅完全满足高速控制和高速通信的要求，并且其可靠性（故障率）亦完全保证了热轧高产稳产的要求。

我国自主设计和集成的快速过程计算机控制系统的应用成功，不仅使我们摆脱了在热带轧机计算机控制系统方面对国外大公司的依赖，而且为我们今后继续自主研发数学模型和各项质量控制软件，使我国冶金自动化（特别是轧钢自动化）技术立足国内，打下了坚实的基础。

2.4　轧线检测仪表

轧制线上设置的特殊仪表负责带钢参数（宽度、厚度、板形、温度）和工艺参数（如轧制力）的测量，并将测量信号送轧线计算机系统。高精度的轧线检测仪表是基础自动化系统、过程计算机系统高水平地实现带钢质量控制和质量管理的关键。轧线检测仪表科技含量高，通常是涉及机械、金属学、辐射、光学、电子、计算机和通信等科学技术的一体化产品，价格昂贵。所以，各热轧厂在设置轧线检测仪表时，都要根据自己的资金、产品特点和市场定位，来确定所需仪表的种类、数量和性能。较为完整的轧线仪表配置如图 2-4 所示。

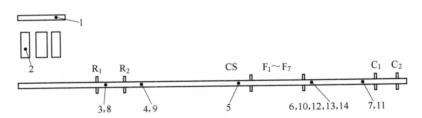

图 2-4　轧线检测仪表配置实例

1—板坯装炉测温仪；2—板坯出炉测温仪；3—R_2 入口测温仪；4—R_2 出口测温仪；

5—精轧入口测温仪；6—精轧出口测温仪；7—卷取测温仪；8—R_2 入口测宽仪；

9—R_2 出口测宽仪；10—精轧出口测宽仪；11—卷取测宽仪；12—精轧出口测厚仪；

13—精轧出口板形仪；14—精轧出口断面形状仪（各机架还配有轧制力检测仪）

2.4.1　轧制力测量仪

通常采用测力系统来进行轧制力的测量。测力系统一般由压头，接线盒，信号处理单元和显示单元等构成。压头是系统中最重要的部件。目前广泛使用的压头有电阻应变式、磁弹性式、电容式三种。各种形式压头的特性比较见表 2-1。

压头的精度等级可达 ±0.5% 或更高，过载 300% 不用重新标定，过载不大于 700% 不会损坏，使用温度可达 −10 ~ 150℃。有的压头还具有温度补偿功能。压磁式或应变式压头用得最多，在使用中要避免局部压力集中，在测力计接触面处，绝对不能有硬颗粒或污物存在，垫板的厚度偏差应小于 $25\mu m$。其表面硬度应大于布氏硬度 300HB。测压头根据在轧机上的安装位置不同一般有圆形、方形和圆环形。图 2-5 示出了三种安装方法，可按照不同情况进行选择。

表 2-1　压头特性比较

分　类	测量原理	测量上限值/N	特　　点	应　用
电阻应变式	把被测力转换成应变弹性体的变形，用电阻应变片测量其应变量，以此来测定被测力	$10 \sim 5 \times 10^6$	测量精确度高，响应快，结构强度高，测量范围宽，侧向力对测量精确度的影响小； 输出信号小，过载性能较差，不均匀载荷对测量精确度的影响较大	广泛用于称重和轧制力、张力测量
磁弹性式	利用软磁材料受作用时磁导率的变化来测定被测力	$10 \sim 5 \times 10^6$	输出信号大，内阻低，抗干扰性能好，过载性能好，不均匀载荷对测量精确度的影响小，能在差的环境条件中工作； 测量精确度一般，安装时要注意防止侧向力的作用，反应速度较低	广泛用于轧制力和张力测量
电容式	把被测力转换为电容器极板的位移、测量其电容量的变化来测定被测力	$250 \sim 2 \times 10^7$	结构强度高，过载性能好，测量精确度较高，不均匀载荷影响小； 测量电路较复杂，温度对测量精确度的影响较大	用于轧制力测量

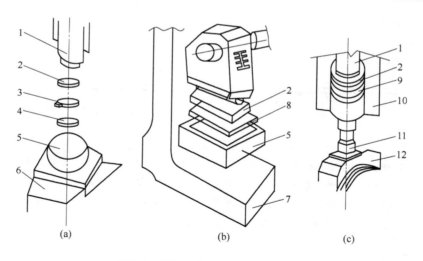

图 2-5　测压头在轧机上安装示意图

（a）在上支撑辊轴承座上方；（b）在下支撑辊轴承座下方；（c）在压下螺母上

1—压下螺丝；2—均压块；3—上垫板；4—压头（圆形）；5—底座；6—上支撑辊轴承座；7—轧机下横梁；
8—压头（方形）；9—压头（圆环形）；10—轧机上横梁；11—安全臼；12—下支撑辊轴承座

2.4.2　宽度测量仪

2.4.2.1　宽度测量的技术要求

带钢宽度是衡量热轧产品质量的重要指标之一。在热连轧生产线中，宽度测量仪（简称测宽仪）一般设置在粗轧出口、精轧出口以及层流冷却之后。及时准确地测量每一块带钢的宽度是实现宽度自动控制的必备条件。同时，测宽与测速结合又是进行中间坯头尾形状和位置预报，实现飞剪优化剪切的前提条件。

A　测宽仪的安装位置

测宽仪的安装位置主要有：

（1）粗轧入口和出口，用于宽度自动控制；

（2）飞剪前，用于优化剪切系统；

（3）精轧出口，成品宽度测量；

（4）卷取机前，用于层流辊道上带钢拉窄监测。

B　光电式测宽仪的形式

光电式测宽仪的形式有：

（1）热辐射式，利用带钢热辐射成像进行测量，能够在很宽的温度范围内使用；

（2）背光源式，利用安装在辊道下方的背光源，采用成像的方法测量带钢宽度。

C　测宽仪的精度指标

测宽仪的精度指标有：

（1）钢板的温度范围一般为 $600 \sim 1300℃$；

（2）所测量带钢的最大轧制速度可达 $20m/s$；

（3）在线测量精度为 $±0.4mm$（2σ）；

（4）静态重复性为 $±0.2mm$（2σ）；

（5）CCD 摄像分辨率：$1024 \sim 4096$；

（6）测量频率：$5 \sim 20Hz$。

D　测宽仪的特殊技术要求

测宽仪的特殊技术要求有：

（1）带钢存在跳动、倾斜和跑偏的情况下，保证较高的测量精度；

（2）系统响应和测量速度快，有利于动态立辊最优控制（AWC）；

（3）可靠的立体成像测量方式，受蒸汽和喷淋水的影响小；

（4）自动、动态在线校准，方便易行；

（5）防振结构，可以安装在振动大的位置。

2.4.2.2　宽度测量仪的工作原理

光电测宽仪利用带钢发出的热辐射光以及三角测量技术和 CCD 成像原理来检测带钢宽度。以固定的间距安装在测量架上的 4 个 CCD 高分辨率摄像头，位于带钢运动的法线方向，每两台摄像头沿着带钢宽度方向进行多像素的线扫描，精确检测带钢两个边缘的位置角度，带钢的边缘数据经过进一步的处理，从而计算出带钢的宽度，中心线偏差以及宽度偏差等数据。基于高速微处理器的先进的软件程序保证了系统在对象温度变化，存在氧化铁皮及蒸汽等情况下提供准确的边缘检测。三角形计算技术则能够补偿由于带钢跳动、倾斜、浪形边缘或者带钢厚度变化造成的边缘位置变化。

光电测宽仪硬件组成主要包括检测箱、中继箱和仪表柜等几部分。

A   检测箱

检测箱内包括四个 CCD 高分辨率摄像机、摄像机安装调整支架、十字线激光器、二值化电路板、温度检测器等。通过调节摄像机安装支架上的螺丝，可使 4 个 CCD 在同一条直线上，并与辊道平行（与带钢垂直）。十字线激光器为 CCD 的调整提供简便易行的参考依据，并为下次标定提供可靠的位置重复性。温度检测器用来检测摄像头部温度，当发生堆钢等意外情况时，可提供检测箱高温报警信号。

B   中继箱

中继箱内有空气开关、直流稳压电源以及用来连接测头与仪表柜之间的接线端子等。

C   仪表柜

柜内包括高性能工控机、彩显、键盘、用于观测 CCD 各种信号波形用的双线示波器、各种电源、开关、I/O 板及接线端子等。从检测箱来的信号在这里得到处理、显示和输出。

D   数据接口

为保证信号的可靠性与稳定性，对于重要信号和响应速度要求高的信号采用硬线连接方式，与控制系统信号模板直接连接。一般显示用信号，采用网络传输。

2.4.3   厚度测量仪

厚度测量仪（简称测厚仪）在热轧生产中占有重要地位，既为板带成品提供厚度数据，又为轧机厚度自动控制提供检测参数。目前所用最多的是 X 射线和核辐射连续式测厚仪。图 2-6 所示为单通道 X 射线测厚仪原理框图。核辐射测厚仪又分为穿透式和反射式，在线连续核辐射测厚仪为穿透式。由于核辐射测厚仪的使用须有严格的管理制度，稍有不慎就可能造成人员伤害，所以，近年来有使用逐渐减少的趋势。几种测量仪性能比较见表 2-2。

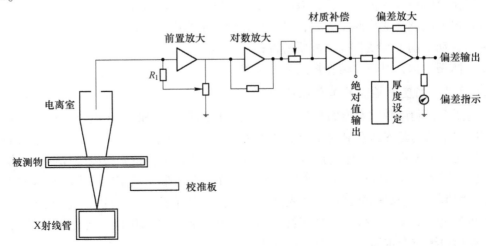

图 2-6   单通道 X 射线测厚仪原理框图

表 2-2　几种测厚仪性能比较

名　称	射线源	测量范围/mm	测量精确度	稳定性	反应时间/s	使用环境温度/℃
锯厚度计	^{241}Am	0.2~3.999	0.2~0.8mm ±1%，±2μm 0.8~3.999mm ±1%	±0.5%，8h	0.5~1.5 （三段切换）	0~40
γ射线测厚仪	^{137}Cs	8~50	≤±1%	±1%，8h	1	
X射线测厚仪	X射线管	0.1~3.95	±1%，15μm	±1%，8h	0.05~0.96	-10~+45
X射线测厚仪	X射线管	1~20	±1%，±0.02μm		0.05~0.8	

2.4.3.1　核辐射穿透式测厚仪

由放射性同位素放射的射线通过板带和板带发生相互作用，一部分射线发散，一部分射线被板带吸收，一部分射线透过板带。透过的射线强度与板带的厚度有一定关系：

$$I = I_0 e^{-\mu_m \rho d}$$

式中，I 为穿过被测板带后的辐射强度；I_0 为穿过被测板带前的辐射强度；μ_m 为质量吸收系数，cm^2/g；ρ 为被测板带密度，g/cm^3；d 为被测板带厚度，cm。

当 I_0 一定时，对某一确定的被测板就可由 I 来反映厚度 d。

核辐射穿透式测厚仪多用于粗轧机后，由于板带较厚，故射源为 ^{137}Cs 或 ^{60}Co 的 γ射线。

2.4.3.2　γ射线反射式测厚仪

γ射线与板带间的作用可用康普顿效应加以解释，即散射射线的能量 E_s 小于初始入射射线的能量 E_0。而散射射线的强度 I_s 和板带厚度 d 之间的关系为：

$$I_s = \frac{\mu_k I_0}{\mu_0 + \mu_s}\left[1 - e^{-(\mu_0+\mu_s)d}\right]$$

式中，I_0 为入射到板带上的射线强度；μ_0 为入射射线的线性吸收系数；μ_k 为入射射线的康普顿线性吸收系数；μ_s 为散射射线在散射物质中的线性吸收系数；d 为被测板带的厚度。

常用射源有 ^{60}Co、^{137}Cs、^{241}Am 源强从 μCi 到 mCi，因源强小，所以防护较简单。板带厚度测量范围 1~15mm。便携式 γ射线反射式厚度计一次测量时间 15s，离线检测。

2.4.3.3　X射线测厚仪

和同位素方式比较，X射线测厚仪的设备复杂，但其响应速度快，广泛用于轧线的闭环系统中。X射线管产生的X射线的波长和管电压关系为：

$$\lambda V = 12.35$$

式中，λ 为X射线波长；V 为X射线管电压。

满足下式条件，求板带厚度 d：

$$c\lambda^3 z^3 \rho d = 1（质量吸收系数 \mu_m = c\lambda^3 z^3）$$

式中，c 为常数，$c = 7.82 \times 10^{-3}$；λ 为X射线波长；z 为板带材质的原子序数；ρ 为板带密度；d 为板带厚度。

　　X 射线测厚仪可分为单通道测厚仪和双通道测厚仪两种。单通道测量方法的优点是结构简单，设定精确度高，缺点是漂移较大。双通道测厚仪可以由人工在厚度设定器上设定厚度，然后由平衡电机带动设定契的位置由与其联动的电位器 R 的阻值反映出来，同时自动电压调节器也一起联动。在被测厚度不同时适当调整管电压，使 $\mu_m \rho_d = 1$。所以双通道方式可以抵消 X 射线发生器的变动，对提高仪表的稳定性是有利的。

　　无论是核辐射测厚仪还是 X 射线测厚仪，一般都由 C 形架（包括射源和传感器等）、电器柜和操作员终端等构成，并具有 4～20mA 输出和 RS-485 接口。

2.4.4　凸度测量仪

2.4.4.1　凸度仪的测量原理

　　在轧机出口设置一个或多个 C 形架，C 形架的上方安装有射源（一个或多个），下方设有数量不等的传感器，当带钢连续通过 C 形架时，传感器将接受到的不同能量转换成电流信号传送给信号处理单元，再经过计算机的处理和计算不断得到不同断面的凸度。

　　凸度的测量方法一般有间接测量法和直接测量法两种。

　　间接测量法使用两个 C 形架，一个固定，用于测量带钢的中心厚度，另一个 C 形架在几何空间上尽可能地靠近第一个 C 形架，并且射源以一定速度沿带钢宽度方向来回移动，用于扫描测量带钢的厚度分布。然后比较两个带钢的测量结果。间接计算出带钢的凸度。如图 2-7 所示。也有采用三个独立的 C 形架，分别测量传动侧、中心点和操作侧的带钢厚度，从而间接得到带钢凸度，如图 2-8 所示。

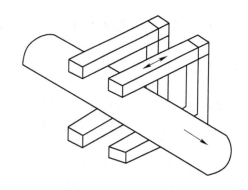

图 2-7　两 C 形架式凸度仪

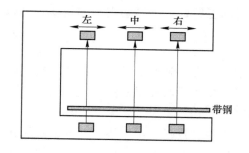

图 2-8　三 C 形架凸度仪

　　直接测量法采用联立式多通道测量原理。它设置多个射源和一组传感器（512 个或更多），能够在同一时刻测量出带钢同一断面的厚度分布情况。因此，它的测量结果不受带钢不平直度的影响，如图 2-9 所示。

2.4.4.2　凸度仪的应用情况

　　热轧带钢的凸度测量通常都设置在精轧机出口，所以要求凸度测量仪表不仅要有很高的测量精度，而且还要有很好的环境适应能力，即很高的可靠性。目前只有美国的 Thermo 公司、德国的 IMS 公司和日本的 Toshiba 公司等能生产各类凸度测量仪表，而美国的 Thermo公司包含了多个凸度仪的著名品牌，如原美国的 DMC，德国的 Eberline 和英国的

Daystrom。

我国已建和在建的热轧带钢厂大都配置了凸度测量仪表，本钢的 1700mm 热轧厂，原来使用的是英国的 Daystrom 的 M215P 间接式凸度仪，在后来的改造工程中选用 Eberline 公司的 M312 系列产品；鞍钢的热连轧机原来使用的也是 M215P，在 1780mm 热轧中选用 IMS 公司的双 γ 射线固定式凸度仪；武钢 1700mm 热轧使用的凸度仪是日本 Toshiba 公司的行走式凸度仪；宝钢 2050mm 和 1580mm、武钢 2250mm 和鞍钢 2150mm 等热连轧选用的是 IMS 公司的凸度仪。

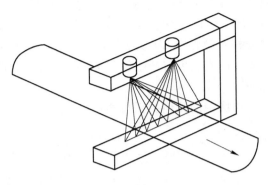

图 2-9　直接测量式凸度仪

从测量原理可以看出，间接测量法凸度仪的测量结果并不能完全反映带钢的凸度。因为它使用两个 C 形架，其中一个 C 形架上的射源来回移动，在轧制过程中，带钢高速地通过凸度仪。相对于带钢而言，横向方向来回移动的射源以“Z”字方式行走，它不可避免地受到带钢不平直度的影响。因此，此种凸度仪的精度要低些，但价格却要低许多。

直接式凸度仪克服了间接测量法凸度仪的缺点，其响应速度和精度都大大提高，当然，价格也较贵。直接测量法的凸度仪具有以下特点：

（1）可以独立测量带钢的凸度，而间接式凸度仪必须和测厚仪配套使用。如果测厚仪出现故障，则间接式测凸度仪无法使用。直接式凸度仪不存在这个问题。

（2）响应速度快。

（3）一些直接式凸度仪不仅可以测量凸度，而且还同时得到带钢的厚度、宽度和温度测量值，做到一机多用。

（4）价格昂贵，一次性投资大。

2.4.5　平直度测量仪

热轧带钢的平直度测量手段比较多，有电磁、振动、电阻、位移和光学等测量方法。但随着激光、光电元件的进步，采用激光作光源的非接触式平直度测量仪已经普遍应用。这主要是因为激光的相干性强、方向性好、波长范围窄和亮度高等特点。

采用激光作光源的几何法非接触测量热轧带钢平直度的种类有多种，并且随着科技的不断发展，各种方法相互交叉，不断改进，目前还没有比较统一的分类方法。按测量原理简单分为激光三角法、激光莫尔法、激光光切法等。

2.4.5.1　激光三角法

激光三角法是最早常用的激光测位移方法之一，也是最早用于热轧带钢平直度的测量。这种测量方法简单，响应速度快，在线数据处理容易实现，现在仍广泛应用于板形测量领域。激光三角法斜射式结构如图 2-10 所示，激光测位移系统由激光光源（LD）和接收装置（CCD）两部分组成。激光器 LD 发出的光经过透镜 L_1 会聚照射在被测带钢表面的

点 O，其散射光由透镜 L_2 接收会聚到线形光电元件（CCD）上的点 O'，O 与 O' 点共轭。当被测量带钢表面相对激光器 LD 发生位移 y，而使物光点偏离零点 O，像光点也将产生位移 Y，而偏离光电元件的零点 O'。

由图中的几何关系可推得：

$$y = \frac{aY\cos\theta_1}{b\sin(\theta_1 + \theta_2) - Y\cos(\theta_1 + \theta_2)}$$

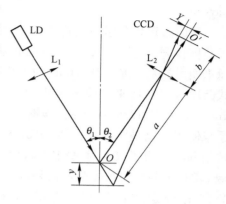

图 2-10　激光三角法斜射式结构

测量平直度（见图 2-11）是利用激光测量位移的方法测量带钢因波浪而上下摆动的离散位移量 y_1，y_2，y_3，…，y_n，再与各采样点的时间、速度一起经过运算，解得波浪在一定区域内的波长：

$$L_j = \sum_{i=0}^{n} \sqrt{(y_i - y_{i-1})^2 + v_i^2(t_i - t_{i-1})^2}$$
$$(i = 1,2,\cdots,n;\quad j = 1,2,3,\cdots,m)$$

而想要得到带钢的相对延伸差，需要在沿带钢宽度方向上设置 2 台以上激光位移测量器，测量不同宽度位置上带钢纤维的纵向波长 L_j，然后按下式计算相对延伸差：

$$A(X_j) = \frac{L_j - L_{\min}}{L_{\min}} \times 10^5 (\text{I})$$

式中，y_i 为第 i 次位移测量值；v_i 为第 i 次测量的 t_i 时带钢的运动速度；$A(X_j)$ 为 X_j 点的相对延伸差；L_j 为沿宽度方向任意测量点带钢纤维长度；$L_{\min}$ 为最短纤维长度；n 为一次纤维长度测量周期内对位移测量的次数；I 为国际不平度标准单位；X_j 为宽度方向位置。

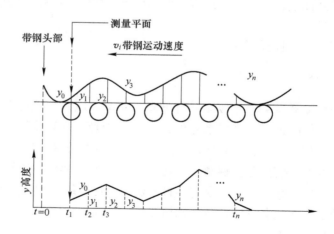

图 2-11　激光三角法测量原理

采用激光三角法测量带钢平直度的典型方案有：

（1）法国 SPIE-TRINDEL 公司开发的平直度测量仪，如图 2-12 所示。用三条纤维的长度来反映带钢的板形缺陷。

（2）比利时 Robert Pirlet 等开发的 ROMETER-5 型平直度仪，如图 2-13 所示。用五条纤维的长度来反映带钢的板形缺陷。

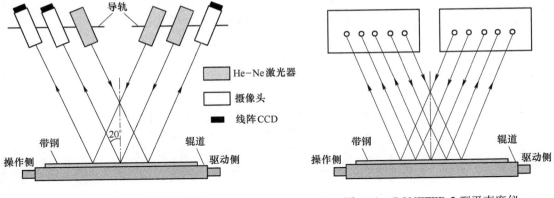

图 2-12 光路布置图　　　　　图 2-13 ROMETER-5 型平直度仪

（3）德国 PSYSTEME 公司开发的 BMP-100 型平直度仪，如图 2-14 所示。用十条纤维的长度来反映带钢的板形缺陷。

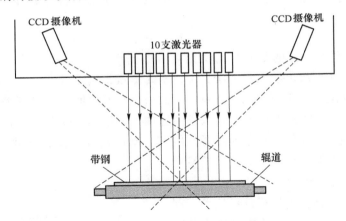

图 2-14 BMP-100 型平直度仪

（4）日本三菱公司开发的双束平直度仪，如图 2-15 所示。

2.4.5.2 激光莫尔法

当两块光栅重叠或一块光栅和它的像重叠时，栅线交点的轨迹被称为莫尔条纹（Moire Fringe）。而莫尔条纹等高线是利用格栅来实现的。所谓格栅，就是一个二维光栅，利用格栅就可以形成被测物体表面轮廓的等高线。这种反映被测物体三维形状的等高线图称为莫尔条纹等高线图（Moiertopography）。图 2-16 所示的是照射

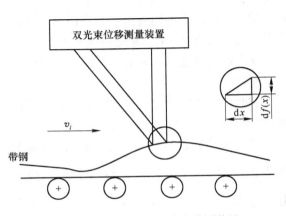

图 2-15 双光束激光平直度检测装置

型莫尔条纹等高线法测量原理图。

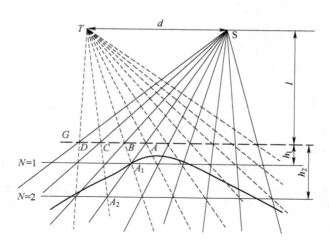

图 2-16 莫尔条纹等高线法测量原理图

等高线的间隔 Δh_N 代表相邻两莫尔条纹的深度差，其条纹深度 h_N 由下式计算可得到：

$$h_N = \frac{N\omega_0 l}{d - N\omega_0}$$

式中，d 为点光源到观察点的距离；ω_0 为格栅 G 的栅距。

激光莫尔法属于三维形状测量方法，可以实时测量带钢的真实形状。适当的数据处理可以克服带钢跳动造成的平直度测量影响。然而采用格栅照射法测量带钢板形时，需要一块大型耐热格栅 G，在实际测量中，大型格栅的加工、耐热、变形、安装等，都妨碍了测量系统可靠性的提高。此外，莫尔条纹等高线的自动识别（级次、高度），由莫尔条纹等高线推算带钢板形等问题还有待进一步的研究。

2.4.5.3 激光光切法

激光光切法是一种激光扫描计量技术，利用方向性强和高能量密度的激光束对被测带钢表面扫描。当带钢无平直度不良等板形缺陷时，激光扫描线为空间直线；当带钢出现平直度不良等波浪形状时，激光扫描线为空间曲线。找出曲线与浪形之间的关系，即可用该方法测量板形。

下面讨论单束激光沿带钢宽度方向倾斜扫描带钢的情况，如图 2-17 所示。

当扫描转镜以 ω 角速度转动时，扫描角 $\theta = 2\omega t$，扫描光斑沿带钢表面的速度 $v = \dfrac{\mathrm{d}x}{\mathrm{d}t}$，由图可知，当 $r \ll l$ 时，有 $x = l \cdot \tan\theta$，求导数：

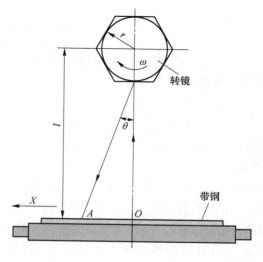

图 2-17 激光扫描原理

$$v = \frac{dx}{dt} = l \cdot (\tan\theta)' = \frac{2l\omega}{\cos^2\theta}$$

当 $\theta = 0$ 时，$v = 2\omega t$ 为最小值；当 $\theta \neq 0$ 时，$v > 2\omega l$。

光斑扫描速度随扫描角度变化而变化，当使用面阵 CCD 接收激光扫描光斑图像时（A 点），各点光斑图像的亮度是非均匀的。另外，由图 2-17 还可看出，扫描光斑尺寸和形状随扫描角度 θ 的变化，会造成光斑光强出现偏差。若测量原理涉及扫描速度和光斑光强，可能会引入测量误差。

1987 年由松井健一等人最先提出采用三束激光扫描测量带钢平直度的方法，示意图见图 2-18。三束激光沿带钢运动方向分布的三个光斑，相邻光斑间隔 400mm，当带钢因板形缺陷产生浪形时，光斑相对基准位置 A_0、B_0、C_0 发生位置移动至 A、B、C；通过标定过程可以确定 A_0、B_0、C_0、θ_1、θ_2、θ_3、L_{12}、L_{23} 的数值，ΔX_1、ΔX_2、ΔX_3 可由设置在被测带钢上方的摄像机测量确定。根据图中几何关系可得：

$$h_1 = \Delta X_1 \cdot \tan\theta_1, \quad h_2 = \Delta X_2 \cdot \tan\theta_2, \quad h_3 = \Delta X_3 \cdot \tan\theta_3$$

$$X_{12} = L_{12} + \Delta X_1 - \Delta X_2, \quad X_{23} = L_{23} + \Delta X_2 - \Delta X_3, \quad X_{13} = X_{12} + L_{23}$$

$$\overline{AB} = \sqrt{X_{12}^2 + (h_2 - h_1)^2}, \quad \overline{BC} = \sqrt{X_{23}^2 + (h_3 - h_2)^2}, \quad \overline{AC} = \sqrt{X_{13}^2 + (h_3 - h_1)^2}$$

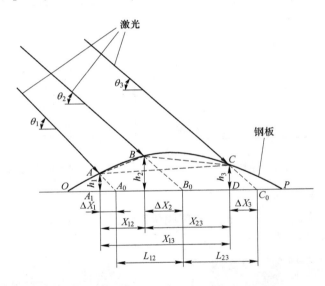

图 2-18　三束激光光切法测量原理

通常相对延伸差 ρ 可由下式计算：

$$\rho = \frac{OP - \overline{OP}}{OP} \times 10^5 \, (\text{I})$$

考虑到实际需要及测量方便，以近似值 ρ_0 来评价 ρ。

$$\rho_0 = \frac{\overline{AB} + \overline{BC} - \overline{AC}}{\overline{AC}} \times 10^5 \, (\text{I})$$

2.4.5.4　多束激光板形仪

国内综合了激光三角法和激光光切法测量原理的优点，研制出了多束激光板形仪。其原理图如图2-19所示。该板形仪由21支半导体激光器布置成7×3的矩阵（3个一组，共7组，对应不同测量点）如图2-20所示。21束互相平行的激光束，倾斜照射被测带钢表面，在带钢表面留下21个激光光斑。在21个激光光斑的正上方垂直安放一台CCD摄像机，摄取包含21个光斑的带钢表面信息。经过图像处理，求出带钢的延伸率。另外，对光切法中的计算延伸率方法进行了改进，克服了由于拐点而产生的误差。具体改进方法如下：

$$h_1 = \Delta X_1 \cdot \tan\theta_1, h_2 = \Delta X_2 \cdot \tan\theta_2, h_3 = \Delta X_3 \cdot \tan\theta_3$$

$$X_{12} = L_{12} + \Delta X_1 - \Delta X_2, X_{23} = L_{23} + \Delta X_2 - \Delta X_3, X_{13} = X_{12} + L_{23}$$

$$\overline{AB} = \sqrt{X_{12}^2 + (h_2 - h_1)^2}, \overline{BC} = \sqrt{X_{23}^2 + (h_3 - h_2)^2}, \overline{AD} = X_{13}$$

$$\rho_0 = \frac{\overline{AB} + \overline{BC} - \overline{AD}}{\overline{AD}} \times 10^5 (\text{I})$$

其中，AD为折线ABC在OP上的投影，如图2-18所示。

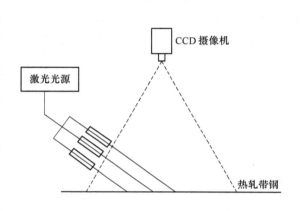

图2-19　多束激光板形仪结构图

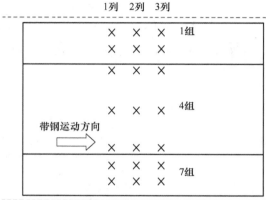

图2-20　多束激光板形仪激光束分布图

2.4.5.5　新型平直度仪

目前，IMS公司推出了一种新的平直度测量系统如图2-21所示，已成功地应用于澳大利亚BHP钢厂和我国鞍钢等企业。

图2-21　IMS新型平直度仪

该测量方法是一种拓扑法在线不平度测量系统。该系统克服了由激光扫描器和摄像头阵列组成的测量系统的局限性。它采用了基于扫描投射和先进信息技术的平面测量法。其测量原理如图 2-22 所示。

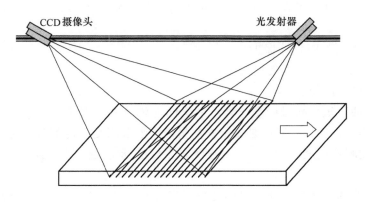

图 2-22　测量原理图

这种投射散射方法的原理是把一条光束投射到钢板被测部位的表面上，测量钢板的总宽度，并且要以不小于该尺寸的长度沿钢板的长度方向做同样的测量。这种条样光束被一个 CCD 摄像头所摄取，并且由数字影像加工技术进行分析。通过这种方法所生成的钢板表面的影像，就成为计算钢板伸长率图像的基础。

2.4.5.6　平直度检测的影响因素分析

热轧带钢平直度的测量都是针对"明板形"而言，至今尚未发现有非接触测量平直度是针对"暗板形"的报道。

表 2-3 对以上几种测量方法进行了比较。

表 2-3　几种平直度检测方法比较

测量方法		空间维数	跳动与摇摆	主 要 缺 点
激光 三角法	三　点	一　维	不能解决	反映带钢信息量太少
	五　点	一　维	不能解决	反映带钢信息量太少
	十　点	一　维	不能解决	硬件成本高
	双光束	一　维	近似能解决	反映带钢信息量太少
激光莫尔法		三　维	近似能解决	格栅的加工、耐热、变形、安装
激光光切法		二　维	近似能解决	计算公式近似，拐点误差
多束激光板形仪		二　维	近似能解决	计算公式近似，硬件成本高

从热轧带钢平直度的测量方法可以看出，各种方法都有其优点和缺点。但是受热轧现场环境的限制，其测量精度较差。

为了适应热轧的高温、高速、振动、水蒸气、粉尘等工作环境，对热轧带钢平直度仪提出如下要求：

（1）能够连续在线非接触测量，测量精度满足平直度控制要求。

（2）适应热轧带钢生产工艺要求，如适合于安装在末机架轧机出口和层流冷却层前；带钢宽度、厚度规格变化和带钢速度、温度变化时，不会影响正常测量。

（3）测量系统的设计必须认真考虑防护问题，它们包括：

1）振动、水蒸气、水滴、粉尘、热辐射等现场恶劣环境对设备的运行、维护带来的影响。

2）事故"飞钢"时仪器保护。

3）检测单元、通信电缆的电磁干扰。

4）安装、维护简便。

5）标定方便。板形测量精度与测量系统标定质量关系密切，目前尚没有公认的平直度测量标准及标定方法，一般都是靠精确测量带钢浪形高度，再配合一定的计算模型，来确保带钢平直度测量精度。所以，平直度测量系统的标定工作都是围绕提高高度测量精度展开的。

6）有足够快的测量响应速度以满足板形实时控制的需要。测量响应速度主要取决于信号采样和数据处理的时间长短。

精轧机组最后机架到卷取机有很长的一段距离，运动中的带钢必然会受各种因素的影响，这就使得带钢在水平运动的同时，还会伴随着上下飘摆、摇动飘摆和垂直振动等运动方式，运动规律十分的复杂。理想情况下，热轧带钢从精轧机组最后机架出来后，在辊道上的运动是水平、匀速、平稳的，并且所受到的张力很小，对带钢的表观形状基本上不产生影响，这时用平直度仪测量到的带钢板形为实在的可见板形，即"明板形"。但在实际的生产环境中，带钢所处的情况非常复杂，所表现的运动形式是多种运动形式的叠加，那么测量到的平直度信息中就会包含许多干扰信息量，若不加分析和处理，就无法判定测量结果的准确性。因此，带钢的飘摆运动和垂直振动对平直度仪的影响是不可忽视的。

2.4.6　温度测量仪

轧制线上测量移动轧件表面温度采用非接触式测温仪。红外线辐射测温仪是应用最为广泛的一种非接触测温方法，它是利用热物体向周围空间以红外线形式发射辐射能，通过对辐射能量的检测实现温度测量。辐射能与物体的绝对温度和红外线波长的关系已被一系列基本定律所描述，其中最重要的定律是普朗克定律，它揭示了黑体温度、辐射波长和能量之间的依赖关系，并由下式表示：

$$J\mathrm{d}\lambda = C_1 \lambda^{-5} \left[\exp(C_2/\lambda T) - 1 \right]^{-1}$$

式中，$J\mathrm{d}\lambda$ 是指黑体在温度为 T（开氏度）时，波长 λ 至 $\lambda + \mathrm{d}\lambda$ 之间的辐射能量，C_1、C_2 为普朗克常数。

另外，就与红外线测温直接相关的热物体辐射而言，其发射率 ε 还与辐射体表面状态、材质、辐射的方向有关。

炉膛内板坯表面有氧化铁皮存在，使其发射率 ε 小于1，通常等于 0.76 ~ 0.86。加热炉内炉温对板坯辐射后的反射也将使发射率 ε 变化，产生附加误差。因此，提高红外测温指标的实质是取得准确的 ε 值。

　　红外测温范围越小，对应有效波长 λ 越小，温度误差也越小。所以，选用的有效波长 λ 将依被测对象要求而定（ $\lambda = 1 \sim 5.2\mu m$ ）。

　　据上所述，因板坯装炉温度变化范围大，为 $0 \sim 850℃$ ，若需准确测量则采用两个短波探头代替一个长波探头。炉内有炉温辐射，若需准确测量则采用带炉温补偿的探头。除鳞机前后采用小目标并带高温保持去平均值措施来区别鳞片的影响。精轧机出入口、卷取之前采用扫描式探头，测出板宽方向的温度分布。

　　通常，红外测温仪由光学系统、红外探测器、信号处理单元和显示单元等组成。精度能够达到 0.5% 级，重复性 0.1% ，响应时间最快 $0.025s$ ，具有 $4 \sim 20mA$ 和 RS-485 输出。短波红外探测器使用 Si、Ge、Pb 等元素，响应时间最短 $5ms$ 。

第 3 章

热轧工艺理论基础

3.1 变形区基本工艺参数

轧件与轧辊接触产生变形的区域称为变形区。与轧制过程中变形区有关的基本工艺参数如图 3-1 所示。

（1）厚度的参数有：

1）绝对压下量，$\Delta h = H - h$，mm；

2）相对压下量，又称变形程度，$\varepsilon = \dfrac{\Delta h}{H} = \dfrac{H - h}{H}$；

3）变形区平均厚度，$h_m = \dfrac{H + h}{2}$，mm；

4）真正变形程度，$e = \ln \dfrac{H}{h} = \ln \dfrac{1}{1 - \varepsilon}$；

5）变形区平均变形程度，$\varepsilon_m = \dfrac{2}{3} \dfrac{\Delta h}{H} = \dfrac{2}{3} \varepsilon$。

（2）宽度方向的参数有：

1）绝对宽展量，$\Delta b = B - b$；

2）展宽率，$\beta = \dfrac{b}{B}$。

（3）长度方向的参数有：延伸率，$\lambda = \dfrac{l}{L}$。

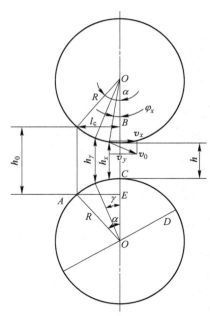

图 3-1 变形区基本参数

（4）轧制变形区参数有：

1）咬入角，$\alpha = \sqrt{\dfrac{\Delta h}{R}}$；

2）接触弧长（水平方向），$l_c = \sqrt{R\Delta h - \dfrac{\Delta h^2}{4}}$；一般可简化为 $l_c = \sqrt{R\Delta h}$；

3）变形区平均变形速度，$\mu_c = \dfrac{v}{l_c} \ln \dfrac{H}{h}$，$v$ 为带钢轧制速度。

上述各公式的推导可参阅有关文献。

3.2 体积不变定律

在热轧过程中，当认为轧件密度不随加工过程而变时，轧件形状变化将遵循一条最基本的定律，即体积不变定律，设轧前板坯体积为：

$$V_0 = BHL$$

则轧后的体积 V_1 将等于 V_0。

$$V_1 = bhl$$

即

$$BHL = bhl \tag{3-1}$$

式中，B、b 为轧前及轧后的轧件宽度，mm；H、h 为轧前及轧后的厚度，mm；L、l 为轧前及轧后的长度，mm。

轧制过程亦即是厚度不断减薄，宽度适当展宽而长度不断伸长的过程。

3.3 流量恒定定律

与体积不变定律紧密有关的另一轧制过程的重要定律为"流量恒定定律"，其公式称为流量方程。

对热连轧来说存在以下两类流量方程：（1）一个机架变形区的入口和出口流量恒等（方程）。（2）连轧机几个机架的流量方程。

3.3.1 变形区入口出口流量方程

由于变形区内轧件体积不变，因此轧件在变形区入口的体积秒流量应与出口体积秒流量恒等。

即

$$\frac{BHL}{t} = \frac{bhl}{t}$$

亦即

$$BHv' = bhv \tag{3-2}$$

式中，v 为变形区轧件出口速度；v' 为轧件入口速度。当轧件的宽度较宽厚度较薄时，轧制时宽展极少，可认为 $B = b$，因而得

$$Hv' = hv$$

由于 $H > h$，因此，$v' > v$。

而轧辊在入口与出口处的水平线速度则为 $v_0\cos\alpha$ 及 V_0。

由图 3-2 可知随着由入口到出口变形区内轧件厚度逐渐减小而使金属流动速度逐步加快。由此可知，在变形区内，必有一个断面，轧件的水平速度与该断面处轧辊水平速度相等，此断面称为中性面，轧辊上的相应点称为中性点，中性点与轧辊中心的连续与轧辊连心线间的夹角称为中性角 γ。

正如图 3-2 所示，变形区中存在前滑段和后滑段。对连轧机组重要的是各机架的带钢出口速度 v 和入口速度 v'，为此定义一个前滑值 f

$$f = \frac{v - v_0}{v_0} \times 100\%$$

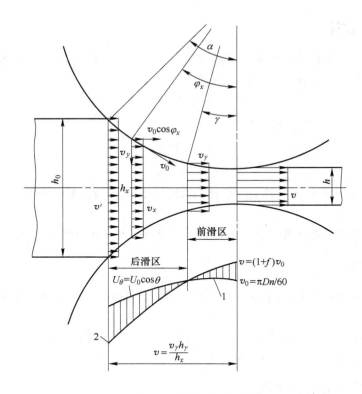

图 3-2   变形区速度图

1—轧辊水平速度；2—变形区内金属速度

由此可知

$$v = v_0(1 + f)$$

由图 3-2 可知中性面水平速度和轧件厚度分别为

$$v_\gamma = v_0\cos\gamma$$

$$h_\gamma = h + 2R(1 - \cos\gamma)$$

由于

$$v_\gamma h_\gamma = vh$$

此式可写成

$$\frac{v}{v_\gamma} = \frac{h_\gamma}{h} \quad 或 \quad \frac{v}{v_0} = \frac{h_\gamma\cos\gamma}{h}$$

因此

$$f = \frac{v - v_0}{v_0}$$

$$= \frac{v}{v_0} - 1$$

$$= \frac{h_\gamma \cos\gamma}{h} - 1$$

$$= \frac{[h + 2R(1 - \cos\gamma)]\cos\gamma}{h} - 1$$

$$= \frac{(1 - \cos\gamma)(2R\cos\gamma - h)}{h}$$

考虑到 γ 角很小，可设

$$\cos\gamma \approx 1$$

$$1 - \cos\gamma = 2\sin^2\frac{\gamma}{2} \approx 2\left(\frac{\gamma}{2}\right)^2 = \frac{\gamma^2}{2}$$

因此可知

$$f = \frac{\gamma^2}{2}\left(\frac{2R}{h} - 1\right) \tag{3-3}$$

当 $\frac{2R}{h} \gg 1$ 时，亦可进一步简化为

$$f = \frac{R}{h}\gamma^2 \tag{3-4}$$

3.3.2 连轧机多个机架的流量方程

在稳态情况下可写出

$$b_i h_i v_i = b_{i+1} h_{i+1} v_{i+1}$$

当宽展很小时为

$$h_i v_i = h_{i+1} v_{i+1}$$

或者
$$h_i v_{0i}(1 + f_i) = h_{i+1} v_{0i+1}(1 + f_{i+1}) \tag{3-5}$$

下标 i 为机架号。

当轧机处于动态状态时，机架间流量方程因下述两种原因而不再存在（即流量不恒等）：（1）当活套动作时，由于产生套量而使流量不恒等。（2）当 i 机架出口某一段带钢产生厚度变动，由 h_i 变为 h_i' 则 $h_i' v_i \neq h_{i+1} v_{i+1}$。

3.4 热轧塑性变形方程

对任何一个物体施加外力，在物体内部总要产生内力，其内力的产生是用以平衡外力的。这种分布在单位面积上的内力叫做内应力，即

$$\sigma = \frac{P}{A} \tag{3-6}$$

式中，σ 为应力；P 为外力；A 为受力面积。

一般来说，在轧制时，轧件内部的某一个微分体积（取出一个小六方体）的应力并不是单向的。这个微分体上所受应力的状态，称为应力状态。

可用这一微分体上的主应力（切应力为零之的正应力）来描述应力状态。应力状态可能有九种形式（图3-3），即单向应力状态两种，平面应力状态三种，三向应力状态四种。

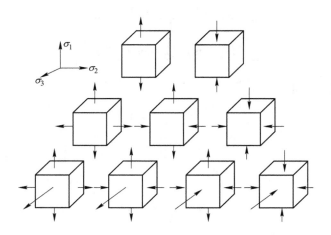

图 3-3   应力状态图

在轧制过程中，轧件有轧辊间随轧制压力而产生塑性变形。由于金属塑性变形时体积不变，当变形区金属在垂直方向受到压缩时，在轧制方向便产生延伸，在横向产生宽展。而延伸和宽展均受到接触面上的摩擦力的限制，使变形区中金属呈三向压应力状态。

轧制时，整个变形区内部各点的应力状态分布是不均匀的。一般，当有前后张力轧制时，在变形区中部的呈三向压应力状态；在靠近入口和出口端，由于张力的作用，金属呈一向拉应力两向压应力状态。

变形区内部应力状态的形成，是由于接触弧上单位压力的摩擦力以及张力等的影响。但造成应力状态分布不均匀的现象，则受许多因素的影响。

在复杂应力状态下的塑性变形条件，是金属压力加工的一个重要课题，目前研究尚不完善，通常把它归结为变形抗力和主应力 σ_1、σ_2、σ_3 之间的关系，而表示此关系的方程式称作塑性方程。这就是说，可以用塑性方程来判别塑性变形能否发生。单向应力状态塑性变形的条件为 $\sigma_1 = \sigma$（σ 为金属变形抗力），而复杂应力状态下塑性变形条件的理论很多，在压力加工中通常应用以下学说。

这个学说称作形状变化位能学说。它认为不论应力状态如何，其形状变化位能达到某一定值时，就发生塑性变形。其塑性方程为

$$(\sigma_1 - \sigma_2)^2 + (\sigma_2 - \sigma_3)^2 + (\sigma_3 - \sigma_1)^2 = 2\sigma^2 \tag{3-7}$$

这个学说考虑了中间应力的影响。

为了弄清 σ_2 的影响，需引入一个指数以便于数学运算。设

$$\xi = \frac{\sigma_2 - \dfrac{\sigma_1 + \sigma_3}{2}}{\dfrac{\sigma_1 - \sigma_3}{2}} \tag{3-8}$$

由于 σ_2 必定在 σ_1 和 σ_3 范围内变化，故 ξ 应在 -1（当 $\sigma_2 = \sigma_3$ 时）和 $+1$（当 $\sigma_2 =$

σ_1 时）之间。

当 $\sigma_2 = \dfrac{\sigma_1 + \sigma_3}{2}$ 时，$\xi = 0$。

由公式可得

$$\sigma_2 = \xi \frac{\sigma_1 - \sigma_3}{2} + \frac{\sigma_1 + \sigma_3}{2} \tag{3-9}$$

因此可得

$$\sigma_1 - \sigma_3 = \frac{2\sigma}{\sqrt{3 + \xi^2}} \tag{3-10}$$

令

$$\beta = \frac{2}{\sqrt{3 + \xi^2}}$$

则

$$\sigma_1 - \sigma_3 = \beta\sigma = K \tag{3-11}$$

式中，β 为中间主应力的影响系数。

由于 ξ 是在 $+1$ 和 -1 之间变化，所以当 $\xi = 1$ 时，$\beta = 1$；当 $\xi = -1$ 时，$\beta = 1$；$\xi = 0$ 时，$\beta = 1.15$。所以 β 是在 $1 \sim 1.15$ 范围内变化。由此可以看出中间主应力 σ_2 的影响不大。

在计算带钢轧制的变形抗力时，由于宽展很小，可以忽略，可看作平面变形，即 $\varepsilon_2 \approx 0$，所以 $\sigma_2 = \dfrac{\sigma_1 + \sigma_3}{2}$，此时 $\beta = 1.15$。而对于粗轧道次由于宽展大，此时 β 可认为等于 1.0。

当 $\sigma_2 = \sigma_3$ 或者 $\sigma_2 = \sigma_1$ 时，上述学说所得的结果为

$$\sigma_1 - \sigma_3 = \sigma$$

在单向应力状态时

$$\sigma_1 = \sigma$$

即 σ_1 达到 σ 值时开始塑性变形。

在复杂应力状态下

$$\sigma_1 = \beta\sigma + \sigma_3$$

即 σ_1 达到 $\beta\sigma + \sigma_3$ 值时开始塑性变形。

3.5　轧制力模型的理论基础

目前普遍公认，基于 OROWAN 变形区力平衡理论的 SIMS（西姆斯）公式是最适于热轧带钢轧制力模型的理论公式，SIMS 公式的轧制力模型采用以下基本形式

$$P = Bl'_\mathrm{c}Q_\mathrm{P}KK_\mathrm{T} \tag{3-12}$$

式中　P——轧制力，kN；

B——带宽，m；

l'_c——考虑压扁后的轧辊与轧件接触弧的水平投影，mm；

Q_P——考虑接触弧上摩擦力造成应力状态的影响系数；

K——决定于金属材料化学成分以及变形的物理条件——变形温度、变形速度及变形程度的金属变形抗力，$K = \beta\sigma$，MPa；

K_T——前后张应力对轧制力的影响系数。

其中带宽 B 乘以接触弧水平投影长度为接触面积，是决定轧制力的几何因素。Q_P 及 K_T 为决定轧制力的力学因素。K 则为影响轧制力的物理（化学）因素。

3.5.1   接触弧水平投影长度

对精轧机组来说，宽展较小宽度基本不变化，因此确定接触面积主要需求出 l_c 及 l'_c。接触弧水平投影长度 l_c 为

$$l_c = \sqrt{R\Delta h} = \sqrt{R(h_0 - h_1)} \tag{3-13}$$

当轧辊受很大轧制力时轧辊将被压扁，设压扁后的轧辊半径为 R'，接触弧水平投影长度将为 l'_c。

Hitchikok 根据弹性力学中两个圆柱体弹性压扁的公式推得

$$l'_c = mp_cR + \sqrt{R\Delta h + (mp_cR)^2} \tag{3-14}$$

$$m = \frac{8(1-\nu^2)}{\pi E}$$

式中，p_c 为接触弧上的平均单位压力，MPa；E 为杨氏弹性模量，MPa；ν 为泊松系数。

对钢轧辊，弹性模量 $E = 2.1 \times 10^5$ MPa，泊松系数 $\nu = 0.3$，因此可得 $m = 1.1 \times 10^{-5}$ MPa^{-1}。

设 $$l'_c = \sqrt{R'\Delta h}$$

代入后化简可得

$$R' = R\left(1 + 2m\frac{p_cl_c}{\Delta h}\right) = R\left(1 + 2.2 \times 10^5 \frac{P}{B\Delta h}\right) \tag{3-15}$$

当轧制力 P 单位为 t 时

$$R' = R\left(1 + 2.2 \times 10^5 \frac{P}{B\Delta h}\right) \tag{3-16}$$

由此可知 $R' = f(P, R, B, \Delta h)$，而轧制力 $P = f(R', h_0, h_1, K, K_T)$。因此需通过联解轧制力公式和轧制压扁公式才能最终求出 l'_c 及轧制力 P。

3.5.2   外摩擦应力状态系数 Q_P

为了求出单位压力 p 在接触弧上的分布，以便通过积分求出总压力，SIMS 以 Orowan 的变形区力学平衡公式为基础，并假设热轧时接触弧表面黏着而不产生相对滑动，变形区高度方向存在不均匀变形。

Orowan 理论假设带钢热轧时宽展极小，可把带钢轧制看作平面变形问题。但认为变形区中任取一平直小条在变形过程将不再保持平直（图 3-4），并设 bb' 上的水平力合力为 T，

而曲面 aa' 上水平力为 $T + \mathrm{d}T$。

假定接触弧上单位压力为 p_θ，则小条上所受的力为 $p_\theta R \mathrm{d}\theta$，其水平分为 $2p_\theta \sin\theta R \mathrm{d}\theta$，而摩擦力的水平分为 $2t_\theta \cos\theta R \mathrm{d}\theta$，其平衡微分方程式得

$$\frac{\mathrm{d}T}{\mathrm{d}\theta} = 2Rp_\theta\sin\theta \pm 2Rt_\theta\cos\theta$$

式中的"$\pm$"号，前滑区取"$+$"号，后滑区取"$-$"号。

由于 θ 角很小，可以认为 $\sin\theta \approx \theta$，$\cos\theta \approx 1$。

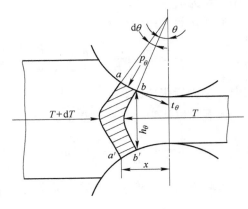

图 3-4 轧制时应力与轧制力的平衡

西姆斯从变形区全黏着假设出发，认为单位摩擦力 $t = K/2$（常数）代入后得

$$\frac{\mathrm{d}T}{\mathrm{d}\theta} = R(2p_\theta\theta \pm K)$$

采用 Orowan 塑性条件

$$p_\theta - \frac{T}{h_\theta} = \omega K$$

全黏着时 $\omega = \pi/4$，则

$$T = h_\theta\left(p_\theta - \frac{\pi}{4}K\right)$$

式中，h_θ 为变形区任意断面上轧件高度。

代入后得

$$\frac{\mathrm{d}}{\mathrm{d}\theta}\left[h_\theta\left(p_\theta - \frac{\pi}{4}K\right)\right] = 2Rp_\theta\theta \pm RK'$$

等式两边除以 K，并设 $h_\theta = h + R\theta^2$，得

$$h_\theta\frac{\mathrm{d}}{\mathrm{d}\theta}\left(\frac{p_\theta}{K} - \frac{\pi}{4}\right) + \left(\frac{p_\theta}{K} - \frac{\pi}{4}\right)\frac{\mathrm{d}h_\theta}{\mathrm{d}\theta} = 2R\theta\frac{p_\theta}{K} \pm R$$

由于 $\frac{\mathrm{d}h_\theta}{\mathrm{d}\theta} = 2R\theta$，所以

$$h_\theta\frac{\mathrm{d}}{\mathrm{d}\theta}\left(\frac{p_\theta}{K} - \frac{\pi}{4}\right) = \frac{R\pi\theta}{2} \pm R$$

$$\mathrm{d}\left(\frac{p_\theta}{K} - \frac{\pi}{4}\right) = \left[\frac{R\pi\theta}{2(h + R\theta^2)} \pm \frac{R}{h + R\theta^2}\right]\mathrm{d}\theta$$

积分后得到前滑区单位压力公式为

$$\frac{p^+}{K} = \frac{\pi}{4}\ln\frac{h_\theta}{H} + \frac{\pi}{4} + \sqrt{\frac{R}{h}}\arctan\left(\sqrt{\frac{R}{h}}\theta\right) - \frac{\tau_\mathrm{f}}{K} \tag{3-17}$$

式中，τ_f 为前张应力。

后滑区单位压力公式为

$$\frac{p^-}{K} = \frac{\pi}{4}\ln\frac{h_\theta}{H} + \frac{\pi}{4} + \sqrt{\frac{R}{h}}\arctan\left(\sqrt{\frac{R}{h}}\alpha\right) - \sqrt{\frac{R}{h}}\arctan\left(\sqrt{\frac{R}{h}}\theta\right) - \frac{\tau_b}{K} \tag{3-18}$$

式中，τ_b 为后张应力。

无疑可以认为，在中性点上 $p^+ = p^-$。

$$\frac{\pi}{4}\ln\frac{h}{H} = 2\sqrt{\frac{R}{h}}\arctan\left(\sqrt{\frac{R}{h}}\gamma\right) - \sqrt{\frac{R}{h}}\arctan\left(\sqrt{\frac{R}{h}}\alpha\right) + \frac{\tau_b}{K} - \frac{\tau_f}{K}$$

由此得出中性角 γ 的计算公式为

$$\gamma = \sqrt{\frac{h}{R}}\tan\left[\frac{1}{2}\arctan\sqrt{\frac{\varepsilon}{1-\varepsilon}} + \frac{\pi}{8}\ln(1-\varepsilon)\sqrt{\frac{h}{R}} + \frac{1}{2}\sqrt{\frac{h}{R}}\left(\frac{\tau_f - \tau_b}{K}\right)\right] \tag{3-19}$$

总轧制力公式为

$$P = BRK\left\{\left\{\int_\gamma^\alpha\left[\frac{\pi}{4}\left(\ln\frac{h_\theta}{h_0} + 1\right) + \sqrt{\frac{R}{h}}\arctan\left(\frac{R}{h}\alpha\right) - \sqrt{\frac{R}{h}}\arctan\left(\sqrt{\frac{R}{h}}\theta\right) - \frac{\tau_b}{K}\right]\mathrm{d}\theta\right\} + \right.$$

$$\left. \int_0^\gamma\left[\frac{\pi}{4}\left(\ln\frac{h_\theta}{h} + 1\right) + \sqrt{\frac{R}{h}}\arctan\left(\sqrt{\frac{R}{h}}\theta\right) - \frac{\tau_f}{K}\right]\mathrm{d}\theta\right\} \tag{3-20}$$

积分后最终得到 SIMS 公式为

$$Q_P = \sqrt{\frac{\varepsilon}{1-\varepsilon}}\left[\frac{1}{2}\sqrt{\frac{R}{h}}\ln\frac{1}{1-\varepsilon} - \sqrt{\frac{R}{h}}\ln\frac{h_r}{h} + \frac{\pi}{2}\arctan\sqrt{\frac{\varepsilon}{1-\varepsilon}} - \right.$$

$$\left. \frac{\pi}{4} + \frac{\tau_f}{K} - \sqrt{\frac{R}{\Delta h}}\left(\frac{\tau_b - \tau_f}{K}\right)\gamma\right] \tag{3-21}$$

式中，$\dfrac{h_r}{h} = 1 + \dfrac{R\gamma^2}{h}$。

3.5.3　热轧金属塑性变形抗力

金属塑性变形抗力是指单向应力状态下金属材料产生塑性变形所需单位面积上的力，它的大小不仅与材料的成分有关，而且还取决于塑性变形的物理条件（变形温度、变形速度和变形程度）。

由于变形抗力是轧制力计算公式中的一个重要的物理参数，因此几十年来不少学者致力于金属塑性变形抗力的实验研究工作，取得了一些有用的数据。

在变形抗力研究中都采用以下函数形式：

$$\sigma = f(T, u, \varepsilon)$$

式中，T 为变形温度，K。

至于化学成分的影响，按照不同的钢簇（或者钢种）区分。

例如，P. M. 库克（Cook）的变形抗力数据，库克采用凸轮式形变机对 12 个钢种进行了试验，试验范围：$T = 1173 \sim 1473\text{K}$；$u = 1 \sim 100\text{s}^{-1}$，$e = 0.05 \sim 0.7$。它的数据以 $\sigma = f(e)$ 曲线作为基础，绘出不同变形温度、不同变形速度下的变形抗力随变形程序变化的曲线。图 3-5 给出了库克的中碳素钢（$w(\text{C}) = 0.56\%$）变形抗力曲线。

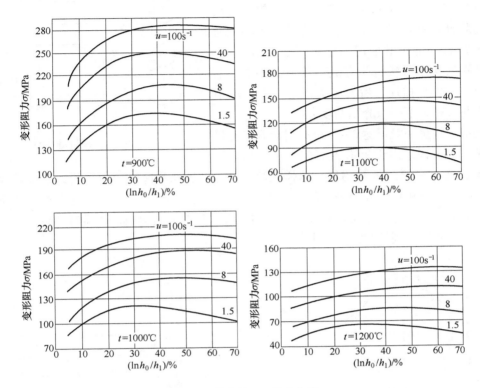

图 3-5 库克的 $\sigma = f(e)$ 曲线

随着计算机控制数学模型的发展，20 世纪 60 年代中期出现了一批采用变形抗力公式的数据，公式的结构大同小异，有以下几种形式：

$$\sigma = \exp(a + bT)u^{(c+dT)}e^n \tag{3-22}$$

$$\sigma = \exp(a + bT)u^{(c+dT)}k_e \tag{3-23}$$

式中，T 为温度，$T = (t + 273)/1000$，K；u 为变形速度，一般用平均变形速度 u_m；e 为真正变形程序；k_e 为变形程度影响系数；a、b、c、d、n 为回归系数，不同钢种有一套不同的系数。

对碳素钢来说，也把系数 a、b、c、d、n 表示为碳钢当量 $w_{c.equ}$ 的函数。

志田茂对 8 种碳素钢进行了实验，提出了著名的志田茂变形抗力公式，详见第 6 章。

3.6 弹跳方程

带钢轧机在咬入轧件前存在一个空载辊缝（与厚度控制有关）及空载辊缝形状（与板形控制有关），图 3-6 给出了空载时轧辊的状态。

当带钢咬入轧机后，轧辊将给轧件一个很大的轧制力，因而使轧件发生塑性变形，但

与此同时轧辊辊系亦受到一个方向相反大小相等
的轧制力，将使轧机牌坊拉伸，辊系弯曲变形。
因而产生一个有载辊缝（图3-7）（辊缝的变化称
为弹跳）和有载辊缝形状（图3-8），如果轧机设
有弯辊装置则有载辊缝及有载辊缝形状还将受弯
辊力的影响。而轧出带钢的厚度等于有载辊缝，
轧出带钢的断面形状将与有载辊缝形状相同。前
者用弹跳方程来描述，后者则为凸度方程，本节
讲述弹跳方程，下一节介绍凸度方程。

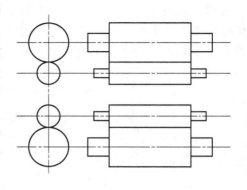

图3-6 空载辊缝形状

　　轧机弹跳量一般可达 2~5mm，对于开坯轧机
或开坯道次来说，由于每道压下量大（往往在几
十毫米以上），一般可不考虑轧机的弹跳量。但对于热轧和冷轧薄板来说，情况就完全不
同了，由于压下量仅为几个毫米甚至小于1mm（冷轧则更小），轧机的弹跳量与压下量属
同一数量级，甚至弹跳量超过钢板厚度，因此必须考虑弹跳影响，并需对弹跳值进行精确
计算，这样才能得到符合公差要求的产品。

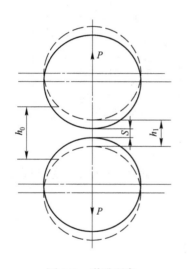

图3-7 弹跳现象

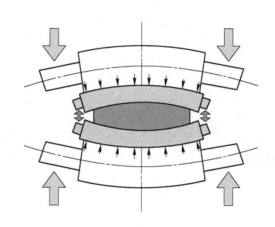

图3-8 辊缝形状

　　轧机操作时所能调节的只是轧辊空载辊缝 S'，而薄板轧机操作中一个最大的困难是如
何通过调节 S' 来达到所需要的带钢厚度。

　　根据弹跳现象可写出以下关系式

$$h = S_P = S' + \frac{P}{C'} \tag{3-24}$$

式中，h 为轧件厚度，mm；S_P 为有载辊缝，mm；S' 为空载辊缝，mm；C' 为机座总刚度，
kN/mm。

　　刚度的定义为轧辊辊缝增大1mm所需要的轧制力大小，根据试验表明，机座弹性变

形的特性如图 3-9 所示。

从图 3-9 中可以看出刚度是轧制力的函数 $C' = f(P)$，而且机座的弹性变形与轧制力并非线性关系，在小轧制力时为一曲线，当轧制力大到一定值以后，力和变形才能近似呈线性关系。这一现象的产生可用零件之间存在接触变形和轴承间隙等来解释。这一非线性区并不稳定，每次换辊后都有变化，特别是轧制力接近于零时的变形（实际上是间隙）很难精确确定，亦即辊缝的实际零位很难确定，因此上面的关系很难实际应用。

在现场实际操作中，为了消除上述不稳定段的影响，都采用了所谓人工压零位的方法，即先将轧辊压靠到一定的预压靠力 P_0，此时将辊缝仪的指标清零（作为零位），这样可克服不稳定段的影响。

图 3-10 表示了压靠零位和轧制过程中轧辊辊缝和轧件厚度的相互关系。$Ok'l'$ 线为预压靠曲线，在 O 处轧辊受力开始变形，压靠力为 P_0 时变形（负值）为 Of'，此时将辊缝仪清零，然后抬辊，如抬到 g 点，此时辊缝仪指示值为 $f'g = S_0$，g 点并不稳定，但由于 gkl 曲线和 $Ok'l'$ 完全对称，因此 $Of' = gf = S_0$，如此时轧入厚度为 h_0 的轧件轧制力 P（轧件塑性变形特性为 Hnq 曲线），轧出厚度为 h（gkl 弹性线和 Hnq 塑性线相交点 n 的纵坐标为 P，横坐标为 h）。

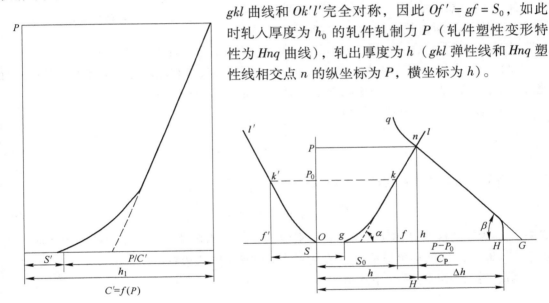

图 3-9 弹跳曲线 　　　　　　图 3-10 压靠零位过程

从图 3-10 可得到以下关系

$$Q(\Delta h + HG) = P \quad (Q = \tan\beta)$$

$$h = S_0 + \frac{P - P_0}{C_P} \quad (C_P = \tan\alpha)$$

式中，S_0 为人工零位的辊缝仪指示值，mm；C_P 为机座刚性系数，即线性段的斜率，kN/mm。

前者为轧件塑性方程，Q 为轧件塑性刚度（轧件塑性变形 1mm 所需的轧制力），后者为轧机弹性方程。

一般认为当支撑辊辊径一定时，机座刚性系数值只决定于板宽，而与轧制力无关，即

$C_P = f(B, R)$，但有些模型为了提高 C_P 精度，采用了分段（不同轧制力区段）确定 C_P 的办法（图 3-11）。

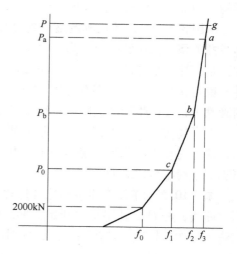

由上式可知，当轧制力等于预压靠力 P_0 时，$h = S_0$，即轧件出口厚度和辊缝仪指示值相吻合。当 $P < P_0$ 时，则 $h < S_0$；当 $P > P_0$ 时，则 $h > S_0$；一般情况下 $P > P_0$，则 $h = S_0 + \dfrac{P - P_0}{C_P}$。此关系式为目前热连轧厚度自动控制的基础，可作为间接测量厚度的一种方式。但用它表示轧件厚度时精度不很高，其原因是：

图 3-11　用折线确定 C_P

（1）在轧制过程中，轧辊和机架的温度都有所升高（直到某一稳定状态），将产生热膨胀，同时由于轧辊不断磨损，因而使辊缝发生"漂移"。因此在上述公式中应增加补偿量，以符号"G"表示，称为辊缝零位。

（2）当支撑辊采用油膜轴承时，其油膜厚度与轧辊转带和轧制力大小有关，因此在加速过程中，油膜厚度的变化将影响辊缝的精度，其变化量用 O 表示。

基于这两点考虑，弹跳方程可写成

$$h = S_0 + \frac{P - P_0}{C_P} + O + G \tag{3-25}$$

板宽 B 对轧机刚度的影响一般可写成

$$C_P = C_0 + \beta(B_0 - B) \tag{3-26}$$

式中，C_P 为轧制板宽 B 的轧件时的轧机刚性系数；C_0 为用预压靠法得到的刚性系数（相当于 $B = B_0$，B_0 为轧辊辊身长度）；β 为宽度对刚性系数的影响系数。

因此实际使用时应采用下述形式

$$h = S_0 + S_C + O + G \tag{3-27}$$

$$S_C = \frac{P}{C_0 + \beta(B_0 - B)} - \frac{P_0}{C_0} = \frac{P}{C_P} - \frac{P_0}{C_0} \tag{3-28}$$

式中，S_C 为弹跳量。

考虑到轧辊弯曲变形和四辊轧机轧辊间压扁变形对机座总刚性系数影响较大，而这些因素都是非线性的，因此严格地说，不但在小轧制力区为非线性段，在大轧制力范围曲线的斜率还存在逐渐变大的趋势，为了提高计算精度应采用几段折线来逼近，在一段折线范围内刚度曲线的斜率可视为常数。

此时弹跳量 S_C 的计算就比较复杂，如先假设 $B = B_0$ 则

$$S_C = \frac{P - P_a}{C_{ga0}} + \frac{P_a - P_b}{C_{ab0}} + \frac{P_b - P_0}{C_{bc0}}$$

当 $B \neq B_0$ 时，假设 B 对各段的影响相同可将宽度对刚度系数的影响加入。亦可将试验所得折线的各点坐标存表，用时根据轧制力大小查表来确定。

当辊系加上弯辊力后，与测厚仪位置所对应的辊缝将有所改变，影响此点轧出厚度。弹跳方程应写成

$$h = S_0 + S_C + S_F + O + G \tag{3-29}$$

$$S_F = \frac{F}{C_F} \tag{3-30}$$

式中，S_F 为弯辊力造成的厚度变化，mm；F 为弯辊力，kN；C_F 为辊系对弯辊力的刚度，kN/mm；G 为辊缝零位，mm，即将除了 $\frac{P}{C_P} - \frac{P_0}{C_0}$，$\frac{F}{C_F}$ 及油膜厚度 O 外的变化影响弹跳方式精度的都归入此值加以自学习。

影响辊缝零位的有：（1）轧辊热膨胀，特别是换辊后 30min；（2）轧辊磨损；（3）其他。

因此改进的方案为将 G 写成

$$G = G_H + G_W + G_0 \tag{3-31}$$

即采用公式计算 G_H（热胀量），G_W（磨损量）后其他不精确的自学习 G_0 来解决。

弹跳方程或厚度方程是精确确定空载辊缝和设计厚度自动控制系统不可缺少的基本方程，其精度主要取决于轧制力 P 的精度、机座刚度系数 C_P（或直接用弹跳量 S_C）以及 S_F、G 和 O 值的精度，这是目前提高控制精度所要着重解决的问题。

由于轧辊弹跳是许多零件变形的总和，因此用理论计算各零件变形的方法来求机座总刚度比较困难，而且不易保证精度。目前一般采用对具体轧机进行实际测量的办法来确定 C_P 值及与弯辊力有关的 C_F。

轧机刚度试验及其数据处理的方法见第 6 章。

3.7　凸度方程和板形方程

由于轧出带钢的断面形状（凸度）即是有载辊缝形状，因此带钢断面形状控制（板形控制）实质上是对有载辊缝形状的控制。

影响有载辊缝形状的因素较多，包括：（1）使辊系弯曲变形（含有一些剪切变形）的轧制力；（2）使辊系弯曲变形的弯辊力；（3）改变轧辊辊型的热辊型和磨损辊型；（4）改变轧辊辊型的 CVC 技术，PC 技术及其他可控制辊型技术。

因此有载辊缝形状可用以下方程描述

$$CR = \frac{P}{K_P} + \frac{F}{K_F} + E_C \omega_C + E_\Sigma(\omega_H + \omega_W + \omega_0) + E_0 \Delta \tag{3-32}$$

式中　　CR——辊缝中部开度与板边处开度之差，即为与带钢凸度有关的有载辊缝形状，mm；

P——轧制力，kN；

F——弯辊力，kN；

K_P——辊系在轧制力作用下的弯曲变形，又称为轧机横向刚度，kN/mm；

K_F——辊系在弯辊力作用下的弯曲变形，又称为弯辊横向刚度，kN/mm；

ω_C——可控辊型，根据采用 CVC 或 PC 等技术确定其值，mm；

ω_H——热辊型，为此需建立热辊型模型，mm；

ω_W——磨损辊型，为此需建立统计型磨损模型，mm；

ω_0——初始辊型，根据板形控制需要进行辊型设计和磨辊，mm；

Δ——入口带钢凸度，mm；

E_0，E_C，E_Σ——相应系数。

对于热轧带钢来说，ω_H、ω_W 为扰动量，ω_C 及 F 为控制量，而轧制力可以看作扰动量，亦可作为控制量。一般对于设有弯辊、窜辊（或 PC 辊）板形控制手段的轧机可不再利用轧制力来控制凸度，而对于缺乏板形控制装置的轧机，则可以通过负荷分配，特别是后 3-4 机架的轧制力分配来保证板形良好。

正如上面公式所列，空载辊缝形状决定于辊系的辊型，主要为：（1）轧辊磨辊所确定的工作辊及支撑辊初始（冷）辊型；（2）工作辊的热辊型；（3）工作辊的磨损辊型；（4）CVC、PC 等可控辊型。

而有载辊缝形状除了决定于空载辊缝形状外还将决定于：（1）轧制力所造成的辊系弯曲变形及压扁变形；（2）弯辊力所造成的辊系弯曲变形。

为了保持板形良好（不起浪），必须使轧件沿宽度方向上各点的延伸率相等，亦即沿宽度方向的各点的压缩率应相同。实际上轧件的横断面边缘和中间存在着一定的厚差称为凸度。如果来料已有凸度 Δ，则轧出的成品亦应有一定的凸度 δ 才能保证其板型良好。

为了确切表述断面形状，可以采用相对凸度 $\rho = \delta/h$ 作为特征量（h 为宽度方向平均厚度），考虑到根据测厚仪安装位置所测的实际厚度为 h_e 或 h_c，也可以用 δ/h_e 或 δ/h_c 作为相对凸度（h_c 为板宽中点处厚度，h_e 为板边部处厚度）。平直度指的是带钢翘曲（主要是波浪形），即在轧制时是否出现边浪、中浪等。

平直度和带钢在每机架入口与出口处的相对凸度是否匹配有关。如果假设带钢沿宽度方向可分为许多窄条，对每个窄条存在以下体积不变关系（假设不存在宽展）。

$$\frac{L(x)}{l(x)} = \frac{h(x)}{h_0(x)} \tag{3-33}$$

式中，$L(x)$、$h_0(x)$ 为入口侧 x 处窄条的长度和厚度；$l(x)$、$h(x)$ 为出口侧 x 处窄条的长度和厚度。

也可以用

$$\frac{L_e}{l_e} = \frac{h_e}{h_{0e}}$$

及

$$\frac{L_c}{l_c} = \frac{h_c}{h_{0c}}$$

分别表示边部和中部小条的变形。良好平直度的条件为

$$l_e = l_c = l_x \tag{3-34}$$

设 $$\Delta l = l_c - l_e, \quad \Delta L = L_c - L_e$$

式中，ΔL 为轧前来料平直度。

设来料凸度为 Δ

$$\Delta = h_{0c} - h_{0e}$$

将 $H_c L_c = h_c l_c$ 和 $H_e L_e = h_e l_e$ 两式相减后得

$$h_{0c} L_c - h_{0e} L_e = h_c l_c - h_e l_e$$

$$(\Delta + h_{0e})(\Delta L + L_e) - h_{0e} L_e = (\delta + h_e)(\Delta l + l_e) - h_e l_e$$

展开后如忽略高阶微小量后可得

$$\frac{\Delta l}{l} = \frac{\Delta L}{L} + \frac{\Delta}{h_0} - \frac{\delta}{h}$$

平直度良好条件为

$$\frac{\delta}{h} = \frac{\Delta L}{L} + \frac{\Delta}{h_0} \tag{3-35}$$

如来料平直度良好，$\Delta L / L = 0$ 则

$$\frac{\delta}{h} = \frac{\Delta}{h_0} \tag{3-36}$$

即在来料平直度良好时，入口和出口相对凸度相等，这是轧出平直度良好带钢的基本条件。要指出的是由于轧辊与轧件接触的宽度上存在压扁，在板宽边缘处由于压扁的过渡而存在边部减薄。因此上面各公式中的 h_e 指的是离实际边部约 40mm 处的板厚。

3.8 传热基本方程

3.8.1 概述

带钢热连轧生产过程的主要内容基本上可归结为尺寸变化和温度变化两大类性质极不相同但又相互紧密联系的物理过程。

尺寸变化过程主要是钢坯厚度不断变薄的过程，此外尚有宽度的变化（不断由立辊压缩，又通过水平辊得到宽展）。

温度的变化过程由钢坯的加热和轧件（板坯、带坯、带钢）的不断冷却所组成。钢坯（一般厚度较大）在室温状态下装入加热炉中，经过两个小时左右的加热（通过预热—加热—均热阶段完成钢坯加热过程）后，温度达到 1180 ~ 1250℃。钢坯出炉后开始降温，并随着钢坯厚度不断轧薄，板坯的温度通过各种形式的温降逐渐变低，在粗轧机组出口处约为 1080 ~ 1100℃，通过中间辊道的冷却到精轧入口处降到 1000 ~ 1050℃，精轧机组末架终轧温度一般为 830 ~ 880℃（有些钢种要求高于 900℃），输出辊道上通过层流装置强迫冷却到 600 ~ 650℃后卷成钢卷。

表 3-1 列出了对某厂轧件温度的测量值，由此可大致看出温降的大小。

表 3-1 轧件温度变化

位　置	轧件 1	轧件 2	轧件 3	轧件 4
成品厚度/mm	1.8	1.8	2.5	2.5
末架速度/m·s^{-1}	10	10	10	10
粗轧出口温度/℃	1142	1139	1083	1082
精轧除鳞前温度/℃	1103	1102	1043	1043
除鳞后温度/℃	1069	1068	1021	1021
F_1 温度/℃	1030	1030	995	994
F_2 温度/℃	1002	999	975	974
F_3 温度/℃	974	970	956	954
F_3，F_4 间机架喷水	是	否	是	否
F_4 温度/℃	923	947	919	936
F_5 温度/℃	906	927	903	920
F_6 温度/℃	890	909	889	904

在热轧带钢生产过程中温度制度是一个十分重要的因素，准确地计算（预估）各个环节的温度变化是实现热连轧机计算机控制的重要前提，这是因为：

（1）各机架的变形抗力、轧制压力的预估是和准确确定该机架轧制温度分不开的，而各架轧机轧制压力的预估精度将直接影响到轧件尺寸精度、带钢形状（板形）好坏以及轧机负荷分配的合理性。

（2）带钢温度对产品性能有重要影响，其中主要有：

1）精轧终轧温度要求稍高于居里点，终轧温度太低将使带钢的力学性能降低（特别是影响冷轧后钢卷的深冲性能），但终轧温度又不能太高，否则容易因二次氧化影响带钢的表面质量（终轧温度一般为 830~880℃，根据钢种而异）。

2）卷取温度要求低到足够程度，以避免在卷取之后，带材冷却过程中又使晶粒变大；但卷取温度又不能太低，否则将卷不紧（由于低温带钢弹性较大将发生松卷现象）。

（3）带钢中温度的均匀性，不但将影响带钢的力学性能的均匀性，而且将直接影响到带钢厚度的均匀性（轧制压力的均匀性）。

温降模型的建立是和生产过程具体特点有关联的，在现代带钢热连轧机中一般设有 5~6 个温度计，装置地点为：加热炉出口处、粗轧机组中间（如 R_1 后面）、粗轧机组出口处、精轧机组入口处、精轧机组出口处及卷取机入口处。但根据热连轧机的具体条件，其中最可靠的测量点为粗轧机出口及精轧机组出口处，因为前者板坯厚度适中（约 30~50mm），板坯温度基本上已均匀化（表面和中心温差不大），加上刚从粗轧机组中轧出板坯表面质量很好，因此测量出的表面温度比较可靠地代表了这一板坯的实际温度，后者刚由轧机轧出表面温度测量精度较高。粗轧机组中和加热炉出口处的测量点都由于钢坯厚度太大，加上表面上铁皮较多或者经过高压水除鳞后表面温度降低等原因，都不易测量出可靠的钢坯温度。精轧机组入口处板坯温度原是一个十分重要的参数，但不易测量准确，这是因为如果把测量点放在飞剪前后则此时板坯表面上产生了二次氧化铁皮，使温度测量不准确。如果把测量点放以精轧除鳞箱后面则由于高压水冷却使表面温度太低，因此目前计算机控制模型都是以粗轧机组出口处测量得到的温度为基准，用温降方程来计算精轧机组各机架温度。

考虑到钢坯加热温度不易实际测量（只能测得加热炉内各点的炉温），因此目前亦有利用以粗轧机组出口处（或 R_1 后测温仪）的实测温度为基准，通过粗轧机组温降公式来预估精轧机组出口温度。

为了讨论温降模型及温度控制，需首先介绍有关传热学基本定义和基本公式。

3.8.2 传热学基础

传热学是研究具有不同温度的物体间或物体内不同温度的部分之间热量传递的规律。对于热连轧来说所研究的是轧件，即板坯、带坯或带钢的温度变化。

轧件在加热，辊道上运送及轧制时存在两种传热过程：一是轧件内部的导热，即当轧件表面与中心温度存在差异时热量在轧件内的传递，在加热炉中加热时，中心温度低于表面，热量从表面向中心传递，而在轧线上由于周围介质温度低，因此轧件表面温度一般低于中心，热量由中心向表面传递。二是轧件表面与周围介质间的热交换，存在三种不同的传热（表面热交换）方式，即辐射、对流和热传导。在传热过程中一般同时存在这几种方式。

热连轧轧制过程数学模型中，重要的是轧件的温降，即轧件在辊道运送及轧制中轧件表面向周围介质传送热量而产生温降。

辐射（热辐射）是依靠物体表面发射电磁波来传送热量，因此无论在真空，或者周围介质是空气以及冷却水时都存在热辐射，并且任何物体除了向四周发射电磁波还将同时接受别的物体发射的电磁波。热辐射是轧件在辊道上运送时的主要热交换方式。

对流是依靠流体的运动传递热量。当流体（空气、水）与轧件表面接触时同时存在热传导和流体的对流传热。工程上称这种复合过程为"对流换热"，在轧线上存在自然对流和强制对流两种形式，自然对流是当空气与高温轧件表面接触后由于升温而膨胀、上升，而冷空气下降与轧件接触。如此循环将热量传走。强制对流指高压水除鳞，机架间喷水以及精轧后的层流冷却，通过大量淋水将轧件表面热量传走。

接触热传导是当轧件与轧辊接触时，由物体内部分子或原子直接交换热量，实现从高温向低温处转移热量的过程。

对于厚度较大的板坯、带坯以及厚规格带钢，内部存在较大的温差（表面温度与中心温度），因此内部热传导应加以考虑。对研究轧件温降来说表面热交换更为重要。

对于热连轧来说强制对流及热辐射是造成轧件温降的主要表面热交换方式。

对任何一种热交换，其基本公式中都将涉及以下"量"：

（1）热量 Q，其单位在工程上用 kcal（千卡），但国际单位制以及我国法定计量单位中采用 J（焦耳），即能量所用的单位。

在工程上由于采用千卡，因此需采用热功当量系数，即 $1\text{kcal} = 427\text{kgf} \cdot \text{m}$（机械能 $1\text{J} = 1\text{N} \cdot \text{m} = 0.102\text{kgf} \cdot \text{m}$，其中 kgf 为公斤力，m 为米），由此可得

$$1\text{kcal} = 4187\text{J} = 4.187\text{kJ}$$

或 $$1kJ = \frac{1000}{9.8 \times 427} = 0.2388kcal$$

（2）热流量 Φ，单位时间交换的热量，其标准单位为 W；$1W = 1J/s$。

（3）热流密度 q，又称比热流，为单位时间通过单位面积交换的热量，标准单位 W/m² 即 J/(m² · s)，而工程上常用 kcal/(m² · h)。式中 s 为秒，h 为小时（$1kcal/h = 1.163J/s = 1.163W$）。

（4）比重（密度）γ，为单位体积的重量，单位为 kg/m³。

（5）比热容（质量热容）c，为单位重量物体每升高 1℃ 温度所吸收的热量，其单位为 J/(kg · K) 或 J/(kg · ℃)（K 为绝对温度）。工程上则用 kcal/(kg · K) 或 kcal/(kg · ℃)。

此外在下面各章节还将采用（其定义将在下面叙述）：

（1）对流换热系数 α，单位为 W/(m² · ℃)，工程上用 kcal/(m² · h · ℃)。

（2）黑体辐射系数 σ，单位为 W/(m² · K⁴)，工程上用 kcal/(m² · h · K⁴)。

（3）导热系数 λ，单位为 W/(m · ℃)，工程上用 kcal/(m² · h · ℃)。

（4）导温系数（热扩散率）a，单位为 m²/s，工程上用 m²/h。

3.8.3 传热学基本公式

3.8.3.1 辐射换热

辐射是由于物体本身温度导致产生电磁波，其波长范围由 0.1μm 到 1000μm（包括了紫外线、可见光和红外线三个波段，主要是红外线）。

辐射过程伴随着能量的转换，热能—辐射能—热能。辐射能的传播以光速进行，不需要借助中间介质，更不需要相互接触，热射线射到物体后，其辐射能部分被物体吸收，变为热能。任何物体不论其温度高低，都在不断地向外辐射能量（只有绝对温度零度即 -273℃ 时，才不放射能量），同时又不断地部分吸收外界投射来的辐射能。根据得到的热量和失去热量的多少而决定是被加热还是被冷却。带钢的辐射温降，主要存在于钢坯、带坯及带钢的输送过程，高温轧件在空气中逗留时将不断通过辐射方式散出热量造成温降（此时实际上同时存在空气自然对流，但其产生的结果和辐射相比、只为后者的 5% ~ 7%。因此一般将其归于辐射温降——通过实验确定的当量辐射率）。

大量实践结果证明，辐射能量（单位面积和单位时间内的）和温度和四次方成正比

$$E = \varepsilon\sigma\left(\frac{T}{100}\right)^4 \tag{3-37}$$

式中 E——辐射能量，W/m²；

       σ——绝对黑体的辐射系数，又称斯蒂芬-玻耳兹曼常数；

       ε——实际物体黑度，又称为辐射率（$\varepsilon < 1$），当表面氧化铁皮较多为 0.8，刚轧出的平滑表面为 0.55 ~ 0.65，需根据实验来确定；

       T——物体绝对温度，$T = t + 273$，K。

因辐射散失的热量为

$$Q = E_1F\tau - E_2F\tau = \varepsilon\sigma\left[\left(\frac{T}{100}\right)^4 - \left(\frac{T_0}{100}\right)^4\right]F\tau \tag{3-38}$$

其热密度为
$$q = \varepsilon\sigma\left[\left(\frac{T}{100}\right)^4 - \left(\frac{T_0}{100}\right)^4\right] \tag{3-39}$$

而热流量为
$$\Phi = qF \tag{3-40}$$

式中　q——热流密度，$J/(m^2 \cdot s)$；

　　　E_1——散失到周围介质中的能量（单位面积和单位时间内散失的）；

　　　E_2——吸收的能量（单位面积和单位时间内吸收的）；

　　　Q——热量，J（工程上常用 kcal）；

　　　F——散热面积，对板坯来说 $F = 2BL$（B 为板坯宽度，L 为长度），m^2；

　　　τ——时间，s。

上式由于 $T_0 \ll T$，因此一般可忽略环境温度，采用微分形式可写成
$$dQ = \varepsilon\sigma\left(\frac{T}{100}\right)^4 Fd\tau \tag{3-41}$$

由于散热造成的温降为 dT（K），其热量的微分为
$$dQ = -GcdT = -hBL\gamma cdT \tag{3-42}$$

式中，B 为坯宽，m；L 为坯长，m；h 为坯厚，m；γ 为密度，kg/m^3；G 为重量，kg；c 为比热容，$J/(kg \cdot K)$（不同温度下 c 值不同）。

因此辐射温降公式为
$$dT = \frac{2\varepsilon\sigma}{\gamma ch \times 10^8}T^4 d\tau \tag{3-43}$$

当距离较近时，可以认为温度本身不变化，由此可得
$$\Delta T = \frac{2\varepsilon\sigma}{c\gamma h}\left(\frac{T_{IN}}{100}\right)^4 \Delta\tau \tag{3-44}$$

当距离较长时需考虑温度本身的变化，因此要对此积分，由此可得
$$T_{OUT} = 100\left[\frac{6\varepsilon\sigma}{100\gamma ch}\tau + \left(\frac{T_{IN}}{100}\right)^{-3}\right]^{-\frac{1}{3}} \tag{3-45}$$

式中，T_{IN} 为该温降区段的进入温度；T_{OUT} 为此区段的出口温度；ΔT 为温降值。

3.8.3.2　对流换热

对流换热是物体表面热交换的另一种形式。此种热交换的强度不但和物体传热特性有关，而且更主要是决定于介质液体的物理性质和运动特性。在此种热交换过程中，一般常伴着流体形态的改变（产生气泡、汽膜）。因此，热交换过程是极其复杂的。为便于计算，常采用下列简单形式的计算公式
$$dQ = \alpha(t - t_0)Fd\tau \tag{3-46}$$

式中，F 为热交换面积，m^2；τ 为热交换时间，s；t 为物体温度，℃；t_0 为介质温度，℃；α 为强迫对流传热系数，$W/(m^2 \cdot ℃)$。

实际上各种因素的影响都集中在对流传热系数 α 值中考虑了，α 值理论计算较复杂，目前只对一些特例有较满意的理论公式，通常 α 值主要用实验确定。与辐射相同可写出温

降热量公式

$$\mathrm{d}Q = -hBl\gamma c\mathrm{d}t \tag{3-47}$$

可得

$$\mathrm{d}t = \frac{-2\alpha}{\gamma ch}(t - t_0) \tag{3-48}$$

同样当距离较长时，需对此积分得

$$\ln\frac{t_{\mathrm{OUT}} - t_0}{t_{\mathrm{IN}} - t} = \frac{-2\alpha}{\gamma ch}\tau \tag{3-49}$$

而当距离不大时，可用

$$\Delta t = \frac{2\alpha}{\gamma ch}(t - t_0)\Delta\tau$$

$$\Delta t = t_{\mathrm{IN}} - t_{\mathrm{OUT}}$$

$$t = (t_{\mathrm{IN}} + t_{\mathrm{OUT}})/2$$

可先设 $t = t_{\mathrm{IN}}$，逐步逼近。

当采用热流 q（$\mathrm{W/m^2}$）时

$$q = \frac{Q}{F\tau} \tag{3-50}$$

由于 $\mathrm{d}Q = -hBl\gamma c\mathrm{d}t$

$$q = \frac{\mathrm{d}Q}{Bl\mathrm{d}\tau} = \frac{-h\gamma c}{\mathrm{d}\tau}\mathrm{d}t \tag{3-51}$$

即

$$\mathrm{d}t = \frac{q}{\gamma ch}\mathrm{d}\tau \tag{3-52}$$

q 热流密度（Heat Flux），即单位时间单位面积对流出的热量。这一公式有时用于层流冷却模型。此式实际上把对流冷却的传热系数 α 归结以热流密度 q 中（通过现场试验来确定 q 而不是 α 值）。

但因 $\mathrm{d}Q = -Gc\mathrm{d}t$ 时，只考虑整个物体的整体温降，即假设物体内部温度是均匀的，不存在热传导问题（薄材冷却问题），实际上对于厚坯来说，物体中存在较大的温差，因此精确计算时，必须同时考虑钢坯内的热传导。

3.8.3.3　热传导

热传导有两种类型，一是接触热传导，即两件物体相接触时，当存在温度差时的热量传导；另一种是固体物体内部当表面和中心温度有差别时将发生的热传导。接触热传导主要用于轧制时轧辊和轧件接触造成的温降，轧辊和轧件的接触热传导往往受表面氧化铁皮层热阻的影响，因此现象比较复杂。

固体热传导过程完全取决于固体内温度的分布，研究固体内热传导即是研究物体内温度场随时间的变化

$$t = f(x, y, z, \tau) \tag{3-53}$$

式中，x、y、z 为所研究的空间坐标；t 为温度；τ 为时间。

在某一瞬时物体各点的温度数值综合称为"温度场"。连接温度场中具有同一温度的

各点就得出"等温面"或"等温线",不同温度的等温不会相交,等温面不可能中断。所有的等温面或者自身封闭,或者终止于物体的边缘。

沿着等温面移动不会有温度变化,从一个等温面移动到另一等温面时,就会有温度变化,沿着温面法线方向移动时,温度变化速度最大。

温度在空间沿方向 n 的变化速度用 $\dfrac{\Delta t}{\Delta n}$ 表示。Δt 为移动极小一段距离 Δn 的温度变化(n 为法线方向的距离)。

而"温度梯度"是指这样一个向量,其数量上等于 $\dfrac{\Delta t}{\Delta n}$ 的极限值,即当 Δn 趋于零时的值,此向量的方向同指向温度增加方向的法线 n 方向重合,单位为℃/m。

$$|\boldsymbol{gra}\mathrm{d}t| = \lim_{\Delta n \to 0}\left|\frac{\Delta t}{\Delta n}\right| = \left.\frac{\partial t}{\partial n}\right|_n \tag{3-54}$$

热传导理论基于以下基本事实,即仅当温度梯度不是零时,才发生热流。傅里叶假说为

$$\boldsymbol{q} = -\lambda\boldsymbol{gra}\mathrm{d}t \tag{3-55}$$

式中　$\boldsymbol{q}$——热流密度向量,即单位时间内在等温面单位面积上所通过的热量,W/m^2;

　　　λ——比例系数,称为热传导系数,W/(m·℃)。

热流向量的幅值为热流密度

$$q = -\lambda\frac{\partial t}{\partial n} \tag{3-56}$$

所以

$$\mathrm{d}Q = q\mathrm{d}F\mathrm{d}\tau = -\lambda\frac{\partial t}{\partial n}\mathrm{d}F\mathrm{d}\tau \tag{3-57}$$

此式即为傅里叶定律。

由此可推出导热微分方程。取导热物体内一微立方单元,设各侧表面上导入的热流密度为 q_x、q_y、q_z,导出热流密度为 q'_x、q'_y、q'_z,则

$$\left.\begin{aligned}
q'_x &= q_x + \frac{\partial q_x}{\partial x}\mathrm{d}x \\[2mm]
q'_y &= q_y + \frac{\partial q_y}{\partial y}\mathrm{d}y \\[2mm]
q'_z &= q_z + \frac{\partial q_z}{\partial z}\mathrm{d}z
\end{aligned}\right\} \tag{3-58}$$

在 $\mathrm{d}\tau$ 时间内导入和导出的热量为

$$\left.\begin{aligned}
\mathrm{d}Q_x &= q_x\mathrm{d}y\mathrm{d}z\mathrm{d}\tau, \ \mathrm{d}Q'_x = \left(q_x + \frac{\partial q_x}{\partial x}\mathrm{d}x\right)\mathrm{d}y\mathrm{d}z\mathrm{d}\tau \\[2mm]
\mathrm{d}Q_y &= q_y\mathrm{d}z\mathrm{d}x\mathrm{d}\tau, \ \mathrm{d}Q'_y = \left(q_y + \frac{\partial q_y}{\partial y}\mathrm{d}y\right)\mathrm{d}z\mathrm{d}x\mathrm{d}\tau \\[2mm]
\mathrm{d}Q_z &= q_z\mathrm{d}x\mathrm{d}y\mathrm{d}\tau, \ \mathrm{d}Q'_z = \left(q_z + \frac{\partial q_z}{\partial z}\mathrm{d}z\right)\mathrm{d}x\mathrm{d}y\mathrm{d}\tau
\end{aligned}\right\} \tag{3-59}$$

经 $\mathrm{d}\tau$ 时间后，由单元体内放出的热量为

$$\mathrm{d}Q = (\mathrm{d}Q'_x - \mathrm{d}Q_x) + (\mathrm{d}Q'_y - \mathrm{d}Q_y) + (\mathrm{d}Q'_z - \mathrm{d}Q_z)$$

$$= \left(\frac{\partial q_x}{\partial x} + \frac{\partial q_y}{\partial y} + \frac{\partial q_z}{\partial z}\right)\mathrm{d}x\mathrm{d}y\mathrm{d}z\mathrm{d}\tau \tag{3-60}$$

另一方面，单元体的初始温度为 t_0，单位时间的温度变化为 $\frac{\partial t}{\partial \tau}$，$\mathrm{d}\tau$ 时间内温度变化量为 $\frac{\partial t}{\partial \tau}\mathrm{d}\tau$。引起此温度变化所放出的热量为

$$\mathrm{d}Q = -c\gamma\mathrm{d}V\frac{\partial t}{\partial \tau}\mathrm{d}\tau \tag{3-61}$$

由于 $\mathrm{d}V = \mathrm{d}x\mathrm{d}y\mathrm{d}z$，所以 $-c\gamma\frac{\partial t}{\partial \tau} = \frac{\partial q_x}{\partial x} + \frac{\partial q_y}{\partial y} + \frac{\partial q_z}{\partial z}$。

根据傅里叶定律知

$$\left.\begin{array}{l} q_x = -\lambda\dfrac{\partial t}{\partial y} \\[2mm] q_y = -\lambda\dfrac{\partial t}{\partial x} \\[2mm] q_z = -\lambda\dfrac{\partial t}{\partial z} \end{array}\right\} \tag{3-62}$$

所以

$$c\gamma\frac{\partial t}{\partial \tau} = \lambda\left(\frac{\partial^2 t}{\partial x^2} + \frac{\partial^2 t}{\partial y^2} + \frac{\partial^2 t}{\partial z^2}\right)$$

$$\frac{\partial t}{\partial \tau} = \frac{\lambda}{c\gamma}\left(\frac{\partial^2 t}{\partial x^2} + \frac{\partial^2 t}{\partial y^2} + \frac{\partial^2 t}{\partial z^2}\right)$$

$$= \alpha\left(\frac{\partial^2 t}{\partial x^2} + \frac{\partial^2 t}{\partial y^2} + \frac{\partial^2 t}{\partial z^2}\right) \tag{3-63}$$

式中，$\alpha = \dfrac{\lambda}{c\gamma}$ 称为导温系数，单位为 $\mathrm{m^2/s}$ 或 $\mathrm{m^2/h}$。

对于带钢温降来说，可将此问题看为无限大薄板，认为只有一个厚度方向存在温差，热流由厚度中心单向流向表面，此时 $\frac{\partial t}{\partial y} = \frac{\partial t}{\partial z} = 0$，所以 $\frac{\partial t}{\partial \tau} = \alpha\frac{\partial^2 t}{\partial x^2}$。

其表面的边界由表面热交换来确定。

第4章

基础自动化级功能

基础自动化所包含的自动控制功能大体上可分为下述几类:

(1) 热工仪表控制(如加热炉燃烧控制、汽化冷却控制,液压站、润滑站、高压水泵站的热工参数控制)。

(2) 顺序控制(如设备的启动、运转、停止条件控制,换辊控制、辊道控制、踏步控制、卸卷控制、运输链控制)。

(3) 设备控制(如侧导板开度控制、轧机压下位置控制与主令速度控制)。

(4) 工艺参数控制(如活套高度/张力控制、卷取张力控制、终轧温度控制、卷取温度控制)。

(5) 质量控制(如厚度控制、宽度控制、板形控制)。

上述分类是基于突出各个控制类别内部的共性和彼此之间的差异性而做出的,但不是绝对的。实际上有些控制功能可能涉及几种控制类型,而有些控制功能也可以归属于几种不同的控制类型。例如卷取机自动踏步控制(AJC)本质上就是一种高精确性、高响应性的顺序控制功能,但也与设备控制和质量控制有密不可分的关系。又如终轧温度控制和卷取温度控制通常归属于质量控制范畴,考虑到轧件温度只是带钢生产过程中的一个工艺参数,虽然它们对带钢产品的力学性能有极其重要的影响,但毕竟温度本身并不是表征带钢产品力学性能的质量参数,因此这里将其归于工艺参数控制类。

带钢热连轧基础自动化控制功能是庞大而丰富多彩的,限于篇幅,本章只能兼顾前述各种控制类型并择要进行描述,重点是产品质量控制功能。

4.1 轧件运送控制

4.1.1 概述

轧件运送是热轧带钢生产中涉及面最广的作业内容,其控制水平不仅对轧钢生产的效率和产量有至关重要的影响,而且对热轧带钢产品质量也有直接和间接的影响。

轧件的运送主要是由辊道完成的,此外还有依靠天车的板坯、钢卷吊运,加热炉区通过推钢机、出钢机、炉内步进梁进行的板坯移动,卷取区通过卸卷小车、链式和步进梁式运输链进行的钢卷运送等。

一卷带钢的生产,从板坯上料到成品入库,要经过一系列加工工序,包括加热、粗轧、精轧、冷却、卷取、精整等。重达几十吨的轧件依次在各工序进行加工时的有序移动和在相连工序之间的传送，都依赖于轧件运送设备及其正确控制。因此，轧件运送设备的第一个也是最主要的作用就是轧件输送和工序衔接。

轧件运送设备的第二个作用是帮助实现不同设备之间的节奏和速度匹配。例如粗轧机的末道次轧制速度一般比精轧机组入口速度高几倍，如果没有中间辊道的匹配作用，则粗、精轧的工艺衔接将十分困难。

轧件运送设备的第三个作用是对连续生产线进行缓冲。一个多工序的连续加工过程，如果在工序之间缺乏缓冲，则对各工序生产节奏控制及彼此之间同步控制的准确性要求甚高，一旦某个工序发生故障就会造成全线瘫痪。为保证全线生产的稳定进行和具备对个别设备短时故障的容错能力，必要的缓冲即生产线的适度柔性是极其重要的。从这个角度，可以说加热炉、辊道、运输链是热轧生产线上最主要的缓冲设备。

由于轧件运送设备的多样性和运送范围的广泛性，控制内容很多，本节只对具有代表性的辊道运输进行描述。

4.1.2 中间辊道控制

中间辊道是指位于粗轧机和精轧机之间的辊道，它担负着向精轧机运送中间带坯的任务。中间辊道通常分为多段，每段速度可以单独控制。中间辊道进行分段控制的根本原因在于整个中间辊道上同时可能有不只一块带坯，而前、后带坯通常又处于不同的工艺状态，因此承载不同带坯的各辊道段在同一时刻所起的作用不同，其速度要求也不相同，所以必须分段单独进行控制。辊道分段控制是使辊道不同部分能够并行执行不同任务、加快生产节奏、提高生产效率的有效手段。

中间辊道的工艺作用及基本控制功能如下。

4.1.2.1 粗轧机工作辊道

当轧件在粗轧末机架中轧制时，承载轧件的那一部分中间辊道将作为粗轧机工作辊道运行。对工作辊道的最基本要求就是辊道速度应和轧制速度保持同步。对 3/4 连轧（如武钢 1700mm 热连轧机），中间辊道只需和末机架恒定的轧制速度同步；但如粗轧末机架是可逆轧机，则不仅是速度值，包括运转方向，都需按不同的轧制道次和轧机进行同步。当非末奇道次抛钢时，相应的中间辊道段应尽快使轧件停止运动并在下一道次的轧机压下位置、速度等设定完成后，使辊道反转，按同步速将轧件送入轧机执行新道次轧制；如果是偶道次抛钢，则相应的中间辊道段应即刻反转，按同步速准备接受进行下一奇道次轧制的轧件。

4.1.2.2 中间坯输送辊道

当轧件在粗轧机末道次轧制完成后，中间辊道将作为输送辊道执行向精轧机输送中间坯的任务。对输送辊道的最基本要求就是在保证不和前材发生碰撞的前提下尽可能以高速进行轧件输送，以减少轧件运送时间和温降，加快生产节奏、降低能耗和增加可轧厚度规格的范围。轧件输送过程开始时需计算是否会因高速输送而和前材发生碰撞，如果会碰撞，则以低速输送；如无前材或虽有前材但不会发生碰撞则高速输送。在轧件接近飞剪时，辊道应降速到剪切速度，使轧件以规定的速度进行剪切。如果精轧不具备进钢条件，则轧件应在中间辊道上游荡，即在中间辊道上两指定位置之间往复摆动，等待进钢，以避免轧件长时间静止停留在辊道上导致局部过冷无法续轧和辊面因局部过热而受损。在单纯执行输送任务时，中间辊道不需和轧机保持速度同步。

4.1.2.3　精轧机工作辊道

带坯切头后，承载带坯的各中间辊道段将作为精轧机工作辊道以精轧 F_1 机架入口同步速度运转，将带坯送入精轧机轧制，直至 F_1 抛钢。随轧制的进行，带坯尾部将依次离开各个辊道段，此时被释放的辊道段将立刻按照后材的要求调整速度，重新进入待机态。

防碰撞是中间辊道控制的一个特殊功能，我们以图 4-1 为例来进行说明。

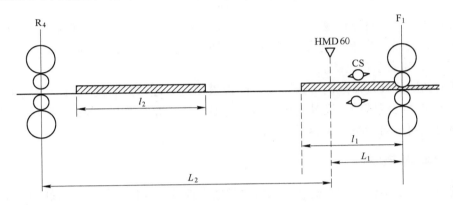

图 4-1　中间辊道防碰撞简图

当粗轧机 R_4 抛钢时，如果中间辊道上没有先行材，则该辊道应高速运转，将带坯快速向前运送。但如有先行材且该材尾部尚未离开 HMD60，则需要检查后材在高速运行时会不会和以精轧 F_1 机架较低的入口速度前行的前材发生追尾碰撞。如果前材尾部已经过了 HMD60，则由于后材头部到达 HMD60 之前必须降速到剪切速度，而剪切速度通常不高于 F_1 轧制速度，所以将不再可能发生碰撞。因此我们只考察先行材尾部尚未离开 HMD60 的情况，即看后材头部以高速 v_h 到达 HMD60 所需时间 T_2 是否小于先行材尾部以轧制速度 v_p 离开 HMD60 所需要的时间 T_1。由图 4-1 有：

$$T_1 = \frac{L_1 - l_1}{v_p} \tag{4-1}$$

$$T_2 = \frac{L_2 - l_2}{v_h} \tag{4-2}$$

显然，如果 $T_1 \leqslant T_2$，就不会发生碰撞，因此允许后材高速前进；但如果 $T_1 \geqslant T_2$，则就有碰撞可能，因此后材应以低速 v_1 前进以避免碰撞发生。那么，为了尽可能加快带坯的运送，经过多长时间的低速运行后，后材就可以变为高速运行而不会再发生碰撞呢？显然，如果后材到达 HMD60 时其低速运行时间 T_1 和高速运行时间 T_h 之和恰好等于前材尾部离开 HMD60 所用时间 T_1，即：

$$T_1 + T_h = T_1 \tag{4-3}$$

则满足不发生碰撞的临界条件。

由图 4-1 有

$$v_1 T_1 + v_h T_h = L_2 - l_2 \tag{4-4}$$

由式（4-3）有 $T_h = T_1 - T_1$，将其带入式（4-4），有：

$$T_1 = \frac{v_h T_1 - (L_2 - l_2)}{v_h - v_1} \tag{4-5}$$

又由式（4-2）有 $L_2 - l_2 = v_h T_2$，将其带入式（4-5），可推得：

$$T_1 = \frac{(T_1 - T_2) v_h}{v_h - v_1} \tag{4-6}$$

也就是说，当后材以低速 v_1 运行时间 T_1 后，再以高速 v_h 运行，则就不会和前材发生碰撞。考虑到为保证控制上的安全要留有适当的余地，应取实际的低速运行时间为 $T = T_1 + a$，其中 a 为安全补偿值。

上述有关防止轧件碰撞的方法是以中间辊道输送带坯时只有高低两个速度为前提的。事实上，如果中间辊道的速度是连续可调的（如辊道电机采用由变频器控制的交流电机），则防碰撞算法要相对简单且更容易推得。

4.1.3　热输出辊道控制

热输出辊道是指位于精轧机和卷取机之间的辊道，它担负着将精轧机轧出的成品带钢送往卷取机的任务，而辊道长度则主要取决于层流冷却所需要的设备安装空间和带钢冷却时间。热输出辊道也分为多段，每段速度可以单独控制。热输出辊道进行分段控制的原因和中间辊道完全类似，主要也是由于整个热输出辊道上同时可能有不止一根带钢在运行，而它们在同一时刻的速度要求是不同的。

热输出辊道通常比较长（超过 100m），但这主要是为了保证带钢轧后控制冷却（层流冷却）所需要的时间，而并非是要使其像中间辊道那样能被用作正常生产过程的缓冲环节。其原因在于，成品带钢长度通常远大于热输出辊道长度，除带钢头尾段外，在卷取过程的大部分时间里，带钢将同时处于精轧机和卷取机中，并以同步速度进行轧制和卷取，因而不可能将两个工序在时间和空间上截然分开。也就是说，尽管热输出辊道已经比较长，但正常生产时却基本上不具备多少缓冲能力。但是，热输出辊道却可以在事故状态下起到有效隔离和缓冲存放的作用，即在精轧轧制过程中，当卷取侧出现故障导致不能进钢或不能继续进钢时，允许精轧机继续轧制，并使轧出来的带钢在热输出辊道上进行存放，从而避免堆在精轧机中造成事故扩大。此时，热输出辊道各段应以特定的紧急停车模式按照从下游到上游的顺序逐次停止，使带钢在输出辊道上均匀地折叠排放，避免各辊道段同时停止而造成带钢局部堆叠过高，增加废钢处理难度甚至损坏层冷设备。显然，该紧急停车功能的实现也同样有赖于辊道速度的分段控制。

热输出辊道的基本控制方式如下。

4.1.3.1　超前控制

从精轧末架轧出的带钢在进入卷取夹送辊之前，其头部为自由端。对于几十至上百米长、因厚度较薄温度较高而相对柔软且头部为自由端的带钢来说，在不建立张力的情况下，要使其在输出辊道上稳定地长距离运行，是十分困难的。因此在卷取机咬入带钢之前，必须使输出辊道以高于带速的线速度运转，即实行速度超前控制，以利用辊道和带钢之间由于速度差的存在而形成的动摩擦力给带钢建立张力，使其能够稳定地在辊道上前行。即

$$v_r = v_s(1 + a) \tag{4-7}$$

式中，a 为超前率；v_r 和 v_s 分别是辊道线速度和带速。

4.1.3.2 滞后控制

当带钢尾部离开精轧末架时，将造成热输出辊道上的带钢失张，很容易形成带钢打折起浪的现象，影响带钢运行的稳定性。因此，和对带钢前段实行超前控制类似，对带钢尾段要实行速度滞后控制，即使输出辊道以低于带速的线速度运转，从而使带钢建立后张力。即

$$v_r = v_s(1 - b) \tag{4-8}$$

式中，b 为滞后率。

当前材尾部和后材头部同时处于热输出辊道上时，前材所在辊道段应实行滞后控制，而后材所在辊道段则应实行超前控制。考虑到前后材都处于运动状态，因此，当前材尾部离开某个辊道段时，该段辊道就应立即转入相对于后材的超前运行状态。为动态地适时完成这种转换，作为热输出辊道控制的一项重要内容，必须对带钢头尾在热输出辊道上的位置进行准确跟踪。

4.1.3.3 同步控制

当带钢同时处于精轧机和卷取机中时，通常在卷取机和夹送辊之间建立卷取张力，而热输出辊道上的带钢则在夹送辊和精轧末机架之间建立张力。此时，靠辊道的异步速度产生摩擦来建张已无任何积极意义，因此热输出辊道的线速度应和带速保持同步，以减少辊面的磨损和带材表面划伤。显然，超前和滞后运转时这种磨损和表面划伤的现象是难以完全避免的，但这是为稳定可靠地实现热轧带钢的间歇式成卷生产方式而不得不采用的工艺技术和付出的代价。

4.2 自动位置控制

4.2.1 自动位置控制基本原理

自动位置控制（Automatic Position Control，APC）是应用最普遍的一种基础性自动控制功能，在热连轧计算机控制系统中占有十分重要的地位。除了可作为一个独立的控制功能使用外，自动位置控制往往还是更高级、更复杂控制功能的基础和组成部分，例如作为自动厚度控制（AGC）系统内回路的液压辊缝控制（HGC），就是一种典型的自动位置控制系统。通常，一条现代的带钢热连轧生产线上有数以百计的 APC 控制回路在运行，包括钢坯炉前定位、推钢机出钢机行程控制、炉内步进梁行程控制、立辊开度设定、侧导板开度设定、轧机压下位置设定、轧辊窜辊位置设定、夹送辊和助卷辊辊缝设定、卸卷与运卷机构的位置控制、宽度计设定等。

　　自动位置控制（APC）是指这样的一个控制功能或控制过程，即在给定时间内和允许的精度范围内将被控对象的位置自动调整到所规定的目标值处。从广义的角度来说，使控制对象的位置以一定的精度跟随给定值而变化的控制功能，即以位移为被调量的伺服控制，也可称为自动位置控制。在热带连轧机中，当设备驱动机构为电动机时，自动位置控制通常就是指以受控运动方式将设备位置从当前稳态值调整到所指定的另一个稳态值，此时所关注的主要是终点位置的准确，即属于终点位置控制类型，例如电动压下的辊缝设定控制。但由于液压驱动机构在位置控制中的优越性日益显现，使得液压伺服控制类型的自动位置控制系统即液压 APC（HAPC）也越来越多地出现在热带连轧机的设备控制中，此时除了终点位置的准确外，调节过程中设备实际位置对给定值变化的动态跟踪能力往往具有更重要的意义。

　　为了快速、准确地对设备位置进行控制，一般对自动位置控制系统有以下几点要求：

　　（1）要有高的重复定位精度和准确度。

　　（2）在设备限制条件下，能在最短时间里完成定位动作。设备限制条件是指：对电气传动系统，电动机转矩不得超过电动机和机械设备的最大允许转矩；对液压传动系统，进入液压缸的油液流量即液压缸活塞杆的运动速度受限于伺服阀的最大流量。

　　（3）系统是动态稳定的，且在位置控制过程中应不产生或只允许产生很小的超调量。

　　（4）控制算法不能过于复杂，以保证 APC 程序具有足够小的控制周期，从而充分发挥驱动设备的能力，提高系统频宽，获得尽可能好的动态响应特性。

　　理论上，自动位置控制是一个带有约束条件的以运行时间最小为目标的最优控制问题。虽然由于工业生产环境的复杂性使得事实上很难实现真正意义的最优控制，但对位置控制过程最优化的分析仍然会给我们以启迪，并对 APC 控制算法的确定具有根本性的指导意义。

　　以电动压下为例，其理想定位过程如图 4-2 所示。设位置偏差为 S，位置的初始偏差为 S_0，被控对象的最大线速度为 v_m，受最大允许动态转矩限制的最大允许加速度和最大允许减速度都为 a_m。为了尽快地消除位置偏差，使被控对象能迅速移动到所要求的位置，就应尽可能使设备在定位过程中保持最大速度不变。极限情况下，如果能够在运动开始和结束时刻也为最大速度，即能以无穷大加速度立即加速到最大速度和以无穷大减速度立即减速到零，则定位过程必然最快，但显然这对一个实际动力学系统来说是不可能实现的。因此，在最大允许动态转矩的约束条件下，达到最快定位的途径只能是尽可能减少加、减速所用时间，即使电动机以最大加速度起动并尽快达到最大速度，以及在接近终点位置时，以最大减速度减速，且恰在到达终点时减速到零。这就是在实际物理系统的最大加、减速度以及最大

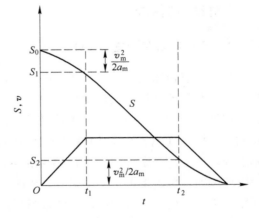

图 4-2　理想定位过程

速度受约束条件下的理想定位过程。

对理想定位过程，在加速阶段有下列关系：

$$v = a_m t \tag{4-9}$$

则位置偏差量 S 为：

$$S = S_0 - \int_0^t v \mathrm{d}t$$

$$= S_0 - \int_0^t a_m t \mathrm{d}t$$

$$= S_0 - \frac{1}{2} a_m t^2 \tag{4-10}$$

到达最大速度的时间 t_1 为：

$$t_1 = \frac{v_m}{a_m} \tag{4-11}$$

将式（4-11）中的 t_1 代入式（4-10）中，则得到此时的位置偏差量为：

$$S_1 = S_0 - \frac{v_m^2}{2a_m} \tag{4-12}$$

式中，$\dfrac{v_m^2}{2a_m}$ 是加速阶段的移动距离。由于此时还未达到所给定的位置，因此从 t_1 时刻起需保持最大速度 v_m 继续移动，而移动到哪一时刻开始减速，则是 APC 过程最关键的一个问题。按照通常的最大允许加速度和最大允许减速度相等的原则，在减速阶段移动的距离应正好等于加速阶段移动的距离。如果在 $S_2 = \dfrac{v_m^2}{2a_m}$ 处开始以最大允许减速度 a_m 减速，则当速度减到零时，必然恰好达到所要求的位置，即位置偏差 $S = 0$。

从以上的分析可以看出，图 4-2 所示的理想定位过程可分为三个阶段实现：

（1）首先以最大加速度 a_m 加速到 $v = v_m$；

（2）维持 $v = v_m$ 运行直到 $S_2 = \dfrac{v_m^2}{2a_m}$；

（3）从 $S_2 = \dfrac{v_m^2}{2a_m}$ 处开始，以最大减速度 a_m 减速，直到 $v = 0$，$S = 0$。

实际的定位过程由于受到系统内外各种不确定因素的影响，特别是传动装置响应滞后的影响，使得切换时间不可能正好是理想速度曲线的减速点，结果出现位置过调或欠调，并因而最终延长了定位时间。下面就重点分析位置误差 S 从 S_2 到 0 的减速过程和研究解决的办法。

设在 S_2 处开始以最大允许减速度 a_m 减速，则：

$$v = v_m - a_m(t - t_2) \tag{4-13}$$

$$S = S_2 - \int_{t_2}^t v \mathrm{d}t \tag{4-14}$$

从两式中消去时间 t，即得：

$$v^2 = 2a_{\mathrm{m}}S \tag{4-15a}$$

或

$$v = \sqrt{2a_{\mathrm{m}}S} \tag{4-15b}$$

可以看出，在 S 从 S_2 到 0 的区间，$v = f(S)$ 关系曲线为一抛物线，如图 4-3 所示，它实质上就是理想定位过程减速阶段的二维相空间相图。

由式（4-15b）可得

$$\lim_{s \to 0} \frac{\mathrm{d}v}{\mathrm{d}S} = \infty \tag{4-16}$$

从式（4-16）可以看出，在位置偏差 S 很小的情况下，为根据 S 值得到理想减速过程所要求的速度值 v，算法增益必须非常大；而对于一个实际系统来说，如此大的增益将把任何一个小的系统误差或随机误差的影响放大到足以使定位过程无法完成的地步，因此这种理想化定位过程是难以实现的。

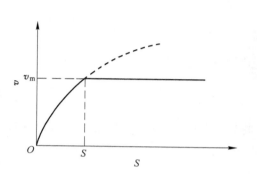

图 4-3　理想减速过程的 $v = f(S)$ 曲线

实际生产过程中的设备定位控制问题并无严格追求最优化的必要，而只要定位过程足够快，定位精度足够高，就可充分满足工艺要求。尽管如此，理想化定位过程所给出的基本规律仍然是十分重要的，即以最大加速度启动；除加减速阶段外保持最大速度移动；减速阶段的速度整定曲线（即位置偏差和速度的关系曲线）为近似抛物线形状，即从减速点开始，位置偏差越小，速度越低，但曲线斜率即算法增益越大。事实上，APC 调试的主要内容之一就是减速开始点和速度整定曲线参数（如折线式速度整定曲线的拐点坐标）的确定。

与电动 APC 系统的速度整定曲线有关的两个重要概念是精度区和死区，如图 4-4 所示，其中 S_{p} 和 S_{d} 分别为精度区和死区的右边界点。所谓精度区即为位置控制的允许误差带，当被控设备位置偏差进入此精度范围并不再越出时，即认为定位过程完成。而所谓死区是指这样的一个位置偏差区间，即当设备沿绝对偏差减小的方向到达该区间边界点时，则将驱动控制信号置零即停止驱动。死区的大小应能使被控设备在惯性作用下滑入精度区并最终停止在精度区内，显然死区应大于精度区。死区调整时有两种情况应该注意：首先，如果出现下述现象，即或者根本进入不了精度区，或者设备位置偏差已经进入精度区后又反向超调并按照增大偏差的方向离开精度区，则说明速度整定曲线不合适，应通过参数修正或死区调整来消除这些现象。其次，如果 APC 初始启动时位置偏差位于精度区以外但却在死区以内，

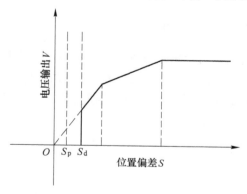

图 4-4　速度整定曲线的精度区和死区

则应考虑采用冲动方式工作，即给驱动设备一个具有一定幅值但持续时间很短的脉冲控制信号，使被控设备产生一个很小的位移冲动，进入精度区。可以说，正是基于精度区和死区的概念对理想速度整定曲线在零误差点附近做了上述修正后，才使得设备自动定位过程实现了准最优控制，达到了准确、快速、稳定的控制目标。

实际上对于电动压下这种传动链存在较大齿隙的传动系统，试图采用常规的连续调节算法（如 PID）来实现高精度的位置控制是不大现实的，因为除了可能由于反复双向超调而无法稳定在精度区内，致使 APC 过程无法完成外，还会造成设备的加速磨损，因此并不可取。而结合上述的折线式速度整定曲线和精度区、死区概念的非常规简单控制算法，却被生产实践证明是非常有效的。

4.2.2 压下控制系统概述

在带钢热连轧生产线上，精轧机的压下系统是最具有典型性、精度和动态响应特性要求最高、控制功能也相应最复杂的 APC 回路之一，因此下面将以其为例对自动位置控制系统进行具体的描述。

4.2.2.1 压下 APC 系统的组成

一个完整的轧机压下自动位置控制系统通常由下述六部分组成，其各部分之间的关联如图 4-5 所示。

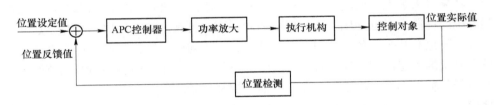

图 4-5 压下位置控制系统的组成

A 设定值

压下位置设定值的确定是轧制规程制定与设定计算的核心内容之一。在实际生产过程中，压下位置设定值可以在操作台上人工给定，也可以通过过程控制计算机给出。早期的人工设定值一般通过拨码盘输入控制器，但随着微机技术、通信技术和图形界面软件的发展，目前人工设定值输入已由人机接口装置（HMI）完成。在现代的热轧带钢生产线上，人工设定只在特殊情况下才会使用，正常生产时的压下位置设定控制均应按照过程控制计算机依据数学模型所算出的设定值来进行。

B 位置检测装置

为了对设备位置进行反馈控制，首先需要对设备的实际位置进行实时的准确检测。位置检测装置的准确度和精度对位置控制的精度具有极其重要的作用。常用的压下位置检测装置按其用途可分为角位移检测装置和直线位移检测装置，按其编码方式又可分为相对位移（增量式）编码器和绝对位移（绝对式）编码器。用于电动压下的通常为角位移检测装置，如脉冲发生器式旋转编码器和解算器（Resolver）。用于液压压下的通常为直线位移检测装置，如磁尺（Magnescale）和磁致伸缩位移传感器（Magnetostrictive Displacement

Transducer，MDT）。脉冲发生器式旋转编码器和磁尺为增量式编码器，而解算器和磁致伸缩位移传感器为绝对式编码器。

C　APC 控制器

APC 控制器是执行 APC 控制算法和控制逻辑的嵌入式计算机系统，是整个自动位置控制系统的神经中枢。通常采用通用的可编程逻辑控制器（PLC）、高性能控制器（HPC）或专用的运动控制器等工业控制计算机作为 APC 控制器。APC 控制器所控制的 APC 回路数和控制周期是其非常重要的技术性能指标。对电动压下，控制周期通常为 20ms；但对液压压下，为充分发挥液压伺服系统潜在的快速响应能力，控制周期应取为 1 ～ 2ms。

在 APC 控制器上运行的应用软件通常为规范的、普适的 APC 软件包，其中的控制算法是影响 APC 控制效果的关键之一。控制算法的复杂程度取决于控制对象特性和控制精度要求，它可以是用折线式速度整定曲线来表征的比较简单的静态算法，也可以是常规的 PID 类型动态控制算法，甚至是基于先进控制理论和智能思想、具有各种补偿功能的复杂动态算法。

D　速度控制与功率放大装置

轧机压下系统 APC 控制器的输出一般都是作为速度内环的给定值（对液压压下来说，APC 控制器的输出用于控制伺服阀阀芯的开口度，本质上仍然是速度给定），而不一定直接作用于功率放大装置。速度内环的存在，有效地改进了执行机构的动态特性，提高了位置控制系统的性能。对电动压下，除速度环外，还有更靠内的电流内环。对于这样的多环结构系统，不论有几个内环，其中每个环都有其自身的调节器，它们的控制算法和控制参数对整个系统的动态性能同样具有非常重要的影响。在这样一种多环串级调节系统中，最内环调节器的输出将作为功率放大装置的输入控制信号。

功率放大装置实质上是控能（能量控制）装置，它接受来自动力源的能量（如来自供电电网的电能，来自液压泵站的高压液压油的液压能），并利用内环调节器的输出控制信号对其进行调制，得到同类型的可控能量后输出给能量转换设备。直流调速系统的可控硅整流装置、交流调速系统的变频装置、液压控制系统中的伺服阀和比例阀等，都是典型的控能装置。

E　执行机构

执行机构包括能量转换设备与能量传递机构。能量转换设备是将来自功率放大装置的受控能量转换成力、转矩等形式的机械能的装置；而能量传递机构则是将能量转换设备输出的机械能传递给控制对象即被控设备的装置。交直流电动机、液压缸、液压马达等都是典型的换能（能量转换）设备，而由减速机和传动轴等构成的传动链则是使用最普遍的机械能量传递机构。

执行机构的动力学特征对位置控制系统的动态响应特性具有十分重要的影响。压下系统的执行机构有两种，即电气传动和液压传动。对电动压下来说，除电动机本身的惯量远大于液压缸的惯量外，在轧机辊系和压下电机之间，还存在一个很大的高减速比减速机构，因此相对于没有减速机构的液压压下，电动压下的机械惯量要大得多，这是其动态特性远逊于液压压下的主要原因之一。正是由于液压压下具有惯量小、响应快等一系列突出的优点，因此在现代的带钢连轧机上已几乎全部取代了电动压下。

不论是速度控制与功率放大装置，还是机械能量传递机构，它们的类型都取决于能量转换设备的类型，因此是以能量转换设备为中心的、彼此密不可分的一个机电设备群。从系统结构的角度，由于它们处于 APC 控制器和控制对象之间，因此可以把它们视为一个广义的执行机构。广义执行机构的动态特性不仅与上述各功能部件的特性有关，也与速度等内环的整定特性有关。在给定控制对象的情况下，广义执行机构的动态特性基本决定了整个位置控制系统的动态响应特性的上限。因此，采用动态响应快的功能部件（例如用交流电机取代直流电机，用液压压下取代电动压下，用伺服阀取代比例阀等）和对内环调节器的算法及参数进行优化，都可以显著提高整个 APC 系统的动态性能。

F　控制对象

自动位置控制系统的控制对象是指以其特定的位置参数作为被调量的机械设备。对轧机压下位置控制系统来说，控制对象通常就是指轧机的上辊系，被调参数则为轧辊在垂直方向的位移。

与执行机构一样，控制对象的动力学特征对位置控制系统的动态响应特性也具有十分重要的影响。同一个生产设备可以具有多维的位置参量，但仅仅在特定维上所表现出来的动力学特性，才是与特定位置控制系统相关联的，并反映在该系统控制对象的数学模型中。因此，有必要将一个具体的物理设备和具有抽象数学含义的控制对象数学模型加以区别。仍以轧辊为例，作为一个具体的机械设备，它可以具有垂直方向直线运动、轴向直线运动、绕水平轴旋转和绕垂直轴转动 4 个自由度，分别是压下、窜辊、主轴定位和轧辊交叉 4 个位置控制功能的控制维。在不同维上，辊系所表现出来的动力学特性即其数学模型是不一致的，必须在相应的位置控制系统中具体分析和区别对待。

4.2.2.2　压下 APC 的控制逻辑

APC 的控制逻辑涉及时序逻辑和条件（组合）逻辑。控制逻辑是以功能的状态划分为基础的。对 APC 功能来说，通常可以将其划分为标定请求、就绪、运行、故障、完成几个状态。APC 的状态、状态转移时序、转移途径、运行条件是 APC 控制逻辑的主要处理对象。

我们以压下 APC 为例来说明有关状态、状态转移和转移途径的概念。为此首先假定 APC 的运行条件（如辊缝检测仪表和压下驱动设备工作正常）都已满足。当控制器初始上电后或轧机换辊后，应首先请求进行辊缝标定（即零调）。在标定完成以前，APC 不具备启动条件，因此此时是处于标定请求状态。标定完成以后，虽然 APC 已具备了运行条件，但在 APC 启动命令发出之前，它将处于就绪状态，即等待启动的状态。当启动命令发出后，APC 就从就绪状态转入运行状态，即以给定值为目标实现设备的定位控制。如果在规定的时间里设备定位正常完成，则由运行状态转入完成状态，否则转入故障状态。完成状态和就绪状态的区别仅在于前者是从 APC 运行状态转移过来的等待状态，而后者则是从标定请求状态转移过来的等待状态，因此除了需特别指出的场合，一般被视为是两种等价的状态，并可通称为等待状态。APC 处于等待状态时，由于其他功能的作用（如压下人工干预、AGC 功能投入等），设备实际位置和最近一次 APC 完成时的位置通常并不相符，但因为 APC 已经完成，因此不论实际位置是否已经改变，在新的启动命令到来之前，APC 都不会再次动作以保持与最近的给定位置相符。APC 处于完成状态、就绪状态或故障状态时，可以通过新的启动命令使其进入运行状态。

为了实现 APC 的逻辑控制功能，APC 软件在运行过程中将针对各种状态设置相应的标志字，而每个标志字的各个位则代表了各个 APC 回路的同一种状态。同时，为了使操作人员和调试维护人员随时掌握压下 APC 系统的工作状态，亦将通过 HMI 画面对这些标志字的各个标志位以图形形式（如指示灯）进行显示。

有关 APC 的动作时序问题，我们以精轧压下为例，描述如下。

当粗轧机在进行最后一个道次轧制且带坯头部已离开粗轧机并前行到粗轧出口测温仪处时，对带坯温度进行检测，过程机依据测得的温度值和其他有关数据，进行包括辊缝在内的精轧机设定计算，并将带有"新数据"标志的设定值立即送往执行压下 APC 功能的 L1 级控制器。

APC 控制器接收到新的设定数据后，首先将新数据进行缓冲存放，然后根据精轧机组的前材轧制状态，决定各机架的压下 APC 启动时序。如果新数据下送时，精轧机组已完成前材轧制，则所有机架将按照新的设定数据同时进行辊缝、速度设定，等待相应带坯的到来。如果此时全部或部分机架仍在进行前材轧制，则对已抛钢机架，立即启动压下 APC；对未抛钢机架则等待抛钢，且一旦检得其抛钢，就立即启动该机架的压下 APC。在正常轧制节奏下，当带坯到达飞剪前时所有精轧机架的 APC 通常均已执行完毕，处于等待进钢状态。

不论压下 APC 是否完成，带坯切头前，APC 检查程序都要对所有机架的 APC 执行情况进行检查，且通常只当所有机架压下位置、速度等都准确无误时，才允许进钢，以保证不发生穿带事故和产品规格错误。

为提高设定计算精度，一般在带坯到达飞剪前时，需依据其在中间辊道上的实际走行时间，由过程机设定程序进行二次设定计算，并将计算结果立即下送。APC 控制器接收到二次设定数据后，将按前述启动时序，再次执行 APC 过程。

"回归"是与压下 APC 有关的另外一个重要问题。所谓回归是指当机架抛钢时，压下 APC 和主令速度控制功能立即启动相应的 APC 回路，使该机架辊缝值和速度值恢复到咬钢时刻的实测值，并以此作为下块钢的缺省设定值。显然，回归是由机架抛钢信号所启动的一类 APC 过程，和通常的 APC 相比，区别只在于启动信号和给定值的来源不同。

回归功能有两方面的作用，其第一个作用与所谓"精轧设定保持"有关，因为精轧设定保持的实现就是借助于回归功能完成的。通常，在一个轧制单位内（即一个换辊周期内），某种规格的带钢是安排在一个"批次"内轧制的。由于同批次内各带坯的参数和生产条件基本相同，它们的轧制规程亦应基本相同，即包括辊缝在内的各种工艺参数设定值差别很小。因此为提高生产效率，可以考虑使用"精轧设定保持"功能进行快节奏轧制生产，即除批首材外，本批次不再使用过程机给出的设定数据，而是以本批次上一块钢咬钢时刻的实测辊缝值、速度值作为下一块钢的设定值。由于咬钢时刻的实测辊缝值包含了在过程机批首材设定计算基础上不断加入的操作人员的经验修正数据，因此可以期待它比单纯依赖设定计算具有更好的控制效果。

回归功能的第二个作用是在机架已经抛钢而新的设定数据还未下来的情况下，提前进行初始设定。此后待新数据下来时，除非是下一批次的批首材，一般和回归值相比差距不大，因此由于新数据的到来而启动的 APC 过程只是在当前实际值基础上的微调整，这有助于加快整个 APC 过程。此外，对于数据通信故障造成的设定数据丢失的偶发现象，回归作为缺省设定也是避免出现废钢的一个有效办法。

4.2.3 电动压下自动位置控制

典型的电动压下位置控制系统结构如图 4-6 所示，其基本原理已在上节给出，本节将针对电动压下系统的特殊性进一步加以描述。

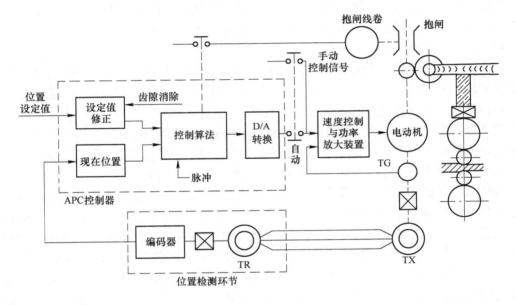

图 4-6　电动压下位置控制系统简图

4.2.3.1 电动机与传动机构

传统上，对具有自动厚度控制功能的精轧机压下系统，都采用低惯量直流电动机作为执行机构，以提高其调速性能和动态响应特性。虽然当前的交流调速系统在性能上已超过了直流调速系统，但在具有 AGC 功能的压下系统中则几乎不被采用，其原因是在压下系统的历史发展中，早在交流调速成熟之前就已直接进入了性能要好得多的液压压下阶段。因此，不论是新建轧机还是老轧机改造都是选择液压压下，而电动压下系统则只在老轧机上尚有存在，且基本都是采用直流电动机。由于压下机构的工作环境恶劣，电动压下系统所固有的缺点不仅存在，而且表现得更为突出。

电动压下的主要设备特点是在轧辊和电机之间存在一个很复杂的高减速比（总速比通常在 300～500，甚至可达 600 以上）减速机构，并由此带来了一系列的问题：

（1）虽然减速比很高，但整个传动链折算到电机轴上的转动惯量仍然很大，这是电动压下系统动态响应特性差的主要原因之一。

（2）多级减速机构的齿隙所带来的非线性对压下系统静态精度和动态特性的影响是不可忽视的。

（3）高减速比传动链的摩擦阻力矩导致压下系统的效率十分低下，这不仅加大了设备磨损，而且由于可用于产生加速度的动态力矩很小，致使电动 AGC 系统针对水印等快变干扰所造成的厚差纠偏能力很弱，根本无法满足生产高精度产品的要求，也不可能实现有效的偏心控制功能。

（4）机械结构复杂、设备重量大、制造维修成本高。

电动压下系统左、右两侧是通过机械方法（如电磁离合器）连接的，因此从控制角度其左右压下同步的问题较之液压压下要简单得多。此外，电动压下系统运行条件比液压压下宽松，也不存在油液泄漏、污染等问题。这些都是电动压下系统的优点所在。

电动压下系统的压下速度一般为 1mm/s 左右，加速度一般大于 1mm/s^2。例如，武钢 1700mm 精轧机的压下速度可达到 1.25mm/s，加速度则为 3.148mm/s^2。

4.2.3.2　检测装置

如前所述，电动压下系统的位移检测装置比较具有代表性的两种是脉冲发生器式旋转编码器和解算器（Resolver），其中前者为增量式编码器，后者为绝对编码器，且均为旋转式位移传感器。由于这两种位移传感器直接测量的是角位移而非直线位移，因此轧机辊缝值将依据传动机构的减速比、螺距等机械参数从角位移进行换算才能够得到。旋转编码器可以直接安装在压下电动机的出轴上，也可以安装在专门的增速机的出轴上。为了对工作侧和传动侧的辊缝同时进行测量，在两侧要分别安装旋转编码器。

旋转编码器的安装方式决定了它自身不可能解决由压下传动链齿隙所带来的辊缝测量误差问题。通常采用单方向定位的办法来消除齿隙对辊缝测量值的影响，保证编码器给出的角位移值和辊缝值在定位完成后具有唯一的对应关系，从而提高重复定位精度。但是，AGC 运行时不可能像 APC 那样实行单方向定位，因此若还用旋转编码器进行辊缝测量，则齿隙造成的测量误差将无法消除，导致轧机弹跳值的计算误差增大，不可避免地影响厚度控制效果。正是基于这种考虑，在电动压下系统中，一般需要在压下螺丝顶部再安装一套顶帽位移传感器，用于进行小量程、增量式、高精度的压下螺丝位移直接测量（压下螺丝与轧辊之间是无间隙传动），并以 AGC 投入时刻的旋转编码器测量值作为辊缝计算基准值，从而回避齿隙问题，解决厚度控制过程中任意时刻辊缝值准确测量的问题。

大量程磁致伸缩位移传感器（MDT）的发展使得在压下螺丝上直接安装全行程、高精度顶帽传感器成为可能，但这种使用方式基本上只局限于已有电动压下系统中取代旋转编码器的局部改造。

4.2.3.3　控制算法

电动压下自动位置控制系统中，位置控制算法的输出一般是压下电机晶闸管调速系统的速度给定值，而其输入则是位置偏差。因此，所谓电动压下控制算法实际上就是位置偏差和速度给定之间的关系。虽然 4.2.1 节给出的位置控制基本原理原则上适用于电动压下，但在实际系统中，电动压下 APC 的控制算法则往往比较简单。最常用的控制算法是用代数方程来表征的，即：

$$u = f(S)$$

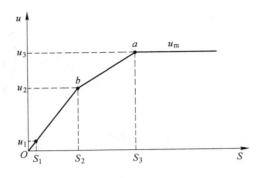

式中，u 为控制算法输出的速度给定值；S 为位置偏差。

通常，我们称描述上述函数关系的曲线为速度整定曲线。实际的计算机控制系统中，常使用分段线性即折线式速度整定曲线，如图 4-7 所示。显然，APC 控制算法的参数调试将归结为 a、b 两个减速点的选择。

图 4-7　折线式速度整定曲线

从图 4-7 可以看出，速度整定曲线可分为三段，因此所用的计算公式也有三种：

（1）当 $S \geqslant S_3$ 时

$$u = u_3$$

（2）当 $S_2 < S < S_3$ 时

$$u = \frac{u_3 - u_2}{S_3 - S_2}(S - S_2) + u_2$$

（3）当 $S_1 \leqslant S < S_2$ 时

$$u = \frac{u_2 - u_1}{S_2 - S_1}(S - S_1) + u_1$$

当位置偏差小于 S_1 时表明已进入调节死区，此时输出信号 u 为零，实际的压下位置将在系统惯性作用下滑入精度范围内。

应该指出，如果运行方向改变时负荷特性不变，则位于第三象限的反方向速度整定曲线将和图 4-7 所示曲线成中心对称形状。但如果方向改变时负荷特性亦改变，则反方向速度整定曲线和正向曲线的形状将是非对称的。

4.2.4　液压压下自动位置控制

典型的液压压下自动位置控制系统的结构如图 4-8 所示。与 4.2.3 节类似，本节将只针对液压压下系统的特殊性进行描述。

4.2.4.1　液压压下与液压伺服系统

液压压下系统早在 20 世纪 60 年代初期即已出现，它的不断完善和逐步淘汰电动压下系统，是带钢热连轧最具有根本性的技术进步之一。液压压下系统曾经有过多种设备形式，如液压螺母、楔块式液压压下、液压推上等，但现在最普遍的使用形式是将液压缸直接安装在轧机上横梁和上支撑辊轴承座之间。

作为液压压下系统执行元件的液压缸和液压放大元件（也称液压控制元件，如伺服阀）组成液压动力元件。在液压伺服系统中液压动力元件是一个关键性的部件，它的动态特性也在很大程度上决定着液压压下系统的性能。和晶闸管整流装置——直流电动机系统相比，液压动力元件最突出的优势就是动态响应快，其根源在于液压元件的功率-重量比（或力矩-惯量比）大，可组成结构紧凑、体积小、重量轻、加速性好的伺服系统。对于带

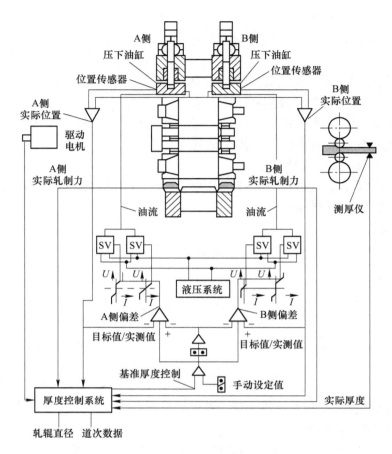

图 4-8　液压压下位置控制系统简图

钢热连轧液压压下这样的中、大功率伺服系统，这一优点尤为突出。

　　从另一个角度来看，由于液压系统中油液的体积弹性模量很大，由油液压缩性形成的液压弹簧刚度很大，而液压动力元件的惯量又比较小，所以由液压弹簧和负载惯量耦合成的动力学系统固有频率 ω_n 很高，故其响应速度极快。现代液压压下系统的压下速度可达到 $4\sim7\text{mm/s}$，而压下加速度更是高达 200mm/s^2，比电动压下高两个数量级。

　　液压伺服控制系统是以液压动力元件作为驱动装置所组成的反馈控制系统。所谓伺服控制，是指输出量（位置、速度、力等）能够自动、快速而准确地复现输入量的变化形态。液压压下就是一种典型的位置伺服控制系统。对于电动压下，APC 完成之后将停止对压下电机进行控制和能量馈入，而轧辊位置则依赖机械传动机构的自锁特性保持不变，并用电机轴上的电磁抱闸加以确保。但对于液压压下来说，试图依靠液压系统的锁死状态（即封闭液压缸的进油和出油通路）来保证辊缝位置恒定是不现实的，这是因为液压缸存在无法避免的内泄和外泄现象，因而有可能导致轧辊在负载状态下缓慢上抬。因此对液压压下来说，无论是 APC 进行时还是完成之后，压下位置控制系统应始终处于跟随位置给定值的闭环调节状态，或称伺服控制状态。

　　液压压下系统的高性能不仅来源于液压系统的固有优点，更取决于其组成部件的高精度和高性能，以及油液的高清洁度。其关键的元部件包括电液伺服阀、位移传感器、力传感器及其二次仪表、压下液压缸密封圈等。

电液伺服阀的性能对整个液压压下系统的性能具有极其重要的影响。由于对液压压下的精度和响应特性要求都很高，因此要求伺服阀的分辨率高、滞环小、频宽高。

压下液压缸密封圈摩擦力的大小对压下系统的性能也有至关重要的影响。非线性的摩擦力不仅要带来静态死区和动态死区，而且对稳定性和频宽也会带来不利的影响。国外先进的密封圈可使压下液压缸的摩擦力仅为其最大输出的 0.2%。

液压压下系统机械结构简单，不需要电动压下那样复杂的减速机构，体积小、重量轻。从控制的观点，除响应速度快以外，还具有负载刚度大、定位准确、控制精度高等对压下系统来说非常重要的优点。因此，不论是新建还是改造，也不论是宽带轧机还是中宽带甚至窄带轧机，液压压下已得到了越来越广泛的应用。

4.2.4.2　检测装置

如前所述，液压压下系统位移检测装置的两种代表性产品是日本 SONY 公司的磁尺（Magnescale）和美国 MTS 公司的磁致伸缩位移传感器（MDT），其中前者为增量式编码器，后者为绝对编码器，且二者均为直线式位移传感器，能够直接测量液压缸活塞杆的直线位移，而轧机辊缝值则可通过对液压缸活塞杆的直线位移进行简单换算而得到。磁致伸缩位移传感器通常直接安装在液压缸缸底外端面，其用于位移测量的波导管则可在活塞杆的沿轴线方向的深孔中和活塞杆产生无接触的相对运动，具有很好的防护性和工作可靠性。SONY 磁尺通常安装在液压缸外壁上，并在径向对称位置（45°角）安装两个磁尺，用二者检测值的平均值来计算压下位置，以此解决液压缸轴向倾斜所造成的检测误差问题。此外，两个磁尺还可互为备份，即当一个磁尺出现故障时，另外一个仍可单独使用，虽降低了压下位置测量精度，但提高了系统的可用性。

液压压下系统的设备特点决定了它不存在电动压下那样的齿隙问题，加之直线位移检测装置本身精度很高（MDT 可达 1μm，磁尺可达 0.5μm），因此辊缝测量精度比电动压下至少高一个数量级，从而为压下位置控制精度的提高提供了基本保证。

4.2.4.3　控制算法

液压压下自动位置控制（HAPC）系统的结构框图如图 4-9 所示，其中位置控制算法的输入信号为液压缸位置偏差值，其输出信号经伺服放大器加以功率放大后给到电液伺服阀输入端。通常电液伺服阀输入信号基本决定了其阀芯位置（开口度），而理想情况下，

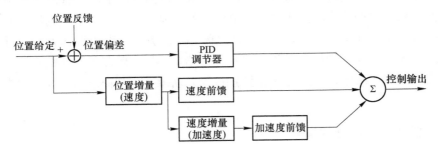

图 4-9　液压压下自动位置控制算法结构图

阀芯位置和液压缸的油液流量亦即运动速度成正比，这与电动压下系统相类似。但由于液压缸工作腔是存在负载压力的，特别对轧机压下液压缸来说，正常轧制时的工作（负载）压力很大，此时阀芯位置和液压缸运动速度之间的关系呈现很强的非线性，因此通常需要在控制算法中对此加以补偿，以尽量保证伺服系统的线性特性，使之始终具有良好的、恒定的动态品质。

与电动压下位置控制算法不同，工程上使用的液压压下控制算法一般为具有速度和加速度前馈补偿的 PID 算法（如图 4-9 所示），而没有采用折线式速度整定曲线的。这首先是因为用液压缸作为压下传动机构时不存在齿隙，控制死区问题和设备磨损问题也大为减小，因此为有利于控制精度提高的连续动态控制算法的使用提供了良好的设备条件；其次，和电动系统不同，液压压下系统即使在 APC 执行完毕后也将继续处于伺服工作状态，即处于不间断的、连续的动态调节过程中，加之液压压下系统的动态特性比电动压下更复杂，控制精度要求也更高，因此必须采用充分考虑压下系统动态特性（如稳定性问题、动态调节品质问题）的动态控制算法，以既能充分发挥驱动设备的控制潜能，又能满足更高的工艺控制要求，而不能期待像电动压下系统那样只使用简单的静态控制算法就能很好地实现位置控制功能。

在现今的一体化电液伺服阀中，伺服放大器是与阀体集成在一起的，其功能为进行功率放大以驱动多级伺服阀的前置级，并完成功率阀阀芯位置的闭环控制。从压下位置控制回路来看，阀芯位置闭环是其内环，等效于其前向通道上一个时间常数很小的动态环节，其输入为 HAPC 控制器的输出控制信号，其输出则为功率阀的开口度，而推动功率阀阀芯的功率需求则通过多级伺服阀自身的液压放大作用来满足。阀芯位置小闭环的实质类同于电动压下的速度内环，它的存在有助于改善整个液压伺服系统的动态响应特性。

液压压下的一个特殊问题就是左右压下的动态同步控制。对于电动压下来说，左右压下机构是通过电磁离合器刚性连接在一起的，辊缝调整时的左右动态同步由机械传动设备自然保证，因此不存在同步控制问题。但对液压压下来说，左右两侧液压缸之间并不存在刚性连接且动作是彼此独立的，因此它们的动态同步问题要通过控制手段来解决，其实现相对复杂许多。显然，单纯从辊缝设定控制来说动态同步并不是必要的，即只要两侧压下终点位置准确，就完全可以满足工艺要求。但对自动厚度控制（AGC）来说，两侧压下位置的动态同步就是极其重要的，否则将极有可能在轧制过程中出现轧件跑偏或单边起浪的现象。目前主要有两种实现动态同步的方法。第一种方法实际上是开环控制方法，即以压下液压伺服系统的优良跟随性能为前提，通过严格保持两侧压下液压缸的位置给定值同步以及使用给定积分器按照斜坡方式输出给定值并限制斜坡斜率，保证两侧压下液压缸运动速度一致，从而实现动态同步。第二种方法是闭环控制方法，即以操作人员最近一次调整好的轧辊水平度（即左右辊缝测量值之差）作为给定，以实际测得的轧辊水平度作为反馈信号对左右两侧压下液压缸的速度（流量）进行差动调节，从而以闭环控制的方式实现动态同步。

4.2.5　辊缝零调与轧辊水平调整

带钢热连轧精轧机为保证产品表面质量、板形等的良好，轧制一定批量轧件后就需进行一次工作辊更换，而支撑辊换辊时间则相对长得多。由于工作辊和支撑辊的辊径都不是固定不变的，因此换辊后必须进行辊缝零调，即全辊身压靠到一定吨位（如15MN）后，将辊缝检测值清零。零调的目的是确定轧机的工艺辊缝零位，即对零辊缝值进行标定，同时获取零辊缝时的压力值。零调是在L2级的设定计算和L1级的AGC功能中计算机架弹跳的基础，因此是换辊后一个必要和关键的操作步骤。零调除在换辊后必须进行外，也可以根据生产工艺需要在轧制间隙进行，以消除由于轧辊磨损、热胀而带来的辊缝误差。

零调通常有手动零调和自动零调两种操作方式。在手动零调时，操作人员首先需将轧机转速调至零调速度并持续运转一段时间，以使支撑辊油膜轴承的油膜得以建立，然后通过操作台上的压下操作手柄人工控制轧辊下压。当轧制力显示值达到零调压力时，停止压下，然后按下清零按钮，通知计算机完成辊缝清零操作。在自动零调时，操作人员只要通过HMI画面或操作台按键启动自动零调过程，则整个零调动作序列就将在计算机控制下自动地顺序完成。

辊缝清零时的实测压力值是零调的重要参数。但由于压靠时轧辊必须以零调转速运转，而轧辊又存在偏心，因此即使压下位置不变，实际压力也存在几十吨的周期性波动，波动的大小与轧辊偏心量有关，而波动频率则取决于支撑辊旋转周期。这种波动必然会使零调力的单点采样值不稳定。为克服这一缺点，可采用下述滤波方法，即当零调压力进入规定范围后，保持压下位置不变，然后在一个偏心周期内对压力进行多点采样并求取其平均值，以此作为实际零调压力值。

伴随着换辊操作的另外一个重要问题是轧辊水平调整。轧辊水平调整的目的是使轧机两侧的有载辊缝相等，避免轧制过程中出现单边浪和轧件跑偏的现象，以改善板形和保证生产安全稳定地进行。由于工作辊直径比较小，修磨精度较高，仅更换工作辊一般并不会对换辊前轧制周期内由操作人员依据实际轧制情况通过反复手动操作已调整好的轧辊水平度有明显改变，因此单独更换工作辊时通常并不需要进行轧辊水平调整操作，且即使有必要加以微调整，也只是在新的轧制周期中继续由操作人员根据实际轧制状况在线进行。由于对支撑辊来说影响轧辊水平度的不仅仅是辊身的加工精度，两侧轴承座几何尺寸偏差所带来的不利影响往往要大得多，因此轧辊水平调整在更换支撑辊后必须进行，只不过其操作频度远低于辊缝零调。

对电动压下系统来说，轧辊水平调整一般采用压铝板或压铜棒的方法来实现。以压铜棒为例，当轧机主传动处于停止状态时，在工作辊两侧距辊面边缘等距离的位置分别将两根铜棒按正交方向插入辊缝之中，然后手动控制两侧压下机构同步下压使铜棒产生压扁。达到一定吨位消除了设备间隙后，上抬轧辊，抽出铜棒用千分尺对铜棒压扁处的厚度进行测量。如果两边铜棒的厚度差已进入精度范围，则认为轧辊水平调整完成，可以继续进行零调操作；否则需根据厚度差对轧辊进行单侧压下位置调整，即修正轧辊水平度，然后再次重复进行压铜棒操作。如此反复直至满足精度要求，轧辊水平调整操作才告结束。

通过压铜棒来进行轧辊水平调整是沿用多年且行之有效的方法，但是，它明显存在下述弊端：

（1）效率低，延长了换辊时间，降低了轧机作业率。

（2）消耗铜材，增加了生产成本。

（3）对操作人员的技术熟练程度和经验依赖性很大，劳动强度较高，操作具有一定的不一致性和不安全性，容易出现读数错误和操作错误。

鉴于上述，实现轧辊水平调整的自动化，具有十分现实的意义，并将是工艺操作上的一个重要进步。但是，由于轧辊压靠时压力对辊缝的变化非常敏感，因此若试图采用使轧机两侧压力相等的方法来实现轧辊水平调整，则很难用响应速度慢且需借助于电磁离合器实现单侧调节的电动压下系统来自动完成。这个问题只是在采用了液压压下系统以后，才基本上得到了较为满意的解决。

采用液压压下进行轧辊水平调整所依据的基本原理是：若采用使左右两侧压力相等的轧辊压靠方法进行轧辊水平调整，则正常轧钢时有载辊缝将是左右对称的。由于液压伺服系统动态响应很快，且两侧液压缸的压力调节和位置调节本身就是独立的，不需要借助电磁离合器来实现单边调整，因此在压靠过程中完全能够以较高精度实现保持左右压力相等的目标。经验表明，即使考虑到轧辊偏心的影响，左右压力差也可以动态地控制在 100～200kN 范围内，完全满足轧辊水平调整的要求，而且轧辊水平调整和辊缝零调可在一次压靠过程中自动地全部完成，有效克服了电动压下系统人工调水平的上述一系列弊端。

采用上述方法进行轧辊水平调整时压靠力的选择是十分重要的，比较合理的做法是使轧辊水平调整时的压靠力尽量与实际轧制力接近，而通常所使用的零调压靠力（如15MN）相等则并不一定合适。经验表明，如果两侧压靠力一致，但零调压力与实际轧制力相差较大，则即使已经进行了轧辊水平调整，轧制过程中依然可能规律性地出现单边浪和带钢跑偏现象，即轧辊倾斜方向基本不变。这说明轧辊实际上是非调平的。这种现象越靠下游机架越明显，其原因与越靠下游带钢越薄也越容易出现板形问题有关，也与越靠下游实际轧制力与调平压靠力差距越大有关。分析认为，这种现象主要由两方面原因造成：一是轧机两侧刚度不完全相等；二是两侧测压仪标定不一致。在人工压铜棒进行轧机水平调整时，虽然轧机两侧刚度不相等的问题也同样存在，不过直接测量铜棒厚度却完全回避了轧机两侧测压仪特性不一致的问题，而后者所带来的不利影响往往更大。但是，在实现轧机水平自动调整时，这些问题则汇集在一起而凸显出来。需要指出的是，轧制过程机理本身对轧机两侧刚度不相等所导致的轧件断面呈现楔形及跑偏现象是具有一定的自校正作用的，这有助于减小轧辊水平调整的难度，也是人工压铜棒进行轧机水平调整时效果较好的一个合理解释。总之，针对利用液压压下实现轧辊水平自动调整时所存在的上述问题，仍然需要在积累更多实践经验的基础上做更深入的理论研究并不断改善应用效果。

4.3　活套控制

4.3.1　基本概念

恒定活套量和小张力轧制是现代热连轧精轧机组的一个基本特点。在带钢的实际轧制过程中，穿带时主传动系统总是存在动态速降，在稳定轧制阶段又总是存在着各种各样的带速扰动，因此不可能始终保持各个机架之间的速度匹配关系或秒流量平衡关系，导致机架间带钢长度不恒定，形成所谓"活套"。套量就是指机架间带钢（活套）长度与机架间距之差，在不受控的状态下，套量过大很易形成堆钢甚至出现叠轧断辊事故，套量为零又很易将带钢拉窄甚至拉断。因此，解决轧制过程中的套量控制问题，就成了保证连轧机组工艺稳定性的最迫切要求之一，而解决这一问题的关键就是活套支持器的出现。最初设置活套支持器的目的只是用它来起"活套挑"的作用，主要用于防止出现大套后造成叠轧或堆钢。但在现代热连轧机中，活套支持器的作用则大大超出了单纯"活套挑"的意义而有了根本改进。现代活套机构设置的第一个目的是作为套量检测装置对机架之间的套量进行测量，并通过活套高度控制系统维持套量恒定，以避免出现堆钢、拉钢现象，保证连轧过程稳定进行。活套机构设置的第二个目的是作为执行机构实现带钢恒定小张力控制，以减小张力波动对各机架轧制变形区工艺参数的影响，尽可能消除各机架之间和各功能之间通过张力的耦合作用而产生的互扰，提高带钢宽度、厚度及板形的控制精度。

目前，大部分较早的热连轧机的活套机构仍由低惯量直流电动机驱动，而新建和改造的热连轧机则已越来越多地采用了液压活套。和电动活套相比，液压活套由于惯量小、动态响应快，其追套能力和恒张性能有显著提高。另一方面，活套控制装置也已从 20 世纪 80 年代开始逐步实现了由模拟电路系统到数字计算机系统的转变。活套控制计算机化有利于控制参数的在线调整，有利于先进的、智能化的控制思想的实现，可以显著提高控制精度、增加控制功能、完善各种补偿措施以及提高活套控制系统的运行可靠性。

4.3.2　活套高度控制

活套高度控制是以轧机主速度为内环、以活套高度（套量、角度）为外环的闭环控制系统。在活套高度控制系统中，活套支持器用作套量检测装置以实现套量反馈。该反馈值与设定值的偏差信号输入给高度调节器，按照控制算法（如常规 PID 算法）进行运算，产生输出给该活套上游机架主传动速度控制系统的附加给定量，并通过上游机架速度的调整，使带钢活套量向设定值趋近。这种通过调节上游机架速度来使套量恒定的方法通常称为"逆调"，即所谓"赶套"方向与带材前进方向相反。

在活套高度控制中，活套量的检测是一个非常重要的问题。实际上目前还没有一个检测活套量的直接方法，而通常都是通过活套支持器角度的测量利用数学模型间接计算套量。以套量作为被调量而不直接以角度作为被调量（更不是以所谓"活套高度"作为被调量）的原因在于，套量调节系统是一线性系统，角度或高度调节系统则具有非线性。而目前称之为高度控制，仅只是一种惯例。

套量计算的准确性与角度检测的准确性有直接依赖关系，同样也与套量和角度之间的非线性函数关系亦即套量计算模型的正确建立密切相关。为了建立活套系统的数学模型，我们首先需对套量与机械设备几何参数之间的关系进行分析。图 4-10 给出了活套装置的基本几何结构。

由图 4-10 可得机架间存储的套量为：

$$\Delta l = (AB + AC) - l \tag{4-17}$$

其中

$$AB = \sqrt{BD^2 + AD^2}$$

$$AC = \sqrt{DC^2 + AD^2}$$

$$BD = l_a + R\cos\theta$$

$$AD = R\sin\theta - h_d + r$$

$$DC = l - l_a - R\cos\theta$$

将有关变量代入式（4-17）并整理，得到：

$$\Delta l = \sqrt{(l_a + R\cos\theta)^2 + (R\sin\theta - h_d + r)^2} + \sqrt{(l - l_a - R\cos\theta)^2 + (R\sin\theta - h_d + r)^2} - l$$

$$\tag{4-18}$$

式中　r——活套辊半径。

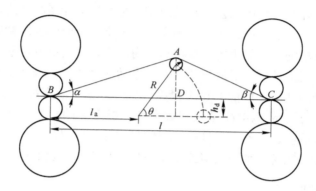

图 4-10　活套支持器的几何结构

l—相邻机架的中心距；l_a—活套支持器支点与上游机架的距离；
h_d—活套支持器支点到轧制线的高度

　　由于上式右边仅以活套角 θ 为自变量，其余均为不变的设备几何参数，因此套量是活套支持器摆动角 θ 的一元函数，即 $\Delta l = f(\theta)$。当 θ 从 $0° \sim 90°$ 变化时，$\Delta l = f(\theta)$ 的函数曲线如图 4-11 中实线所示，而图中虚线则为用于对比的二次曲线。

　　通过对比可以看出，活套量与活套角的关系在工作段基本符合二次曲线方程

$$\Delta l \approx K\theta^2 \tag{4-19}$$

因此，在控制器计算能力不是很强而又要求具有很小的控制周期的情况下，可以用式（4-19）代替式（4-18）进行套量计算，即以套量计算精度的适度牺牲换取控制实时性的增强。

　　活套高度调节器通常采用比例积分（PI）算法。当用活套高度调节器输出的控制信号去校正该活套上游机架的速度时，也要把同一信号以百分数形式（亦即相对值形式）送给上游其他各个机架，使上游各个机架的速度按相同比例变化，以保持上游各活套的套量恒定，使其不受下游机架速度调整的影响。同理，本机架也要接受从下游各个机架送来的活套高度逐

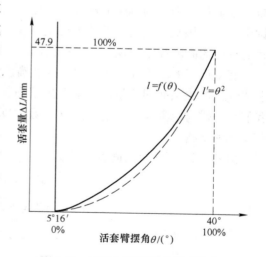

图 4-11　套量与活套角的关系曲线

移控制信号。当一个机架下游有 N 个机架时，该机架所接受的逐移信号为 $N-1$ 个，而总的速度调节信号为所有 $N-1$ 个逐移信号之和。我们称这种控制功能为自动逐移，自动逐移实质上是一种前馈补偿控制。与自动逐移相对应的还有手动逐移，即当操作人员利用操作手柄人工调节某个活套的高度时，相应的调节信号将按照和自动逐移相同的方式送往上游各机架主速度控制系统以进行速度补偿，避免引起上游活套的波动。

现代带钢热连轧机轧制速度很高，当带钢尾部即将离开上一机架时，活套机构应能快速落下，以防止带钢尾部在被活套辊顶起的状态下高速甩出，发生烂尾、叠轧、划伤轧辊、损坏轧机入口设备等不利情况。为此在上游机架抛钢前应预先将活套辊自工作角降至小套位置（11°~14°），而后在带尾甩出之前再降至底部，以实现从有张有套轧制状态到无张无套状态的平稳过渡。

4.3.3 活套张力控制

活套张力控制用于实现机架间带钢的恒定小张力控制。虽然从保持连轧关系、实现工艺稳定的角度来看，活套高度控制起着主要的作用，但从质量控制的观点，机架间带钢张力恒定的重要性则远比套量恒定要大，因为对轧件和轧制变形区的参数产生直接影响的是张力而不是活套高度。

由于在带钢热连轧机中对机架间带钢普遍不设张力检测装置，因此目前都是采用开环方法进行张力控制。一般，当采用电动活套时，活套张力控制是以活套电机电流（力矩）反馈控制回路为内环的机架间带钢张力开环控制系统；而当采用液压活套时，活套张力控制是以液压缸推力反馈控制回路为内环的机架间带钢张力开环控制系统。虽然开环系统的稳定性通常优于闭环系统，但张力控制精度明显低于由闭环控制所保障的高度控制精度也是不争的事实。

在给定机架间带钢张力时，为实现张力开环控制必须首先知道不同活套角时活套支持器所应承受的张力矩以及活套机构和带钢的重力矩，因为只有据此求出负载合力矩，才能准确地计算出用以产生平衡力矩的活套电机电流（力矩）或液压缸推力的给定值，进而对它们实行闭环控制，以达到张力间接控制的目的。

在稳定轧制状态下，活套支持器承受的负载力矩主要包括两部分：一是机架间带钢张力对活套支持器所形成的张力矩；二是带钢重量和活套支持器自重形成的重力矩。张力矩和重力矩之和构成活套装置所承受的总负载力矩。对力矩平衡方程中的各有关项推导如下。

4.3.3.1 张力力矩

$$M_{\mathrm{T}} = aF_{\mathrm{T}} \tag{4-20}$$

式中，M_{T} 为张力力矩；F_{T} 为合成张力；a 为力臂。

式（4-20）中 F_{T}、a 均为活套角 θ 的函数，即

$$F_{\mathrm{T}} = 2T\sin\frac{\alpha+\beta}{2} \tag{4-21}$$

$$a = R'\sin\left(90° - \theta' + \frac{\alpha-\beta}{2}\right) = R'\cos\left(\theta' - \frac{\alpha-\beta}{2}\right) \tag{4-22}$$

式中，T 为带钢张力；α、β 为带钢与轧制线的夹角，如图 4-10 所示。

将式（4-21）、式（4-22）代入式（4-20），得

$$M_T = R'\cos\left(\theta' - \frac{\alpha - \beta}{2}\right) \cdot 2T\sin\frac{\alpha + \beta}{2} = R'T\left[\sin(\theta' + \beta) - \sin(\theta' - \alpha)\right] \quad (4\text{-}23)$$

其中

$$\theta' = \operatorname{arctg}\frac{R\sin\theta + r}{R\cos\theta}$$

$$R' = \sqrt{R^2 + \frac{Rr\sin\theta}{2} + r^2}$$

$$\alpha = \operatorname{arctg}\frac{R\sin\theta - h_d + r}{l_a + R\cos\theta}$$

$$\beta = \operatorname{arctg}\frac{R\sin\theta - h_d + r}{(l - l_a) - R\cos\theta}$$

4.3.3.2　重力矩 M_W

重力矩 M_W 是带钢重力矩 M_{W1} 与活套支持器自身重力矩 M_{W2} 之和，即

$$M_W = M_{W1} + M_{W2} \qquad\qquad (4\text{-}24)$$

其中

$$M_{W1} = R_1 W_S \cos\theta \qquad\qquad (4\text{-}25)$$

$$W_S = (l + \Delta l)Bh\gamma \approx lBh\gamma \qquad\qquad (4\text{-}26)$$

$$M_{W2} = R_2 W_L \cos\theta \qquad\qquad (4\text{-}27)$$

式中，R_1 为活套臂长；R_2 为活套支持器摆动部分重心与支点间距离；W_S 为两机架间带钢重量；W_L 为活套支持器摆动部分自重；l 为机架之间距离；Δl 为实际套量；B 为带钢宽度；h 为带钢厚度；γ 为钢的密度，$\gamma = 7.8\text{t/m}^3$。

4.3.3.3　总负载力矩

总负载力矩为张力力矩与重力矩之和，即

$$M = M_T + M_W = M_T + M_{W1} + M_{W2} \qquad\qquad (4\text{-}28)$$

式（4-23）~式（4-28）给出了活套支持器所承受的静态负载力矩的计算公式，从中可以看出负载力矩与活套角的复杂函数关系，以及活套角的准确检测对于张力控制的重要性。

上述公式是静态条件下活套支持器负载力矩的理论计算公式，而热轧生产过程中对精轧机组的带钢张力通常并不能实际进行检测，因此式（4-28）并不能用于实际的负载力矩计算，也不能据此实现带钢张力的反馈控制。根据力矩平衡原理，在静态时活套电机（或液压缸）输出的、折算到活套支持器轴上的驱动力矩应与式（4-28）中的 M 相等。因此，如果用张力给定值 T_R 替换式（4-23）中的实际张力 T，就可以通过上述公式计算出活套电机（或液压缸）为产生给定的带钢张力 T_R 而应输出的力矩大小，即活套电机（或液压缸）的力矩给定值。进一步将力矩给定值转换成活套电机电流给定值（或液压缸推力给定值），再通过对电机电流（或液压缸推力）进行闭环控制，就可以实现带钢静态张力的间接开环控制，使带钢张力与给定值在静态下相符。此即为活套张力控制的基本思想。毋庸

讳言，既然是开环控制，其张力控制精度就必然依赖于张力模型的准确度。

必须指出，在活套高度变化亦即活套机构动作过程中，活套电机（或液压缸）的输出力矩中还将包括一个动态力矩，其大小与活套机构的转动惯量及角加速度成正比。如上所述，通常的活套张力控制算法并没有考虑动力矩补偿问题，因此，如果活套高度处于快速变化过程中，则按照上述方法实现张力控制将不可避免地因动态张力的存在而产生较大的控制误差。从这个角度说，平稳的活套高度控制对张力的稳定是非常有利的，此时按照静态力矩平衡关系所导出的张力开环控制算法通常可以获得较好的动态张力控制效果。换句话说，在活套支持器的正常摆动区间内，活套高度控制不应过分追求快速性，以避免在很大的角加速度和很大的转动惯量的共同作用下产生大幅值的动态张力，从而破坏张力稳定，严重干扰厚度控制，甚至将带钢宽度拉窄。一种可以考虑的更积极的张力控制方法是实现动态力矩补偿，而此时不仅要求知道活套装置的转动惯量，同时还要实时测量其角加速度，而这正是问题的关键和难点所在。液压活套恰恰由于其惯量较电动活套小得多，因此即使没有动力矩补偿，其恒张效果也要明显优于电动活套，因此，液压活套取代电动活套也就将成为一种必然。

4.3.4　活套高度控制与张力控制的关系

活套高度系统与活套张力系统之间存在着密切的相互依存关系，即彼此都不能脱离对方而独立正常运行。这是因为当利用活套支持器的输出力矩来维持机架间带钢张力的存在时，必须保证活套支持器始终处于其有限的工作行程（角度）内，而只有正常运行的活套高度系统才能够为活套张力系统提供一个有效、合适的工作点，因此是后者正常工作的必要条件。反之，只有当活套支持器的驱动机构持续输出用以形成带钢张力的适度力矩时活套高度系统才能正常运行。力矩过大则尽管理论上仍然可以实现高度控制，但却可能因张力过大超出带钢屈服极限而造成宽度拉窄。力矩过小则或者因不足以平衡带钢和活套支持器的重力矩及摩擦阻力矩而使其不具有最基本的活套挑作用；或者因在套量快速波动时给不出足够的动态力矩而造成活套辊和带钢脱离接触，使活套支持器因追套能力低下而失去套量检测功能，导致活套高度失控。因此，张力控制系统的有效存在也是高度控制系统正常工作的必要条件。

活套高度的波动是活套张力恒定控制的主要干扰源；而张力的波动除了引起带钢弹性伸长的变化外，借助于对轧制变形区的影响还会改变轧机的入出口带速，从而也可对活套高度形成扰动。由于这两个控制系统之间不仅存在着相互依存关系，而且还存在着密切的耦合关系，因此构成了一个典型的双输入双输出多变量系统。按照多变量系统解耦控制的思想来构建活套高度—张力综合控制系统，是当前活套控制理论与实践的一个主要研究方向。

4.4　自动厚度控制（AGC）

4.4.1　厚度误差产生的原因

热轧带钢的厚度精度是表征其产品质量的最重要指标之一。这里所谓带钢厚度是指沿长度方向带钢中心线上各点的厚度（因此也称纵向厚度），而厚度误差则指实际厚度与产品目标厚度之差。作为一个质量考核指标，厚度精度通常是用带钢全长全部厚度偏差采样数据的统计结果来表征的，例如厚度偏差落入给定误差区间（如 $\pm 30\mu m$）的百分数（如98%），或者假定厚度误差符合高斯分布时其标准差 σ 的大小。

成品带钢厚度误差的产生原因可以追溯到带钢热连轧生产从加热到精轧（甚至包括铸造和卷取）的所有工序。为了消除带钢厚度偏差（以下简称为厚差），首先需对其产生的原因进行分析，以便针对不同的问题采取不同的对策。理论上，所有可能使带钢厚度发生变化的因素都可以是产生厚差的原因，我们可以将其大致划分为下述几类：

（1）来自轧件的因素，它既包括坯料本身的温度不均、几何尺寸（厚度、宽度）不均以及化学成分偏析等，也包括轧制过程中轧件参数的次生不均匀变化。

（2）来自轧机的因素，包括轧辊偏心、热膨胀和磨损，油膜轴承厚度变化，以及轧机刚度的变化等。

（3）轧制工艺参数（如带钢张力，轧制速度以及轧制润滑条件等）的变化。

（4）与操作、控制有关的因素，如人工压下干预、计算机设定模型误差、轧制工艺参数检测误差、AGC 系统的过调等。

在这诸多影响因素中，有一些是独立的，有一些则彼此间存在着错综复杂的因果关系和耦合关系，从而使得厚度控制成为带钢热连轧最复杂的控制功能之一。自动厚度控制功能的任务就是克服各种扰动因素对成品带钢厚度的影响，使其厚度精度满足产品质量要求。在现代热连轧机上，精轧机组自动厚度控制功能的性能水平已成为带钢厚度精度的主要决定因素。

下面我们对厚差形成的主要模式，给出概念性的说明。

4.4.1.1   头尾温差

头尾温差主要是由于粗轧末机架出口速度比精轧机组入口速度高，带钢头部和尾部在中间辊道上停留时间不同因而辐射、传导对流散热亦不同所致，其中辐射散热所起作用最大。

设头部由粗轧末机架运动到精轧机组 F_1 机架所需时间为 t_H。假定带坯头部以 v_{RC} 速度由粗轧机组末机架轧出，在尾部未轧出前，头部一直保持此轧速前进；当尾部离开粗轧末机架后，轧件和中间辊道保持速度同步，且中间辊道在轧件尾部离开粗轧机和轧件头部到达精轧机这一时间段内的平均速度为 v_E。于是有

$$t_H = \frac{l}{v_{RC}} + \frac{L - l}{v_E} \tag{4-29}$$

式中，l 为轧件长度；L 为粗轧末机架到 F_1 机架的距离。

设轧件尾部由粗轧出口到进入精轧 F_1 机架所需要的时间为 t_T。在尾部离开粗轧末机架和头部咬入 F_1 机架这段时间内，尾部和头部一样以平均速度 v_E 前进；一旦头部咬入 F_1 机架，尾部将以精轧入口速度 v_{F0} 运动。假定精轧轧速不变，则有

$$t_T = \frac{L - l}{v_E} + \frac{l}{v_{F0}} \tag{4-30}$$

由此知轧件尾部和头部在空气中停留时间差为

$$\Delta t = t_T - t_H = l\left(\frac{1}{v_{F0}} - \frac{1}{v_{RC}}\right) \tag{4-31}$$

当 $v_{F0} = v_{RC}$ 时，$\Delta t = 0$，但通常精轧入口速度远小于粗轧末机架出口速度，即 $v_{F0} <$ v_{RC} 及 $\Delta t > 0$，因此尾部在中间辊道上停留时间比头部长，致使尾部温降大于头部而形成头尾温差。头尾温差对带钢质量有很不利的影响。首先是终轧温度的差异将造成成品带钢材料性能不一致，但此问题对具有加速能力的轧机来说可通过加速轧制的方法来解决。其次是头尾温差将导致头尾轧制力不同并由此而产生头尾厚差。轧制中如果不使用AGC 系统，轧件头尾厚差在数值上将构成产品厚差的主要部分，但由于头尾温降是一缓慢变化的过程，因此采用 AGC 后通过在轧制过程中逐渐调整压下，比较容易消除它的影响。如果粗轧出口采用热卷箱则不仅可缩短精轧与粗轧间距离，而且由于它的保温和均热作用，可使头尾温差大为减小。此外，粗、精轧间设置保温罩亦可有效减少头尾温差。

4.4.1.2 水印温差

加热炉内通水冷却的钢坯承载导轨在钢坯本体上形成的局部低温区域称为水印。由于水印处温度变化率大，导致轧制力、轧机弹跳和轧件厚度的变化相应都很"陡"。对这一类高幅值的快变扰动，采用动态响应速度较慢的电动压下和反馈控制方式，厚差消除效果并不理想。采用液压压下可大大提高系统动态响应能力，使水印厚差大为减小。此外，对电动压下如采用前馈控制方式，也可明显改善水印抑制效果。

4.4.1.3 轧件参数与特性的不一致

除温度不均外，粗轧来料的厚度和宽度不均匀，以及化学成分的偏析也将造成轧件各部分变形抗力不同，从而引起厚度变化。宽度不均、成分偏析与温度一样，对厚度的影响具有重发性，即尽管在上一机架已消除了其所造成的厚差，但在下一机架如不加以控制则其影响和厚差仍将强度不减地再现。

4.4.1.4 带钢张力的变化

如活套支持器抬起过猛，在活套辊与带钢接触的瞬间对带钢产生张力冲击，使厚度变薄；下游机架咬钢时由于前后机架设定速度不协调加上主传动动态速降可能造成带钢套量过大，高度控制投入后出现压套过快现象，导致动态张力过大形成拉钢，使带钢厚度减薄和宽度变窄；卷取机咬钢时对精轧与卷取机之间的带钢形成的张力冲击引起精轧末架出口处带钢的厚度、宽度出现局部缩颈现象；当轧件尾部离开各机架时张力消失，轧制力突增，造成尾部呈现台阶形厚差。

4.4.1.5 油膜厚度的变化

常规带钢热连轧机通常都采用低速咬钢、待带钢进入卷取机后再同步加速至高速的办法进行轧制；而在尾部轧制时，为防止甩尾，通常需提前开始减速，使精轧末机架以给定的抛钢速度抛钢。在这些加减速过程中，由于速度变化，支撑辊油膜轴承的油膜厚度将发生改变，致使实际辊缝也发生改变，从而影响轧件厚度。此外，轧制压力的变化，也会造成油膜厚度的改变。现代热连轧机厚度控制系统都具有油膜厚度补偿功能。

4.4.1.6 轧辊偏心

由于轧辊磨削（特别是支撑辊）、装配等原因，不可避免地存在轧辊偏心的问题。在轧制过程中，轧辊偏心将直接导致实际辊缝发生周期性变化，并反映在出口带钢厚度上，形成厚差。

4.4.1.7　辊缝零点飘移

轧辊热膨胀和磨损将使辊缝工艺零位发生缓慢变化，从而降低辊缝的设定精度和轧件厚度的检出精度，并最终影响厚度控制精度。

4.4.2　厚度控制的基本分析方法

4.4.2.1　P-h 图

一种广泛使用的分析厚度控制问题的方法是基于 P-h 图的几何方法。所谓 P-h 图就是在以变形区中的轧制力 P 作为纵坐标、以厚度 h 作为横坐标的平面直角坐标系中所绘制的、相互关联的轧机刚度曲线和轧件塑性曲线。在 P-h 图的横坐标上，除了轧出厚度 h 即"有载"辊缝值外，亦标注了来料厚度 H、"空载"辊缝值 S_0，因此可以很清楚地同时表达出轧机弹性变形量和轧件塑性变形量，如图 4-12 所示。

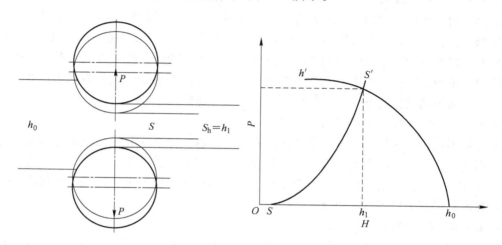

图 4-12　P-h 图

基于 P-h 图的分析方法的实质是通过寻求轧机刚度曲线和轧件塑性曲线交点的几何方法，对轧机弹性方程和轧件塑性方程联立求解，以确定各种参数变化时轧机工作点 $(h，P)$ 定性的变化规律及有关变量之间近似的定量关系。

P-h 图在定性和定量分析上简易、直观，是目前讨论厚差和厚度控制现象的一个非常有用的工具。下面我们利用 P-h 图来分析源于轧机和轧件的扰动对厚度的影响，以及几种克服扰动的控制方法的基本原理。

（1）属于轧机扰动的包括轧辊偏心（使轧辊辊缝发生周期变动）、轧辊热胀等。前者为一变化频率较高的干扰量，后者则变化缓慢，但它们所具有的共同特点就是在辊缝指示值 S_0 不变的情况下，使实际辊缝发生了改变，从而使出口厚度也发生改变。例如，在图 4-13 中，

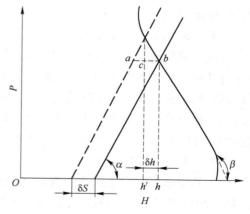

图 4-13　辊缝变化对厚度的影响

出口厚度由 h 变 h'，其变动量 $\delta h = h' - h$。又由图可知 $\delta h = cb$，显然它比实际辊缝变动量 $\delta S = ab$ 要小。$\dfrac{\delta h}{\delta S}$ 值决定于轧机弹性刚度 C（$C = \tan\alpha$）和轧件塑性刚度 Q（轧件塑性线工作段斜率，$Q = \tan\beta$）的大小。

（2）属于轧件方面的原因包括入口厚度波动 δh_0（图 4-14（a））、轧件硬度波动等（图 4-14（b））。对于热轧来说。"硬度"（变形抗力值）波动主要是由来料温度不均造成的。

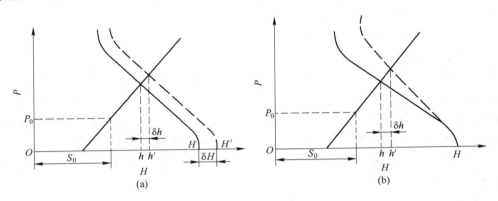

图 4-14 轧件参数波动引起的厚差
（a）来料厚度波动；（b）来料硬度波动

为了消除上述扰动造成的厚差，可采用各种不同的控制方法予以消除，如：

（1）移动压下。这常用来消除轧件方面原因造成的厚差（见图 4-15）。如原来轧制力为 P，轧出厚度为 h，当入口厚度或硬度变动（虚线）时，轧制力变为 P'，轧出厚度变为 h'。为消去 δh，需移动压下 δS，结果轧制力变为 P''_1（$P''_1 > P'_1 > P$）。不难看出，使用此法调厚时，轧机负荷将进一步增加。如果轧件较硬（当轧合金钢或轧件较薄时，轧件塑性变形线较陡），则移动压下来调厚的效率较低，即 δS 值很大时所能消除的 δh 值却较小，其差值转变为轧机弹性变形。

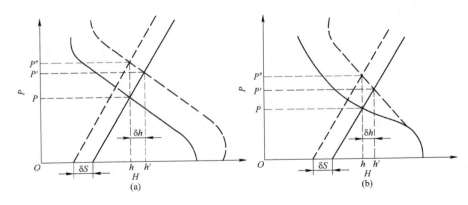

图 4-15 移动压下消除厚差的方法
（a）来料厚度波动；（b）来料硬度波动

对于轧机原因造成的厚差，如果是热膨胀等缓慢变化量，则可通过压下移动来补偿有载辊缝的变化，使轧件厚度不变。对于采用液压压下的系统，由于其响应速度很快，也可以通过压下移动对偏心干扰予以高速补偿。

（2）利用张力改变轧件塑性线斜率进行厚度控制。例如，当存在 δh_0 而产生 δh 时，可通过改变张力来影响轧制力即改变轧件塑性曲线斜率，从而消除此 δh（见图 4-16）。此法有时用于精轧机组的末两机架间（此时轧件较薄，压下效率较低），但因张力变动范围受限（变动过大容易造成宽度拉窄），因此控制效果亦十分有限。目前由于液压压下的推广，张力控制已较少应用。

4.4.2.2　基于 $P\text{-}h$ 图的定量分析

A　塑性系数 Q

$P\text{-}h$ 图用于定量分析时所面临的主要困难是轧件塑性线方程为一非线性函数，因此难以利用相应的几何曲线作准确的数值计算。考虑到用 $P\text{-}h$ 图分析厚度控制等问题时，所涉及的基本是各参数的增量，因此，为了便于将 $P\text{-}h$ 图用于定量分析，通常采取将非线性函数线性化的方法，即利用塑性线上工作点处的切线来代替塑性线本身，且工作点不同时，切线也不同。切线和横轴交角的正切称为轧件在此工作点处的塑性刚度，也称塑性系数，一般用 Q 来表示。

Q 值可用下面的方法求得（见图 4-17）。

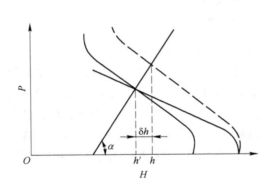

图 4-16　利用张力改变轧件塑形线斜率进行调厚　　　图 4-17　塑形系数确定法

如工作点的轧制力为 P_a，其相应的轧件轧出厚度为 h_a，可取某一假想轧出厚度 h_b，设

$$h_a - h_b = \Delta$$

对应于 h_b，可从塑性线上取得 P_b，则 Q 值可以计算如下

$$Q = \frac{P_b - P_a}{\Delta} \tag{4-32}$$

由图 4-17 可知

$$Q = \tan\beta \tag{4-33}$$

也可以写成

$$Q = -\frac{\partial P}{\partial h} \tag{4-34}$$

B 辊缝变化 δS 和厚度增量 δh 的关系

由图4-18知，当压下移动 δS 时，轧件厚度的变化并不是 δS，而仅仅是 δh，它们之间的关系可推导如下

$$\delta S = ab$$

$$\delta h = cb$$

$$\tan\alpha = C$$

$$\tan\beta = Q$$

$$ab = ac + cb = \frac{cd}{\tan\alpha} + \frac{cd}{\tan\beta} = cd\left(\frac{1}{C} + \frac{1}{Q}\right) = cd\left(\frac{C+Q}{CQ}\right)$$

$$cb = \frac{cd}{Q}$$

$$\frac{\delta h}{\delta S} = \frac{cb}{ab} = \frac{\dfrac{cd}{Q}}{cd\left(\dfrac{C+Q}{CQ}\right)} = \frac{C}{C+Q}$$

$$\delta h = \frac{C}{C+Q}\delta S \tag{4-35}$$

C 来料厚度偏差 δh_0 和所需辊缝增量 δS 的关系

假定轧件入口偏差为 δh_0，为使轧出厚度的偏差 δh 为零，需要使辊缝产生一个增量 δS。δh_0 和 δS 的关系可推导如下（见图4-19）。

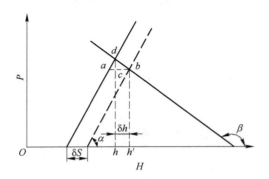

图 4-18 辊缝变化 δS 和
厚度增量 δh 的关系

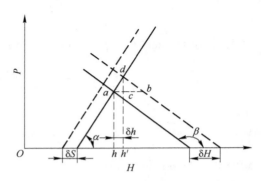

图 4-19 来料厚度偏差 δh_0 和
所需辊缝增量 δS 的关系

$$\delta h_0 = ab$$

$$\delta h = ac$$

$$ab = ac + cb = \frac{cd}{\tan\alpha} + \frac{cd}{\tan\beta} = cd\left(\frac{1}{C} + \frac{1}{Q}\right) = cd\left(\frac{C + Q}{CQ}\right)$$

$$ac = \frac{cd}{C}$$

$$\frac{\delta h}{\delta h_0} = \frac{\dfrac{cd}{C}}{cd\left(\dfrac{C + Q}{CQ}\right)} = \frac{Q}{C + Q}$$

$$\delta h = \frac{Q}{C + Q}\delta h_0$$

$$\delta S = \frac{Q}{C + Q}\delta h$$

$$\delta S = \frac{C + Q}{C} \cdot \frac{Q}{C + Q}\delta h_0 = \frac{Q}{C}\delta h_0 \tag{4-36}$$

D   塑性系数增量 δQ 和所需辊缝增量 δS 的关系

如果来料塑性系数出现 δQ 的变化时，将使轧件出口厚度发生 δh 的变化。δQ 和 δh 的关系推导如下（见图4-20）。

$$\delta h = h' - h = ac$$

$$ac = \frac{dc}{\tan\alpha}$$

$$dc = dh' - ch' = dh' - ah$$

$$dh' = (h_0 - h')\tan(\beta + \delta\beta)$$

$$ah = (h_0 - h)\tan\beta$$

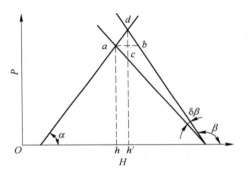

图 4-20   塑性系数增量 δQ 和
厚度增量 δh 的关系

当 $\delta\beta$ 较小时，$\tan(\beta + \delta\beta) = \tan\beta + \tan\delta\beta$，

$$\delta h = \frac{\left[(h_0 - h) - \delta h\right](\tan\beta + \tan\delta\beta) - (h_0 - h)\tan\beta}{\tan\alpha}$$

$$\delta h \cdot \tan\alpha = (h_0 - h)\tan\delta\beta - \delta h\tan\beta - \delta h\tan\delta\beta$$

忽略 $\delta h \cdot \tan\delta\beta$ 项，则有

$$\delta h = \frac{(h_0 - h)\tan\delta\beta}{\tan\alpha + \tan\beta} = \frac{(h_0 - h)\delta Q}{C + Q} \tag{4-37}$$

考虑到 $\delta S = \dfrac{C + Q}{C}\delta h$，代入上式，可得

$$\delta S = \frac{C + Q}{C} \cdot \frac{(h_0 - h)\delta Q}{C + Q} = \frac{h_0 - h}{C}\delta Q \qquad (4\text{-}38)$$

4.4.3 自动厚度控制原理与算法

4.4.3.1 自动厚度控制方式

AGC 系统的控制结构、控制策略和控制算法的改进与创新是一个不断发展的过程。经过几十年的实践，在带钢热连轧机的自动厚度控制领域，已经形成了一系列基本的概念、控制方式和控制算法，例如：基于弹跳方程的 BISRA-AGC、GM-AGC、动态设定型 AGC（DAGC）、基于 X 射线测厚仪的监控 AGC、轧制力前馈 AGC（FFF-AGC）与硬度前馈 AGC（KFF-AGC）、流量 AGC 等控制方式，以及相对 AGC、绝对 AGC、变刚度控制等概念。这些方式与概念并不是完全独立和互斥的，在一个实际的 AGC 系统中，也往往包含了多种控制方式。

BISRA-AGC、GM-AGC、DAGC 都是基于轧制力测量和弹跳方程的厚度控制方式，统称为压力 AGC。压力 AGC 是目前在热带连轧厚度控制中应用最为普遍的控制方式。在一个 AGC 系统中，这三种方式是互斥的，不能同时使用。压力 AGC 所面临的共同问题是弹跳方程的精度不够高，难以满足对成品带钢厚度精度（与目标值的偏差）越来越高的控制要求，因此在所有使用压力 AGC 的系统中，可以同时引入基于 X 射线测厚仪的监控 AGC，以得到高精度的成品带钢厚度测量值和高水平的厚度控制性能。

图 4-21 给出了一个具有代表性的七机架热连轧机自动厚度控制系统的结构框图。该系统的基本控制方式为 GM-AGC 和 X-监控 AGC。有关这两种方式的概念和具体实现，将在后续内容中加以描述。

4.4.3.2 绝对 AGC 与相对 AGC

在 AGC 系统中，为实现厚度控制首先需解决目标板厚如何确定的问题。由于热连轧 AGC 系统涉及精轧全部机架，因此每个机架都存在其自身的厚度给定、厚度检测和厚度控制问题。这里所述内容即为如何确定各机架的厚度给定值，而非指成品带钢厚度给定的确定，后者是由轧制计划所规定的。

AGC 系统厚度给定值的确定目前有两种方法，即绝对 AGC 和相对 AGC。

绝对 AGC 是以过程计算机按照负荷分配原则进行轧制规程制定时所确定的各机架出口厚度值 h_{i0}（称为设定目标厚度或板厚负荷分配值。下标 i 表示机架号，后述在不特指某个机架时，为简洁计省略）作为各机架 AGC 系统的目标厚度，如图 4-22（a）所示。绝对 AGC 直接采用各个机架的板厚负荷分配值作为厚度目标值，理论上具有工艺合理性。但由于基于弹跳方程的板厚间接测量方法精度较低，绝对 AGC 要想达到理想的使用效果，仍然面临着比较大的困难。显而易见，采用绝对 AGC 时对轧机出口厚度计算模型的精度要求必然比较高，过低的精度将使绝对 AGC 的主要优势（如减小头部厚差、实际轧制负荷的合理分布等）不复存在，亦即失去了采用绝对 AGC 的意义。当然随着模型精度的不断提高，可以预见绝对 AGC 的使用将越来越普遍并最终取得主导地位。

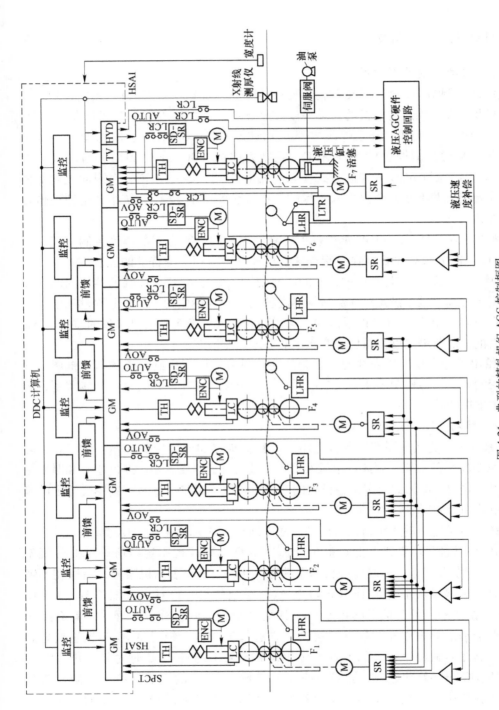

图 4-21　典型的精轧机机组 AGC 控制框图

GM—厚度计控制；前馈—前馈控制；TV—张力微调；监控—X 射线监控；HYD—液压 AGC 控制；LC—压头；TH—顶帽传感器；SD-SR—压下速度调节器；
ENC—编码器；M—电动机；LHR—活塞高度调节器；LTR—活塞张力调节器；SR—主电机速度调节器；AUTO—自动工作继电器开关；
LCR—主回路闭锁继电器；SPCT—速度计速输入信号；AOV—电压模拟输出信号

和绝对 AGC 相比，相对 AGC 的使用更普遍，也更为成熟。所谓相对 AGC，是指不论是否符合厚度设定值，各机架厚度控制系统均以本机架带钢头部实际轧出厚度的计算值 h_L（称为锁定值）作为厚度目标值，如图 4-22（b）所示。

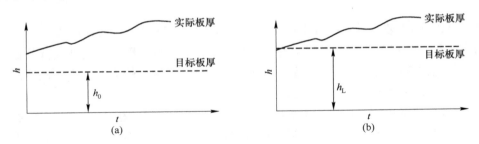

图 4-22　相对 AGC 与绝对 AGC

（a）板厚负荷分配值为目标板厚；（b）头部实际厚度为目标板厚

在基于弹跳方程的厚度测量模型精度较低的情况下，相对 AGC 的采用首先避免了绝对 AGC 系统一投入就可能造成压下初始大行程调整、使本就不很稳定的穿带过程更加趋于恶化的弊端，而是基于设定辊缝以一个相对稳定的既有轧制状态作为基准工作点，在零初始厚差的条件下使 AGC 平滑投入，因此有利于轧制过程的稳定。这是相对 AGC 历久而不衰的第一个主要原因。

其次，相对 AGC 采用厚度锁定的方法来获取厚度控制目标值时，可以消除基于弹跳方程的厚度测量方法的固有系统误差 Δe（定义为真值为零时的测量值）的影响，而这一点恰恰是绝对 AGC 所做不到的。换句话说，如果不计随机误差，则采用绝对 AGC 系统使控制误差为零即 $h = h_0$ 时，相对于此时的真实控制目标值即设定厚度的真实厚差将等于弹跳方程的系统固有误差 Δe；而采用相对 AGC 系统，当控制误差为零即 $h = h_L$ 时，则相对于此时的真实控制目标值（即对应于厚度锁定值 h_L 的真实厚度（$h_L - \Delta e$））的厚差也为零。式中 h 为弹跳方程给出的带钢测量厚度，它和系统固有误差 Δe 之差（$h - \Delta e$）为真实厚度 h_r。

对上述结论可通过下式给出数学上的说明。设弹跳方程的系统固有误差为 Δe，则采用绝对 AGC 和相对 AGC 且都使控制误差为零时，相对于各自真实目标值的真实厚差 Δh_{r1}、Δh_{r2} 分别为：

$$\Delta h_{r1} = (h - \Delta e) - h_0 = -\Delta e \neq 0$$

$$\Delta h_{r2} = (h - \Delta e) - (h_L - \Delta e) = h - h_L = 0$$

第三，由于相对 AGC 实际上是以过程计算机设定辊缝值所产生的实际轧出厚度作为厚度控制目标值的，因此在设定计算比较准确的前提下（这意味着各机架的实际轧出厚度与厚度设定值很接近），尽管由于弹跳方程的系统固有误差 Δe 的存在而导致锁定厚度值 h_L 一般并不等于设定值 h_0，甚至存在较大的偏差，但在相对 AGC 作用下使控制厚差为零时，真实厚差也将接近于零，且接近程度取决于设定计算精度，与弹跳方程的系统固有误差 Δe 无关。反之，如果采用了绝对 AGC 且弹跳方程的系统固有误差 Δe 比较大，则尽管做到了控制厚差为零，但真实厚差却恰恰可能比较大，即等于 Δe。因此，在基于弹跳方程的厚度测量精度不够高的情况下，各机架采用绝对 AGC 时的厚度控制精度并不一定比相对 AGC 高，而在弹跳方程的系统固有误差 Δe 大于设定计算误差的条件下甚至可能更低。这是目前仍然广泛使用相对 AGC 的另一个具有实质意义的重要原因。

相对 AGC 的主要缺点是在设定计算精度不高时，各机架出口带钢的真实厚度控制目标值与设定程序依据负荷分配原则所给出的厚度设定值不符，因此可能使实际轧制状况与轧制规程相比出现较大偏差，结果造成带钢头部绝对厚度偏差较大，严重影响厚度质量指标，甚至使轧制负荷分配失准，引起板形不良问题。

相对 AGC 厚度控制目标值通常采用"锁定"的方式获取。在 AGC 系统中，我们称获取轧件实际厚度计算值作为板厚控制目标值的过程为锁定，并称对应锁定时刻板厚、压力及辊缝的测量值为锁定值。对于采用相对方式的 AGC 系统来说，锁定过程是 AGC 投入的前导阶段。

综上所述，从各机架厚度给定值的确定来看，绝对 AGC 和相对 AGC 的差别只在于厚度给定值的来源不同；而不论采用那种控制方式，产品的最终厚度精度都需由 X-监控 AGC 来保证。应该指出，在现代的按照订货合同组织生产的热连轧生产过程中，即使采用相对 AGC，成品带钢的真实厚度控制目标值也应是由轧制计划所规定的产品厚度，不能任意改变。

4.4.3.3　BISRA-AGC

BISRA-AGC 是最早出现的一种压力 AGC 控制方法，其称谓源于该方法的理论基础为 20 世纪 40 年代英国钢铁研究协会（BISRA）提出的弹跳方程，即

$$h = S + P/C \tag{4-39}$$

式中，h 为出口板厚，mm；S 为轧机空载辊缝，mm；P 为轧制压力，t；C 为轧机弹性形变系数亦即轧机刚度，t/mm。

弹跳方程所依据的物理原理是：在轧制过程中，一方面轧机向轧件施加轧制压力 P，另一方面轧件也对轧机产生一个同样大小的反作用力，使轧机发生拉伸弹性形变，而根据虎克定律，轧机弹性伸长量为 P/C。因此，轧件出口厚度 h 应等于轧机空载辊缝与轧机弹性伸长量（称为轧机弹跳）之和。

将式（4-39）在锁定点处写成增量形式的方程：

$$\begin{aligned}
\Delta h &= h - h_{\mathrm{L}} \\
&= (S + P/C) - (S_{\mathrm{L}} + P_{\mathrm{L}}/C) \\
&= (S - S_{\mathrm{L}}) + (P - P_{\mathrm{L}})/C \\
&= \Delta S + \Delta P/C
\end{aligned} \tag{4-40}$$

式中，h_{L}、S_{L}、P 均为锁定值。

由上述增量方程可以看出，如果以厚度锁定值 h_{L} 作为控制目标值，并假定由式（4-39）给出的厚度测量值是准确的，则要想维持轧机出口厚度不变且误差为零即 $\Delta h = 0$，必须设法做到任意时刻弹跳增量与辊缝增量保持大小相等、符号相反，此即为 BISRA-AGC 的基本原理。

BISRA-AGC 的具体实现方法为：以锁定辊缝和锁定压力为基准，利用轧制力测量值实时地计算轧机弹跳增量，再按照新的辊缝给定值增量与轧机弹跳增量应大小相等、符号相反的原则，求出新的辊缝给定值，并由压下位置伺服控制系统将实际辊缝快速调整到新的辊缝给定值。

BISRA-AGC 的控制算法为：

（1）计算本周期压力与锁定压力的差值：

$$\Delta P(t) = P(t) - P(0) = P(t) - P_{\mathrm{L}} \quad (t = 1, 2, \cdots)$$

（2）计算辊缝给定值增量：

$$\Delta S^*(t) = -\frac{\Delta P(t)}{C} \tag{4-41}$$

（3）计算辊缝给定值：

$$S^*(t) = \Delta S^*(t) + S_{\mathrm{L}} \tag{4-42}$$

上述算法是 BISRA-AGC 的全量形式，它和下述增量形式算法理论上是完全等价的。BISRA-AGC 的增量形式算法为：

（1）计算本周期和上周期轧制压力采样数据的差值：

$$\Delta P(t) = P(t) - P(t-1), \quad P(0) = P_{\mathrm{L}} \quad (t = 1, 2, \cdots)$$

（2）计算辊缝给定值增量：

$$\Delta S^*(t) = -\frac{\Delta P(t)}{C}$$

（3）计算辊缝给定值：

$$S^*(t) = S^*(t-1) + \Delta S^*(t) = S^*(0) + \sum_{i=1}^{t} \Delta S^*(i), \ S^*(0) = S_{\mathrm{L}} \tag{4-43}$$

与后述的 GM-AGC 和 DAGC 相比，BISRA-AGC 是最为简洁的一种厚度控制方式，它既不需对轧机的实际出口厚度进行检测和实现闭环反馈控制，控制算法中也不包括任何与轧件特性有关的参数，甚至不需要实际辊缝测量值。BISRA-AGC 只是单纯地依据轧制压力信号来计算辊缝给定值增量，并以此补偿轧机弹跳增量，从而间接实现厚度恒定控制且使之等于锁定厚度。由 BISRA-AGC 的算法可以看出，其每一步辊缝给定值增量的计算都是"欠补偿"的，即不考虑压下效率问题。实际上在辊缝调节过程中必将形成新的压力增量和弹跳增量，对由此而产生的新的辊缝调节增量需求，将在后续的控制周期中予以补偿。如此往复循环，形成一个逐步逼近的渐进调节过程。理论上可以证明，如果轧机刚度值 C 是准确的，则在轧件的初始阶跃扰动下，由 BISRA-AGC 算法给出的欠补偿辊缝给定值增量序列所构成的无穷级数（亦即辊缝的总给定值）将收敛到全补偿值，而厚度偏差亦将从初始值收敛到零。BISRA-AGC 的这种特点使它具有很好的算法稳定性，但同时也带来了调节较慢的不利影响。作为最经典的一种厚度控制方法，BISRA-AGC 至今仍然在国内外得到了广泛的应用。

4.4.3.4　厚度计 AGC（GM-AGC）

A　控制原理

GM-AGC（Gauge Meter AGC）即厚度计式 AGC，它的出现源自于对绝对厚度控制的需求。GM-AGC 的称谓反映了该方法是利用弹跳方程作为厚度检测仪表，从而允许使用人们所熟悉的反馈控制方式实现厚度控制，因此 GM-AGC 也称为反馈 AGC。其示意图如图 4-23 所示。

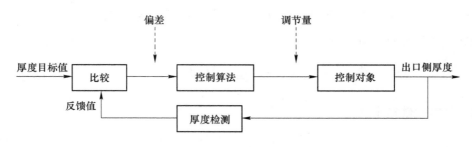

图 4-23　GM-AGC 示意图

该图对 GM-AGC 的控制过程作了清晰的说明，即首先应确定一个厚度目标值，然后与依据弹跳方程算得的出口厚度实际值进行比较以得到厚度偏差，按照反馈控制算法对此偏差进行运算，形成调节量后输出给压下控制器，驱使压下执行机构进行位置调整，改变轧机有载辊缝，使轧机出口厚度向目标值趋近。这一过程将按照一定采样频率周而复始地持续进行下去，直至轧件离开本机架为止。

B　弹跳方程与出口厚度检测

图 4-23 中，除末机架而外各机架的出口厚度都是难以直接检测的，但根据式（4-39）给出的弹跳方程

$$h = S + \frac{P}{C}$$

理论上可以利用可测的轧机辊缝和轧制压力进行轧机出口板厚的间接测量。GM-AGC 就是基于弹跳方程将整个轧机作为一台厚度测量仪表（厚度计）使用以解决板厚检测问题，并据此实现带钢厚度反馈控制的一种厚度控制方式。

考虑到轧机零调及轴膜厚度对辊缝的影响，弹跳方程可进一步写为：

$$h = S + \frac{P - P_Z}{C} - (O - O_Z) \tag{4-44}$$

事实上，其他一些不可测因素，如轧辊膨胀、磨损，轧机刚度摄动以及检测误差等，都会影响到式（4-44）的描述精度，因此，实际板厚可确切写为：

$$\begin{aligned} h &= S + \frac{P - P_Z}{C} - (O - O_Z) + \Delta X \\ &= S + (M_E - M_{EZ}) - \Delta O + \Delta X \\ &= S + \Delta M_E - \Delta O + \Delta X \end{aligned} \tag{4-45}$$

式中，S 为基于零调的轧机辊缝值；M_E 为轧机的变形伸长；M_{EZ} 为零调时的轧机变形伸长；O 为油膜厚度；O_Z 为零调时的油膜厚度；ΔX 为弹跳方程未建模修正项；ΔO 为油膜厚度增量，$\Delta O = O - O_Z$。

当式（4-45）在厚度控制中用作轧件厚度测量方程时，ΔX 作为一修正项可通过自学习的方法来求取，其精度则直接影响到用弹跳方程计算厚度时的误差大小。为简单计，通常取为 $\Delta X = 0$，即直接用式（4-44）作为厚度测量方程，而由此带来的误差则成为限制 GM-AGC 控制性能的主要因素之一。

C　厚度目标值的确定及锁定过程

GM-AGC 有绝对和相对两种控制方式。在绝对方式下各机架以轧制规程确定的板厚负荷分配值作为该机架 AGC 系统的目标厚度；而在相对方式下则以锁定厚度作为目标厚度。按照绝对方式工作时，在设定计算精度和厚度测量精度均不够高的情况下，由于 AGC 系统初始投入后压下调节量较大而对轧机稳定运行状态的建立有很不利的影响，绝对厚度控制效果也难以保证。按照相对方式工作时，AGC 是在零初始厚差状态下投入的，因此压下调节幅度较小也比较平稳，有利于轧机运行的稳定。但不论是绝对方式还是相对方式，成品厚度规格的保证最终都要依靠 X 监控 AGC 来实现。目前采用相对方式的居多，但在设定和测量精度显著提高的前提下，采用绝对方式将更具有工艺和控制的合理性。

相对方式下 GM-AGC 厚度给定值的锁定通常有以下 4 种方式，每种都具有其相应的锁定时序：

（1）人工强制锁定。穿带完毕后，或者轧制过程中 AGC 被整体切除后需要再次投入时，由操作人员决定是否应该锁定和何时锁定。需要锁定时，人工按下锁定按键，启动锁定过程。

（2）穿带自动逐架锁定。当带钢咬入某一机架后，由计算机经数百毫秒的延时（躲开带钢头部不稳定区），自动开始该机架的锁定。

（3）穿带自动同步锁定。当带钢头部通过 X 射线测厚仪后，由计算机以 50～100ms 的间隔时间进行厚度偏差值采样，如果连续 10 次采样数据的绝对值都小于允许偏差，则所有机架同步开始锁定。如果偏差过大致使到达规定时间后仍不能进入偏差范围，则强制进行锁定以保证 AGC 投入。对于这种情况，更先进的方法是利用快速监控功能对后几机架（如 $F_5 \sim F_7$）的液压压下进行一次性快速调整，使成品带钢厚度满足锁定条件，然后再进行锁定。

（4）自动再锁定。轧制过程中当某一机架 AGC 被切除后又再次向其发出投入指令时，或操作人员在轧制过程中结束对某机架压下位置的人工调整时，相应机架的 AGC 系统将自动地立即开始重新锁定以完成 AGC 的重投入。

各机架锁定值的计算方法为：从开始锁定时刻起，对该机架的出口厚度进行 N 次采样并计算其平均值（持续时间一般为 0.2～0.5s），以此作为该机架的厚度锁定值即厚度控制目标值。

D　轧件出口厚度偏差计算

厚度偏差计算精度是 GM-AGC 控制效果优劣的关键所在。以相对 AGC 为例，根据式

（4-41），并引入比例因子项 S_{F1}（亦即变刚度系数），可得到 GM-AGC 在实际控制当中所使用的板厚计算公式：

$$h_G = S + \left(\frac{P - P_Z}{C}\right)S_{F1} - (O - O_Z) \tag{4-46}$$

相应的计算厚差为：

$$\Delta h_G = h_G - h_{GL} = (S - S_L) + \left(\frac{P - P_L}{C}\right)S_{F1} - (O - O_L) \tag{4-47}$$

E　辊缝调节量计算

当以压下机构作为厚度控制手段时，不论采用什么样的控制方式，厚度偏差的消除最终都需借助于辊缝的调整来加以实现。辊缝调节量的计算以计算厚差为基础，并可通过对轧机弹性变形曲线和轧件塑性变形曲线进行几何分析的方法来得到，如图 4-24 所示。

设锁定时的工作点为 A，相应的锁定板厚为 h_L，而因为某种原因例如入口厚度增大引起压力变化，使工作点移到了 A_1 点，其相应的出口板厚为 h，这时就产生了一个 Δh 的偏差。为消除偏差，必须使工作点移到 AB 这条直线上来，即移到 A_2 点。为此需要调节辊缝，调节量的大小为 ΔS_G。根据三角关系有：

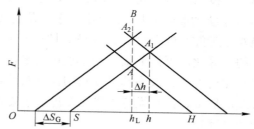

图 4-24　辊缝调节量的计算

$$\Delta S_G = \Delta h + \frac{Q\Delta h}{C} = \frac{C + Q}{C}\Delta h \tag{4-48}$$

上式表明，为了消除厚差 Δh，需要一个比 Δh 更大的辊缝调节量 ΔS_G，以抵消调节过程中所产生的新的弹跳增量。Δh 和 ΔS_G 的比值 $\eta = \dfrac{C}{C + Q}$ 既与机架刚度 C 有关也与轧件塑性系数 Q 有关，称 η 为压下效率，其物理意义为单位辊缝变化所产生的厚度变化量。在不同的工作负荷下轧机的刚度 C 通常变化不大，精轧机组各机架的刚度彼此也比较接近，因此钢种不同、机架不同时压下效率 η 出现显著差异（达数倍）的主要原因是轧件的塑性系数 Q 不同，且 Q 越大压下效率 η 越低。

F　控制输出量的计算

计算出 GM-AGC 的辊缝调节量后，并不能直接输出给压下执行机构的驱动控制装置。为了得到最终的控制输出量，还需考虑下面两个因素：

（1）除 GM-AGC 外，热轧自动厚度控制系统至少还包括监控 AGC，此外也可能有前馈 AGC 等。每种控制方式都会产生其自身的辊缝调节量，而控制输出则只有一个，因此必须在输出之前进行各种控制方式辊缝调节量的综合，以得到一个总的控制输出。

（2）压下执行机构目前有两种，即电动压下和液压压下，而压下系统则有电动压下系统、液压压下系统和电动液压混合压下系统三种。对 AGC 来说，电动液压混合系统也属于液压压下系统。不同的压下系统所接受的来自 AGC 的控制输出是不同的，因此，算得总的辊缝调节量后，应视执行机构的类型，确定需要做哪种进一步的变换。

当采用电动压下时，AGC 系统通常是压下电机速度内环、厚度外环的结构，因此 AGC 系统输出给压下电机传动控制器的信号应是速度给定。这意味着，AGC 必须将辊缝调节量转换成速度给定值后再输出，而与 APC 类似这种转换关系也应具有非线性的抛物线形状。在实际的 AGC 系统中，往往用折线代替抛物线，并通过调试确定各个转折点的位置，如图 4-25 所示。

当采用液压压下时，AGC 系统通常是液压缸位置内环、厚度外环的结构，因此 AGC 系统输出给压下液压控制器的控制信号应是液压缸的位置给定。虽然辊缝和液压缸位置（既油柱高度）具有相同的

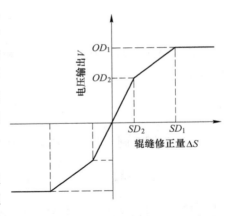

图 4-25　电动 AGC 的控制输出曲线

量纲，但它们在数值上并不相等，而且尽管二者的变化量总是幅值大小相等，但变化方向即符号则是相反的。因此，同样需要将辊缝调节量转换成液压缸位置给定信号后再输出给液压控制器，只是与电动压下不同，这种转换关系是线性的。

4.4.3.5　动态设定型 AGC（DAGC）

动态设定型 AGC（DAGC）是我国学者在 20 世纪 70 年代末期提出的一种 AGC 控制算法，目前已得到了比较广泛的应用，并与 BISRA-AGC 和 GM-AGC 一起构成了压力 AGC 的三种主要方式。虽然动态设定型 AGC 在控制思想和算法推导上与另外两种方式有很大区别，但可以证明 DAGC 与 GM-AGC 算法等价。

动态设定型 AGC 通常以锁定厚度作为目标厚度，即为相对 AGC，但也可以工作在绝对方式，即只要将通过设定计算给出的压力和辊缝设定值作为锁定值，并假定设定计算模型是准确的，则厚度目标值理论上就是由轧制规程所规定的厚度。在下面的叙述中，为简洁计将不再区分相对 AGC 和绝对 AGC，并约定轧制力增量、辊缝增量和厚度偏差的计算都是相对于锁定值的。

动态设定型 AGC 的基本控制思想是：首先从轧制力增量中分离出由辊缝增量所产生的轧制力分量，然后从总的轧制力增量中减去该分量以得到由轧件扰动单独产生的轧制力分量，而这一分量所造成的机架弹跳增量就是当前时刻的厚度偏差。再根据求得的厚度偏差，计算辊缝的全补偿修正量并与辊缝锁定值相加得到新的辊缝给定值，然后由压下伺服控制系统执行辊缝调节，实现厚度恒定控制。

动态设定型 AGC 控制算法公式推导如下：

（1）相对于锁定值 S_L、P_L 计算当前辊缝增量 ΔS 和轧制力增量 ΔP：

$$\Delta S = S - S_L$$
$$\Delta P = P - P_L$$

（2）根据辊缝增量 ΔS、机架刚度 C 及轧件塑性系数 Q，计算由此辊缝增量所产生的厚度变化量 Δh_s 和轧制力分量 ΔP_s：

$$\Delta h_s = \Delta S \frac{C}{C + Q} \tag{4-49}$$

$$\Delta P_{\mathrm{s}} = -\Delta h_{\mathrm{s}} Q = -\Delta S \frac{CQ}{C + Q} \tag{4-50}$$

（3）根据总的轧制力增量 ΔP 和轧制力分量 ΔP_{s}，计算轧件扰动所产生的轧制力分量 ΔP_{d}：

$$\Delta P_{\mathrm{d}} = \Delta P - \Delta P_{\mathrm{s}} = \Delta P + \Delta S \frac{CQ}{C + Q} \tag{4-51}$$

（4）计算轧制力分量 ΔP_{d} 所产生的弹跳增量亦即厚度偏差：

$$\Delta h_{\mathrm{d}} = \Delta P_{\mathrm{d}} \frac{1}{C} = \left(\Delta P + \Delta S \frac{CQ}{C + Q} \right) \frac{1}{C} = \Delta P \frac{1}{C} + \Delta S \frac{Q}{C + Q} \tag{4-52}$$

（5）根据轧件扰动产生的厚差 Δh_{d} 和 C、Q 值，计算为消除此厚差所需要的辊缝增量 ΔS^{*}：

$$\Delta S^{*} = -\Delta h_{\mathrm{d}} \frac{C + Q}{C} \tag{4-53}$$

将式（4-52）代入上式，得到

$$\Delta S^{*} = -\left(\Delta P \frac{C + Q}{C^{2}} + \Delta S \frac{Q}{C} \right) \tag{4-54}$$

而新的辊缝总给定值 S^{*} 为：

$$S^{*} = S_{\mathrm{L}} + \Delta S^{*} \tag{4-55}$$

式（4-54）、式（4-55）就是最终的 DAGC 控制算法公式。

由式（4-53）可以看到，和 GM-AGC 一样，DAGC 的辊缝给定值增量 ΔS^{*} 也是按照"一步法"算得的，即为针对当前时刻厚度偏差的全补偿值，因此与 BISRA-AGC 相比，DAGC 的动态响应速度较快，且与 GM-AGC 相同。

除了机架刚度 C 外，在 DAGC 算法中还必须知道轧件的塑性系数 Q，而 C 和 Q 的准确性都将直接影响到厚度控制精度，这是 DAGC（也包括 GM-AGC）的一个特殊问题。机架刚度 C 通常可通过离线测试得到，其数值亦相对稳定；而轧件塑性系数 Q 则与轧件的钢种、规格、温度、前后张力等许多因素有关。同一根钢在各机架处的 Q 值差异非常大，而即使是在同一机架由于温度等轧件特性不稳定其 Q 值也具有较强的时变性，因此必须在线实时求取。

4.4.3.6　变刚度控制与压力 AGC 的稳态同一性

变刚度控制是 AGC 系统的一个基本概念。赋予压力 AGC 系统以变刚度控制的能力是通过引入变刚度系数 K 来实现的。K 取不同的值，就可得到不同的刚度特性，即轧机刚度可变。此即为变刚度控制称谓的由来。

三种压力 AGC 方式的变刚度控制算法是在其原型公式中引入变刚度系数 K 得到的，分别列出如下：

（1）BISRA-AGC，将式（4-41）改写为：

$$\Delta S^{*}(t) = -K \frac{\Delta P(t)}{C} \tag{4-56}$$

（2）GM-AGC，将式（4-46）改写为：

$$h_{\mathrm{G}} = S + K\frac{P - P_{\mathrm{Z}}}{C} - (O - O_{\mathrm{Z}}) \tag{4-57}$$

（3）DAGC，将式（4-54）改写为：

$$\Delta S^{*} = -\left(\Delta P K\frac{C + Q}{C^{2}} + \Delta S\frac{Q}{C}\right) \tag{4-58}$$

显然，前几节所述的 BISRA-AGC、GM-AGC、DAGC 三种基本控制方式实际上都是变刚度控制在系数 $K = 1$ 时的特例，而 $K \neq 1$ 则是更为普遍的形式。变刚度控制的提出有两方面的原因。首先，由于 AGC 算法中所用的轧机刚度 C、塑性系数 Q 等一般都是不精确的，过程变量也存在测量误差，因此客观上很难恰好得到 $K = 1$ 的理想情况。其次，根据工艺控制的要求，例如要提高厚度控制系统的稳定性，或者希望轧机具有超硬特性或软特性等，也需要人为地实现 $K \neq 1$ 的变刚度控制。因此，研究变刚度系数 K 的取值对 AGC 系统特性的影响，具有重要的理论和实际意义。

变刚度控制所指的是 AGC 系统改变轧机等效刚度的一种控制特性，而等效刚度实质上是静态刚度。对于不具备 AGC 系统的轧机来说，静态刚度就是它的自然刚度 C；而对具备 AGC 系统的轧机来说，虽然它的自然刚度 C 一般是不能改变的，但它的静态刚度却可能发生很大的变化。AGC 系统的动态性能依赖于轧机的自然刚度和厚控系统的控制特性，而稳态性能则取决于静态刚度亦即等效刚度。

为了对等效刚度概念做定量的讨论，首先需要对等效刚度加以定义。在轧机初始工作点 (S_0, P_0) 和轧件阶跃扰动下，经过 AGC 系统的调节轧机将处于一个新的稳定工作点 (S, P)，而该点与初始工作点的压力差 ΔP 和对应的厚度差 Δh 之比，就定义为等效刚度 C_{E}：

$$C_{\mathrm{E}} = \frac{\Delta P}{\Delta h} \tag{4-59}$$

在同样的轧件扰动下，轧机的等效刚度 C_{E} 越大则对应产生的厚差越小，而如果厚差为零，则就称轧机具有无穷大等效刚度或具有超硬特性。理想情况下，对于 $K = 1$ 时的压力 AGC 三种基本形式，轧机的等效刚度都为无穷大，即在轧件阶跃扰动下，经过 AGC 的调节最终的稳态厚度误差为零。而对一个没有 AGC 的实际轧机来说，由于其自然刚度总是有限的，因此不可能做到这一点。

可以证明，变刚度类型的 BISRA-AGC、GM-AGC、DAGC 的等效刚度在变刚度系数 K 相同时，其等效刚度也是相同的，且为：

$$C_{\mathrm{E}} = \frac{C}{1 - K} \tag{4-60}$$

这意味着在同样的轧件初始扰动下，三种压力 AGC 的静态或称稳态厚差也是相同的，即具有稳态同一性。而前已指出，DAGC 与 GM-AGC 在动态上也已被证明具有同一性。借助同一性的概念，为用统一的观点研究压力 AGC 提供了一条简捷的途径。

变刚度系数 K 的取值是有一定限制范围的，既存在一个收敛区间，而一般来说不同控制算法的收敛区间是不相同的。超出这个范围，AGC 控制将出现厚度偏差越来越大的发散现象，在实际生产过程中这种不稳定现象是绝对不允许出现的。可以证明，BISRA-AGC 变刚度系数 K 的收敛区间为 $\left(-\dfrac{C+Q}{Q}, \dfrac{C+Q}{Q} \right)$，而 GM-AGC 变刚度系数 K 的收敛区间则为 $\left(\dfrac{Q-C}{Q}, \dfrac{C+Q}{Q} \right)$，即小于 BISRA-AGC 的收敛区间，这也从一个侧面说明了 BISRA-AGC 具有更好的算法稳定性。

从式（4-60）还可看出，采用变刚度控制时，轧机等效刚度 C_E 只与自然刚度 C 和变刚度系数 K 有关，而与具体的压下执行机构无关。因此，不论是液压压下还是电动压下，当采用相同的变刚度控制算法和变刚度系数 K 时，其等效刚度以及稳态厚差都是相同的。但事实上由于这两种压下系统动态特性相差很大，从而导致它们的控制性能即动态厚差的大小存在显著差别。这说明等效刚度概念并不能充分反映 AGC 系统的厚控性能，而提高压下控制系统的快速响应能力，仍然具有不可替代的重要作用。

变刚度控制的稳态厚差 Δh 与初始厚差 Δh_0 的关系由下式给出：

$$\Delta h = \Delta h_0 \left[1 - \frac{CK}{C + (1-K)Q} \right] \tag{4-61}$$

根据此式可以定量地分析当 K 取不同值时稳态厚差与初始厚差的关系，以及从概念上阐明变刚度控制的刚度特性分类依据。分析结果如下，其中变刚度系数 K 的取值区间是以 BIS-RA-AGC 为例，对其他方式（GM-AGC、DAGC）可以类推。

（1）$K = 0$，此时 $\Delta h = \Delta h_0$，称为自然刚度。

（2）$0 < K < 1$，此时 $\Delta h < \Delta h_0$，且二者符号相同，等效刚度大于自然刚度，称为硬特性。

（3）$K = 1$，此时 $\Delta h = 0$，等效刚度为无穷大，称为超硬特性。

（4）$1 < K < \dfrac{C+Q}{Q}$，此时 Δh 与 Δh_0 符号相反，称为负刚度。

（5）$-\dfrac{C+Q}{Q} < K < 0$，此时 $\Delta h > \Delta h_0$，且二者符号相同，等效刚度小于自然刚度，称为软特性。

（6）$K \leqslant -\dfrac{C+Q}{Q}$ 或 $K \geqslant \dfrac{C+Q}{Q}$，此时变刚度控制不收敛，不存在稳态厚差。

表 4-1 对此进行了总结，其中稳态厚差 Δh 的大小以初始厚差 $\Delta h_0 > 0$ 为参照。

表 4-1　变刚度控制的刚度特性分类

刚度特性	变刚度系数 K	等效刚度 C_E	稳态厚差 Δh_Σ
（不收敛）	$K \leqslant -\dfrac{C+Q}{Q}$	不存在	$+\infty$
软特性	$-\dfrac{C+Q}{Q} < K < 0$	$\dfrac{CQ}{2Q+C} < C_E < C$	$\Delta h > \Delta h_0$
自然刚度	$K = 0$	C	$\Delta h = \Delta h_0$
硬特性	$0 < K < 1$	$C_E > C$	$\Delta h < \Delta h_0$

刚度特性	变刚度系数 K	等效刚度 C_E	稳态厚差 Δh_Σ
超硬特性	$K = 1$	$+\infty$	$\Delta h = 0$
负刚度	$1 < K < \dfrac{C+Q}{Q}$	$-\infty < C_E < -Q$	$\Delta h < 0$
（不收敛）	$K \geqslant \dfrac{C+Q}{Q}$	不存在	$-\infty$

4.4.3.7 监控 AGC

基于弹跳方程的间接测厚方法即使对若干种影响因素采取了相应的补偿措施（如支撑辊油膜轴承的油膜厚度补偿、依据轧件宽度所做的轧机刚度补偿等），但其测量精度的提高仍然是一件比较困难的事情。特别是利用弹跳方程对末机架出口成品带钢厚度进行间接测量时，AGC 的控制精度根本不能满足对产品质量日益提高的要求。因此，为保证成品带钢的绝对厚度精度，即使已经存在 GM-AGC 或其他方式的压力 AGC，且不论是绝对 AGC 还是相对 AGC，也都还需要依据精度高得多的 X 射线测厚仪所给出的厚度偏差实测值，对 AGC 系统实行监控。所谓监控，即根据成品厚度偏差按照监控算法对全部或部分机架形成监控量，用于修改各机架 AGC 系统的厚度给定值，并使最终的成品带钢厚度向设定厚度看齐。

监控 AGC 通常采用积分算法，其主要优点为可以得到无静差的控制特性。采用积分算法的末机架监控 AGC 的框图如图 4-26 所示。图中，$\dfrac{K_0}{s}$ 为积分环节；$e^{-t_{NL}s}$ 为滞后环节，t_{NL} 为带钢从末机架到 X 射线测厚仪的走行时间，亦即轧机出口厚度的测量滞后时间；Δh_x 为 X 射线测厚仪测得的成品厚度偏差。

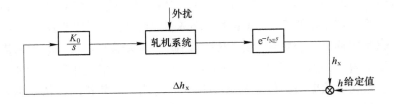

图 4-26 监控 AGC 原理框图

对于图 4-26 所示的带有滞后环节的系统，从稳定性要求出发 K_0 不能太大，通常用下式求得 K_0：

$$K_0 \leqslant \frac{1}{K t_{nL}} \tag{4-62}$$

K 一般在 $3 \sim 4$ 之间取值。

实际控制中使用的监控 AGC 不仅仅作用在末机架，而是要对部分或全部机架起作用。但对于热连轧机来说，通常仅在末机架后设置 X 射线测厚仪，而轧件从 i 机架运动到 X 射线测厚仪所需时间为：

$$t_{iL} = \sum_{j=i}^{N-1} \frac{L}{v_j} + \frac{L_x}{v_N} \quad (i = 1, 2, \cdots, N-1) \tag{4-63}$$

式中，v_j 为第 j 个机架的出口速度；v_N 为末机架（设共有 N 个机架）的出口速度；L 为机架间距离；L_x 为末机架到 X 射线测厚仪的距离。

监控 AGC 所给出的各机架监控值 V_{ix} 可由下列递推数值积分公式表示

$$V_{ix}(n+1) = V_{ix}(n) + \beta \frac{1}{Kt_{iL}} \Delta h_x(n+1) \quad (i = 1, 2, \cdots, N) \tag{4-64}$$

式中，n 为采样时刻；β 为监控增益系数，在系统调试时可根据实际情况加以调整。

监控 AGC 的基本目的是解决成品带钢的绝对厚度控制问题，但在使用中也暴露了一些较大的不足之处，并主要体现为测量滞后所引起的控制性能受限（特别是在厚材轧制时）和轧机动态负荷分配不合理。从原理上看，监控 AGC 作为一种反馈控制方式，显然应该由末机架压下系统作为它的执行机构，因为末机架距离 X 测厚仪最近，控制动作响应比较及时，测量滞后的影响最小，易于取得好的控制效果。但如果由于过程计算机设定精度不高等原因使得带钢头部厚度命中精度较低（如误差大于 $200\mu m$），则监控 AGC 投入之后势必引起末机架辊缝的大幅度调整，而这不仅将通过活套高度的大幅改变给机组的稳定运行带来严重干扰，而且由于末机架处轧件的塑性系数最大、压下效率最低，在克服较大头部厚差的过程中必然导致末机架轧制压力产生很大变化，造成整个机组负荷分配失衡，板形严重恶化。正是为了解决这一问题，监控 AGC 不得不承担起动态负荷分配任务，即如前所述将监控功能分配给精轧机组所有机架，以减轻末机架的负担。但又由于上游各机架距离测厚仪很远，滞后时间更是不成比例地增大，极易引起厚度控制出现振荡现象，因此只能根据各机架距离测厚仪的远近，将相应的监控作用按照从下游到上游的顺序逐次加以衰减。但这样一种控制策略必然使得越靠近上游机架，监控 AGC 的动态负荷分配能力越弱，越靠近下游特别是末机架负担越重，结果大为削弱了期望它所具有的负荷分散能力，使之并不能有效解决动态负荷分配问题。因此，在头部厚差较大时如何克服监控 AGC 的上述弊端，已成为一个迫切需要解决的任务。为此，近年来提出了一种快速监控的控制思想，即在穿带完成后依据头部厚差的大小和实际的轧机负荷状况，依据数学模型对精轧机组设定辊缝执行一次快速调整或称动态设定，以在保证负荷分配良好的前提下使成品带钢厚度尽快进入小误差带，之后再投入监控 AGC。基于这种策略可以达到大为降低监控 AGC 动态负荷分配负担的目的，并因此而形成了将监控 AGC 只用于最后 2~3 机架的新趋势。

4.4.3.8 硬度前馈（KFF）AGC

传统 FF-AGC（前馈 AGC）以上一机架出口厚度偏差为依据而在下一机架施行前馈控制，即提前进行压下。对因硬度波动在每一机架所产生的厚差来说，这种控制方法效果不大。应该指出，由于造成热带厚差的主要原因正是带钢全长的温度变动所产生的"硬度"波动，因此，为了有效克服它的影响，必须对传统的 FF-AGC 做根本的改进。

实际上，i 机架的厚度方程主要项应为 δK（硬度变化），即

$$\delta K_i = \left(\frac{1}{C+Q}\right)_i \left[\left(\frac{\partial P}{\partial K}\right)_i \delta h_{0i} + \left(\frac{\partial P}{\partial K}\right)_i \delta K_i + C\delta S_i\right] \tag{4-65}$$

不解决 δK，只解决 δh_0 必然使传统前馈 AGC 作用不大。为了突出带钢温度波动对 AGC 系统的影响，在鞍钢 1700mm 热连轧上提出并使用了对硬度信息进行前馈控制的 KFF-AGC 方案。

KFF 可以在第一机架辨识出 K 的变化用于前馈控制 $F_2 \sim F_7$（图 4-27），或是每一机架设有硬度辨识功能用于前馈控制下一机架（图 4-28）。

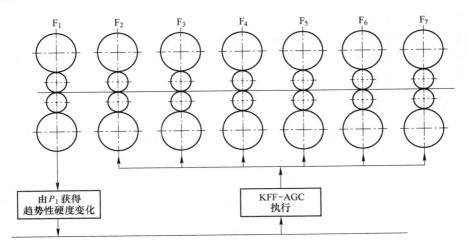

图 4-27 仅用 F_1 辨识硬度 K 变化的 KFF AGC

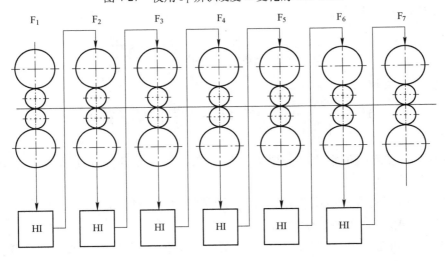

图 4-28 用多机架辨识硬度 K 变化的 KFF AGC

HI—硬度辨识（获得趋势性硬度变化）

辨识硬度信息，不论辊缝是否在动作，即不论本架是否在进行调厚都可用下式求出 δK_j（下标 j 为第 j 次采样的值）。

每次采样得到 P_{ij}^* 及 S_{ij}^* 后，求出

$$h_{ij}^* = S_{ij}^* + \frac{P_{ij}^* - P_0}{C} + O_j + G \tag{4-66}$$

由上机架求得相应点的 h_{0ij}，根据 h_{0ij} 及 h_{ij} 可求出此时的 l'_{Cij}，Q_{ij} 等值，得

$$K_{ij}^* = \frac{P_{ij}^*}{Bl'_{Cij}Q_{ij}} \tag{4-67}$$

$$\delta K_{ij} = K_{ij}^* - K_i \tag{4-68}$$

式中，K_i 为 i 机架设定计算的 K 值。

将 δK_{ij} 存储在表中，延迟后用于后面各机架前馈控制。

当利用 F_1 机架获得硬度变化信息 δK_{ij} 时，考虑到温降，后面各架的 δK_{ij} 可取为 $\beta_i \delta K_{1j}$（β_i 可由温降模型计算）。

此时前馈 AGC 的算法为

$$\delta S_{ij} = \frac{1}{C_i}\Big[\Big(\frac{\partial P}{\partial h_0}\Big)_i \delta h_{0ij} + \Big(\frac{\partial P}{\partial K}\Big)_i \delta K_{ij} \Big] \tag{4-69}$$

为了简化计算，亦可采用增量形式的公式，即采样得到 P_{ij}^* 及 S_{ij}^* 后求出

$$\delta P_{ij} = P_{ij}^* - P_i - \delta P_S \tag{4-70}$$

$$\delta S_{ij} = S_{ij}^* - S_i \tag{4-71}$$

式中，δP_S 为移动压下所增加的轧制力。

由增量轧制力公式可得

$$\delta P = \frac{C}{C+Q}\Big[\frac{\partial P}{\partial h_0}\delta h_0 + \frac{\partial P}{\partial K}\delta K - Q\delta S \Big] \tag{4-72}$$

在已知 δP_{ij}、δS_{ij} 及 δh_{0ij} 后可求出 δK_{ij}

$$\delta K_{ij} = \frac{1}{\Big(\frac{\partial P}{\partial K}\Big)_i}\Big[\Big(\frac{C+Q}{C}\Big)_i \delta P_{ij} - \Big(\frac{\partial P}{\partial h_0}\Big)_i \delta h_{0ij} + Q_i \delta S_{ij} \Big] \tag{4-73}$$

KFF-AGC 抓住影响带钢厚度的要害（硬度变化）并充分发挥前馈 AGC 的优点，使 AGC 功能提高了一大步。

采用 KFF-AGC 并和液压反馈 AGC 结合后厚度精度明显得到提高。

4.4.3.9　AGC 系统的补偿功能

热连轧精轧机组的多个被调量和控制功能集中于 5～7 个机架，因此是一多变量、强耦合的复杂控制系统。由于机组各个机架通过带钢（张力）连接在一起，同一机架由轧辊与轧件形成的变形区又使共同影响变形区参数的各控制功能相互关联，致使厚度控制系统和活套、板形、温度等系统之间形成了复杂的相互耦合和相互干扰的关系。称这种由于控制功能的相互耦合而形成的交互扰动为控制系统的内扰。

就自动厚度控制本身来说，除上述系统内扰外，还存在着如前所述的众多来自于轧件和轧机的扰动因素，称为外扰。

为了提高各被控量的控制水平，除了改进以反馈为主的各控制功能的自身性能外，热连轧计算机控制系统还针对上述普遍存在的内部扰动和外部扰动，广泛使用了各种各样的补偿方法。补偿实质上是对扰动的前馈控制。如果扰动是来自于多变量系统内各变量之间的互扰，则补偿实际上体现了多变量系统解耦控制的思想，可将其看成是一种解决多变量耦合问题的工程方法。如果扰动来自于系统外部，则补偿实际上是基于对扰动的不变性原理的，可视为一种针对可测扰动的前馈控制方法。

与 AGC 系统有关的主要补偿功能包括：

（1）活套补偿。当 AGC 系统通过移动压下进行调厚时，必将使压下率发生变化，从而改变前后滑，影响轧机入出口带速，干扰活套高度控制系统的运行，而活套系统的动态调节又将反过来影响调厚效果。为此，现代 AGC 系统设有活套补偿功能，即当调整压下时，事先给主速度一个补偿信号，以减轻 AGC 对活套系统的扰动。

（2）板形轧制力前馈补偿。当 AGC 系统移动压下时，还将使轧制力发生变动。这将改变轧辊辊系变形而改变带钢出口断面形状，最终影响带钢成品的平直度。因此，在 AGC 系统中设有轧制力限制，同时在板形自动控制系统（ASC）中，设有前馈 ASC（FF-ASC），通过弯辊力的改变补偿 AGC 系统调厚时对板形的影响。

（3）温度补偿。当精轧终轧温度控制系统通过改变机架间喷水或精轧机组速度以控制温度时，将使各机架轧制温度和轧制力发生变化，其结果必然会使带钢厚度以及带钢板形都受到扰动，为此要有相应的压下及弯辊补偿。

（4）油膜补偿。轧机主传动速度和轧制压力的变化将影响支撑辊油膜轴承的油膜厚度，相当于轧机辊缝发生了非受控改变，必然影响出口厚度，为此需进行油膜厚度补偿。

（5）偏心补偿。支撑辊偏心将使轧制力发生周期性波动，并使轧机出口厚度产生波动。但消除由偏心等轧机原因造成的厚差所需控制规律与消除由轧件因素造成的厚差所用控制规律则是截然相反的，因此要有独立的偏心补偿功能。

在普遍采用电动压下的时代，热连轧精轧机组厚控精度尚未达到很高的水平，此时偏心所引起的误差在全部厚差中所占比例较小，只是厚度精度的次要影响因素。其处理方法一是设置动作死区（不灵敏区），即在厚差的一个小范围内不予进行纠偏操作；二是采用数字滤波方法将偏心造成的轧制力波动成分滤去，再将经过滤波的轧制力信号用于厚度反馈控制。显然这二者都是比较消极的办法，因为它们只能减小压力 AGC 系统对偏心信号构成正反馈后所形成的对偏心扰动的"放大"作用，而不可能减小偏心本身的影响。但在积极消除偏心影响方面，受电动压下性能的制约，则缺乏有效措施。

现代热连轧精轧机组由于全部采用动态响应速度很快的液压压下而使偏心控制具备了必要的条件，同时由于厚度控制精度的大幅度提高，也使得偏心的影响越来越突出。因此随着对热轧带钢产品厚度精度要求的提高，积极的即减小或完全消除偏心扰动影响的热轧偏心控制功能，受到了极大的重视并成为研究的热门课题之一。采用比较简单的轧制力内环、厚度外环的厚度控制结构，可以有效地抑制偏心的扰动，而采用先进的偏心控制算法的偏心控制器也已走向实用。可以说，偏心控制技术的突破，必将使热轧厚度控制达到一个新的水平。

（6）尾部补偿。带钢尾部一般温度较低，加上当带钢尾部离开某一机架（如第 i 机架）时机架间张力将突然消失，致使下一机架（第 $i+1$ 各机架）的轧制力和出口厚度迅速增大，这种现象称为尾部厚跃。为了消除这一厚差，在现代 AGC 系统中采用了尾部补偿功能，即当带钢从某一机架抛钢时，迅速减小下一机架的辊缝，进行"压尾"。

（7）宽度补偿。通常轧机刚度是在全辊身压靠方式下用实验方法测取的，而实际轧制过程中，由于轧件宽度小于辊身长度且轧件宽度本身亦相差很大，致使辊系受力状况也有很大不同，从而引起轧机刚度改变。因此，为提高设定精度和板厚测量精度，需根据轧件宽度对轧机刚度系数进行修正，即所谓宽度补偿。

与 AGC 有关的这些补偿功能中的每一项，其机理和具体实现都具有一定的复杂性，甚至具有很高的难度（如偏心补偿）。生产实际中，许多基本原理相同的 AGC 系统，在厚控性能以及与其他功能的互扰强度等方面，往往存在很大的差异，其原因很大程度上就在于各种补偿措施的性能水平和准确性，对此要给以充分的重视。

4.5 自动宽度控制（AWC）

4.5.1 宽度误差产生的原因

带钢全长宽度变动的原因主要有：

（1）带坯头尾的宽度变动。轧件头部及尾部在立辊中进行轧制时（特别是大立辊侧压量较大时），由于轧件缺乏"刚端"即没有一个力矩能回牵轧件，而导致出现宽度变形的两个非稳定段。图 4-29 表示了侧压初期的宽度变化，即轧件头部在到达立辊中心线之前已和立辊脱离（如图中的 4、5 两个侧压阶段），而在头部离开中心线后的一段距离内还将继续维持这种在中心线处轧件与轧辊不相接触的状况（如图中的 6、7 两个侧压阶段）。只有当头部通过立辊中心线足够长之后，才会到达轧件与轧辊在该中心线处完全接触的临界点。这个阶段即为宽度变形的第一个非稳定段，显然在该阶段出口宽度小于立辊开口度。到达临界点之后轧件在整个变形区（包括中心线处）将始终与轧辊保持完全接触，出口宽度基本不变，此即为宽度变形的稳定阶段（如图中的 8、9、10 几个侧压阶段）。尾部

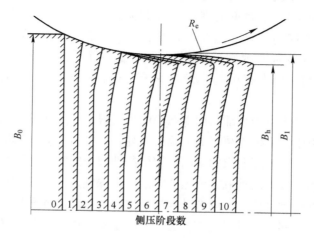

图 4-29 侧压初期轧件的头部变形

情况与头部类似，即为宽度变形的第二个非稳定段。

图 4-30 说明了经立辊轧制后带坯头尾所存在的失宽现象及头尾形状。可以看出，随着入口宽度加大失宽量也将增加。

（2）由于水印的存在，使得经粗轧立辊和平辊轧制后出现宽度不均现象，且水印处轧件较宽。

（3）由于精轧机组活套起套及摆动所造成的轧件张力过大，以及由于卷取机咬钢而对带钢造成的张力冲击（拉钢），都将使轧件宽度出现拉窄。

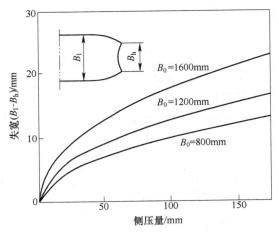

图 4-30　侧压后的头部失宽

AWC 系统一方面应能克服粗轧区本身所造成的宽度不均，另一方面也应对精轧机、卷取机所造成的有规律的宽度变动加以补偿。

由于精轧机组及卷取机所造成的宽度不均只能由精轧出口处测宽仪和卷取机前的成品测宽仪实测，因此为提高宽度控制精度，除粗轧机前后测宽仪外，在宽度设定模型及 AWC 控制系统中还应充分利用精轧及卷取测宽仪所提供的测量值。利用这些测量值不仅可以对粗轧出口宽度设定值 B_{RC} 进行修正，而且可以获得有规律的宽度变化信息，并在 AWC 控制中加以补偿。

4.5.2　自动宽度控制系统的结构与组成

为了克服上面所述的各种宽度波动，研制和发展了多种形式的自动宽度控制功能，统称 AWC。由于精轧机组处轧件较薄，通过侧压的方法进行宽度调节的效果很小，因此 AWC 通常都是以粗轧区立辊控制为主（有些轧机在 F_1 前也设有 FE 立辊轧机做精调）。图 4-31 给出了一个典型的、功能比较完备的 AWC 系统的结构与组成示意图，该系统所具有的功能包括：

（1）DSU——动态设定，利用粗轧末架轧机（如 R_2）入口测宽仪对轧件宽度进行实测，据此修正末道次立辊开口度来提高粗轧出口宽度精度。

（2）SSC——短行程控制，用以补偿立辊轧制时轧件头部和尾部的失宽。

（3）RF-AWC——轧制力反馈 AWC，类似于自动厚度控制中 GM-AGC 的功能，即根据侧压力反馈信号动态调节立辊开口度来保证轧件本体宽度均匀。

（4）FF-AWC——前馈 AWC，当轧机前设有测宽仪时利用其所检出的入口偏差对立辊开口度进行前馈调节以提高出口宽度均匀性。

（5）NEC——缩颈补偿，用来补偿卷取机咬钢时对带钢的张力冲击所造成的缩颈（局部宽度变窄）。

（6）宽度自学习，利用粗轧及精轧出口处测宽仪实测信息对宽度模型进行学习，逐步提高宽度设定精度。

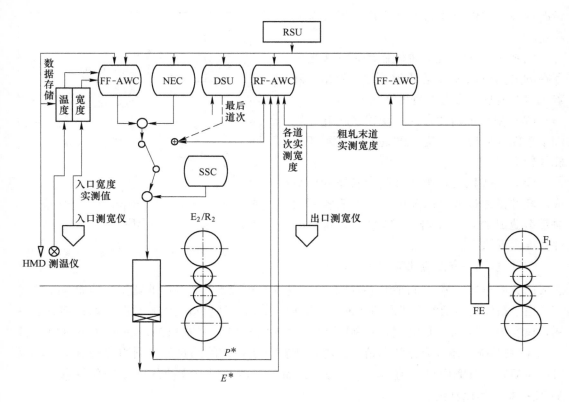

图 4-31   AWC 系统组成与结构

4.5.3   自动宽度控制功能

4.5.3.1   短行程控制（SSC）

当粗轧区采用立辊轧机来调节产品宽度时，将在头部和尾部形成失宽。为了使头部宽度保持均匀，在立辊各道次轧制时需先将开口度加大，当板坯咬入后（或立辊前 HMD 检得时）随轧入长度的增加再逐步收小开口度到设定值。尾部控制与头部相反，即在到达尾部不稳定区后逐步放开开口度。

开口度控制曲线事先根据统计数据求得并存于计算机内以供 SSC 功能取用。粗轧机出口处测宽仪所测实际宽度信息将用于对控制曲线的进一步学习修正。

此外，为了实现 SSC 尚需对板坯头尾及轧入长度进行跟踪和计算，以便按要求曲线对开口度收小进行控制。为了计算轧入长度应以头部到达立辊前 HMD 及尾部离开 HMD 作为起点，并按立辊速度进行计算。

4.5.3.2   反馈控制（RF-AWC）

RF-AWC 计算公式与精轧 GM-AGC 类似。与精轧厚度控制公式相对应，可写出 AWC 宽度控制公式。精轧 GM-AGC 公式为

$$h = S + \frac{P - P_0}{C} \tag{4-74}$$

$$\delta h = \frac{1}{C - \dfrac{\partial P}{\partial h}}\left(\frac{\partial P}{\partial h_0}\delta h_0 + \frac{\partial P}{\partial K}\delta K + C\delta S\right) \tag{4-75}$$

$$\delta P = \frac{C}{C - \dfrac{\partial P}{\partial h}}\left(\frac{\partial P}{\partial h_0}\delta h_0 + \frac{\partial P}{\partial K}\delta K + \frac{\partial P}{\partial h}\delta S\right) \tag{4-76}$$

由此可得 AWC 的主要公式亦为

$$B = E + \frac{P_E}{C_E} \tag{4-77}$$

$$\delta B = \frac{1}{C_E - \dfrac{\partial P_E}{\partial B}}\left(\frac{\partial P_E}{\partial B_0}\delta B_0 + \frac{\partial P_E}{\partial K}\delta K + C_E\delta E\right) \tag{4-78}$$

$$\delta P_E = \frac{C_E}{C_E - \dfrac{\partial P_E}{\partial B}}\left(\frac{\partial P_E}{\partial B_0}\delta B_0 + \frac{\partial P_E}{\partial K}\delta K + \frac{\partial P_E}{\partial B}\delta E\right) \tag{4-79}$$

$$\delta P_E = P_E^* - P_{EL} \tag{4-80}$$

$$\delta E = E^* - E_L \tag{4-81}$$

其中，P_{EL} 及 E_L 为头部锁定时的侧压力及开口度。

因此 RF-AWC 在获得 δE 及 δP_E 后可用下式计算出 δB：

$$\delta B = \delta E + \frac{\delta P_E}{C_E} \tag{4-82}$$

以此作为反馈信号，通过 RF-AWC 求出开口度调整量

$$\delta E_C = - G_{FB}\frac{C_E - \dfrac{\partial P_E}{\partial B}}{C_E}\delta B \tag{4-83}$$

式中，负号表示为负反馈控制；G_{FB} 为 RF-AWC 的增益，一般小于 1.0；C_E 为立辊刚度；所有增量（δE、δP_E 等）都是以头部锁定值为基础，其中 δE_C 为控制侧压液压缸位移的 RF-AWC 输出量；$\dfrac{\partial P_E}{\partial B}$ 及 $\dfrac{\partial P_E}{\partial B_0}$ 与 $\dfrac{\partial P}{\partial h_0}$ 及 $\dfrac{\partial P}{\partial h}$ 类似，为轧件宽度塑性刚度，即出口宽度每压下 1mm 或入口宽度每变动 1mm 将增加的侧压力，工程上用 t/mm，按国际标准则用 kN/mm，数值上差 10 倍（9.81 倍）。

考虑到头部在立辊轧制时存在失宽，因此 RF-AWC 的头部锁定位置应位于头部失宽区后面。

4.5.3.3　前馈控制（FF-AWC）

与 FF-ACG 相似，利用上面所述主要公式求出入口宽度与锁定值之间的偏差 δB_0 后，为了使出口宽度偏差 $\delta B = 0$，应给出所需要的开口度变化量

$$\delta E_{\mathrm{C}} = - G_{\mathrm{EF}} \frac{\dfrac{\partial P_{\mathrm{E}}}{\partial B_0}}{C_{\mathrm{E}}} \delta B_0 \tag{4-84}$$

式中，G_{EF} 为前馈控制增量。

　　对前馈控制来说，需要注意的是如何准确计算所测 δB_0 段进入立辊变形区的时间。以头部作基准，确定 δB_0 段与头部的距离是一种比较好的办法。

　　FF-AWC 亦可以利用粗轧入口测温仪检测信号来确定轧件水印位置，然后进行水印补偿。

4.5.3.4　动态设定（DSU）

　　动态设定功能仅用于粗轧区最后一个道次，即为了保证粗轧出口宽度精度，利用 R_2 入口测宽仪实测的末道次入口宽度，对 E_2 开口度重新设定（再设定）。

　　设入口实测宽度为 $B_{\mathrm{E0(LAST)}}^*$，希望的粗轧机出口宽度为 B_{RC}，因此要求末道次的 E_2 / R_2 总的有效展宽量为

$$DB_{\mathrm{ER(LAST)}} = B_{\mathrm{RC}} - B_{\mathrm{E0(LAST)}}^* \tag{4-85}$$

为此立辊应有的实际侧压量为

$$\Delta B_{\mathrm{LAST}} = \frac{DB_{\mathrm{ER(LAST)}}}{\eta} \tag{4-86}$$

式中，η 为侧压效率，它与侧压时形成的狗骨高度以及接着平轧时产生的额外宽展有关。

　　由于一般

$$E = B_{\mathrm{E}} - \frac{P_{\mathrm{E}}}{C_{\mathrm{E}}} = B_{\mathrm{E}} - SP \tag{4-87}$$

$$B_{\mathrm{E}} = B_{\mathrm{E0}} - \Delta B \tag{4-88}$$

因此对粗轧末道次

$$E_{\mathrm{LAST}} = B_{\mathrm{E0(LAST)}} - \frac{DB_{\mathrm{ER(LAST)}}}{\eta} - SP_{\mathrm{LAST}} \tag{4-89}$$

式中，SP 为立辊的弹跳量。η 及 SP 均需通过实际测试求得。

　　由于有了实测的 $B_{\mathrm{E0(LAST)}}$，动态设定（DSU）功能可有效提高粗轧出口带坯的宽度精度。

4.6　板形控制（ASC）

4.6.1　板形控制策略

　　热轧板形自动控制（ASC）分为在过程控制级（L2）的窜辊设定（SFTSU）和弯辊力设定（BFSU），统称为板形设定（SSU），在基础自动化级（L1）的弯辊力前馈（BFFF）、弯辊力反馈（BFFBK）和板形板厚解耦（BFAGC）等功能，如图 4-32 所示。

　　板形方程所述的相对凸度恒定为板形良好条件的结论，对于冷轧来说是严格成立的。

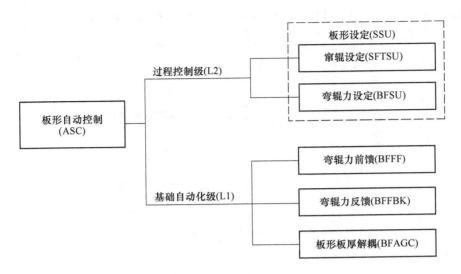

图 4-32　板形控制功能

对于热连轧由于前几个机架轧出厚度尚较厚，轧制时还存在一定的宽展，因而减弱了对相对凸度严格恒定的要求。图 4-33 给出不同厚度时轧件金属横向及纵向流动的可能性，由图可知热连轧存在三个区段：

（1）轧件厚度小于 6mm 时不存在横向流动（0%），因此应严格遵守相对凸度恒定条件以保持良好平直度。

（2）6~12mm 为过渡区，横向流动由 0% 变到 100%（100% 仅意味着将可以完全自由地宽展）。

（3）12mm 以上厚度时相对凸度的改变受到限制较小，即不会因为适量的相对凸度改变而破坏平直度。因此将允许各小条有一定的不均匀延伸而不会产生翘曲。

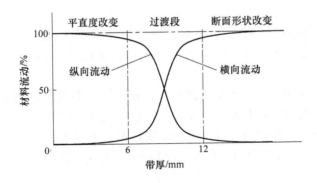

图 4-33　轧件金属横向及纵向流动区间

为此 Shohet 等曾进行许多试验，并由此得出图 4-34 所示的 Shohet 和 Townsend 临界曲线，此曲线的横坐标为 b/h，纵坐标则为变形区出口和入口处相对凸度差 ΔCR

$$\Delta CR = \frac{CR_h}{h} - \frac{CR_H}{h_0} \tag{4-90}$$

式中，CR_h、CR_H 为出口和入口带钢凸度；h、h_0 为出口和入口带钢厚度。

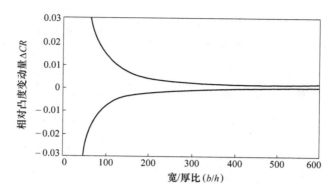

图 4-34   Shohet 和 Townsend 临界曲线

此曲线的公式为

$$-40\left(\frac{h}{b}\right)^{-1.86} < \Delta CR < 80\left(\frac{h}{b}\right)^{1.86} \tag{4-91}$$

上部曲线是产生边浪的临界线，当 ΔCR 处在曲线的上部时将产生边浪。下部曲线为产生中浪的临界线，当 ΔCR 处在曲线的下部时将产生中浪。

此曲线限制了每个道次所允许的相对凸度改变量，超过此量将产生翘曲，破坏平直度。例如当带宽为 1500mm 时，对 6mm 带钢宽厚比为 250，所允许的正负相对凸度改变量分别为 $+\Delta CR < 0.4\%$，$-\Delta CR < -0.2\%$，而对 12mm 带钢宽厚比为 125，此时则允许 $+\Delta CR < 1\%$，$-\Delta CR < -0.5\%$。

对带钢热连轧机来说，6~12mm 以及 12mm 以上的厚度正属于 $F_1 \sim F_3$ 轧制厚度的范围，因此对带钢凸度的纠正可以在 $F_1 \sim F_3$ 进行。此时由于在 $F_1 \sim F_3$ 处存在一个允许调节凸度的喇叭口，粗轧来料的凸度（相对凸度）可在精轧前三架得以校正而不会破坏带钢的平直度。

热轧精轧机组板形控制有三个目标，一是保证末机架出口带钢具有 δ_{HOT}（CR_7）凸度，二是保证末机架出口带钢的平直度，三是保证边部减薄不过大（特别是对于硅钢）。

从凸度及平直度出发，可将精轧机组分为凸度调节，平直度保持及平直度控制三个区段（图 4-35），对 7 机架连轧来说，一般 $F_1 \sim F_3$ 为凸度调节区段，$F_4 \sim F_6$ 为平直度保持区段，（F_6）F_7 为平直度控制区段，其具体工作策略可参考图 4-36。

（1）通过 $F_1 \sim F_3$ 凸度调节段，使 F_3 出口带钢具有 δ_{F3}（CR_3），其大小应为

$$\delta_{F3} = \frac{h_3}{h_7}\delta_{HOT} \tag{4-92}$$

式中，δ_{HOT} 为成品凸度控制目标（进入到 D 点）。

（2）$F_4 \sim F_6$ 则严格保持相对凸度恒定，即

$$\frac{\delta_{F3}}{h_3} = \frac{\delta_{F4}}{h_4} = \frac{\delta_{F5}}{h_5} = \frac{\delta_{F6}}{h_6} = \rho_{obj} \tag{4-93}$$

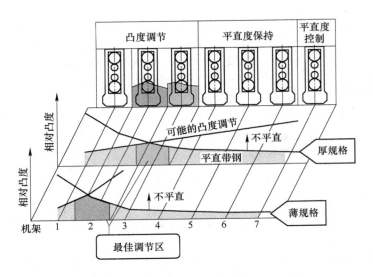

图 4-35 凸度和平直度控制三区段

式中，ρ_{obj} 为成品应有的目标凸度和目标厚度所决定的目标相对凸度（由 D 点向 C 目标点）。

（3）F_7（F_6）则用于凸度和平直度反馈控制（使 $\dfrac{\delta_{F7}}{h_7} = \rho_{obj}$），以最终保证平直度。如果平直度反馈控制调节量过大，进而会影响到成品凸度，可以将平直度控制区段扩大到 F_6。

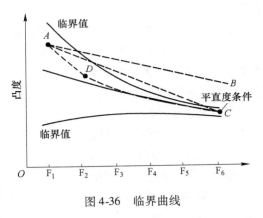

图 4-36 临界曲线

新建热连轧机的精轧机组各机架一般都设有弯辊和窜辊装置，增设这些装置对新建轧机投资影响不会很大，但却给板形控制提供了有效方法。但对于已有轧机的改造，就要考虑在哪些机架设弯辊和窜辊最为有效。

为了分析板形控制装置的最佳设置位置，需从以下两个方面着手：

（1）从带钢平直度不被破坏的临界应力条件出发。这即为图 4-34 所示的允许一个道次改变 ΔCR 的临界曲线。

（2）从板形控制装置的有效性出发。板形控制装置能力在不同机架处将不同。

图 4-37 给出了具有普遍性的厚度和轧制力分布趋势，亦即 $F_1 \sim F_3$ 轧制力较大，F_3 以后逐架减小。这种分布方式是保持后面各机架相对凸度恒等所必须的。

轧辊凸度将受以下因素影响：（1）原始辊型；（2）热辊型；（3）磨损辊型；（4）CVC 或 PC 辊对辊型的调节；（5）弯辊装置对辊型的调节；（6）轧制力（单位宽度的轧制力）使辊系弯曲和剪切变形。

由此可知，下游机架的板型控制机构对相对凸度调节的范围要比上游机架大，但这仅

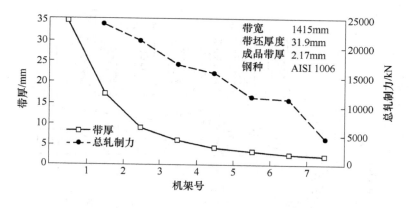

图 4-37 厚度和轧制力分布

是从弯辊及板形控制机构的能力出发所得出的结论。另一方面从带钢平直度临界应力条件出发，对 6mm 以下厚度的带钢调节范围则又很有限，即下游机架不允许偏离恒定相对凸度原则，将这两个方面结合在一起即对每个机架计算这两个方面，可得最终各架能进行调节的范围。

根据对不同规格带钢的分析，结论是 F_2 及 F_3 是凸度调节的最佳操作区。

对于连铸连轧由于铸坯宽度不易经常变化，特别是当轧线中没有设置侧压压力机时宽度变动能力不是很大，为此需考虑的另一问题是在后几个机架设置平辊窜辊以获得均匀磨损，以加长同宽度带钢轧制长度（自由轧制）。为此后几个机架应加大弯辊力调节能力以用于各机架出口凸度控制。

根据板形控制策略，鞍钢 1700mm ASP 连铸连轧在精轧机组平辊窜辊基础上自主设计了 LVC 辊型，它不仅具有二次空载辊缝凸度调节能力，还可进行高次空载辊缝凸度的调节，与弯辊装置配合可用来消除复杂浪形。

各机架的弯辊装置除用于弯辊力设定外主要用于补偿轧制力波动的 FF-ASC 以减轻 AGC 对板形的影响。

为了减少支撑辊和工作辊间的有害接触区，在支撑辊上采用了自主设计的 ASPB 辊型，这不仅可增加弯辊力的调控功效，并且提高了轧机对影响板形各因素（来料板型，轧制力波动）的抵抗能力，使轧后带钢的板形保持稳定。上述效果已得到了实践证明。

考虑到连铸连轧生产线板坯库极小不易频繁改变板坯宽度，在精轧机后几个机架采用了工作辊平辊窜辊以获得均匀磨损，使同宽度轧制公里数由原来的 40km 提高到 80km 以上，减少了被迫换辊次数。

4.6.2 前馈板形控制

弯辊力前馈（BFFF）功能是各机架工作辊弯辊力根据各机架轧制压力变化而进行的前馈调节控制，其目的是保证轧制过程中带钢凸度目标值和平直度目标值。

实际轧制过程中，在一块带钢从头到尾的轧制长度内，温度、精轧来料厚度等轧制条件不断变化，各机架轧制压力随之波动。为了消除此波动对板形的影响，工作辊弯辊力需根据各机架轧制压力变化而进行相应的前馈调节控制。

弯辊力前馈控制的功能流程图如图 4-38 所示。

4.6.3 反馈板形控制

弯辊力反馈（BFFBK）功能是某一机架或几个机架工作辊弯辊力依据实测的板形偏差信号所进行的反馈控制，其目的是保证轧制过程中带钢板形的目标值。

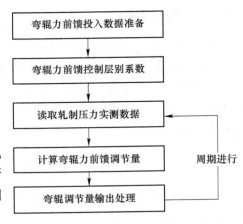

图 4-38 弯辊力前馈控制的功能流程图

依据精轧出口安装的板形检测仪表的情况，弯辊力反馈控制又可分为凸度反馈控制和平直度反馈控制。若精轧出口凸度仪能够提供实时的带钢凸度实测值，则可根据其与目标值的偏差，通过调整上游机架的弯辊力或工作辊窜辊（带特殊辊形），消除凸度偏差。若精轧出口安装有平直度仪，能实时快速检测出带钢的实际平直度值，则可根据其与目标值的偏差，通过调整下游机架的弯辊力，消除平直度偏差。

4.6.3.1 凸度反馈控制

在安装有能够实时检测带钢凸度的凸度仪的前提条件下投入凸度反馈控制功能。凸度仪 ON 且检测出第一个有效的带钢凸度值时启动凸度反馈控制。

弯辊力凸度反馈控制的功能流程图如图 4-39 所示。

4.6.3.2 平直度反馈控制

在安装有能够实时检测带钢平直度的平直度仪的前提条件下投入平直度反馈控制功能。平直度仪 ON 且检测出第一个有效的带钢平直度值时启动平直度反馈控制。

弯辊力平直度反馈控制的功能流程图如图 4-40 所示。

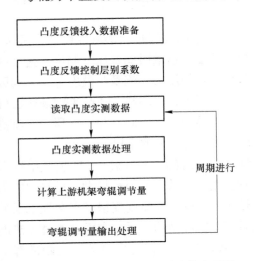

图 4-39 弯辊力凸度反馈控制功能流程图

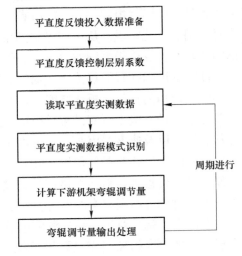

图 4-40 弯辊力平直度反馈控制功能流程图

4.6.4   板形板厚解耦

板形控制和板厚控制都是对承载辊缝的控制，只是板厚控制只需控制轧制中心线处的辊缝，而板形控制需控制整个带钢宽度方向各点的辊缝。弯辊调节会改变承载辊缝的形状，因而对带钢厚度也有影响。板形板厚解耦（BFAGC）功能是根据各机架弯辊力的调节情况，相应地对各机架的 AGC 进行修正，以消除弯辊调节对带钢厚度的影响，保证带钢厚度目标值。

$$\Delta RF = \frac{M_{RF} + M_{BF}}{M_{BF}} 2\Delta BF \tag{4-94}$$

式中，ΔRF 为轧制力变化量；ΔBF 为弯辊力变化量；M_{RF} 为轧机轧制力纵向刚度系数；M_{BF} 为轧机弯辊力横向刚度系数。

4.7   终轧温度控制（FTC）

4.7.1   终轧温度控制原理

温度是热轧中最活跃的因素，对轧后钢材的晶体结构和内部组织具有极其重要的影响，而不同的钢种和不同的性能要求，其轧制温度范围亦有所不同。为了得到细小而均匀的铁素体晶粒，亚共析钢的终轧温度应略高于 Ar_3 相变点，此时钢的晶粒为单相奥氏体，组织均匀，轧后带钢具有良好的力学性能。若终轧温度在 Ar_3 相变点以下，就会形成两相（奥氏体和铁素体）区轧制，结果不仅金属塑性不好，还会产生带状结构，卷取后得到的将是不均匀的混合晶粒组织，导致在力学性能方面使屈服极限降低、伸长率减小、深冲性能急剧恶化。但终轧温度过高，也能使奥氏体在轧后得到充分再结晶和晶粒长大，相变后就会得到粗大的铁素体组织，降低了钢材的性能。此外，终轧温度过高，还可能使带钢表面产生氧化铁皮，影响成品带钢的表面质量。因此，将终轧温度控制在由带钢产品的内部金相组织要求所确定的范围内，是带钢质量控制的关键之一，而在计算机系统中完成这一任务的就是终轧温度控制（FTC）功能。

对带钢热连轧来说，从板坯出炉到带钢轧制结束，中间要经过运输和轧制两大环节。带钢的终轧温度取决于带钢的材质、加热温度、板坯厚度、运输时间、压下制度、速度制度、轧件与辊道和轧辊的热传导、辐射散热，以及冷却水的压力、流量与温度等一系列因素。其中，带钢的材质、板坯厚度、运输时间和压下制度等，在坯料及成品带钢规格已确定的条件下，是一些不可变或相对稳定的因素，而加热温度，机架间冷却水的压力、流量和冷却制度，以及速度制度等，则可以作为对终轧温度进行控制的手段。

生产实际中，并非对任何厚度规格的带钢都可以通过提高加热温度（即板坯出炉温度）来保证终轧温度。对薄规格产品，过高的出炉温度会导致热能消耗加大、加热炉能力降低及钢坯过烧等不利因素的出现。而事实上，热轧带钢产品的厚度规格存在合理下限的一个主要原因，就是对最低终轧温度和最高加热温度存在着制约。另一方面，通过加热温度实现对终轧温度的控制完全属于预控方式，由于从加热炉到精轧出口的时空距离都太大，其间的轧件温降过程又极为复杂，因而必然使预控的效果受到很大的限制。因此，作为一种控制手段，加热温度只是用于使终轧温度处于一个合适的区间内，而不可能用于终轧温度的精度控制。

通过改变轧制速度引起塑性变形热和摩擦热以及冷却时间的变化进而影响终轧温度是目前普遍采用的控制终轧温度的一种方法，例如加速轧制制度的采用，除了提高生产效率外，一个主要目的就是为了克服带坯头尾温差的影响以保证终轧温度的稳定。改变速度方式的优点是具有对终轧温度进行连续的动态控制的能力，而且调控能力比较强；但缺点是该方法的使用有时会受到机电设备能力的限制，如要求轧机主传动电机具有较大的储备功率能够带载加速。此外轧机加减速时对其他的质量指标（如厚度）和工艺参数（如张力）的稳定则往往具有负面的影响，或者影响生产效率。因此，从轧制工艺稳定性出发一般并不希望为了控制终轧温度而使轧机速度处于不断的、不可预测的变化状态下。但是作为一种有效的终轧温度控制方式，当其他控制方式（如下述的喷水冷却方式）难以正常工作或者由于其调控能力偏弱而趋于饱和的情况下，速度控制方式仍然是一个可选方案。

从生产工艺的角度，由于不论是板坯加热温度还是精轧机速度制度，它们的确定都并非仅仅取决于目标终轧温度，因此都不可能不受限制地完全用于终轧温度控制。事实上对于终轧温度控制来说，一个可以独自充分使用的手段就是精轧机组的机架间冷却水。因此，伴随着终轧温度控制精度要求的不断提高，充分利用机架间冷却水来加强对终轧温度的调控能力，是近年来受到极大关注的控制方案。也正因为如此，机架间冷却水设备的装备水平也得到了质的提高，即从只能对冷却水量进行成组开、闭控制的粗放结构，演变为可以对冷却水压和流量进行连续调节的精细结构，冷却能力也得到了很大加强。

为了实现终轧温度控制，需建立相应的温度控制数学模型。简单地说，终轧温度 T_{FC} 为以下各变量的函数：

$$T_{FC} = f(T_{FT0}, H_0, h_n, v_n, q) \tag{4-95}$$

式中，T_{FT0} 为精轧机组入口处的带钢温度，℃；H_0 为精轧机组入口坯料的厚度，mm；h_n 为精轧机组的成品出口厚度，mm；v_n 为精轧机组末机架出口速度，m/s；q 为机架间喷水水量，m^3/min。

由于不同钢种的热物理性能不同，因此函数中有关系数将决定于钢种。对于模型的具体结构形式，考虑到机理模型参数与具体轧机参数通常具有直接的关系，物理意义明确，因此一般倾向于采用简化的理论公式，如有困难也可采用统计经验公式。

应该指出，随着神经元网络等智能算法在复杂系统建模中的优势日益体现，将其引入终轧温度模型的研究和应用，具有广阔的前景。

精轧机组的终轧温度控制，包括带钢头部终轧温度控制和带钢全长终轧温度控制两部分，下面分别对其基本控制方法加以介绍。

有关终轧温度数学模型的详细内容，见本书第6章有关小节的内容。

4.7.2　带钢头部终轧温度控制

带钢头部终轧温度控制的目的是将带钢头部离开精轧机组时的温度控制在所要求的范围内，并为带钢全长终轧温度控制提供良好的初始条件。

带钢头部终轧温度控制，原则上是在控制板坯出炉温度和固定喷水量（包括高压水除鳞装置和机架间低压喷水装置）的基础上，设定合适的穿带速度来实现的。板坯出炉温度是根据所轧带钢的标准规程，按照温降方程用反算的方法来求得的，即首先根据已知的目标终轧温度求出精轧机入口处带钢的温度 T_{F0}，再由 T_{F0} 反算粗轧机组出口处的带钢温度 T_{RC}，依此类推，求出粗轧机组入口处的带钢温度，最后算出板坯的出炉温度。用这种方法求得的板坯出炉温度误差较大，因为上述温降过程是在很大的时间和空间范围内完成的，各种工况条件的变化无法准确预知。因此，板坯出炉温度的设定值往往采用较简单的经验公式做近似计算，或按板坯和成品带钢的不同规格，根据生产经验列成表格，供生产时直接选取。

处于炉内加热过程中的板坯的温度很难直接测量，通常是利用传热学模型进行计算。由于计算模型误差和温度控制误差的存在，实际的板坯出炉温度和设定温度相比不可避免地存在偏差，而偏差过大则将给终轧温度的控制以致轧制规程的制定带来不利的影响。例如当实际温度比设定温度低时，为保证终轧温度，必须加快轧制速度，这就会使得因钢坯温度偏低而已经增大的轧机轧制负荷进一步增大。如果由于负荷增大超出了设备能力等原因而导致无法达到为保证终轧温度所要求的轧制速度，其结果将是：或者因终轧温度过低而降低带钢性能甚至成为不合格材，或者因带坯不能进入精轧而被迫中途下线造成轧废。由此可以看出，仅从保证终轧温度的角度，板坯加热温度的准确设定和准确控制也是十分重要的。

除控制误差外，出炉板坯本身断面温度分布的不均和测量不准（测温仪测量误差，板坯表面氧化铁皮对测量的影响），也使得板坯实际出炉温度测量值存在偏差。由于精轧设定计算起始点处的轧件实际温度是温度设定计算（TSU）的基础，而温度设定又是轧制规程（速度制度、压下制度）制定的前提，因此，为提高包括终轧温度在内的轧件头部各项质量参数的命中率，必须尽可能准确地知道设定计算起始点处的轧件温度，而这是不可能依据前述不够准确的出炉温度测量值进行准确推算的。为此，通常要在轧线的若干关键点处安装测温仪，实测带坯的温度，并以实测值作为求解轧线各段带钢温降方程的初始条件，提高各温降段带钢温度预测的准确度。在轧线所有测温点中，设在粗轧机组出口处的测温点是最重要、可信度最高的，因该点不仅是精轧设定计算的起始点，而且此时带坯表面上的氧化铁皮已去除干净，新生的二次氧化铁皮又尚未生成，带坯较薄，断面温度分布比较均匀，因此测量值相对最为准确。

从控制的观点，带钢头部终轧温度控制实质上是设定控制，即通过对精轧机穿带速度的设定来保证头部终轧温度。在现代带钢热连轧机上，穿带速度设定值一般通过迭代计算方法求得，具体描述如下。

给定一初始轧机穿带速度，利用高压水除鳞、机架间低压冷却水及变形区各项温降（温升）公式，可以从进入精轧机时的带坯温度逐步计算出成品的终轧温度。但这样的"开环"计算过程并不一定能得到所需的终轧温度，为此需要对轧制速度值进行修正以能使计算（预报）的终轧温度达到所要求的值。由于改变速度设定值将影响多项温降公式的计算结果，因此头部终轧温度设定需要进行"迭代计算"，即在已定轧制速度后从头开始计算传送、高低压水冷却、变形区温度各项公式。当计算的终轧温度与设定要求的值有差时应改变速度并重新计算可能得到的头部终轧温度。为了加快迭代收敛，应先通过离线分析求出不同轧制规程下轧制速度对终轧温度的影响系数 K_V^{TC}。

由于

$$\Delta T_C = K_V^{TC} \Delta v \tag{4-96}$$

因此当预报的终轧温度 $\hat{T}_C$ 与目标值 T_C 不同，可先求出 ΔT_C

$$\Delta T_C = T_C - \hat{T}_C \tag{4-97}$$

然后确定应修改的轧制速度设定值 Δv

$$\Delta v = \Delta T_C / K_V^{TC} \tag{4-98}$$

对不同轧机及不同轧制条件时 K_V^{TC} 值将不同。

4.7.3 带钢全长终轧温度控制

除了带钢头部终轧温度应进入规定的误差范围，带钢全长的终轧温度也应处在该范围内，以使带钢全长温度均匀，保证带钢物理性能一致。

由于带钢头部和尾部在空气中停留时间不同（尾部时间长），因而引起带钢尾部的终轧温度低于头部。带坯越长，精轧入口速度越低，则带钢头部与尾部进入精轧机的时间差越大，它们的终轧温度差也越大。

在恒速轧制时，带钢头部与尾部在中间辊道上的停留时间差可按下式计算：

$$\Delta t = l\left(\frac{1}{v_{F0}} - \frac{1}{v_{RC}}\right) \tag{4-99}$$

式中，l 为带坯的长度；v_{F0} 为精轧机组的入口速度；v_{RC} 为粗轧机组的出口速度。

带钢全长终轧温度控制可以采用预控和反馈控制相结合的方式，也可以只用反馈控制方式。由于控制手段不同，控制方案亦不同，而目前使用的主要有以下两种。

4.7.3.1 控制方案一

控制方案一是固定喷水量（即为穿带时的喷水量），通过改变轧制速度来控制终轧温度。采用这种方案的依据是，通过适当的加速度使轧机速度不断提高，既可以使带钢中部、尾部在中间辊道上的停留时间减少，从而减少辐射热损失，又可以使高温轧件与轧辊的接触时间缩短，减少传导热损失；同时，加速轧制造成的塑性变形热与摩擦热的增加也会引起带钢升温，从而就有可能将带钢全长的终轧温度偏差控制在允许的 $\pm 15 \sim 30$℃ 范围之内。

图 4-41 表示了轧制速度变化时带钢终轧温度在全长的分布情况。图 4-41（a）是没有加速度时的情况，图 4-41（b）是小加速度时的情况，图 4-41（c）是为了提高轧机产量采用大加速度轧制的情况。

对于常规流程的热轧机，通常采用加速轧制来控制终轧温度，并根据终轧温度的偏差，选择不同的加速度。即当精轧机组出口处的测温仪检测到终轧温度在允许范围内时，轧机便以预先规定的加速度进行升速轧制，借此来克服带坯头尾温差的影响，保持终轧温度恒定；若实测的终轧温度低于允许范围下限，则轧机以高一挡的加速度进行加速轧制；若实测的终轧温度高于允许范围下限，则轧机保持当时的速度进行轧制。

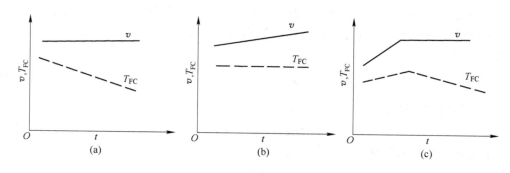

图 4-41 轧制速度变化时终轧温度在带钢全长上的分布
（a）不加速；（b）小加速度；（c）大加速度

这种方案存在的问题是，终轧温度通常并不是选择加速度的唯一依据。从提高轧机生产能力的角度出发，大加速度轧制比较有利，此时可将加速度控制在 $0.5 \sim 1.0 \mathrm{m/s^2}$ 以上，但这就与终轧温度控制发生了矛盾。实践表明，为了控制终轧温度，轧机的加速度只能控制在 $0.05 \sim 0.2 \mathrm{m/s^2}$ 范围之内，否则带钢的终轧温度将沿带钢长度方向从头部至尾部逐渐升高。为了克服这一缺点，近年来亦采用下述第二种控制方案。

4.7.3.2 控制方案二

控制方案二是利用机架间喷水装置的水压和流量来控制带钢全长的终轧温度。这种控制方案包括连续式调节和开关式调节两种控制方式。前者通过改变喷水阀的开口度对冷却水压和流量进行连续调节，后者则以一个机跨的一组冷却水喷嘴作为一个控制单元，通过成组地改变喷水的喷嘴数目进行开关式调节。显而易见，连续式调节的控制精细度远好于开关式调节，其控制精度也必然比较高。

采用这种控制方案时，精轧机组可以是恒速轧制，也可以是变速轧制，只要此时由加速及减速所引起的终轧温度变化不超出机架间喷水的调控能力。

在变速轧制时，采用该控制方案可以按大加速度轧制，以最短的时间达到最高轧速，在加速过程及到达最高轧速后的稳速过程中，均利用机架间喷水来控制终轧温度，并借此来解决提高轧机生产能力与保证带钢终轧温度之间的矛盾。

应该指出，通过控制精轧前高压除鳞水的水量来提高带坯温度是不可取的，因为这种方法对终轧温度的影响比较有限，但负面作用很大。实验表明，全部关闭精轧前除鳞器的高压水，可使带坯进入精轧机的温度提高 40℃，但终轧温度却只能提高 20℃；而减少高压除鳞水却可能造成除鳞不净，从而带来带钢表面质量恶化的非常不利后果。

通过调节机架间喷水的水压水量来控制终轧温度的最大优点是控制手段与控制目标具有一一对应的关系，因此允许更加灵活地制定轧机速度制度。此外由于各机跨的冷却水是能够独立控制的，因此为实现带钢在精轧机组内的温度分布控制提供了可能性，而不仅仅是控制终轧温度。但由于喷水量的变化会使带钢温度产生波动，对 AGC 系统造成轧件硬度干扰，因此需在 AGC 中引入喷水补偿。

由于机架间喷水的水压和水量对终轧温度的影响不易用理论公式表示，因此可以采用以下形式的经验公式计算终轧温度

$$T_{FC} = a + bT_{F0} + ch_n + dv_n + e\lambda_\Sigma + f\frac{1}{p} + g\frac{1}{q} + \Delta \tag{4-100}$$

或

$$\lg T_{FC} = a' + b'\lg T_{F0} + c'\lg h_n + d'\lg v_n + e'\lg\lambda_\Sigma + f'\lg p + g'\lg q + \Delta' \tag{4-101}$$

式中，T_{FC} 为终轧温度；T_{F0} 为精轧入口实测温度；λ_Σ 为精轧机组伸长率，$\lambda_\Sigma = H_0/h_n$（H_0 为带坯厚度；h_n 为成品带钢目标厚度）；v_n 为末机架速度；a、$b\cdots$ 及 a'、$b'\cdots$ 为统计回归系数，需根据实际生产数据回归算出；Δ 及 Δ' 为模型误差项。

将上述经验公式用于终轧温度控制时，所采用的仍然是基于模型的前馈控制方式或预控方式。此时，终轧温度 T_{FC} 应用终轧温度目标值 T'_{FC} 代替，并根据控制方式的不同，将控制量（p，q，v_n）中的一或两个固定，求出实际使用的控制量的值。

采用第一种全长终轧温度控制方式即速度方式时，在实测到 T_{F0}，且 H_0、h_n（可据此二项算出精轧机组伸长率 λ_Σ）、水压 p、水量 q 为已知的确定值的条件下，可利用上述公式（不计误差项）求出合适的精轧出口带钢速度 v_n 值。

特别地当 T_{F0} 为带钢头部的精轧入口温度预报值时，用该公式求出的 v_n 即为穿带速度设定值，可用于带钢头部的终轧温度控制。

采用第二种全长终轧温度控制方式即流量方式时，实测到 T_{F0}、v_n 后，可利用上述公式（不计误差项）来确定 p 和 q。p 和 q 之间可预先规定调节的优先度和比例关系。

由于上述模型是一种统计模型，而且是静态模型，因此对于终轧温度的动态控制存在先天的不足。在通过水压水量进行控制时，为了进一步提高控制精度，有必要根据实测的终轧温度值进行反馈控制，即：

$$\Delta_{FB} = k(T^*_{FC} - T'_{FC}) \tag{4-102}$$

式中，Δ_{FB} 为反馈控制项；T'_{FC} 为终轧温度目标值，K；T^*_{FC} 为终轧温度测量值，K；k 为反馈系数。

反馈项 Δ_{FB} 应和预控项叠加起来构成总的控制量，即将预控和反馈控制相结合，对终轧温度实行复合控制。终轧温度应按一定的控制周期进行采样，且每次都计算一次 p、q、Δ_{FB} 的新值，然后通过机架间喷水控制系统对水压和水量进行调节，以实现终轧温度的动态实时控制。

4.8 卷取温度控制（CTC）

4.8.1 卷取温度控制原理

卷取温度和终轧温度一样对轧后带钢的金相组织影响很大，是决定成品带钢加工性能、力学性能的重要工艺参数之一。卷取温度控制本质上是热轧带钢生产中的轧后控制冷却，而轧后控制冷却影响产品质量的主要因素是：冷却开始和终了的温度（冷却开始温度基本上就是终轧温度）、冷却速度以及冷却的均匀程度。

卷取温度应在 670℃ 以下，通常约为 600~650℃。在此温度段内，带钢的金相组织已定型，可以缓慢冷却，而缓冷对减小带钢的内应力也是有利的。过高的卷取温度，将会因卷取后的再结晶和缓慢冷却而产生粗晶组织及碳化物的积聚，导致力学性能变坏，以及产生坚硬的氧化铁皮，使酸洗困难。如果卷取温度过低，一方面使卷取困难，且有残余应力存在，容易松卷，影响成品带钢卷的质量；另一方面，卷取后也没有足够的温度使过饱和的碳氮化合物析出，影响轧材性能。因此，将卷取温度控制在由带钢产品的内部金相组织要求所确定的范围内，是带钢质量的又一关键控制措施。

不同品种、规格的带钢，其精轧终轧温度一般约为 $800 \sim 900\,℃$，高取向硅钢的终轧温度通常为 $980\,℃$，而带钢在100多米长输出辊道上的运行时间仅为 $5 \sim 15\mathrm{s}$。为了在这么短的时间内使带钢温度降低 $200 \sim 350\,℃$，仅靠带钢在输出辊道上的辐射散热以及与周围空气的对流散热和与辊道的传导散热等自然冷却方式是不可能做到的，因此需要在输出辊道的很长一段距离（近100m）上，设置高冷却效率的喷水装置，通过对带钢上下表面喷水进行强制冷却，并对喷水量进行准确控制，以满足对卷取温度的工艺要求。

喷水强制冷却是一很复杂的物理过程。冷却水和炽热的带钢初接触时，带钢和水之间的巨大温差引起迅速的热传导，可是由于这时在钢板表面迅速形成一隔热的蒸汽层，即"膜状沸腾"，结果出现一段低导热期。待到蒸汽层不再稳定地附着在钢板表面时，钢带和水重新接触，进入"泡核沸腾"期，此时产生很强烈的热传导。之后钢件逐渐变冷，热传导也相应地逐渐降低。任何强制冷却方式的效果，都取决于蒸汽层膜的破坏及达到"泡核沸腾"的程度。冷却时生成的蒸汽膜，对传热系数影响比较大，使传热系数在 $1000 \sim 16000\mathrm{W/(m^2 \cdot K)}$ 之间波动。

为了提高冷却效果，曾提出过各种冷却方式。试验证明，低压大水量冷却系统的冷却效果比较好。20世纪60年代以来所建的热轧带钢轧机，绝大部分都采用低压大水量的层流冷却。层流冷却设备沿输出辊道进行布置，在辊道的上部有许多以分组形式水平排列的封闭式筒状水箱（称作冷却集管），通过控制冷却水开闭的水阀和输送管道与总的冷却水箱或总管相通。每个冷却集管装有数十根虹吸管，当水阀打开时，大量的冷却水以层流形式从这些虹吸管中流出落向钢板表面，形成类似于水幕的由数十根水柱组成的水墙。输出辊道下部则为带压力的喷嘴式冷却系统，用于钢板底面的冷却。层流冷却几乎使钢板泡在水中，并且通过辊道两侧的侧喷嘴吹动钢板表面的水按一定方向流动，使得带钢表面上的水不断更新，大大提高了冷却效率（比喷水式提高 $30\% \sim 40\%$）。

图4-42给出了我国某1700mm带钢热连轧机的层流冷却设备布置简图，对现代带钢热连轧机来说，它具有一定代表性。该层流冷却装置由上、下冷却系统及侧喷嘴系统三部分

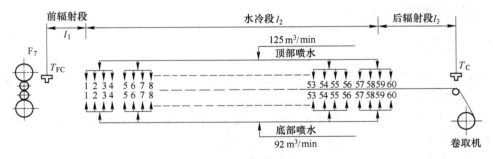

图4-42 输出辊道上的层流冷却设备布置简图

组成。上部和下部冷却系统各分成 60 个冷却控制段，每段由一个阀进行冷却水的开关控制。上部每 2 根集管为一段，共 120 根集管，每根集管设有近 70 个鹅颈喷水管（虹吸管）。下部每 4 根集管为一段，共 240 根集管，每根集管上有 11 或 22 个喷嘴。侧喷嘴系统分布在输出辊道两侧，交叉布置，共有 9 个侧喷嘴，其中 2 个为高压气喷，以吹散雾气，防止其对轧线检测仪表的干扰。

卷取温度控制的具体实现方案，就是根据不同带钢的各自特性（材质、规格）和同一带钢各点的不同状态（温度、速度），通过层流冷却区长度（即打开的冷却集管的数目）的动态调节，使带钢全长各点以一定的精度从比较高的终轧温度迅速冷却到所要求的卷取温度。

在上述工艺设备条件下，提高卷取温度控制的精度并不是一件轻而易举的事情。其难点可归纳如下：

（1）影响卷取温度的因素多而复杂，包括带材的材质、厚度、速度，冷却水的水量、水压、水温及水流运动形态，终轧温度，带钢热传导、对流、辐射的条件，层流冷却装置的设备状况等。这些因素大都影响机理复杂，其中有一些则具有很强的时变性，因此在线控制模型很难对这些影响因素全部计及并给出精确的数学描述。

（2）层流冷却装置分布在 100 多米长的输出辊道上方、下方，带材任一点通过层流冷却区大约需要 5 ~ 15s，而由于加速轧制技术的采用，带材各点通过层冷区的时间差异也很大。因此理论上层流冷却控制是在很大空间范围内对处于高速及变速运动中的带材沿长度方向逐点同时施行的，这使得卷取温度控制在本质上是一个十分复杂的针对运动物体的分布控制问题。实际上层流冷却控制系统一般是将带钢分成多个样本段分别加以控制的，因此也可将其看成是一个共用同一组控制设备的多目标并行控制的问题。

（3）卷取温度测温仪 CT 通常安装在层冷区外 10m 甚至更远的位置。相对控制点（即最后一个冷却区的活动边界点），检测滞后很大，严重制约了常规反馈控制方式的使用（由于时间滞后太大，易产生振荡现象）。此外，控制阀的开闭及冷却水从虹吸管中流出至溅落到钢板表面，都存在较大滞后效应（秒级），给动态控制带来了很不利的影响。

（4）冷却水量的调节是非连续的，其控制"粒度"由一个开关阀所控制的水量决定。卷取温度控制精度本质上受此粒度大小的制约。

从控制机理的角度，对卷取温度控制问题及其所面临的困难还可进一步描述如下：当带材任一点运行到卷取温度测温仪 CT 时，该点及其后相当长一段带钢的受控冷却过程实际已经结束，即已处于温度失控状态；而在可以受控的冷却过程中却又不便或不能对该点温度进行实际测量，即缺乏适时地、准确地调节冷却水量的依据。抽象地说，对于诸如卷取温度控制这样的物料全长质量控制，我们所面临的主要控制难题就是，在不能于控制施行过程中对受控物体的被调量进行检测的条件下，如何保证当物料各点到达控制终点位置时其被调量的值均能满足精度要求。显然，这种控制能力与检测能力不同步的状况，必然导致对设定控制亦即前馈控制的依赖，并归结为对卷取温度模型的依赖。因此，设定控制的精度必然受到在线控制数学模型的结构简化所带来的本质不精确的制约，同时也不可避免地会因内外环境的不确定性而受到随机、时变因素的影响。

为了满足热带生产对卷取温度控制精度越来越高的要求（如要求带钢全长 98% 以上

部分的卷取温度控制精度为 ±15℃），在卷取温度控制的实践中，我们已经在带钢全长反馈控制和头部设定自学习方面取得了很大进展，但要进一步提高控制精度，以及不仅仅满足对终点温度的要求，同时还要满足控制冷却对冷却速度的要求，以及对卷取温度在带钢长度方向上的分布规律的要求，必须对层流冷却数学模型进行更深入的研究，并在大量采集过程实际数据的基础上，在卷取温度控制软件中引入模型参数的中、长期在线自学习功能，使卷取温度数学模型的精度及设定计算的精度，随生产的进行而逐步提高。与终轧温度一样，基于神经元网络的智能算法在这一方面具有极大的潜力，是值得深入研究的方向。

4.8.2 卷取温度的控制方式

如前所述，带钢卷取温度控制由于其特殊性，除了要由基于数学模型的预设定功能完成带钢头部卷取温度的控制外，带钢全长卷取温度的动态控制也不得不以前馈控制或称为动态设定控制为主要控制方式，并归结为对卷取温度控制模型的依赖。

在较早的热连轧计算机控制系统中（如 20 世纪 70 年代引进的武钢 1700mm 轧机），CTC 的全部功能（包括预设定控制、动态设定、反馈控制和喷水阀的开闭控制）都是在下位机（DDC 计算机）中完成的，所使用的数学模型也是相对较为简单的统计型数学模型。但近些年来，涉及模型方面的功能（预设定控制、动态设定控制、模型自学习等）基本上都改为由过程计算机（L2 级）完成，所使用的数学模型也更偏重于机理模型并具有模型参数在线自学习功能，而 L1 级则只负责完成带钢跟踪和根据 L2 给出的冷却模式（针对每个采样控制点的全部喷水阀开关状态的组合）执行阀的开闭控制。也有的系统在 L2 级采用了一台专用的质量控制计算机 AQC（高级质量控制）来完成相应的 CTC 功能，既凸显了对 CTC 控制性能要求的不断提高，也充分反映了 CTC 的复杂性。

有关 CTC 控制模型的详细内容，将在 6.6 节中给以描述。

在变速轧制情况下，即使是同样的卷取目标温度，由于带钢各点通过层流冷却区所用时间是不同的（即在冷却水中的驻留时间不同），加之其他工艺参数的不一致（如带钢各点终轧温度不同），因此各点通过的水冷区长度也应不同。由此可以看到，为了在实际的复杂工况条件下准确控制带钢各点的卷取温度，必须解决动态设定计算、动态跟踪和动态控制的问题。

在 CTC 的动态控制思想上，近些年也产生了很大的变化。20 世纪 70 年代的武钢 1700mm 轧机的 CTC 动态控制思想，是巧妙地通过迭代计算来寻找当前的喷水区长度（动态开阀数）设定值，使得按照新的设定值控制喷水阀时，处在开水区活动边界处的带钢点的冷却程度恰好可以满足卷取温度目标值的要求。由于每个控制周期所找到的带钢点即受控点是事先不确知的，具有很大随机性，因此全部受控点沿带钢全长也非等间隔分布，而是有疏有密，这是该方法的一个缺点。由于该方法当时所依托的数学模型是统计数学模型，精度不很高，相应卷取温度的控制精度只能达到大约 ±30℃。

更加现代的 CTC 控制思想是将带钢全长分成等长度的带钢段，称为样本段，针对每个样本段由过程机 CTC 程序依据其样本点的实测数据对其进行动态设定计算，并将设定计算结果即该样品段的冷却模式发送给 L1 的 CTC 控制器。L1 的 CTC 程序依据各样本段的跟踪结果和相应的动态设定冷却模式，适时地完成各喷水阀的开闭控制，从而实现多个被控目标（层流冷却区中的多个样本段）的并行控制。由于这种控制思想更为清晰，因此目前在各个国际大电气公司提供的热轧 CTC 控制系统中得到了普遍的应用。特别是由于该控制思想所依托的基于机理的 CTC 数学模型精度明显高于统计模型，加之辅以其他控制方式（如反馈控制方式）的协助，已使当前卷取温度的控制精度达到了 ±15℃，取得了明显进步。但由于带钢穿越层流冷却区时通常是变速前进，而在影响带钢冷却水量的诸因素中带钢速度又最为敏感，且往往具有进行动态设定时（需在样本段进入水冷区之前完成）不可预知的随机性（例如采用调节轧制速度的方法来进行终轧温度反馈控制时造成的带钢速度改变），因此这种基于样本段的动态设定方法也存在一定的不足。

应该指出，使用基于模型的动态设定与前馈控制方法，其控制效果完全取决于模型的精度。但是由于卷取温度控制问题本身的复杂性，单纯使用动态设定控制是不能完全满足对卷取温度的精度要求的，必须辅以其他的控制手段，例如反馈控制，有时甚至需要由人工加以微调以增加消除温度偏差的速度。

需要指出，由于卷取温度控制的检测滞后很大，因此直接反馈控制的使用效果受到很大的制约。以国内某 1700mm 热连轧机为例，为避免大滞后引起被调量温度的大幅振荡，最初的所谓反馈控制方式只是根据带钢头部的实测温度对设定计算结果进行一次性修正，其公式为

$$N_{FB} = (T_{C0} - T_{CA}) \frac{hv}{Q} \alpha_2 \qquad (4\text{-}103)$$

式中，N_{FB} 为反馈控制给出的喷水阀数修正量；T_{C0} 为带钢头部实测温度（通常为采样数据平均值）；T_{CA} 为卷取温度目标值；v 为带钢速度；h 为带材实测厚度；Q 为综合传热系数；α_2 为反馈系数。

显然，式（4-103）给出的反馈控制算法实际上只是利用带钢头部实测温度对层流冷却区开阀数预设定值的一次性反馈校正，而不是基于带钢全长各点的实时采样数据持续施行的，因此并不是真正意义上的反馈控制，其控制效果也很有限。为了解决带钢全长卷取温度控制的精度问题，在其改造实践中采用了带有控制死区的 PI 控制算法，以实现全长反馈控制。该算法在抑制振荡、提高卷取温度控制精度、简化设定模型的参数整定等方面，取得了较好的效果，并成功地得到了应用。

4.8.3 阀控制与带钢跟踪

由 L2 级给出的预设定和动态设定结果即针对各个带钢样本段的冷却模式控制字发送到 L1 级 CTC 控制器后，CTC 程序将负责根据冷却模式控制字（其每一位对应着一个喷水阀）来具体执行阀开闭动作，而喷水阀开闭动作控制的基础则是带钢各样本段的跟踪。带钢跟踪也是 L1 级 CTC 程序的一个主要功能，而跟踪准确度对基于前馈控制思想的动态设定控制效果具有非常重要的影响。

在实际的层流冷却控制过程中，给出某个带钢样本段的冷却模式或水冷区长度，并不意味着应该将相应的喷水阀立刻全部打开。这是因为动态设定给出的冷却模式或水冷区长

度都是对应于带钢上某一特定样本段的，而 CTC 喷水阀控制程序的一个关键就是要确保仅当这一特定的样本段顺次在各个冷却水集管下通过时，相应的阀门才应该按照与该样本段匹配的冷却模式执行开闭操作。这意味着对每一样本段来说，专属于它的冷却模式的控制实现将是一个在空间和时间上依次展开的喷水阀开闭动作序列。显然，为了正确实现动态设定的控制意图，必须对每一样本段在输出辊道上的当前位置进行准确跟踪，这是卷取温度控制的必要前提。

4.8.4 带钢冷却方式

带钢卷取温度控制中的带钢冷却方式有前段冷却、后段冷却、带钢头尾不冷却等。

4.8.4.1 带钢前段冷却方式

带钢前段冷却控制方式（见图 4-43）是最基本、应用最多的一种冷却方式。在这种冷却方式下，根据精轧机组终轧温度的预设定值和卷取温度目标值等算出的喷水段数 N_{FF} 由前段水冷区予以实现，其余部分在后段水冷区实现。水量动态调节时，前、后水冷区的活动边界均处于输出辊道中间部位，而固定边界则分别处于层流冷却装置的最前端和最末端。

图 4-43 带钢前段冷却方式

前段冷却用于带钢厚度在 1.7mm 以上的普通碳素钢或者有急冷要求的高级硅钢的冷却。

4.8.4.2 带钢后段冷却方式

带钢后段冷却方式（见图 4-44）是将前馈控制、补偿控制和反馈控制的总喷水段数 N 全部在层流冷却装置的后段（即靠近卷取机的那一侧）实现的冷却方式，此时冷却水只从上部喷出，下部不喷水。水量动态调节时，水冷区活动边界靠近轧机一侧。

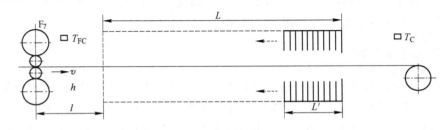

图 4-44 带钢后段冷却方式

后段冷却用于带钢厚度小于 1.7mm 的碳素钢和低级硅钢的冷却，此时因带钢很薄，因此仅只上部喷水有利于带钢在输出辊道上行走的稳定性，而对带钢上下表面冷却的均匀性没有太大的影响。

4.8.4.3 带钢头尾不冷却方式

带钢头尾不冷却方式是在带钢头、尾部约 10m 的长度上不喷水的冷却方式。采用这种方式时需不断跟踪带钢头部和尾部在输出辊道上的位置（每隔 0.5s 计算一次），以便准确控制冷却水的开、闭时序。带钢头尾不冷却方式不是和前两种冷却方式独立的对等方式，而是附加在其上的一种冷却方式。此方式实际上又进一步分为带钢头部不喷水、带钢尾部不喷水及带钢头尾均不喷水三种子方式。

带钢头尾不冷却方式是为了使硬质带钢及厚带钢（约 8mm 以上）的头部和尾部便于在卷取机上卷取而采用的。

4.8.4.4 冷却速度控制方式

冷却速度控制方式对某些钢种性能的进一步提高是十分必要的，为此除了要有一个目标 T_{CT} 值外，还需设立两个中间温度值 T_{1M1}、T_{1M2}。冷却开始，首先使带钢以一定的冷却速度 β_1 从终轧温度 T_{FC} 冷却到 T_{1M1}，达到 T_{1M1} 点的时间应为

$$\tau_{1M1} = \frac{T_{FC} - T_{1M1}}{\beta_1} \tag{4-104}$$

达到 T_{1M1} 的距离为

$$L_{1M1} = v_n \tau_{1M1} \tag{4-105}$$

式中，v_n 为精轧末机架带钢出口速度。

然后再以冷却速度 β_2 使带钢从 T_{1M1} 冷却到 T_{1M2}，τ_{1M2}、L_{1M2} 的计算与式（4-104）、式（4-105）类似。最后以 T_{CT} 为目标，计算将带钢从 T_{1M2} 冷却到 T_{CT} 所需开启的层流集管数。

4.9 卷取张力控制

4.9.1 卷取张力控制概述

张力卷取是热轧带钢生产的关键工艺技术之一，而卷取张力控制则是卷取区域最重要的核心控制功能。首先，卷取张力以及夹送辊后张力的存在是在精轧机与卷取机联机运转时实现二者速度同步，避免在输出辊道上出现易于造成带钢输送事故的折叠起浪现象的基本保证，同时始终保持卷取张力存在也是防止卷取机内发生堆钢事故的唯一有效手段。其次，卷取张力的稳定与钢卷卷形好坏也有着直接的密切关系。

卷形是热轧产品的一项重要质量指标。卷形好坏不仅对钢卷的运输、堆放、防损伤和后续加工有很大的影响，而且当以钢卷形式交付热轧产品时，卷形作为最直观的产品形态，也已成为用户的主要质量诉求之一。此外，用户市场上由卷形缺陷所引起的产品质量异议也时有发生，并由此而越来越得到了生产厂家的重视。因此保证卷形良好（卷绕紧密、无塔形）不仅是卷取区的根本控制目的，也是整个热轧生产质量控制的重点之一。

对于带钢热连轧来说，与厚度、宽度等产品质量表征量不同，目前并没有直接针对带钢卷形的检测装置和自动控制功能，而在这种不利条件下如何借助于其他控制手段来保证卷形良好，自然成为一个引起人们日益关切的问题。实践证明，保持带钢卷取张力适当及稳定正是卷形的一种有效和不可替代的间接控制方式。因此可以说，卷取张力控制不仅是稳定可靠地实现精轧、卷取联机运行的工艺控制功能，实质上也是卷取区域关键的产品质

量控制功能之一。

但还应该指出，除了卷取张力外，影响卷形的还有其他若干因素，因此卷形良好实际上是一个综合控制问题。针对不同的卷形缺陷需要采取不同的措施来加以解决，但其中最重要和最基础的仍然是卷取张力控制。

4.9.2　卷取张力控制原理

狭义的卷取张力是指卷取机卷筒与夹送辊之间带钢的张力，即夹送辊前张力。但在控制功能的划分上，夹送辊后张力即精轧末机架与夹送辊之间带钢张力的控制通常也归属于卷取张力控制。这是因为这两个张力之间存在着密切的关系，特别是精轧机抛钢阶段夹送辊后张力的控制更是对卷取张力有着关键的影响，因此有关功能在此一并讲述。

在将一条带钢卷绕成为钢卷的整个卷取过程中，卷取张力控制通常可分为初始张力建立、稳定卷取和尾部卷取几个阶段。

4.9.2.1　初始张力建立阶段

卷取机的初始张力建立阶段从带头进入第一个助卷辊（WR_1）辊缝开始，到卷取机与带钢实现速度同步为止，大约持续 $0.5 \sim 1.0s$ 时间。由于同步时刻的准确判断并非易事，因此通常也可以卷筒二次胀径结束作为同步完成的标志。

在初始张力建立阶段，由于带钢和卷筒之间存在打滑，因此卷取电机的输出转矩与卷取张力之间并不存在一一对应的确定关系，这意味着在这一阶段不可能通过电机转矩（电流）控制来完成对卷取张力的主动控制。实际上这一阶段的卷取张力是借助于卷筒和带钢之间的动摩擦力被动建立的，而在卷取机待机时卷筒处于速度超前状态则为初始建张进行了必要的能量储备。在带钢头部上卷后，动摩擦力矩将迫使卷筒减速，直至与带钢达到速度同步完成初始建张。之后卷筒电机则从速度控制方式切换为转矩控制方式，并由此进入对卷取张力实施主动控制的稳定卷取阶段。

在初始建张阶段，最重要的是防止卷筒咬钢时形成的张力冲击使精轧末机架出口处带钢拉窄（缩颈），影响产品宽度质量。针对这一具有普遍性的问题，一些国外公司提出了粗轧宽度控制补偿、夹送辊速度控制动态特性在线改变（如三菱公司的在线改变 DROOP 率的技术）等解决方法，而我们自行开发的初始张力建立主动控制技术业已通过在国内某热轧机上的应用得到了实际验证。

4.9.2.2　稳定卷取阶段

稳定卷取阶段是卷取张力控制的主要阶段。这一阶段从带钢与卷筒达到速度同步开始，到精轧机组指定机架抛钢为止，其持续时间与单位卷重大小和轧制速度等有关，但大体上为 1min 左右。

在稳定卷取阶段，卷筒电机工作在转矩控制方式，卷取张力控制系统通过对卷筒电机转矩的直接控制来保持卷筒和夹送辊之间的带钢张力亦即卷取张力恒定。卷取过程的一个特殊现象是，随着卷径的不断增大，若要保持卷取张力不变则卷筒电机的输出转矩就应不断增大。因此虽然称作稳定卷取阶段，但卷筒电机的转矩也包括转速都是不断变化着的，对由此而带来的特殊问题（例如卷径测量、动力矩补偿等）必须在数学模型和控制实现中予以考虑。

此外，在稳态卷取阶段依夹送辊所起的作用不同，精轧末机架和夹送辊之间的带钢张力（即夹送辊后张力）可以和卷取张力（即夹送辊前张力）相同（零电流方式），也可以小于卷取张力（张力分配方式）；而不论夹送辊起哪种作用，夹送辊电机此时都工作在转矩控制方式。

由于卷取张力控制是开环控制，因此稳定卷取阶段的张力控制水平主要取决于张力控制数学模型的精度、卷筒电机的电流闭环控制系统对参考给定的动态跟随性能以及卷径测量精度。卷取张力设定值通常以张应力 σ_T 设定值的形式给出，而 σ_T 的大小则主要依据经验和卷取区域的设备能力（如卷筒电机和夹送辊电机的功率与转矩能力、夹送辊压下液压缸的最大压下力）进行选择，没有严格规定。

在稳定卷取阶段，最重要的是保持卷取张力的平稳，而为满足这一要求目前并不存在技术上的困难，因此该阶段的卷形通常都是良好的。

4.9.2.3 尾部卷取阶段

当带钢尾部快要离开精轧机亦即指定机架（如 F_4）抛钢时，卷取区主令控制程序开始对输出辊道和夹送辊的速度给定施加滞后率，启动张力转移过程。此时夹送辊电机将从转矩控制方式切换为速度控制方式，并从电动状态向发电状态转变，而卷取张力控制亦由此开始进入尾部卷取阶段。虽然直到卷筒完全停止为止，尾部卷取阶段持续时间只有 10 ~ 15s，但这一阶段各有关工艺设备驱动电机传动控制方式的切换则相对最为频繁和复杂，且对卷形质量有非常关键的影响，是除初始上卷过程外最易出现卷形问题的阶段。

在尾部卷取阶段，精轧末机架抛钢后的卷取速度控制由处于逆变状态的夹送辊电机传动控制系统承担，而卷筒电机则按照与稳定卷取阶段相同的转矩控制方式继续进行卷取张力的主动控制。由于末机架抛钢后输出辊道上的带钢尾部是自由段，因此夹送辊后张力只能由在带钢和滞后运行的输出辊道之间产生的动摩擦力提供，其作用主要是保证带钢尾部在辊道上平稳走行，防止出现打折起浪现象及堆叠事故。在带钢尾部离开夹送辊时，卷筒电机将根据尾部定位功能的要求由转矩控制方式立即切换为位置控制方式，即其传动控制系统将变为由位置、速度、电流（转矩）环组成的三环系统，以使带钢尾端在卷筒停止转动时处于规定的角位置，便于进行卸卷和打捆操作。

尾部卷取阶段的技术关键是防止带尾离开精轧末机架时由于夹送辊后张力的突然消失而使卷取张力出现大幅值突变，致使钢卷出现明显层错（最大可达 100mm 左右），严重影响卷形。为此需要在精轧末机架抛钢前，提前开始执行张力转移控制，即迫使夹送辊电机进入发电制动状态以形成电磁阻力矩，从而使得夹送辊能够逐渐取代精轧机承担起保持卷取张力力矩平衡的任务，而这也正是夹送辊亦称为张力辊的原因所在。理想的张力转移控制是在末机架抛钢的瞬间，夹送辊后张力恰好减小到零。如果减小得慢，就会使夹送辊后张力在精轧末机架抛钢时出现一定幅值的突变；而如果减小得快，则在末机架抛钢前夹送辊后张力已经消失，有可能出现卷取速度和轧制速度短时不同步的现象，致使带钢在输出辊道上起套。由于理想状况在实际生产过程中很难达到，因此上述两种现象通常在一定程度上总是存在的，但只要偏离不大，一般就不会对卷形和尾部的平稳走行造成明显的影响。

由上可见，夹送辊在卷取张力控制的尾部卷取阶段所起的作用极其重要，其传动电机的控制方式切换和运转状态转变也是比较复杂的，因此某种意义上搞清夹送辊的控制功能已成为理解卷取张力控制机制的关键。

4.9.3 卷取张力控制数学模型

卷取张力控制通常采用间接控制方法实现，即通过控制卷筒电机转矩（力矩）来对卷取张力进行开环控制。因此为了准确控制卷取张力，必须首先建立有关电机力矩和卷取张力之间关系的数学模型。

卷取张力控制数学模型最基本的是力矩平衡方程：

$$M_M = M_T + M_B + M_D + M_F \tag{4-106}$$

式中，M_M 为电动机电磁力矩；M_T 为张力力矩；M_B 为弯曲力矩；M_D 为动态力矩；M_F 为损耗力矩。

式中所有力矩都是折算到电机轴上的，单位为 kg·m。

（1）张力力矩 M_T

$$M_T = \frac{TD}{2G_R} \tag{4-107}$$

式中，T 为卷取张力，kg；D 为钢卷卷径，m；G_R 为减速机齿轮比。

（2）弯曲力矩 M_B

$$W_B = \frac{W}{4}h^2\delta_y \times 10^{-3} \tag{4-108}$$

式中，W 为带钢宽度，mm；h 为带钢厚度，mm；δ_y 为材料屈服强度，kg/mm²。

（3）动态力矩 M_D

$$M_D = \frac{GD^2}{4g}\frac{2\pi}{60}\frac{dn}{dt} = \frac{GD^2}{375}\frac{dn}{dt} \tag{4-109}$$

（4）损耗力矩 M_F。M_F 是一比较复杂的成分，且所占分量很小，通常可以忽略。

4.9.4 卷径测量

采用基于数学模型的卷取张力开环控制方案时，钢卷直径 D_C 的测量是一个关键问题。目前钢卷直径测量有两种主要方法，分别描述如下。

4.9.4.1 速度比方式

假定带钢和夹送辊之间不存在打滑现象，则夹送辊的线速度将和带钢线速度亦即钢卷的线速度保持一致，即

$$\pi D_C n_M = \pi D_P n_P \tag{4-110}$$

式中，D_C、D_P 分别为钢卷和夹送辊的直径，m；n_M、n_P 分别为卷筒和夹送辊的转速，r/min。

由于夹送辊的直径、转速和卷筒（亦即钢卷）的转速都是已知或可测的，因此可以根据式（4-110）求得下述钢卷直径计算公式

$$D_C = D_P \frac{n_P}{n_M} \tag{4-111}$$

这就是速度比方式的称谓由来。由于夹送辊的线速度亦即带钢线速度为

$$V_L = \pi D_P n_P \qquad (4\text{-}112)$$

因此由式（4-111）和式（4-112）可得速度比方式计算公式的另一表达形式

$$D_C = \frac{v_L}{\pi n_M} \qquad (4\text{-}113)$$

式中，v_L 为带钢线速度，m/s。

在实际控制系统中，常常更多地依据式（4-113）直接使用精轧末机架出口带钢速度 v_L 来计算卷径 D_C，而较少使用由式（4-111）给出的原初速度比公式，这是因为出口带速 v_L 的采样数据一般比夹送辊转速 n_P 的采样数据更加稳定。但计算 v_L 时必须将前滑系数考虑在内，而这一点通常很难做到十分准确。

4.9.4.2 卷取圈数计数方式

已知卷筒直径 D_M、带钢厚度 h 和钢卷总的卷取圈数 W_R 时，理论上也可以使用下式计算卷径

$$D_C = 2hW_R \qquad (4\text{-}114)$$

如果考虑到带钢的卷紧程度，则可以引入卷紧系数 σ_1（$\sigma \leqslant 1.0$）对上式加以修正，即

$$D_C = \frac{2hW_R}{\sigma_1} \qquad (4\text{-}115)$$

卷取圈数计数方式既可以独立使用，也可以与直接使用精轧末机架出口带速 v_L 的速度比方式配合使用，这是因为精轧抛钢后 v_L 已无法有效利用，因此需要切换到圈数计数方式以完成带钢尾部卷取时的卷径测量。在配合使用情况下，式（4-115）将变为（推导从略）：

$$D_C = \sqrt{\frac{D_W + 2D_0 D_W}{\sigma} + D_0^2} \qquad (4\text{-}116)$$

$$D_W = 2hW_{RS} \qquad (4\text{-}117)$$

式中，D_0 为两种测量方式切换时刻由速度比方式给出的卷径测量值；W_{RS} 为切换到圈数计数方式后新增卷取圈数；σ 为占积率，切换到圈数计数方式后所卷取带钢的真实体积与钢卷的体积增量之比，$\sigma \leqslant 1.0$。

4.9.5 卷取张力控制的实现

目前，对热带连轧机的卷取张力一般不设专门的检测装置直接进行"硬"测量以实现闭环反馈控制，也不像 GM-AGC 利用弹跳方程对轧机出口厚度进行计算并据此实现厚度反馈控制那样实行卷取张力的"软"测量并基于测量结果进行反馈控制，而是像精轧机活套张力控制系统那样采用基于数学模型的开环控制方法，将卷取张力给定值通过数学模型的计算转换为可测控制量（如电机电流）的给定值，并直接对该控制量实行闭环控制，从而间接完成对卷取张力的控制。

上述卷取张力控制方案的具体实现方法与步骤为：

（1）根据给定的卷取张应力 σ_T 和轧件几何尺寸（宽度 W、厚度 h），利用公式

$$T = \sigma_T W h \tag{4-118}$$

求得给定的卷取张力。

（2）依据已知或可测的轧件物理参数、设备参数和工艺参数，利用前述模型公式（4-106）~式（4-109），依采样频率周期性地计算卷取电机转矩给定值 M_M。

（3）电机传动控制系统依据实时更新的 M_M 值，直接完成转矩闭环控制，或将 M_M 值转换为电机电流后进行电流闭环控制。

实际上由于各种模型误差和测量误差的客观存在，以及转矩（电流）对给定值的动态跟随误差的不可避免，在整个卷取过程中卷取张力不可能保持绝对准确和绝对恒定。但实践表明，只要卷取张力波动幅度不大且变化比较平缓，则卷形良好就具有了基本保证，因此这就降低了对卷取张力控制准确度和精度的要求。此外，开环控制系统远比闭环控制系统稳定也是普遍采用开环方式的一个重要原因。对于直接闭环状态下动态稳定性偏弱和容易产生振荡现象的带钢张力控制来说，这种控制思想具有很大的借鉴意义。

第5章

过程控制级功能

本章给出过程控制级计算机一般应用功能的简要描述，并且着重叙述几个重要的功能。有关数学模型的功能见第6章。

5.1 概述

过程控制级计算机（L2）完成对热轧生产过程的监督与控制。图5-1归纳了加热炉区功能，图5-2归纳了粗轧区功能，图5-3归纳了精轧区功能，图5-4归纳了卷取和层流冷却区功能。

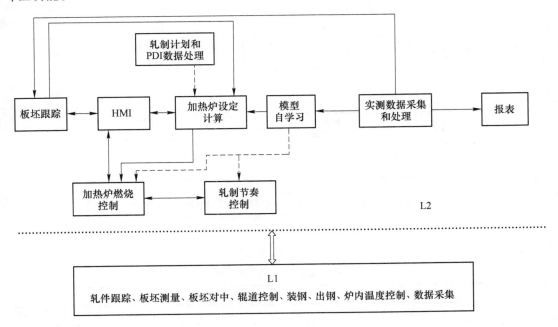

图 5-1　加热炉区功能示意图

图 5-1 ~ 图 5-4 中的实线箭头表示功能之间的关联，虚线箭头表示数据的传递。

按照国际上近些年对热连轧计算机系统的功能的划分，将过程控制级计算机的功能分成两大类。一类叫做控制功能（Control Function），专指数学模型功能；另外一类叫做非控功能（No Control Function），指数学模型以外的功能。两者的区分详见表5-1。

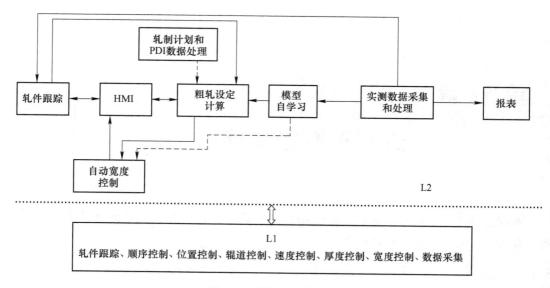

图 5-2　粗轧区功能示意图

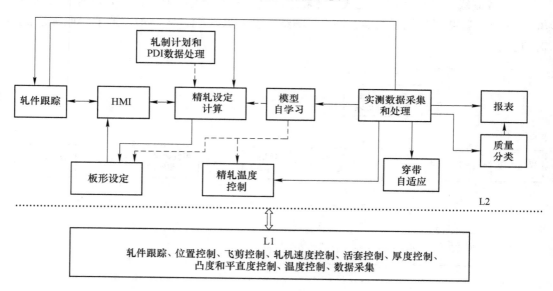

图 5-3　精轧区功能示意图

表 5-1　控制和非控功能的区分

序　号	控　制　功　能	序　号	非　控　功　能
1	加热炉设定计算	1	生产计划和 PDI 数据处理
2	加热炉燃烧控制	2	轧件跟踪
3	粗轧设定计算	3	数据通信
4	精轧设定计算	4	记录和报表
5	板形设定计算	5	HMI 人机界面
6	卷取设定计算	6	数据采集和处理
7	精轧温度控制	7	轧辊数据处理

序　号	控 制 功 能	序　号	非 控 功 能
8	卷取温度控制	8	历史数据处理
9	自动宽度控制	9	事件监视
10	轧制节奏控制	10	产品质量数据分析
11	模型的自学习	11	模拟轧钢
		12	应用系统起动

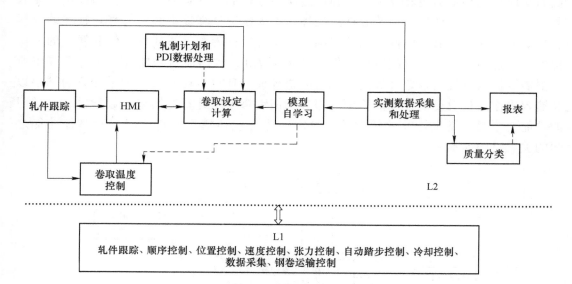

图 5-4　卷取和层流冷却区功能示意图

控制功能中通常使用的数学模型见图 5-5。

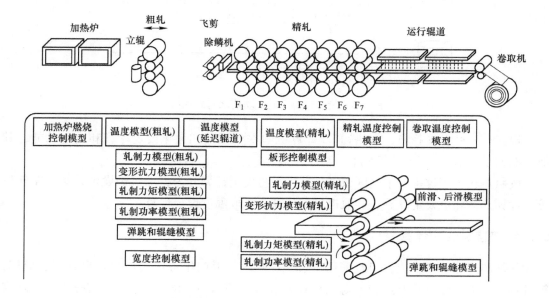

图 5-5　控制功能中使用的数学模型

5.2   设定计算

过程控制级计算机通过一系列的数学模型计算，得到带钢热连轧生产线的各个区域、各种设备的设定值或设定方式，这个过程叫做设定计算，然后在规定的时序（Timing）将设定计算的结果传送给基础自动化计算机（L1）。这叫做设定（Set Up）。因此，设定计算和设定是过程控制级计算机最主要的功能。也可以说过程控制级计算机的其他功能都是围绕着设定计算和设定功能进行的，都是为设定计算和设定功能服务的。例如：生产计划和初始数据的处理功能为设定计算提供必要的来料板坯的数据和带钢成品的目标值；轧件跟踪功能确定设定计算的对象——轧件在轧制线上的具体位置，并且为设定计算分配数据文件（或数据表）；数据通信功能为设定计算提供所需要的数据以及发送设定计算的结果；人机界面（HMI）功能显示设定计算的结果以及输入操作人员对设定计算的干预；报表功能编辑设定计算的结果；数学模型自学习的功能为了提高设定计算的精度等。设定计算（包括模型的自学习）和其他功能之间的关系见图 5-6。

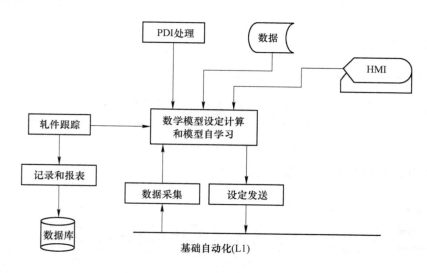

图 5-6   设定计算和其他功能之间的关系

现在有一种发展趋势，在热轧 L2 计算机中主要保留和强化设定计算和设定功能，其他功能如果能下放到 L1 计算机的，尽量下放。

按照热轧生产过程的不同区域划分，一般将设定计算分为：加热炉设定计算、粗轧机设定计算、精轧机设定计算、卷取机设定计算、卷取温度设定计算。

5.2.1   加热炉设定计算

常规热连轧生产线上，一般采用步进式加热炉，近些年蓄热式加热炉也有不少应用；短流程热轧生产线（CSP）和超薄板坯连铸连轧生产线（UTSP）上则采用隧道炉。隧道炉的控制要比步进式加热炉和蓄热式加热炉的控制简单。以下主要讲的是步进式加热炉。

加热炉设定计算的任务是通过加热炉燃烧控制模型，计算出加热炉的目标温度和加热炉的各段设定炉温，并且计算炉内板坯的必要在炉时间、出炉温度以及为了达到出炉目标温度所需要燃料的流量值。加热炉燃烧控制模型将在 6.2 节中叙述。

除了加热炉自动燃烧控制功能所需要的数据以外，加热炉设定的项目主要包括板坯号、钢卷号、装入炉号、装入炉列、板坯长度、板坯宽度，这些都是基础自动化级计算机控制加热炉区生产设备所需要的数据。早期，加热炉设定的项目还要包含装钢机的行程、出钢机的行程、相邻两块板坯在炉内的间隔等。现在，这些功能都下放到基础自动化级计算机了。

加热炉设定计算时序，板坯温度控制和燃烧控制所需要的参数采用定周期方式计算，例如 60s 计算一次。其他设定项目在板坯到达炉前的装载辊道（一般叫 A_1 辊道）时进行。

5.2.2 粗轧机设定计算

粗轧机设定计算（Roughing Set Up，RSU）的任务是根据来料板坯的条件和精轧机的要求，通过粗轧设定模型，确定粗轧区域所属设备的设定值，以便保证向精轧工序提供的半成品带坯（又叫做中间坯）的厚度、宽度、温度等指标满足生产要求。

粗轧设定计算功能确定粗轧机的轧制规程以及计算粗轧机的设定值。粗轧机设定的项目主要有立辊轧机的开口度、立辊轧机的速度、粗轧机的轧制道次数、每个道次的压下位置和轧制速度、侧导板开口度、粗轧区的除鳞方式以及 L1 计算机进行自动宽度控制功能（包含轧制力宽度控制、短行程控制、反馈宽度控制等）所需要的有关参数。如果粗轧区配置了调宽压力机，还要计算调宽压力机的侧压规程。

粗轧设定计算时序，对每块板坯至少进行两次粗轧设定计算：

（1）板坯到达出炉区时，对将要出炉的板坯进行设定计算；

（2）出钢完成时，对出炉板坯进行设定计算。

如果粗轧区配置了调宽压力机，在板坯到达调宽压力机入口温度计和入口测宽仪时，测量到板坯头部的温度和宽度以后，还要进行一次粗轧设定计算。当板坯离开调宽压力机时，定周期地起动粗轧设定计算功能。

板坯经过粗轧可逆轧机轧制一个道次以后，粗轧设定计算功能要对剩余的道次进行设定计算。

5.2.3 精轧机设定计算

精轧机设定计算（Finishing Set Up，FSU）的任务是根据粗轧出口中间坯的实际厚度、实际宽度、实际温度以及轧制计划对带钢成品的要求，即带钢的厚度、带钢的宽度、带钢的终轧温度，通过精轧设定模型，确定精轧区域所属设备的设定值，以便保证产品的质量指标符合用户的要求。

精轧机设定的项目主要包括穿带时的压下位置（辊缝）、穿带时的轧机速度、最后机架的最高速度、加速度、飞剪侧导板的开口度、精轧机侧导板的开口度、APC（自动位置控制）、AGC（自动厚度控制）、DSU（动态设定）的设定值和有关参数、活套的张力和活套的高度、保温罩的开闭方式、轧制油的喷射方式、精轧除鳞和精轧机架间喷水冷却方式以及和检测仪表有关的数据。

板形的设定计算也属于精轧区域，对于平辊轧机和 CVC 轧机来说，主要进行弯辊力设定和窜辊位置设定；对于 PC 轧机来说，主要进行弯辊力设定和 PC 角设定。

精轧设定计算时序，对每块中间坯至少进行两次精轧设定计算：

（1）粗轧出口侧温度计（RDT）ON 时计算；

（2）精轧入口温度计（FET）ON 时计算。

近些年，在有些热连轧生产线，增加了精轧设定计算的次数。当中间坯在粗轧出口温度计 RDT 和精轧入口温度计 FET 之间前进时，定周期地起动精轧设定计算功能。增加精轧设定计算的次数，是为了使设定计算结果更加准确。其中考虑主要的变化条件是轧件温度的变化。

5.2.4　卷取机设定计算

卷取设定计算（Coiling Set Up，CSU）的任务是根据精轧出口带钢的厚度、宽度，通过卷取设定模型，确定卷取区域所属设备的设定值，以便保证带钢能够顺利地卷成钢卷，并且有良好的卷形。卷取机设定的项目主要包括输出辊道的速度（超前率、滞后率）、夹送辊和助卷辊的辊缝、助卷辊和卷筒的超前率、卷筒的张力转矩和弯曲力矩、侧导板的开度、卸卷小车的等待位置以及 AJC（Automatic Jumping Control）的控制参数等。

卷取设定计算时序，在有的热轧生产线上，卷取机设定模型程序起动一次，即当精轧区的 F_1 ON 后，卷取机设定模型程序起动。设定计算完成后，立即给基础自动化级计算机发送卷取设定数据；在有的热轧生产线上，卷取机设定模型程序起动两次，在中间坯通过粗轧最后一个道次的轧制后，到达粗轧出口温度计（RDT）时，进行第一次卷取机设定计算。在中间坯到达精轧入口温度计（FET）时，进行第二次卷取机设定计算。每次设定计算完成后，立即给基础自动化级计算机发送卷取设定数据。

卷取设定计算没有使用复杂的数学模型，一般采用理论模型、经验模型或者查表法。因此，在有的热轧计算机系统中，将卷取设定计算的功能下放到基础自动化级计算机。

5.2.5　卷取温度设定计算

卷取温度设定计算（Coiling Temperature Set Up，CTSU）的任务是根据精轧出口带钢的钢种、厚度、宽度、温度以及卷取温度的目标值，通过卷取温度设定模型，确定层流冷却区域所属设备的设定值，包括冷却模式（冷却策略）和层流冷却开启的喷水段数，以便保证产品的性能指标符合用户的要求。卷取温度设定计算一般包含在卷取温度控制功能中。

卷取温度设定计算时序：

（1）粗轧出口侧温度计（RDT）ON 时计算；

（2）精轧入口温度计（FET）ON 时计算；

（3）F_1 ON 时计算。

5.3 生产计划和初始数据的处理

生产计划和初始数据处理功能为设定计算提供必要的数据。过程控制级计算机从生产控制级计算机（L3）接收生产计划和初始数据（Primary Data Input，简称 PDI）以后，存储到相应的文件或数据库中。板坯直接热装时，来自连铸计算机的板坯数据可以作为初始数据的一部分。初始数据分成板坯数据和钢卷数据两部分。板坯数据的主要项目有：板坯号、板坯厚度、板坯宽度、板坯长度、板坯重量、钢种、化学成分等。钢卷数据的主要项目有：钢卷号、钢卷厚度、钢卷宽度、精轧目标温度、卷取目标温度、带钢凸度和平直度的目标值、产品公差的上下限值等。表 5-2 给出了 PDI 的例子，这个例子给出了 PDI 的主要数据。每个热连轧生产线的生产流程、设备布置、工艺条件、数学模型等方面的差异，可能导致 PDI 的数据项目有所不同。

表 5-2 PDI 数据

数据类别	序号	数据名	数据含义	数据类别	序号	数据名	数据含义
轧制计划	1	ScheNo	轧制计划号		8	ThkNeg	带钢厚度偏差（负）
	2	SeqNo	轧制顺序号		9	WidPos	带钢宽度偏差（正）
板坯数据	1	SlabNo	板坯号		10	WidNeg	带钢宽度偏差（负）
	2	SlabThk	板坯厚度		11	FdtPos	精轧温度偏差（正）
	3	SlabLen	板坯长度		12	FdtNeg	精轧温度偏差（负）
	4	SlabWid	板坯宽度	工艺和质量数据	13	CtPos	卷取温度偏差（正）
	5	TopWid	板坯头部宽度		14	CtNeg	卷取温度偏差（负）
	6	BotWid	板坯尾部宽度		15	CwnPos	带钢凸度偏差（正）
	7	SlabWt	板坯重量		16	CwnNeg	带钢凸度偏差（负）
	8	SlabTemp	板坯温度		17	FltPos	带钢平直度偏差（正）
	9	SteelGd	钢种代码		18	FltNeg	带钢平直度偏差（负）
	10	ChgMod	板坯装炉方式，1：CCR 2：HCR 3：DHCR		19	WegPos	带钢楔形偏差（正）
	11	FceNo	板坯装入炉号		20	WegNeg	带钢楔形偏差（负）
	12	ExtTemp	板坯出炉温度目标值	其他数据	1	CtcPat	层流冷却模式
钢卷数据	1	CoilNo	钢卷号		2	RollLub	润滑轧制模式
	2	CoilThk	钢卷厚度目标值（冷值）		3	InspCd	钢卷检查代码
	3	CoilWid	钢卷宽度目标值（冷值）		4	RoutCd	钢卷去向代码
工艺和质量数据	1	RdtAim	RDT 目标值	化学成分	1	Al	铝
	2	FdtAim	精轧温度目标值		2	As	砷
	3	CtAim	卷取温度目标值		3	B	硼
	4	CwnAim	带钢凸度目标值		4	Be	铍
	5	FltAim	带钢平直度目标值		5	Bi	铋
	6	WegAim	带钢楔形目标值		6	C	碳
	7	ThkPos	带钢厚度偏差（正）		7	Ca	钙

数据类别	序号	数据名	数据含义	数据类别	序号	数据名	数据含义
	8	Cd	镉		25	O	氧
	9	Ce	铈		26	P	磷
	10	Co	钴		27	Pb	铅
	11	Cr	铬		28	R	铼
	12	Cu	铜		29	S	硫
	13	Fe	铁		30	Sb	锑
	14	Ga	镓		31	Se	硒
	15	Ge	锗		32	Si	硅
化学成分	16	H	氢	化学成分	33	Sn	锡
	17	Li	锂		34	Ta	钽
	18	Mg	镁		35	Te	碲
	19	Mn	锰		36	Ti	钛
	20	Mo	钼		37	V	钒
	21	N	氮		38	W	钨
	22	Na	钠		39	Zn	锌
	23	Nb	铌		40	Zr	锆
	24	Ni	镍				

如果热轧计算机系统中没有设立生产控制级计算机（L3），那么就要人工编制生产计划，然后通过 PDI 输入终端，将生产计划和初始数据输入到过程控制级计算机。如果热轧生产线的过程控制级计算机和连铸生产线的过程控制级计算机已经通过网络进行了连接，就可以实时地接收来自连铸生产线的板坯数据。

由于生产和管理方面的原因，可能要对轧制计划进行修改和调整，例如改变轧制计划的顺序、删除已有的轧制计划、插入新的轧制计划等。

在一定条件下，操作人员还可以通过 HMI 对 PDI 数据进行复制、添加、修改、删除、变更顺序等操作。

5.4 轧件跟踪

对轧件进行跟踪（Tracking）是带钢热连轧计算机控制系统的重要功能。跟踪的目的是确定轧件在生产线上的实际位置和有关状况，以便在规定的时序起动有关应用程序，针对每块轧件的具体情况，完成过程控制的其他功能。计算机也是通过轧件跟踪功能，防止事故的发生，例如避免相邻的两个轧件碰撞在一起。

一般将轧件的形态分为板坯（slab）、中间坯（bar，也叫做带坯）、带钢（strip）、钢卷（coil）4 种。实际生产中，从加热炉入口辊道开始，到运输链分叉路口为止，整个热轧生产线上同时存在着多个轧件，在不同的工序进行加工处理。这些轧件的原始状态不同，如板坯的钢种、尺寸、重量、出炉温度不一样，这些轧件的最终状态也不同，如钢卷的成品尺寸、精轧温度、卷取温度不一样，因此计算机通过跟踪功能既要实时地确定轧件在生产线上的实际位置，又要及时地了解轧件的实际状态，以便在规定的时间起动其他功能。另外，跟踪功能还往往承担着为设定计算功能分配数据文件（或数据表）的任务。

5.4.1　跟踪区的划分

为了便于进行跟踪处理，把整个热轧生产工艺流程从前到后，划分成若干个大的跟踪区域（Tracking Zone），在每个大的跟踪区域内，又划分成若干个小区。例如：

（1）加热炉入口跟踪。从板坯被传送到入炉辊道上开始，到板坯被装入加热炉，装钢完成为止，为入口跟踪范围。

在加热炉入口跟踪范围内，还可以按照入炉辊道的物理分组（设备分组）更细致地划分成跟踪小区，即每一组辊道为一个小区。在各组辊道之间设置跟踪检测器用于检测轧件的跟踪信号。

（2）加热炉炉内跟踪。把每座加热炉内划分成若干跟踪区域，从装炉开始，到出炉结束，进行炉内板坯的跟踪。

（3）轧线跟踪。从板坯出炉完成开始，经轧制、卷取，到钢卷放在运输链（或步进梁）上，为轧线跟踪范围。

在轧线跟踪范围内，还可以按照不同的设备更细致地划分成跟踪小区。例如，出炉辊道按照辊道的物理分组（设备分组）划分成跟踪小区，除鳞机、粗轧机、精轧机及其前后辊道、卷取机都可以划分成不同的跟踪小区。

（4）运输链跟踪。钢卷从卷取机移送到运输链（或步进梁）上以后，经过运输链传送，一直到钢卷称重完成为止，为运输链的跟踪范围。

在运输链跟踪范围内，还可以按照不同的运输链（或步进梁）设备分组，更细致地划分成跟踪小区。

跟踪区划分和跟踪区的定义的例子如图 5-7 和表 5-3 所示。

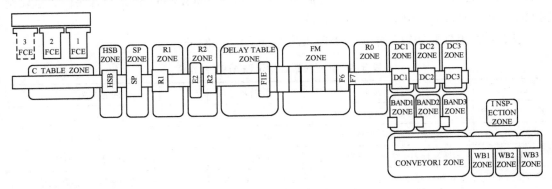

图 5-7　跟踪区的划分

表 5-3　跟踪区的定义

区号	跟踪区名	设 备	该区允许轧件的数量	来自 L1 的跟踪事件
1	C ZONE	C 辊道	3	EXTRACT COMPLETE
2	HSB ZONE	HSB(除鳞机)	1	HSB ON
3	SP ZONE	SP(定宽压力机)	2	SP ON
4	R1 ZONE	R_1	2	SP OFF
5	R2 ZONE	E_2/R_2	1	R2 1'ST PASS ON
6	H ZONE	延迟辊道、CS、F1E	2	R2 LAST PASS ON
7	FM ZONE	$F_1 \sim F_7$	2	F1 ON
8	RO ZONE	输出辊道	1	F7 ON
9	DC1 ZONE	1 号卷取机	1	DC1 ON
10	DC2 ZONE	2 号卷取机	1	DC2 ON
11	DC3 ZONE	3 号卷取机	1	DC3 ON
12	BAND1 ZONE	1 号卸卷区	3	TRANSFER DETECTION
13	BAND2 ZONE	2 号卸卷区	3	BND1/2/3
14	BAND3 ZONE	3 号卸卷区	3	FROM DC1/2/3
15	CONVEYOR1 ZONE	1 号运输链	2	TRANSFER DETECTION TO CONVEYOR FROM BND1/2/3
16	NO. 1 WB ZONE	1 号步进梁	4	NO. 1 W/B moving END
17	NO. 2 WB ZONE	2 号步进梁	8	NO. 2 W/B moving END
18	NO. 3 WB ZONE	2 号步进梁	3	NO. 3 W/B moving END
19	INSPECTION ZONE	检查线	1	INSPECTION FORWARD END

5.4.2　跟踪指示器

跟踪指示器也叫跟踪指针（Tracking Pointer）是一种数据结构，是软件人员定义的一种数据记录（Data Record）。与热轧生产线的每个跟踪区一一相对应，在计算机内存中定义了如下跟踪指示器：加热炉入口跟踪指示器（Entry Pointer），简称 EPT；加热炉跟踪指示器（Heating Pointer），简称 HPT；轧制线跟踪指示器（Mill Pointer），简称 MPT；运输链跟踪指示器（Conveyor Pointer），简称 VPT。

表 5-4 给出轧制线跟踪指示器 MPT 数据定义的一个例子。

表 5-4　轧制线跟踪指示器 MPT 的定义

数据名	数据的含义	数据名	数据的含义
ZONE_OCCUP	本跟踪区被轧件占有标志	F7_ON	F7 轧机 ON 标志
SENSOR_ON	本跟踪区检测器 ON 标志	COILER_NO	本轧件对应的卷取机号
SCHE_FIRST	本轧制计划中的第一块板坯标志	FCE_NO	本轧件对应的加热炉号
SCHE_LAST	本轧制计划中的最后一块板坯标志	DATA_AREA_NO	本轧件所使用的数据区号（或数据记录号）
F1_ON	F1 轧机 ON 标志		

　　EPT、HPT、MPT、VPT 的数据定义虽然不完全相同，但是它们却包含着共同的内容，即指示该跟踪区是否存在轧件（或者说轧件是否占用了该跟踪区）；指示该跟踪区的检测器是否处于接通（ON）状态；指示对该跟踪区内所存在的轧件进行各种控制时要使用的数据区的序号（叫数据区号或者数据文件的记录（Record）号）。除此之外，根据不同跟踪区的特点和控制需要，各个跟踪指示器中还包含一些特殊内容，例如 EPT 中的板坯核对完成标志，MPT 中的轧机 ON 标志，VPT 中的钢卷称重完成标志等。

5.4.3　跟踪功能的实现

　　在传统的、常规的带钢热连轧生产工艺下，通常情况用一块板坯只能轧制出一个钢卷。计算机控制系统对轧件的跟踪方法和控制策略已经十分成熟了。过程控制计算机一般只要跟踪轧件的头部就可以，即确定轧件的头部在哪个跟踪区。

　　对跟踪区有无轧件的定义，一般做如下规定：只要轧件头部（下游侧）位于某跟踪区内，就称此跟踪区有轧件；即使轧件的头部已经离开某跟踪区，但是只要该轧件仍旧使此跟踪区的检测器（指此跟踪区靠上游侧的那一个检测器）处于接通（ON）状态，也称此跟踪区有轧件；如果轧件头部已经离开某跟踪区，并且此跟踪区的检测器处于断开（OFF）状态，就称此跟踪区无轧件。

　　在热轧生产线的某些区域，既允许轧件按正向传送，即从上游侧（加热炉方向）到下游侧（卷取机方向），也允许轧件反向传送，即从下游侧到上游侧。例如加热炉入口辊道、加热炉出口辊道、可逆粗轧机的入口和出口辊道都是这样的区域。判断跟踪方向的依据是相邻两个区的辊道的旋转方向，一般这是由 L1 计算机来完成的。

　　轧件的跟踪功能是由跟踪程序这类软件利用跟踪检测器的信号来实现的。因此，跟踪信号的可靠性是至关重要的。要从硬件和软件两方面来保证跟踪信号的可靠性。在重要的区域除了设置主检测器外，还设置后备检测器，以防止由于检测器故障产生的误信号；在检测条件恶劣的地方采用激光检测器，来代替由光敏元件制成的热金属检测器；这是硬件方面采取的措施。

　　在跟踪程序中，通过检查检测器的状态，检查轧件的顺序，检查轧件的传送时间等方法，来确定跟踪信号的有效性，这是软件方面采取的措施。这些检查一般由 L1 来完成。

　　近些年，在一些热轧计算机系统中，也会发生由于干扰信号而造成的跟踪出错。为此，有必要在这里强调一下"跟踪可靠性处理"。

　　在这里首先定义跟踪检测器的状态，并且引入 Pick Up 和 Drop Out 的概念。当轧件使得某个跟踪检测器由 OFF（断开）变成 ON（接通）时。称为 Pick Up 状态，简称为 PU 状态，也有的叫做"检 1"状态；当轧件使得某个跟踪检测器由 ON（接通）变成 OFF（断开）时。称为 Drop Out 状态，简称为 DO 状态，也有的叫做"检 0"状态；请注意 PU 与 ON 是不同的，DO 与 OFF 也是不同的。PU 和 DO 是变化的过程。

　　前面已经说过，允许反向跟踪的区域有加热炉的入炉辊道和出炉辊道、可逆粗轧机的前、后辊道、粗轧出口和精轧入口之间的中间辊道。在这些区域，根据辊道的旋转方向来判断跟踪的方向，决定是正向跟踪还是反向跟踪。轧件从上游向下游移动，定义为正向；轧件从下游向上游移动，定义为反向。

一般来说，当 i 区和 $i+1$ 区两组辊道的旋转方向一致时，辊道旋转方向就是跟踪的方向。当 i 区和 $i+1$ 区两组辊道之中的一组辊道处于停止状态时，那么还在运转的那组辊道的旋转方向就是跟踪的方向。当发生特殊情况，例如前、后两组辊道的旋转方向恰好相反，或者前、后两组辊道都处于停止状态时，就要根据前、后两组辊道上是否有轧件，做进一步的判断了。

当跟踪检测器的状态为 Pick Up 时，如果 i 区和 $i+1$ 区都有轧件，则辊道是正向旋转；如果 i 区无轧件，$i+1$ 区有轧件，则辊道是正向旋转；如果 i 区有轧件，$i+1$ 区无轧件，则辊道是反向旋转；如果 i 区和 $i+1$ 区都没有轧件，则是干扰信号。

当跟踪检测器的状态为 Drop Out 时，如果 i 区和 $i+1$ 区都有轧件，则辊道是正向旋转；如果 i 区无轧件，$i+1$ 区有轧件，则是干扰信号；如果 i 区有轧件，$i+1$ 区无轧件，则辊道是正向旋转；如果 i 区和 $i+1$ 区都没有轧件，则是干扰信号。

跟踪信号有效性的检查是为了过滤掉干扰信号，使得跟踪功能更加稳定、可靠。可以通过以下几种方法实现跟踪信号有效性的检查：

（1）检查跟踪检测器的状态。某个检测器在 PU 之前应该处于 OFF 状态，否则该检测器的 PU 信号被认为是干扰信号。某个检测器在 DO 以前应该处于 ON 状态，否则该检测器的 DO 信号被认为是干扰信号。

（2）检查轧件的顺序。在正向跟踪的情况下，当第 i 区的检测器 PU 时，原来第 $i-1$ 区应该有轧件，否则认为是干扰信号。当第 i 区的检测器 DO 时，原来第 i 区应该有轧件，否则认为是干扰信号。

在反向跟踪的情况下，第 i 区的检测器 PU 或 DO 时，原来第 i 区应该有轧件，否则认为是干扰信号。

（3）检查轧件的传送时间。在正向跟踪的情况下，还要对轧件的传送时间进行检查，用传送时间来判断出干扰信号。具体方法如下。

本块轧件使第 i 区检测器 PU 的时间与上一块轧件使第 i 区检测器 PU 的时间之间的间隔时间，应该大于轧件在该区的最小传送时间。写成数学关系式是

$$T_1 > T_1^{\min} \tag{5-1}$$

$$T_1 = T_P^K - T_P^{K-1} \tag{5-2}$$

式中，T_P^K 为本块轧件使第 i 区检测器 PU 的时间；T_P^{K-1} 为上一块轧件使第 i 区检测器 PU 的时间；$T_1^{\min}$ 为轧件通过第 i 区的最小传送时间。

如果 T_1 小于或者等于 $T_1^{\min}$，则认为此次的 PU 信号是干扰信号。

本块轧件使第 i 区检测器 PU 的时间与上一块轧件使第 i 区检测器 DO 的时间之间的间隔时间，应该大于最小间隔时间。写成数学关系式是

$$T_2 > T_2^{\min} \tag{5-3}$$

$$T_2 = T_P^K - T_D^{K-1} \tag{5-4}$$

式中，T_P^K 为本块轧件使第 i 区检测器 PU 的时间；T_D^{K-1} 为上一块轧件使第 i 区检测器 DO

的时间；$T_2^{\min}$ 为最小间隔时间。

如果 T_2 小于或者等于 $T_2^{\min}$，则认为此次的 PU 信号是干扰信号。

本块轧件使第 i 区检测器 DO 的时间与本块轧件使第 i 区检测器 PU 的时间之间的间隔时间，应该大于轧件在该区的最小传送时间。写成数学关系式是

$$T_3 > T_3^{\min} \tag{5-5}$$

$$T_3 = T_D^K - T_P^K \tag{5-6}$$

式中，T_P^K 为本块轧件使第 i 区检测器 PU 的时间；T_D^K 为本块轧件使第 i 区检测器 DO 的时间；$T_3^{\min}$ 为最小传送时间。

如果 T_3 小于或者等于 $T_3^{\min}$，则认为此次的 DO 信号是干扰信号。

以上公式中的 $T_1^{\min}$、$T_2^{\min}$、$T_3^{\min}$ 是预先给定的常数，根据不同热连轧生产线的具体状况，在应用系统调试时确定。

在反向跟踪的情况下，由于轧件使得某个检测器 PU 后，又允许该轧件立即反向传送而使得这个检测器 DO，所以不能按照上述的"轧件传送时间法"来检查跟踪信号的有效性。

前面说过，跟踪指示器与跟踪区是一一对应的。当轧件在生产线上移动时，跟踪程序也相应地把跟踪指示器的内容进行移动或者更新，从而使跟踪指示器的内容与生产线上的各个轧件的实际情况建立起一一对应的关系。所谓跟踪指示器的移动，是指随着轧件从一个跟踪区传送到下一个跟踪区，而把它所对应的跟踪指示器的内容移动到下一个跟踪指示器中；所谓跟踪指示器的更新，是指根据轧件的实际状态设定（Set）或者清除（Reset）跟踪指示器中相对应的标志，并且还要填写跟踪指示器中的有关数据项。那么只要通过软件检查一下跟踪指示器的内容，就可以了解生产线上轧件的实际位置和有关情况了。简而言之，跟踪功能是通过跟踪程序对相应跟踪区的跟踪指示器的内容不断进行更新来实现的。跟踪功能是通过跟踪指示器的建立、跟踪指示器的移动与更新、跟踪指示器的清除这样的过程实现的。

按照跟踪区的划分，为每一个跟踪区设置了跟踪指示器。跟踪程序既要查询各个跟踪指示器内存放的"老内容"，又要将随着生产进行而产生的"新内容"填写到各个跟踪指示器中。跟踪程序通过检查各个跟踪指示器的内容，就可以知道在某个跟踪区内是否有轧件；就可以知道轧件在生产线上的位置；就可以知道某个轧件的过程数据存放在什么地方。这样为在不同的时序起动相关的应用程序，完成过程控制级计算机担负的各种功能提供了条件。在一些热连轧计算机系统中，许多应用程序是通过跟踪程序直接或间接起动运行的。这也是跟踪程序具有重要地位的原因。

由于不能在加热炉里安装很多的跟踪检测器，所以炉内的跟踪与轧线的跟踪相比，处理方法有所不同。一般在加热炉的入口和出口处安装跟踪检测器，分别称为入炉检测器和出炉检测器。过去使用 γ 射线检测器，现在使用激光检测器。当板坯被装入炉内以后，跟踪程序要计算板坯的装炉位置。

$$L_S = L - S_{CHG} - W_{SLB} \tag{5-7}$$

式中，L_S 为板坯入炉的距离，mm；L 为装钢机的零位到加热炉出钢侧的距离，mm；S_{CHG}

为装钢机的行程，mm；W_{SLB} 为板坯的宽度，mm。

当步进梁完成一个周期的动作，使得板坯在炉内前进一步时，跟踪程序要更新板坯在炉内的位置（计算值）。板坯在炉内新的位置可以用下式计算

$$L_{NEW} = L_{OLD} - L_{WB} \tag{5-8}$$

式中，L_{NEW} 为板坯在炉内的新位置，mm；L_{OLD} 为板坯在炉内的老位置，mm；L_{WB} 为步进梁动作一个周期的行程，mm。L_{OLD} 的初始值为板坯入炉的距离 L_S。

随着步进梁的每一个周期的运动，跟踪程序不断计算出板坯在炉内的新位置，直到板坯到达加热炉出钢侧。当板坯使得出钢检测器 PU 时，在保证步进梁暂时停止前进的条件下，跟踪程序要对炉内板坯的位置进行自动修正。为什么这时要对炉内板坯的位置进行自动修正呢？因为板坯在炉内的位置是用步进梁的行程计算出来的，这个计算值与板坯在炉内的实际位置必然存在着偏差值。如果这个偏差值累积起来，在板坯出炉时将会影响出钢机行程控制的准确度，甚至会造成事故。因此跟踪程序必须对计算出的板坯位置值进行偏差修正。修正计算的公式如下：

$$\Delta L_i = \Delta L \times \left(1 - \frac{L_i - L_1}{L_{lim} - L_1} \right) \tag{5-9}$$

$$\Delta L = L_0 - L_1 \tag{5-10}$$

$$L_i' = L_i + \Delta L_i \tag{5-11}$$

式中，ΔL_i 为炉内第 i 块板坯需要修正的位置值，mm；L_i 为炉内第 i 块板坯的当前位置值，mm；L_1 为当出炉检测器 PU 时，出钢侧板坯的距离，mm；L_{lim} 为偏差修正的范围，mm；ΔL 为板坯位置的偏差值，mm；L_0 为出钢检测器到加热炉出钢侧的距离，mm；L_i' 为修正以后第 i 块板坯在炉内的位置，mm。

在热轧计算机系统的发展历程中，跟踪功能的发展也经历了几个不同的阶段。最初，L1 和 L2 各自都有完备的跟踪功能；后来，发展到以 L1 的跟踪为主，L2 的跟踪区比 L1 的跟踪区划分得粗一些，并且 L2 的跟踪功能以 L1 传送来的跟踪结果为基础来实现，这样 L2 的跟踪功能就简单了。国际上还有一种设计方法，即将 L1 和 L2 的跟踪"合二为一"，跟踪功能完全由 L1 来实现，L2 不再有跟踪功能。在这种情况下，L1 根据轧件的实际位置，实时地向 L2 请求不同生产区域或不同设备的设定数据，L2 接收到"设定请求"以后，立即起动相应的设定计算功能，设定计算完成后向 L1 发送相应的设定数据。

5.4.4 跟踪修正

在正常情况下，跟踪指示器中记载的轧件位置（又称跟踪映像）应该与生产线上实际轧件的位置完全一致。但是当发生特殊情况时，例如轧件在生产线上被轧废或者成为半成品时，需要把这个轧件从生产线上撤除下来（称为吊销）。这时跟踪映像与实际情况就不一致了。另外，尽管从硬件和软件方面都采取措施来防止跟踪的干扰信号，但是还会发生由检测器误动作引起的错误跟踪。因此，当实际轧件在轧制线上的位置和计算机所跟踪的轧件位置产生不一致时，操作人员必须通过人机界面设备（HMI），根据轧件的实际位置，对计算机所跟踪的轧件位置加以校正，这个功能就是"跟踪修正"。在这种情况下如果不进行跟踪修正，就会造成混乱。

跟踪修正分成一般跟踪修正和特殊跟踪修正两大类。一般有如下的跟踪修正处理功能：

（1）向前修正（Forward）。轧件的实际位置在计算机跟踪的位置的下游时，需要进行向前修正。跟踪程序把这个轧件的跟踪指示器移送到下一区，并且清除这个轧件原来所跨各区的跟踪指示器。

（2）向后修正（Backward）。轧件的实际位置在计算机跟踪的位置的上游时，需要进行向后修正。跟踪程序的处理与向前修正类似。

（3）吊销（Reject）。在炉前的板坯不能装炉，或者在轧线上的轧件不能再继续轧制，把它从生产线上撤走时，需要进行吊销修正。跟踪程序把这个轧件所跨各区的跟踪指示器做清除处理，然后释放此轧件占用的数据区。

（4）装入返回（Charging Back）。当已经入炉的板坯需要从加热炉装入侧返回到入炉辊道上时，需要进行"装入返回"操作。这种情况一般很少发生。

（5）返装入炉（Discharging Slab Back Fce）。当已经在出炉辊道上的板坯需要从加热炉出炉侧返回到加热炉里时，需要进行"返装入炉"操作，又叫"再热"。跟踪程序把HPT重新排序，将这个返装入炉板坯的跟踪信息写入HPT的出炉侧记录（Record），然后利用这个板坯的过程数据区文件重新编制板坯数据文件。

（6）数据强制装入（Force Charging Data）。当实际的板坯已经被装入到加热炉里，而数据（DATA）还停留在入炉辊道时，需要进行"数据强制装入"操作。

（7）数据强制出炉（Force Discharging Data）。当实际的板坯已经从加热炉抽出到出炉辊道（C辊道）上，而数据（Data）还停留在加热炉内时，需要进行"数据强制出炉"操作。

上述的（1）～（3）项为一般跟踪修正，（4）～（7）项为特殊跟踪修正。

5.4.5　半无头轧制工艺下的跟踪

采用半无头轧制工艺时，要用一块很长的板坯（例如100多米长）轧制出多个钢卷。如果有动态变规格的功能，还要用一块板坯轧制出不同厚度规格的钢卷。例如，开始采用轧制1.2mm厚度带钢的压下规程和速度进行穿带，然后在轧制过程中利用高精度和高响应速度的液压压下系统，改变轧机的压下位置，使带钢的出口厚度从1.2mm过渡到1.0mm，再过渡到0.8mm。在整个的生产过程中，要求中间过渡厚度的带钢的长度（也就是超出目标厚度的带钢的长度）应该尽可能的短，例如在20m以内。生产中所有控制参数应该稳定地变化，以便避免产生堆钢、拉钢、起套、折叠等问题，使生产能够顺利地进行。

在这种情况下，过程控制计算机的跟踪功能的处理就要复杂一些了。要求对轧件进行精确的跟踪。像常规的带钢热连轧生产工艺下，仅仅确定轧件的头部在哪个跟踪区就不够了，还要确定剪切点（即两个钢卷的分界点）、动态变规格的开始点、动态变规格的结束点。这样对生产过程中的轧件跟踪与控制技术提出了很高的要求，需要实时跟踪轧件的运动过程，并根据轧制过程的实时信息对轧制过程进行控制。

过程控制计算机移动跟踪指针的时序有以下两种方法：

（1）板坯的头部：根据跟踪检测器的检测信号。

（2）剪切点（Cut point）和动态变规格点（FGC point）：根据脉冲发生器的计数。

这里的第（1）种方法与常规的带钢热连轧生产工艺下的跟踪处理一样。这里的第

（2）种方法是半无头轧制时所特有的。

轧线过程控制计算机向基础自动化计算机发送当前跟踪点和下一个跟踪点的有关信息，主要有：板坯号（Slab ID）、轧制顺序号（Sequence No）、跟踪点的类型（Tracking point kind）、跟踪点的位置（Tracking point position）。

跟踪的关键字是板坯号和轧制顺序号，用以识别轧件。顺序号定义为一块板坯经过轧制以后，计划轧制和剪切成多少个钢卷的序号。从一块板坯的头部计算起，即板坯的头部的顺序号为1，后面每一个钢卷的顺序号依次加1。顺序号在编制轧制计划时就事先确定了。

跟踪点的类型分成板坯的头部、剪切点、动态变规格点三种。动态变规格点的定义如图 5-8 所示。

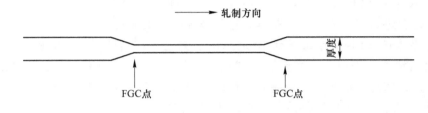

图 5-8   FGC 点的定义

跟踪点的位置定义为从板坯的头部到目标跟踪点的距离，由 L2 计算机计算跟踪点的位置。再把这些数据传送给 L1。

具有半无头轧制功能的薄板坯连铸连轧的生产设备布置和工艺流程的简图如图 5-9 所示。主要生产设备由一台连铸机、一座隧道炉、一架立辊轧机、两架粗轧机、一台切头剪、五架精轧机、一套层流冷却装置、一台高速飞剪、两台卷取机组成。

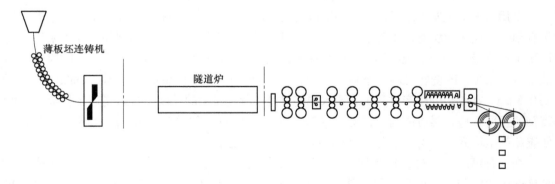

图 5-9   薄板坯连铸连轧的生产设备布置和工艺流程

跟踪区的划分如图 5-10 所示。从 HMD3001 到 WB2(2 号步进梁)分成 14 个跟踪区。另外还有一个临时存放区 TEMP，当运输链发生故障时，临时存放区用来临时存放钢卷。除了对粗轧区（RM）设计了两个跟踪区指针，WB1 设计了 11 个跟踪区指针，WB2 设计了 10 个跟踪区指针以外，其他各个跟踪区只有 1 个跟踪区指针。1 个跟踪区中设计多少个跟踪指针，就意味着在这个跟踪区内最多可以存放多少个轧件。除了粗轧区外，在轧线的其他跟踪区内最多可以存放一个轧件，这是半无头轧制生产工艺流程下的跟踪与传统的、常规的带钢热连轧生产工艺下的跟踪的一个区别。粗轧区之所以设计了 2 个跟踪区指针，是考虑了半无头轧制时，如果相邻两个轧件的长度较短，在粗轧区会出现两个轧件的情况。

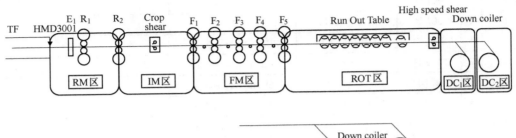

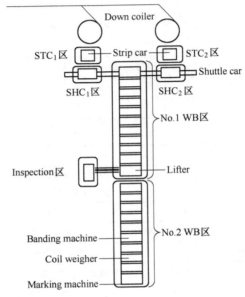

图 5-10　薄板坯连铸连轧的生产线跟踪区的划分

跟踪信息表如表 5-5 所示。跟踪信息表定义了跟踪区的区号、区名、属于该区的设备、跟踪信息的传送时序（即基础自动化计算机什么时候向过程控制计算机发送跟踪信息）。

跟踪信号表如表 5-6 所示。跟踪信号表定义了跟踪信号、时序、目的。当轧件的跟踪点到达一个规定的位置时，过程控制计算机接收基础自动化计算机发送的跟踪信号，接收的信息还包括板坯号（Slab ID）和顺序号（Sequence No），过程控制计算机然后进行相应的跟踪处理，例如建立跟踪指针、移动跟踪指针、清除跟踪指针等。

表 5-5　跟踪信息表

跟踪区号		跟踪区名	设　备	传送时序	备　注
轧线 跟踪信息	1	RM 区	E_1，R_1，R_2	HMD3001 ON（passing）	
	2	中间辊道区	中间辊道，CS	R2 ON（passing）	
	3	FM 区	$F_1 \sim F_5$	F1 ON（passing）	
	4	ROT 区	输出辊道、高速飞剪	Last stand ON（passing）	

续表 5-5

跟踪区号		跟踪区名	设 备	传送时序	备 注
卷取 跟踪信息	1	DC1 区	地下卷取机 1	DC1 ON	
	2	DC2 区	地下卷取机 2	DC2 ON	
运输链 跟踪信息	1	STC1 区	1 号卸卷小车	DC1 pull out complete	
	2	STC2 区	2 号卸卷小车	DC2 pull out complete	
	3	SHC1 区	1 号钢卷车	Shuttle car1 coil on	
	4	SHC2 区	2 号钢卷车	Shuttle car2 coil on	
	5	WB1 区	1 号步进梁	Shuttle car1 move complete	
				Shuttle car2 move complete	
				No. 1 conveyor forward end	
	6	WB2 区	2 号步进梁	No. 2 conveyor forward end	
	7	Inspection 区	检查线	Inspection forward end	从 No. 1 WB(升降位置)→检查线
				Inspection backward end	从检查线→No. 1 WB(升降位置)

表 5-6　跟踪信号表

跟踪信号	时 序	目 的
HMD3001 ON(passing)	当跟踪点(板坯头部,剪切点,FGC 点) 到达 HMD3001,L1 跟踪开始	跟踪开始(进入 RM 区)
R1 ON(Passing)/OFF	当跟踪点到达 R_1	
R2 ON(passing)/OFF	当跟踪点到达 R_2	进入 IM 区
F1 ON(passing)/OFF	当跟踪点到达 F_1	进入 FM 区
Last stand ON(passing)/OFF	当跟踪点到达最后一架精轧机	进入 ROT 区
HSS ON(passing)/Cut/OFF	当跟踪点到达高速剪切机(HSS)	
DC ON	DC ON	进入 DC_1 区或 DC_2 区
DC pull out complete	卸卷完成	进入卸卷小车 1 区或卸卷小车 2 区
Shuttle car coil on	钢卷车 ON	进入钢卷车 1 区或钢卷车 2 区
Shuttle car move complete	钢卷车移动完成	进入 1 号运输链区
No. 1 conveyor forward end	1 号运输链向前结束	跟踪点移动到 1 号运输链
No. 2 conveyor forward end	2 号运输链向前结束	跟踪点移动到 2 号运输链
Inspection forward end	检查线向前移动结束	跟踪点从 1 号运输链移动到检查区
Inspection backward end	检查线向后移动结束	跟踪点从检查区移动到 1 号运输链

跟踪处理的过程如下所述。

5.4.5.1　板坯的头部

当板坯的头部到达隧道炉(TF)的出口区(注意,该区在隧道炉内)时,隧道炉过程控制计算机向轧线过程控制计算机发送下一块的板坯信息。此时,轧线过程控制计算机(L2)向 L1 发送当前跟踪点和下一个跟踪点的有关信息。

L1 从 HMD3001(位于隧道炉的出口辊道处)开始跟踪。也就是板坯从隧道炉出来,到达 HMD3001,L1 检测到 HMD3001 ON 的信号以后,立即发送"跟踪开始信息"到 L2。

这时 L2 就开始跟踪。

5.4.5.2 剪切点和 FGC 点

在第一架粗轧机 R_1 前安装了脉冲发生器。当轧件到达 HMD3001 时，脉冲发生器从 0 开始计数。这样 L1 就可以根据 L2 计算机计算出来的跟踪点的位置（距离），确定实际的轧件是否已经到达了预定的跟踪位置。

5.4.5.3 跟踪点位置的计算

跟踪点位置的计算由 L2 中数学模型的功能完成。要根据 PDI(Primary Data Input)数据判断剪切点或 FGC 点。FGC 点是设定（Set Up）变化点。

L2 根据板坯的实际长度，计算跟踪点的位置。现将计算过程叙述如下：

设板坯的实际长度为 X，用这块板坯轧制出的钢卷的总数量为 n，每 1 个钢卷的长度分别为 X_1，X_2，$\cdots$，X_n，每一个钢卷的跟踪点的位置分别为 L_1，L_2，$\cdots$，L_n。

（1）根据钢卷的重量、板坯的厚度和宽度，从第 1 点到第 $n-1$ 点，计算出跟踪点的位置 L_1 到 L_{n-1}。如果板坯的长度小于 X_1 到 X_{n-1} 的总和，输出报警信息，由操作人员调整钢卷的长度。

$$L_1 = 0$$
$$L_2 = X_1$$
$$L_3 = X_1 + X_2$$
$$\vdots$$
$$L_{n-1} = X_1 + X_2 + \cdots + X_{n-2}$$

（2）计算第 n 个钢卷的长度：

$$Y = X - (X_1 + X_2 + \cdots + X_{n-1}) \tag{5-12}$$

如果 Y 大于最小钢卷的长度而小于最长的钢卷长度，第 n 个跟踪点的位置的计算公式是：

$$L_n = X_1 + X_2 + \cdots + X_{n-1} \tag{5-13}$$

（3）如果 Y 比最小的钢卷长度还短，那么就不产生第 n 点，Y 的部分与 X_{n-1} 部分合并在一起。当 $X_{n-1} + Y$ 比最长的钢卷长度还长，那么就将其分成两个钢卷。此时把最后一个钢卷的长度设定为生产设备所允许的最短的钢卷长度（$X_{\min}$），剩余部分（$X_{n-1} + Y - X_{\min}$）为倒数第二个钢卷的长度。当 $X_{n-1} + Y - X_{\min}$ 仍然比最短的钢卷长度还短，输出报警信息，由操作人员重新调整钢卷的长度。

（4）如果 Y 比最长的钢卷长度还长，就按照上面同样的方法，将 Y 部分划分成 $X_{\min}$ 和 $Y - X_{\min}$ 两个钢卷。当 $Y - X_{\min}$ 仍然超限，输出报警信息，由操作人员重新调整钢卷的长度。

5.5 数据通信

数据通信包括 L2 计算机和外部计算机以及大型检测仪表之间的通信功能，见图 5-11。

5.5.1 和外部计算机的数据通信

和外部计算机的通信包括：

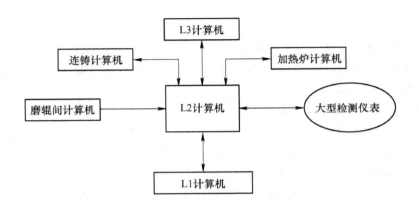

图 5-11   数据通信

（1）L2 和 L3 计算机的通信；

（2）L2 和 L1 计算机的通信；

（3）L2 和连铸计算机的通信；

（4）L2 和加热炉计算机的通信（如果加热炉计算机是一个独立的计算机）；

（5）L2 和磨辊间计算机的通信。

5.5.1.1   L2 和 L3 计算机的通信

L2 和 L3 有如下的数据通信功能。

（1）接收信息功能（L3→L2）：

1）接收轧制计划数据；

2）接收初始数据（Primary Data）；

3）接收板坯装载数据（Slab Load Data）；

4）删除 PDI 数据（Delete Primary Data）。

（2）发送信息功能（L2→L3）：

1）发送轧件吊销数据（Reject）；

2）发送板坯再热数据（Reheat）；

3）发送板坯返回板坯库数据（Slab Back Slab Yard）；

4）发送生产结果数据（Production Result）；

5）发送班报（Shift Report）；

6）发送板坯停止装炉数据（Charge Stop）；

7）发送跟踪数据（Tracking Data）；

8）发送钢卷检查结果数据（Inspection Coil Result）；

9）发送轧线休止（Line Delay）。

L2 和 L3 计算机的通信协议一般采用 TCP/IP。在通信过程中还要进行如下处理：

（1）顺序号检查。当发送方发送信息时，发送的信息顺序号总是在上一次发送的顺序号基础上加 1。因此接收方就先检查一下信息的顺序号，若接收的顺序号正确，就接收该信息，否则接收方就向发送方发送 NAC 信号。

（2）极限值检查。接收方要检查接收到的数据是否在规定的上下限范围内，若在范围内就接收，否则接收方就向发送方发送 NAC 信号。

（3）接收超时检查。当在规定的时间内，未接收到正确的应答或 NAC 信号时，发送方就判断系统通信产生故障了，并向系统发送报警信息。

（4）NAC 信号的处理。在连续发送数据时，如果发送方接收到 NAC 信号，就停止传送下一个信息，并向系统发送报警信息。

5.5.1.2 L2 和 L1 计算机的通信

L2 和 L1 之间有如下的数据通信功能：

（1）接收信息功能（L1→L2）：

1）接收 L1 的跟踪结果信息。跟踪结果是指轧件从一个跟踪检测器的位置移动到另一个检测器的位置，或者轧件从一个跟踪区移动到另外一个跟踪区。L2 接收从 L1 传送来的跟踪结果，然后利用这些跟踪结果，完成 L2 的跟踪功能。

2）接收 L1 的实际数据信息（即实际数据采集功能）。实际数据主要包括工程数据和设备的动作信息。例如，轧机的速度、辊缝、压力、电流、电压、轧件的温度、厚度、宽度等，可以归类为工程数据。这类数据主要用于数学模型计算和数学模型参数的在线自适应修正（自学习），以及工程报表的编辑功能。另外，装钢完成、出钢完成、轧机零调完成、卸卷完成等，可以归类为设备的动作信息。这类数据主要作为 L2 各种应用程序的起动时序（Timing），包括向 L1 发送设定数据的时序。L2 接收 L1 采集的生产实际数据以后，存储到相应的文件中。具体数据见表 5-7 ~ 表 5-10。

表 5-7　加热炉区的实际数据

信 息 名	传 送 时 序	主 要 内 容
SLAB TEMP	板坯在装料辊道测温完成时	板坯的实测温度
CENTERING	板坯对中完成时	钢卷号
CHARGING	装钢完成时	装入炉号
WB CYCLE	步进梁运行一周期	炉 号
DISCHARGING RESULT	出钢完成时	钢卷号
FCE TEMP RESULT	L2 每 60s 定周期读取	炉 温

表 5-8　粗轧区实际数据

信 息 名	传 送 时 序	主 要 内 容
HSB RESULT	除鳞机出口 HMD OFF	除鳞机的实测数据
RM PASS RESULT	粗轧机每道次 OFF	粗轧机(含立辊)的实测数据
RM LAST PASS RESULT	RDT(末道次)ON 加延迟时间	粗轧机末道次的实测数据
RM ZEROING RESULT	粗轧机零调完成时	粗轧零调压力、零调速度
RM SAMPLING DATA	每道次 OFF 加延迟时间	粗轧区采样数据

表 5-9　精轧区实际数据

信 息 名	传 送 时 序	主 要 内 容
FET RESULT	FET ON	精轧入口温度实测数据
FM RESULT	F_6 OFF 加延迟时间	精轧实测数据
FM CALSSIFY RESULT	FDT OFF 加延迟时间	精轧质量分类结果
ASC RESULT	FDT ON 加延迟时间	板形控制实测数据
FM ZEROING RESULT	FM 零调完成	精轧零调压力、零调速度
PROFILE RESULT	L2 每 1s 定周期读取	凸度、平直度等采样数据

表 5-10　卷取区实际数据

信 息 名	传 送 时 序	主 要 内 容
DC RESULT	DC OFF	卷取实测数据
CTC CLASSIFY	CT OFF 加延迟时间	卷取温度质量分类结果
CTC TRACE POINT RESULT	FDT ON 到 CT OFF 每 10 个控制周期	卷取温度控制追踪点的实测数据
CTC LOGGING POINT RESULT	CT OFF	卷取温度控制记录点的实测数据
WEIGHT RESULT	钢卷称重完成时	钢卷的实际重量

（2）发送信息功能（L2→L1）：发送 L2 的设定数据（SET UP）。当 L2 分别完成各个区域的设定计算以后，立即向 L1 发送相应区域和相应设备的设定值。前、后两个轧件的设定值的管理功能由 L1 完成。具体数据见表 5-11 ~ 表 5-15。

表 5-11　加热炉设定

信 息 名	传 送 时 序	主 要 内 容
COIL NO. SET UP	SLAB ON A1	钢卷号
CHARGE SET UP	SLAB ON A1	装入炉号、炉列
DISCHARGING SET UP	出钢开始请求时	出钢的炉号
ACC SET UP	每 60s 定周期	燃烧控制设定值

表 5-12　粗轧设定

信 息 名	传 送 时 序	主 要 内 容
R1 SET UP	（1）板坯到达出炉区时； （2）出钢完成时	粗轧设定数据
R2 SET UP	（1）板坯到达出炉区； （2）出钢完成时	粗轧设定数据
AWC SET UP	出钢完成时	自动宽度控制数据
RM ROLL	换辊完成时	粗轧机轧辊数据

表 5-13　精轧设定

信 息 名	传 送 时 序	主 要 内 容
SPEED/LOOPER SET UP	(1) RDT ON 加延迟； (2) FET ON	速度、活套设定值以及 FTC、除鳞、机架间冷却、轧制油设定值
CROP SHER SET UP	RDT ON 加延迟	保温罩、切头剪设定值
SCREW DOWN SET UP	(1) RDT ON 加延迟； (2) FET ON	压下 APC、AGC、DSU 设定值、精轧出口测宽仪、测厚仪设定值
SSU 和 ASC SET UP	RDT ON	板形控制设定值
CLASSIFY SET UP	FET ON	质量分类标准
FM ROLL	换辊完成时	精轧机轧辊数据

表 5-14　卷取和卷取温度控制设定

信 息 名	传 送 时 序	主 要 内 容
COILER SET UP	FET ON	卷取机设定数据
DC PR ROLL	换辊完成时	夹送辊数据
CTC SET UP	FET ON	卷取温度控制设定值

表 5-15　运输链设定

信 息 名	传 送 时 序	主 要 内 容
CONVEYOR SET UP	DC OFF	称重机、打捆机、喷印机的设定数据
COIL DIRECTION	DC OFF	钢卷去向

　　L2 和 L1 计算机的通信协议因通信网络的硬件不同而不一样。通信网络采用以太网时，一般采用 TCP/IP 协议。通信网络采用内存映象网时，则直接采用内存映射的方法。采用 TCP/IP 协议时，不论是接收信息，还是发送信息，一般都规定一个信息"键字"（Message Key），例如可以用钢卷号或板坯号作为 Message Key。即在报文中的第 1 个字段是钢卷号（或板坯号），后续是数据。

5.5.1.3　L2 和加热炉计算机的通信

L2 接收加热炉计算机的信息见表 5-16。

表 5-16　L2 接收加热炉计算机的信息

信 息 名	传 送 时 序	主 要 内 容
CHARGING COMPLETE	装钢完成时	钢卷号、装入炉号和炉列
CHARGING BACK	板坯从炉内入炉侧返回装炉辊道时	钢卷号、炉号
DISCHARGING COMPLETE	出钢完成时	钢卷号、炉号、板坯温度
STOP DISCHARGING	操作人员输入停止出钢请求时	炉号、停止出钢的原因
RETURN FURNACE	板坯从出炉侧辊道返回到加热炉时	炉号、钢卷号

L2 发送给加热炉计算机的信息见表 5-17。

表 5-17　L2 发送给加热炉计算机的信息

信 息 名	传 送 时 序	主 要 内 容
DISCHARGING START REQUEST	操作人员请求出钢时	请求出钢
SLAB DISCHARGING PITCH	对入炉板坯完成轧制节奏(MPC)计算后	出钢节奏

5.5.1.4　L2 和连铸计算机的通信

L2 接收连铸计算机的信息见表 5-18。

表 5-18　L2 接收连铸计算机的信息

信 息 名	传 送 时 序	主 要 内 容
ACTUAL SLAB DATA	板坯切割完成	板坯的实际数据

表 5-18 的情况在 CSP 生产线更多一些。对于常规热连轧生产线，板坯的数据来自于 L3 计算机，除非没有设置 L3 计算机，才需要从连铸计算机来获取板坯数据。在有的 CSP 生产线，L2 计算机还要给连铸计算机发送轧件实测宽度等数据。这些情况在此就不再列出了。

5.5.1.5　L2 和磨辊间计算机的通信

L2 接收磨辊间计算机的信息见表 5-19。

表 5-19　L2 接收轧辊间计算机的信息

信 息 名	传 送 时 序	主 要 内 容
NEXT　ROLL	操作人员请求下一个轧辊数据时	新的轧辊数据
CANCELLED ROLL NO	轧辊间操作人员取消轧辊数据时	轧辊号

5.5.2　和大型检测仪表的数据通信

如果大型仪表直接与 L2 计算机连接，L2 计算机要接收大型仪表发送的各种实际测量数据；L2 计算机也要向大型仪表发送一些数据，详见表 5-20。

表 5-20　L2 和大型仪表的通信

检测仪表	L2 发送的数据	L2 接收的数据
测厚仪	板厚、板宽、轧件的温度、热膨胀系数、合金补偿等	厚度设定值、厚度偏差
测宽仪	钢卷号、板宽、轧件温度	宽度设定值、宽度偏差
测温仪	目标值	实际温度
多功能仪	钢卷号、板厚、板宽、轧件的温度、合金补偿等	厚度、宽度、凸度
凸度仪	目标值	凸度
平直度仪	目标值	平直度

对不同的热轧生产线来说，表 5-7 ~ 表 5-20 的内容会有所不同。

5.6　数据记录和报表

L2 计算机采集生产过程中的各种数据，编辑成各种类型的报表，然后以数据文件的形式存储在计算机中。现在一般的方法是 L2 不再从打字机上直接输出各种报表，而是将报表传送给 L3 的生产控制计算机，保存在数据库中。在需要的时候，由软件人员进行数据的查询、分析或打印。

热轧生产过程中主要产生以下各种报表：

（1）工程记录。记录每一块钢在生产过程中的工程数据，包括计算机的设定数据和由测量仪表传送来的实际数据，主要分成加热、粗轧、精轧、卷取各区的工程记录。

（2）生产报告（班报）。每个生产班结束时，输出本班的生产统计信息，包括产量、成材率、板坯数量、钢卷数量、生产时间、停产时间、作业率等。

（3）质量分类报告。按照生产班或者按照钢卷统计产品质量数据，包括带钢的厚度、宽度、精轧温度、卷取温度、带钢的凸度、平直度等有关的数据。质量分类的评价标准为生产厂的内控标准，比国家标准和交货标准更为严格。因此，质量分类报告与质量保证书不同，并不提供给钢材的购买者，仅用于厂内评价质量控制水平。

5.7 人机界面

人机界面（HMI，Human Machine Interface）设备是安装在生产线上各个操作室和计算机室的 PC 机。HMI 画面分成显示画面和输入画面两种类型。操作人员通过显示画面了解生产过程控制的有关信息，通过输入画面和键盘向计算机输入必要的数据和命令。

热轧生产线的 HMI 主要具备下列功能：

（1）操作功能。生产线的操作人员通过 HMI 向计算机发送指令或数据，以便控制生产过程。

（2）显示功能。能够以数字、图形、趋势曲线等方式进行过程点显示，检测点显示和状态点显示。

（3）报警功能。以文本方式或图形方式显示报警，包括系统报警、设备异常状态报警、软件故障报警、操作条件的超限报警等。

（4）系统维护功能。利用 HMI 可以对系统和软件进行维护与排除故障，例如数学模型参数的修改、程序的强制停止或起动等。

当前，国际上的趋势是把 L2 和 L1 的 HMI 合成一体。即 HMI 的硬件和图形软件不再区分基础自动化级和过程控制级。如果说还有区分的话，就是只有为了数学模型计算用的数据从 L2 的应用画面输入。其他的数据输入和显示均由基础自动化级的应用画面完成。另外，将 HMI 设备分成 HMI 服务器和 HMI 终端，HMI 服务器与 L2、L1 计算机之间进行数据交换，HMI 终端进行画面刷新。

以下是与 L2 应用有关的一些主要的应用画面，不同的热轧生产线可能有所区别：

（1）加热炉操作员输入画面，输入的主要内容为炉号变更、装炉、停炉指令等。

（2）粗轧操作员输入画面，接收粗轧机操作室操作员输入的信息，主要的输入项目如下：1）轧制道次数的变更；2）粗轧机的负荷分配变更；3）咬入速度的变更；4）轧制速度的变更；5）中间坯厚度的变更；6）粗轧宽度控制余量；7）精轧出口目标宽度的修正值；8）除鳞模式（ON/OFF）的变更；9）除鳞机的喷射方式（自动、手动）的变更；10）立辊轧机的负荷分配变更；11）水平辊轧机空过指定；12）立辊轧机空过指定。

（3）精轧机操作员输入画面，接收精轧机操作室操作员输入的信息，主要的输入项目如下：1）精轧机的负荷分配变更；2）精轧穿带速度的变更；3）加速度的变更；4）侧导板的宽度余量；5）空过机架的选择；6）除鳞和机架间喷水模式的变更；7）轧制油的喷射模式；8）精轧终轧目标温度的变更；9）卷取目标温度的变更；10）板形控制所需要的数据，例如弯辊力限制值、窜辊位置限制值、窜辊策略等。

（4）卷取温度控制输入画面，输入和卷取温度控制相关的数据。主要的输入项目如下：1）卷取目标温度的变更；2）层流冷却喷水模式的变更；3）带钢头、尾冷却长度的变更；4）带钢头、尾冷却温度的变更。

5.8　数据采集和处理

热连轧生产过程中的实际测量数据是由各个区域的基础自动化级计算机在不同的时序发送给过程控制级计算机。其中有些实测数据是由 L1 定周期发送给 L2。

L2 接收到 L1 发送来的实测数据，要对这些数据进行以下处理：

（1）进行数据格式转换和工程单位换算。

（2）对于定周期发送的数据，要和实际钢卷对应起来，要和在带钢上的测量位置对应起来。

（3）根据各种数据的合理取值范围，经过判定，剔除那些超出合理取值范围的数据，这些数据被认为是异常数据。

（4）根据统计算法，剔除那些违背统计规律的数据，这些数据被认为是"坏"数据。

（5）使用相应的滤波算法，对实测数据进行滤波处理，滤掉那些含有"噪声"的数据。

（6）对实测数据计算其平均值、标准方差、置信度等。

最后对处理后的数据进行存储、归档。

5.9　轧辊数据处理

轧辊数据包括 3 个连续的轧制计划所使用的有关轧辊的数据，这 3 个轧制计划是指：上一个轧制计划（已经生产过）、当前轧制计划（正在生产中）、下一个轧制计划（将要生产）。轧辊数据包括：轧辊号、辊径、轧辊材质、辊形类型、辊形量、轧辊上机时间等。这些数据可以在 HMI 上显示。

新的轧辊数据可以由操作人员通过"轧辊画面"输入 L2 计算机，也可以由轧辊间计算机发送到 L2 计算机。这些数据保存在轧辊数据文件中。

当换辊完成以后，开始新的轧制时，轧辊数据处理功能需要记录轧制开始时间，需要累计轧制里程数（轧制长度）和轧制重量等。

5.10　历史数据处理

历史数据处理的功能是将生产过程中的有关数据存档，以供分析之用。存档数据的具体项目和数据的格式，一般根据工艺流程和生产厂的要求，在系统的详细设计阶段时确定。现在国际上流行的趋势是将历史数据处理的功能放在 L3（生产控制计算机）。如果没有设置 L3 计算机，那么也可在 L2 另外设置一台数据库服务器，专门完成历史数据处理的功能。在数据库服务器的客户端上，可以按照生产日期或钢卷号、板坯号查询历史数据，也可以按照操作员的请求自动生成各种报表。现在，在数据库服务器上，一般安装 ORA-CLE 数据库软件或 SQL。

按照这种设计思想，从硬件设备上，分成三个部分，即在线过程控制计算机、数据库服务器、数据库服务器的客户端。从软件功能上，也分成三个部分，即历史数据的收集和写入数据库的功能，这部分功能放在 L2 计算机；数据的存储、索引、备份、清理，这部分功能放在数据库服务器；数据的查询、综合汇总、报表生成，这部分功能放在数据库服务器的客户端。

5.11 事件监视

过程控制级计算机（L2）中的大部分应用功能（Function）是靠"事件"（Event）激发的。换句话说，任务（Task）是靠"事件"起动的。这些"事件"来自于生产过程。由于基础自动化级计算机（L1）配置了与生产过程进行通信的 I/O 设备，因此可以实时地采集生产过程中的各种信息和数据，也包含"事件"这样的信息。并且将这些信息和数据发送给 L2。对于 L2 来说，这些"事件"实际上来自于 L1。

L2 定期地获取从 L1 发送出来的数据，并且对数据进行加工、分析，以便确定在当前时刻，生产过程中发生了哪些"事件"。然后根据不同的事件进行相应的处理。这就是事件监视（Event Monitor）的功能。

事件监视功能（以下简称 EMR）在 L2 应用系统中占有重要的地位，它实时地监视着生产过程，发现生产过程中出现的新事件，并按照不同的事件，去起动不同的任务。因此可以认为 EMR 是 L2 应用系统中的"调度员"。EMR 和其他功能的关系如图 5-12 所示。

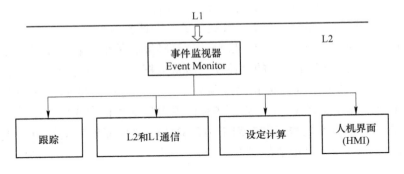

图 5-12 EMR 和其他功能关系

EMR 的一般处理过程如下：

（1）睡眠直到被操作系统唤醒。

（2）映射来自 L1 的事件。把从 L1 来的跟踪状态信号、生产过程中发生的"事件"通过 L1 和 L2 计算机之间的通信网络，映射到 L2 的内存中，存储在 EMR 内部的数组中。

（3）状态变化检测和处理。由于 EMR 是每隔 0.1s 起动一次的，因此每隔 0.1s，就要进行一次事件的"状态变换检测"。EMR 逐一对每个事件的老状态（上一次 0.1s 时的状态）和新状态（本次 0.1s 时的状态）进行比较。所谓事件的状态变换，是指某个事件的状态由"0"变成"1"，即表示事件"发生"了。就是用这样的处理方法，来监测生产过程中的事件。

对生产过程中出现的新事件，EMR 根据不同的需要，可以进行如下所述的不同类型的处理：

1）设定软件定时器。在 L2 应用系统中可以定义一些软件定时器，它的作用是控制应用程序的延时起动。所谓设定软件定时器就是给每个定时器一个初始值。这个初始值就是延迟时间，以 0.1s 为单位。

2）检查软件定时器。检查软件定时器是否已经到时了，如果到时间了，则按照事先的约定，起动某个应用程序；否则，将软件定时器的值减掉 1（实际上相当于减掉 0.1s）。

3）对不需要延时起动的应用程序，在相关的事件发生以后，立即由 EMR 起动。

4）起动其他需周期起动的程序。如果应用系统中除了 EMR 以外，还有需要周期性定时起动的应用程序，那么也经过 EMR 来起动，以便于统一管理。

5.12   产品质量数据分类

对每一个钢卷，过程控制计算机都要进行产品质量数据的统计、分类。这实际也是对产品质量的评估。这些质量数据包括：

（1）厚度（带钢头部的厚度、带钢全长的厚度）。

（2）宽度（带钢头部的宽度、带钢全长的宽度）。

（3）精轧温度（带钢头部的精轧温度、带钢全长的精轧温度）。

（4）卷取温度（带钢头部的卷取温度、带钢全长的卷取温度）。

（5）凸度（带钢头部的凸度、带钢全长的凸度）。

（6）平直度（带钢头部的平直度、带钢全长的平直度）。

带钢头部的质量数据，反映出数学模型的计算精度；带钢全长的质量数据，反映出各种控制功能的精度。按照事先给定的上述 6 项质量数据分类的偏差指标（例如，厚度偏差 ± 0.03mm，宽度偏差 $0 \sim 8$mm，精轧温度偏差 ± 15℃，卷取温度偏差 ± 15℃、凸度偏差 ± 0.02mm，平直度偏差 ± 25IU），计算出各种偏差占带钢总长度的百分比是多少，即"命中率"。产品质量数据分类功能还能够用于项目验收时"保证值"的计算。现在通常使用 2σ（命中率为 95.4%）作为保证值的考核指标。

5.13   应用系统起动

应用系统起动功能完成 L2 应用系统起动时所需要的各种处理。例如创建所有应用进程，应用文件的初始化等。这个功能是以操作系统和中间件为基础，通过编制和运行一些工具软件来实现的。主要功能包括：应用系统的起动、应用数据的保存、应用数据的恢复。

5.14   模拟轧钢

模拟轧钢是利用软件，根据预先确定的时间间隔，模拟轧件通过轧制生产线（从加热炉出口至卷取机）时所产生的各种检测信号，以此起动相应的程序运行。除了轧制线上没有真正的轧件以外，对计算机控制系统而言，应用程序的运行与实际轧钢基本相同，只是那些需要使用实际测量值并且具有反馈控制功能的程序（例如 AGC、AWC、模型自学习等）不能真正运行。模拟轧钢功能用于软件调试和无负荷试车调试，提供调试条件和数据。正式生产以后，通过模拟轧钢的功能可以确认计算机、电气传动、仪表、机械等各种设备是否处于正常状态，可以进行各种轧制试验。特别是设备检修后、轧制新钢种和新尺寸规格的带钢以前，通常要使用模拟轧钢功能，确定设备的运行状态和应用软件的工作状态。

模拟轧钢功能需要由 L2 和 L1 共同完成。L2 提供模拟轧钢用的 PDI 数据。L1 产生像正常实际轧钢过程中的各种事件，控制假想的轧件从加热炉出钢开始运行，到钢卷在卷取机卸卷完成结束。

另外，L2 计算机还有内部的模拟轧钢功能，用于 L2 计算机的单独调试。模拟轧钢的范围从板坯出炉开始，到卷取机卷完钢卷结束。

第 6 章

热连轧数学模型

6.1 热连轧数学模型的概况

用数学的方法描述一个带钢热连轧生产过程的输入和输出关系的数学表达式，叫做带钢热连轧的数学模型。起源于 20 世纪 60 年代初的带钢热连轧计算机控制系统，经历了几十年的发展，已经日臻成熟，并且给国内外钢铁工业生产带来了显著的经济效益。伴随而来的，带钢热连轧数学模型也成为工业自动化领域中，发展得迅速而成熟、并且取得经济效果十分明显的数学模型。

6.1.1 热连轧数学模型的发展特点

带钢热连轧数学模型的发展特点主要集中在以下四个方面：

（1）数学模型的结构由简单到复杂。数学模型的结构或者算法从简单到复杂。这种变化过程是为了更好地满足生产技术发展的需要，也是随着计算机硬件、软件和自动控制技术的发展不断变化的。第一个例子是冷却模型，冷却模型发展得很快，从最开始的控制卷取温度到控制冷却过程，控制冷却速度，发展到现在的带钢的微观组织监控，甚至将有关功能集成到 MES 系统，放在轧制计划功能中。相变模型预报相变发生点，通过控制机架间的冷却水，可以控制在精轧机前几个机架发生的相变。第二个例子是轧件的温度计算模型，过去基本采用经验公式，或者使用传热学的微分方程求解。现在基本采用有限差分法，计算轧件内部的温度。第三个例子是辊缝（压下位置）设定计算模型，过去计算辊缝设定值根据弹跳方程得出的公式中，只考虑了弹跳、油膜厚度、再加上一个修正项（自学习项）。现在考虑的因素更多、更细致了。例如，增加了轧辊弯辊力补偿项、工作辊窜辊位置补偿项、工作辊磨损补偿项、工作辊热凸度补偿项等。还有的在计算弹跳时，不仅考虑轧机伸长（mill stretch），还考虑了牌坊变形（Housing deformation）和轧辊挠曲（Roll deflection）等，使用更复杂的理论模型来代替经验模型。

数学模型的结构或者算法方面的改变，其主要目的就是为了不断提高数学模型的计算精度。生产实践证明，改变数学模型的结构或者算法，的确提高了数学模型的计算精度。

（2）数学模型的功能由单一功能到复合功能。热连轧数学模型的功能从最初的代替人工操作的轧机辊缝和速度的设定控制，发展到生产全线的自动控制、产品质量控制、节能控制，再发展到近年来的产品的微结构性能预报、性能控制。控制功能不断完善，从简单到复杂，从低级到高级，这些也是来自于提高产品质量、降低生产成本、减少环境污染、节约能源等方面的需求。

20 世纪 60 年代初期，热轧计算机控制系统的主要功能是以控制精轧机为主。所以从数学模型方面来说，主要是计算压下位置和轧机速度的预设定模型。60 年代中、后期，控制范围扩大到加热炉、粗轧机、精轧机、卷取机。到了 80 年代，控制范围又扩大到板坯库、钢卷库、成品库和热平整线、热剪切线、热处理线，从而覆盖了整个热轧厂。

（3）数学模型的精度高，精度已经趋于稳定。随着带钢热连轧数学模型的改进和发展，对产品的控制精度也在不断提高。表 6-1 综合给出国外一些公司对产品质量的考核保证指标，从中可以看出数学模型和计算机控制系统对产品质量所能达到的精度。数学模型的精度也已经趋于稳定。

表 6-1 产品质量精度

序 号	带钢质量项目	产品规格或条件	偏差保证值	考核保证值
1	厚度/mm	$h < 2.0$	±0.022	95.4%（2σ）
		$2.0 \leqslant h < 4.0$	±0.025	
		$4.0 \leqslant h < 7.0$	±0.028	
		$7.0 \leqslant h < 10.0$	±0.040	
		$10.0 \leqslant h \leqslant 25.4$	±0.5%×h，≤±0.060	
2	宽度/mm	使用定宽压力机	0~6	95.4%（2σ）
		不使用定宽压力机	0~7	
3	精轧温度/℃	全部（除铁素体）	±14	95.4%（2σ）
		铁素体轧制	±15	
4	卷取温度/℃	—	±15	95.4%（2σ）
5	凸度/mm	1.2~2.5	±0.015	95.4%（2σ）
		>2.5~6.0	±0.018	
		>6.5~11.5	±0.3%×h	
		>11.5~25.4	±0.3%×h，≤±0.050	
6	平直度/IU	1.2~6.0mm		95.4%（2σ）
		$W \leqslant 1200$	±24	
		$W > 1200$	±28	
		6.0~25.4mm		
		$W \leqslant 1200$	±19	
		$W > 1200$	±24	
7	楔形/mm	—	≤0.8%×h	95.4%（2σ）

（4）由产品的尺寸精度扩展到产品的形状精度，再扩展到产品的性能精度。最开始对数学模型的要求是保证产品带钢头部的尺寸精度，即厚度和宽度精度；后来，扩展到保证产品的温度，即带钢的终轧温度和卷取温度；再后来，扩展到要求控制带钢的形状，即凸度、平直度和楔形；近些年，又发展到预测和控制带钢的组织和性能。当然，在带钢组织和性能的预报与控制方面，还有很多值得研究和逐步完善的地方。

6.1.2 热连轧数学模型的发展趋势

热轧数学模型的发展趋势主要有：

（1）数学模型的研制方法不断融入了新技术。传统的热轧数学模型一方面来源于轧制工艺理论，例如弹跳方程、塑性变形方程、流量恒定定律等；另一方面来源于物理学，例如传热理论。建模的常用方法是以最小二乘法为基础的多元回归分析法（线性的和非线性的）、求解常微分方程或偏微分方程、有限差分法、有限元法等。随着其他学科新技术的发展，这些新技术也被应用于热轧数学模型的建模。例如人工智能控制技术的模糊控制、专家系统、神经网络等，还有数据挖掘技术。其中，用 BP 神经网络方法建立或改进轧制力预报模型，用神经网络进行精轧机的宽展预报、精轧温度和卷取温度的预测，用模糊控制技术进行加热炉的炉温控制等，已经获得了广泛和深入的应用。这些新技术的应用，对提高数学模型的计算精度和稳定性，起了重要的作用。

（2）数学模型的软件趋于标准化、产品化，适用于各种类型的热轧生产线。建立标准的热轧数学模型库，模型库中涵盖了常用的热轧数学模型，例如不同的轧制压力模型、不同的温度模型、不同的前滑模型等。这些数学模型不但适合常规的热连轧机，还同样适合 CSP 流程、FTSR（又称为 UTSP）流程。例如，板形设定模型和板形控制模型适合多种机械类型的轧机，如 CVC 轧机、PC 轧机、WRB（工作辊弯辊）和 WRS（工作辊窜辊）类型的轧机，即所谓的"板形万能模型"。模型软件实现了标准化、产品化，对用户给出模型软件的输入和输出接口及其函数调用的标准格式。更为先进的是，一些外国公司制作的热轧模型软件能够适合于各种类型的热轧机组，只要根据具体的工艺设备布置和轧机的参数进行"参数配置"，就可以自动生成实用的数学模型程序，避免了繁琐的编程和程序调试工作。在生产现场只需要进行数学模型的用户化、模型参数的调整和优化，就能够满足生产的要求。数学模型参数的给定和调整也趋于规范化、工具化。使用软件工具给数学模型配置初始参数，参数的修改、调整规范化，缩短了现场的调试时间，也为以后的生产中修改模型参数提供了便利的条件。

（3）热轧数学模型的主流依然是静态模型加上自适应修正（自学习）。把热轧生产过程作为一个整体系统，然后用现代控制理论为基础的状态空间法建立带钢热连轧动态模型，仍然仅限于理论方面的研究和实验室的仿真，目前在国内外都没有在热轧生产线上全面应用的实例。主要原因是像热连轧这样的复杂系统，用一组基于状态空间法建立的动态模型来描述的话，仍然没有达到所要求的精度，而传统的热轧模型凝聚了轧钢技术人员近百年来的技术成果，已经广泛地应用于带钢热连轧生产，再加上模型的自适应修正（自学习），就完全能够满足生产发展的需求了。因此，热轧模型以工艺机理模型为主，这种趋势估计近期不会有太大的改变。这种趋势也扩展到整个轧钢领域的数学模型。

（4）随着计算机技术的发展，原来"功能分配"在 L1 计算机的一些数学模型控制功能，现在放在 L2 计算机上完成了。另外，模型程序的起动次数也增加了。典型的例子是精轧温度控制功能中的前馈控制和反馈控制，卷取温度控制功能中的前馈控制和反馈控制，过去都由 L1 计算机执行。现在基本都由 L2 计算机执行了。计算机技术的发展，使得这些实时性很强的控制功能由 L2 计算机执行，成为了现实。这种"功能分配"方面的改变，可以使控制算法更加完善和灵活，有利于提高控制的精度。增加模型程序的起动次数。这是为了能够根据轧线生产工况的实际变化，重新计算模型的设定值或模型的自学习值。以精轧设定模型程序 FSU 为例，其起动时序分别为：板坯到达出炉区时；板坯出钢完成时；粗轧出口温度计 RDT ON 时（在粗轧末道次）；中间坯在传送辊道上定周期（例如 3s）起动；精轧入口温度计 FET ON 时；带钢头部测量完成时（进行带钢头部的自学习）；带钢中部测量完成时（进行带钢中部的自学习）；带钢尾部测量完成时（进行带钢尾部的自学习）；轧线休止时（清除"Bar To Bar"自学习系数）。

6.1.3 热连轧数学模型的分类和功能

如果按照功能划分，热轧数学模型可以分成设定模型、控制模型，再加上数学模型的自学习。这三者构成了热轧数学模型的完整功能。

6.1.3.1 设定模型

为了得到带钢热连轧生产线上各种设备的设定值，进行设定计算时所使用的数学模型统称为设定模型（Set Up model）。如果按照热轧线生产区域划分，设定模型可以分成：加热炉设定模型、粗轧设定模型（Roughing mill Set Up，简称 RSU，RSU 中包含立辊设定模型）、精轧设定模型（Finishing Set Up，简称 FSU）、板形设定模型（Shape Set Up，简称 SSU）、卷取设定模型（Coiler Set Up，简称 CSU）、卷取温度设定模型（Coiling temperature Set Up，简称 CTSU）。

在设定模型中包含有大量的预报（预测）模型，或者叫做计算模型。例如有温度预报模型、轧制力预报模型、轧制功率预报模型、轧制力矩预报模型、凸度预报模型、前滑预报模型、宽展预报模型、弹跳预报模型、能耗预报模型和近些年发展起来的带钢性能预报模型等。预报模型、计算模型是为设定模型和控制模型服务的。

6.1.3.2 控制模型

除了设定模型以外，还有控制模型。使用控制模型的目的是计算控制量。控制模型用于计算控制量，包括设备动作的控制量、工艺流程的控制量、产品质量的控制量、产品性能的控制量、各种能源介质的控制量等。

控制模型有加热炉温度控制模型（Reheat furnace Temperature Control，简称 RTC）、粗轧宽度控制模型（Rougher mill Automatic Width Control，简称 RAWC 或 AWC）、厚度控制模型（Automatic Gauge Control，简称 AGC）、轧制节奏控制模型（Mill Pacing Control，简称 MPC）、保温罩控制模型（Holding Table Cover Model，简称 HTC）、板形控制模型（Automatic Shape Control，简称 ASC，ASC 中包含凸度控制和平直度控制）、精轧温度控制模型（Finishing mill Temperature Control，简称 FTC）、卷取温度控制模型（Coiling Temperature Control，简称 CTC）等。近年发展起来的带钢性能控制模型也属于这类模型。上述控制模型中有一些只是一种控制的算法，例如 AGC，人们长期称其为厚度控制模型，也就沿用下来了。严格说算不上数学模型，是一种控制算法。

6.1.3.3 数学模型的自学习

一种习惯的叫法是"自学习模型"或者叫"自适应模型"，实际上叫"模型的自学习"更为确切。模型的自学习也叫做模型的自适应修正。进行模型自学习的目的是为了消除和减弱生产过程和设备的一些变化或干扰因素造成的模型误差，保持和提高数学模型的计算精度。例如有轧制力模型的自学习、温度模型的自学习、轧制功率模型的自学习、轧制力矩模型的自学习、宽度模型的自学习、变形抗力模型的自学习、板形模型的自学习、压下位置的自学习等。根据生产过程的实际测量数据，采用一定的自适应修正算法，对数学模型的相关参数进行自学习，以便提高模型的计算精度。

严格来说，数学模型的自学习不能称之为数学模型的一个种类，因为"数学模型的自学习"和"自学习模型"以及"自适应模型"三者在控制理论与控制工程学科上的阐述是有较大区别的。这是本书这次修订时所要强调的一个观点，以利于学术上的规范化。

如果按照建模方法来区分，又可分为机理模型、实验统计模型、人工智能模型等。当然还可以按照其他方法来区分、归类，例如欧洲公司常把热轧模型分为：轧制策略模型（Strategy model）、物理模型（Physical model）、设备模型（Plant model）、产品模型（Product model）和材料模型（Material model）等。笔者认为，按照数学模型的功能来划分更为直观一些。

6.2　加热炉燃烧控制模型

6.2.1　概况

自动燃烧控制（Automatic Combustion Control，简称 ACC）功能的作用是控制加热炉各段炉温，使出炉的板坯温度达到所需要的目标温度，以便保证中间坯在粗轧出口温度计 RDT 的温度能够达到目标值。ACC 和其他功能的关联见图 6-1 。

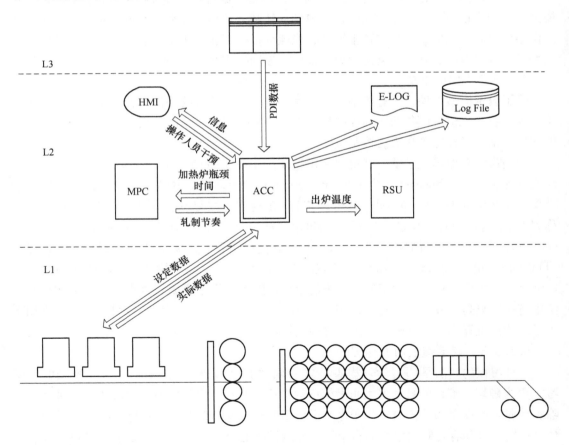

图 6-1　ACC 和其他功能的关联

ACC 功能的构成见图 6-2。

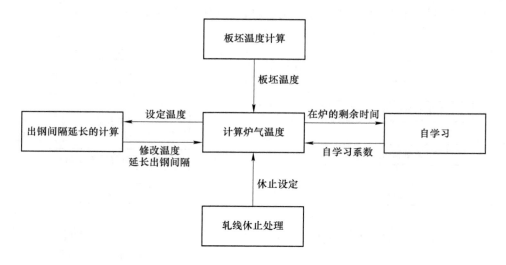

图 6-2 ACC 功能的构成

ACC 模块构成及其功能见表 6-2。

表 6-2 ACC 模块构成

序号	模块名	功 能	起 动 时 序
1	板坯温度计算	利用数学模型计算板坯温度 (1)计算板坯的装炉温度; (2)根据板坯上、下方的炉气温度值,使用模型公式,计算炉内板坯的上、下表面温度,然后再计算板坯的内部温度和平均温度	(1)定周期起动 (2)板坯出炉时 (3)热装板坯插入时
2	炉温设定计算	根据轧制节奏控制(MPC)功能的要求,通过板坯在炉内的位置和出炉的剩余时间,计算加热炉每个区的炉温设定值	定周期起动
3	出钢间隔延长的计算	如果板坯剩余的在炉时间比规定的时间还短,或者 ACC 预测到以最短的在炉时间加热板坯,达不到板坯的出炉目标温度时,那么就延长板坯的出炉间隔时间,也就是延长板坯的在炉时间,以便保证板坯达到出炉目标温度的要求	定周期起动
4	轧线休止的处理	当精轧机更换工作辊时,或者当轧线发生事故,在短期内不能继续轧钢,也就是加热炉要停止出钢时,操作人员通过 HMI 通知 ACC 进行休止处理,以便降低炉温,节约能源,防止板坯过烧	(1)操作人员通过 HMI 请求时; (2)在轧线休止期间,定周期起动
5	自学习	对数学模型进行自学习	板坯出炉时

6.2.2 板坯温度计算

板坯温度计算,包括计算板坯的入炉温度、计算板坯在炉内的温度和计算板坯的出炉温度。如果使用步进梁式加热炉加热板坯,由于板坯在固定梁上会产生"水印",所以既要计算板坯"水印"处的温度,也要计算板坯无"水印"处的温度。

板坯装炉时，计算的流程图如图 6-3 所示。

ACC 每次定周期起动时，以及板坯出炉时，计算的流程图如图 6-4 所示。

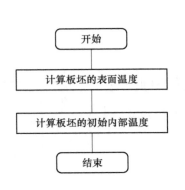

图 6-3　板坯装炉时的计算流程图

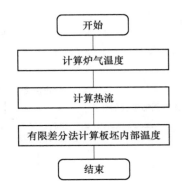

图 6-4　ACC 定周期起动以及
板坯出炉时计算流程图

板坯装入到加热炉以后，ACC 首先计算板坯的表面温度，然后计算板坯内部的初始温度。当 ACC 每次定周期起动时，或者板坯出炉时，ACC 先计算炉内温度、计算热流量，然后使用有限差分法计算板坯温度。

6.2.2.1　计算板坯表面的初始温度

板坯装炉时，ACC 计算板坯表面的初始温度。对于冷装（CCR）板坯的表面的初始温度，取值为环境的温度。也可以根据板坯的厚度和不同的季节，采用查表的方法确定。对于热装（HCR）板坯，使用下面的公式计算板坯的初始温度（表面温度）。

$$T_{\mathrm{SUF}} = \left[(T_0 + 273)^{-3} + \frac{6\varepsilon\sigma t_{\mathrm{im}}}{c_p\rho H_{\mathrm{SLB}}} \right]^{-\frac{1}{3}} - 273 \tag{6-1}$$

式中，T_{SUF} 为板坯入炉时的表面温度，℃；T_0 为板坯实测温度，℃；ε 为热辐射率；σ 为斯蒂芬-玻耳兹曼常数，$\sigma \approx 5.69\mathrm{W}/(\mathrm{m}^2 \cdot \mathrm{K}^4)$；$t_{\mathrm{im}}$ 为板坯从测温开始到入炉的传送时间，h；c_p 为比热容，J/(kg·K)；ρ 为板坯的密度，kg/m³；H_{SLB} 为板坯的厚度，m。

6.2.2.2　计算板坯内部的温度

板坯装炉时，ACC 计算板坯内部的温度。计算公式如下：

$$T_{\mathrm{ISD}} = \frac{h_{\mathrm{f}}}{h_{\mathrm{t}} \times H_{\mathrm{SLB}}} \times X_i^2 - \frac{h_{\mathrm{f}} \times H_{\mathrm{SLB}}}{4 \times h_{\mathrm{t}}} + T_{\mathrm{SUF}} \tag{6-2}$$

式中，T_{ISD} 为装炉时板坯的内部温度，℃；h_{f} 为热流量，W，1W = 1J/s；h_{t} 为热导率，W/(m·℃)；T_{SUF} 为板坯入炉时的表面温度，℃；H_{SLB} 为板坯的厚度，m；X_i 为从板坯的中心，沿厚度方向的距离，m。

$X_1 \sim X_5$ 取值范围如下：

$$X_1 = \frac{H_{\mathrm{SLB}}}{2}, \quad X_2 = \frac{H_{\mathrm{SLB}}}{4}, \quad X_3 = 0, \quad X_4 = -\frac{H_{\mathrm{SLB}}}{4}, \quad X_5 = -\frac{H_{\mathrm{SLB}}}{2}$$

6.2.2.3　计算热流量

用下面的公式计算热流量：

$$h_f = \varepsilon\sigma\left[(T_{AIR} + 273)^4 - (T_{SUF} + 273)^4\right] - 2.8(T_{SUF} - T_{AIR})^{1.25} \quad (6\text{-}3)$$

式中，h_f 为热流量，W；ε 为热辐射率；σ 为斯蒂芬-玻耳兹曼常数，$\sigma = 5.69\mathrm{W}/(\mathrm{m}^2 \cdot \mathrm{K}^4)$；$T_{AIR}$ 为空气的温度，℃；T_{SUF} 为板坯入炉时的表面温度，℃。

6.2.2.4 计算板坯的平均温度

板坯的平均温度用下式得到：

$$T_{AV} = T_{SUF} - \frac{h_f \times H_{SLB}}{6 \times h_t} \quad (6\text{-}4)$$

式中，T_{AV} 为板坯的平均温度，℃；h_f 为热流量，W；h_t 为热导率，$\mathrm{W}/(\mathrm{m} \cdot ℃)$。

6.2.2.5 计算炉气温度

在加热炉内设置了热电偶，用以检测炉内的温度。ACC 计算的炉内温度，是指炉内各个区域的气氛温度，或者叫炉气温度。这个温度与热电偶测量的温度有一定关系，所以根据热电偶的温度，通过下面的公式进行"插值"计算，得到炉气温度。设 PY_1 和 PY_2 是加热炉内两个相邻的热电偶。

$$T_{AT} = T_{PY1} + (P_{SLB} - P_{PY1}) \times \frac{T_{PY2} - T_{PY1}}{P_{PY2} - P_{PY1}} \quad (6\text{-}5)$$

式中，T_{AT} 为炉气温度（宽度方向），℃；T_{PY1} 为热电偶 PY_1 测量的温度，℃；T_{PY2} 为热电偶 PY_2 测量的温度，℃；P_{SLB} 为板坯中心的位置，mm；P_{PY1} 为热电偶 PY_1 的位置，mm；P_{PY2} 为热电偶 PY_2 的位置，mm。

炉气温度 T_{AT}（长度方向）的计算与上面的方法相同。

计算热流

无水印 $\qquad QF = \Phi(i, j) \times \sigma\left[(T_{AT}(j) + 273)^4 - (T_{SUF}(i, j) + 273)^4\right] \quad (6\text{-}6)$

有水印

$$QF = \Phi(i, j) \times \sigma\left[(T_{AT}(j) + 273)^4 - (T_{SUF}(i, j) + 273)^4\right] + C_3 \times T_{SUF}(i, j) \quad (6\text{-}7)$$

$$\Phi(i, j) = C_1(i, j) + C_2(i, j) \times \left[T_{AT}(j) - T_{SUF}(i, j)\right] \quad (6\text{-}8)$$

式中，QF 为热流，$\mathrm{W/m}^2$；σ 为斯蒂芬-玻耳兹曼常数，$\sigma = 5.69\mathrm{W}/(\mathrm{m}^2 \cdot \mathrm{K}^4)$；$T_{AT}$ 为炉气温度（加热炉长度方向），℃；T_{SUF} 为板坯入炉时的表面温度，℃；C_1，C_2，C_3 为系数。

有水印时，$i = 1$，无水印时，$i = 2$。对于板坯的上表面，$j = 1$，对于板坯的下表面，$j = 2$。

6.2.2.6 用有限差分法计算板坯的内部温度

使用一维有限差分法，将板坯按照图 6-5 所示，沿厚度方向划分为 5 部分。利用下面的式（6-9）计算板坯的内部温度。

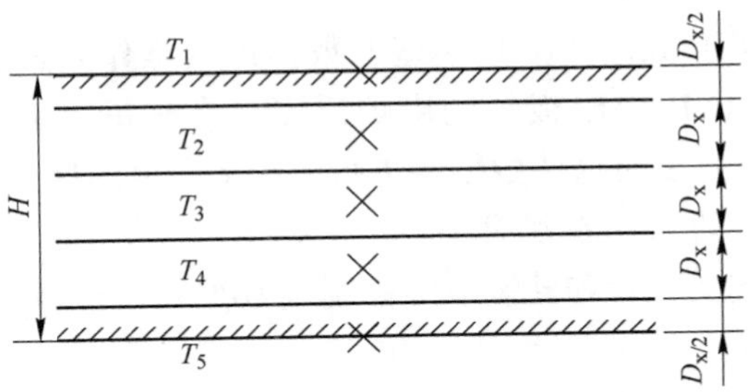

图 6-5 板坯厚度方向的划分

$$
\begin{pmatrix}
\dfrac{c_{\text{p1}}\rho D_{\text{x}}^2}{\Delta t}+\lambda_{12} & -\lambda_{12} & 0 & 0 & 0 \\[2mm]
-\lambda_{12} & 2\dfrac{c_{\text{p2}}\rho D_{\text{x}}^2}{\Delta t}+\lambda_{12}+\lambda_{23} & -\lambda_{23} & 0 & 0 \\[2mm]
0 & -\lambda_{23} & 2\dfrac{c_{\text{p3}}\rho D_{\text{x}}^2}{\Delta t}+\lambda_{23}+\lambda_{34} & -\lambda_{34} & 0 \\[2mm]
0 & 0 & -\lambda_{34} & 2\dfrac{c_{\text{p4}}\rho D_{\text{x}}^2}{\Delta t}+\lambda_{34}+\lambda_{45} & -\lambda_{45} \\[2mm]
0 & 0 & 0 & -\lambda_{45} & \dfrac{c_{\text{p5}}\rho D_{\text{x}}^2}{\Delta t}+\lambda_{45}
\end{pmatrix}
\begin{pmatrix}
\theta_1^N \\[2mm] \theta_2^N \\[2mm] \theta_3^N \\[2mm] \theta_4^N \\[2mm] \theta_5^N
\end{pmatrix}
$$

$$
=\begin{pmatrix}
\left(\dfrac{c_{\text{p1}}\rho D_{\text{x}}^2}{\Delta t}-\lambda_{12}\right)\theta_1^{N-1}+\lambda_{12}\theta_2^{N-1}+2D_{\text{x}}\times QF_{\text{U}} \\[3mm]
\lambda_{12}\theta_1^{N-1}+\left(2\dfrac{c_{\text{p2}}\rho D_{\text{x}}^2}{\Delta t}-\lambda_{12}-\lambda_{23}\right)\theta_2^{N-1}+\lambda_{23}\theta_3^{N-1} \\[3mm]
\lambda_{23}\theta_2^{N-1}+\left(2\dfrac{c_{\text{p3}}\rho D_{\text{x}}^2}{\Delta t}-\lambda_{23}-\lambda_{34}\right)\theta_3^{N-1}+\lambda_{34}\theta_4^{N-1} \\[3mm]
\lambda_{34}\theta_3^{N-1}+\left(2\dfrac{c_{\text{p4}}\rho D_{\text{x}}^2}{\Delta t}-\lambda_{34}-\lambda_{45}\right)\theta_4^{N-1}+\lambda_{45}\theta_5^{N-1} \\[3mm]
\lambda_{45}\theta_4^{N-1}+\left(\dfrac{c_{\text{p5}}\rho D_{\text{x}}^2}{\Delta t}-\lambda_{45}\right)\theta_5^{N-1}+2D_{\text{x}}\times QF_{\text{D}}
\end{pmatrix}
\tag{6-9}
$$

式中，c_{p} 为比热容，J/(kg·℃)；ρ 为板坯的密度，kg/m³；D_{x} 为板坯厚度的四分之一，m；λ 为等价热传导率，W/(m·℃)；Δt 为有限差分计算时间，h；θ^N 为本次计算的板坯内部温度，℃；θ^{N-1} 为上次计算的板坯内部温度，℃；QF_{U} 为板坯上表面的热流，W/m²；QF_{D} 为板坯下表面的热流，W/m²。

计算板坯的平均温度

$$
\theta_{\text{AV}}=\frac{c_{\text{p1}}\theta_1^N+2(c_{\text{p2}}\theta_2^N+c_{\text{p3}}\theta_3^N+c_{\text{p4}}\theta_4^N)+c_{\text{p5}}\theta_5^N}{c_{\text{p1}}+2(c_{\text{p2}}+c_{\text{p3}}+c_{\text{p4}})+c_{\text{p5}}}
\tag{6-10}
$$

式中　θ_{AV}——板坯的平均温度，℃。

6.2.3　炉温设定计算

炉温设定计算是根据轧制节奏控制的要求和板坯的出炉目标温度，通过板坯在炉内的位置和出炉的剩余时间，计算加热炉每个区的炉温设定值。计算的流程图如图 6-6 所示。

6.2.3.1　准备数据

准备数据就是获取 PDI 数据、ACC 模型的数据以及操作人员通过 HMI 输入的修改数据。操作人员可以通过 HMI 修改板坯的出炉温度、修改每个加热炉、加热炉内每个区（段）的炉温设定值。ACC 要对这些数据要进行上、下限值的检查。

6.2.3.2　计算板坯的预测在炉时间

根据每块板坯在炉内的位置和轧制节奏控制（MPC）功能计算出来的出钢节奏时间，计算板坯的在炉时间。

6.2.3.3　计算板坯的预测温度

用下面的公式计算加热炉各个区（段）内（靠近出钢侧）板坯的预测温度。

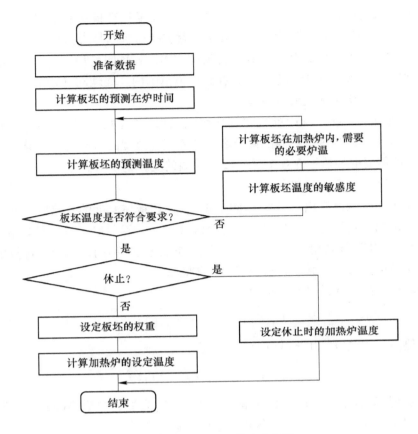

图 6-6 炉温设定计算的流程图

$$T_{EX}(k) = T_{NES}(k) + \left[T_{INS}(k) - T_{NES}(k) \right] \exp\left[-h_{t_{AV}} \times t_{imp}(k)/H_{SLB} \right] \tag{6-11}$$

式中　T_{EX}——加热炉各个区（段）内（靠近出钢侧）板坯的预测温度，℃；

　　　T_{NES}——加热炉各个区（段）的必要炉温，℃；

　　　T_{INS}——板坯在装钢侧的温度，℃；

　　　$h_{t_{AV}}$——加热炉各个区（段）的平均热传导率；

　　　t_{imp}——板坯在加热炉各个区（段）的预测在炉时间，h；

　　　H_{SLB}——板坯的厚度，m；

　　　k——加热炉各个区（段）的序号，如果一个加热炉有预热段、1 加热段、2 加热段、均热段，那么 $k=4$。

　　在计算加热炉各个区（段）的平均热传导率时，还要先计算平均比热容值。在这些计算过程中，要使用上面计算出来的板坯平均温度 θ_{AV}。这里不再详述。

6.2.3.4　判断板坯的温度是否达到要求

　　用下面的三个条件来判断板坯的温度是否达到要求：

　　（1）板坯出炉时，板坯的温度（有水印的地方）和出炉目标温度的偏差值是否小于或者等于允许的温度偏差值。如果大于允许的温度偏差值，就说明板坯的温度没有达到要求，就计算板坯温度的敏感度，计算必要的炉温，再重复计算板坯的预测在炉时间及计算板坯的预测温度。如果板坯的温度达到了要求，就去执行判断是否休止。

（2）两次设定计算的偏差值是否在允许值范围内。处理同（1）。

（3）在加热段，温度上升的总量是否在允许值范围内。处理同（1）。

6.2.3.5　计算板坯温度的敏感度

所谓"敏感度"（sensitivity）就是"变化率"，就是"导数"。板坯温度的敏感度，就是板坯温度对加热炉内各个区炉温的偏导数。计算板坯温度的敏感度，就是要计算板坯温度改变1℃，所需要的加热炉内各个区（段）炉温的变化量是多少。

6.2.3.6　计算必要的炉温

首先，根据板坯温度和出炉目标温度的偏差，使用板坯温度的敏感度，就可以计算出为了达到板坯的出炉目标温度，加热炉内各个区（段）炉温的修正量，即炉温需要改变多少度。在这里是按照加热炉的预热段、加热段、均热段几个不同区域分别计算的。由于计算炉温的修正量的公式比较繁琐，这里将公式省略了。

对于预热段，用下式计算必要炉温

$$T_{NES}(1) = G_{AT} \times T_{NES}(2) \tag{6-12}$$

对于加热段、均热段，用下式计算必要炉温

$$T_{NES}(k) = T_{NES}(k) + \Delta T(k) \tag{6-13}$$

式中，T_{NES} 为加热炉各个区（段）的必要炉温，℃；G_{AT} 为加热炉预热段的气氛温度变换增益；ΔT 为炉温的修正量，℃；k 为加热炉各个区（段）的序号。

这是一个递推公式，第一次计算时，必要炉温可以给定一个常数。从第二次计算开始，使用上面的公式。然后，要对计算出来的加热炉各个区（段）必要炉温进行上、下限值的检查。

6.2.3.7　判断是否休止

判断轧线是否有作业休止，如果有休止，就设定休止时的加热炉温度；否则设定板坯的重要性权重。

如果有作业休止，操作人员要在 HMI 上输入作业休止的方式。有两种作业休止方式，一种是"可预见的休止"，例如更换工作辊、计划检修设备等情况。这时，操作人员要输入钢卷号、休止时间。另外一种是"突发性的休止"，例如突然出现轧线废钢、设备故障等情况。这时，操作人员要输入休止时间。从休止开始到休止结束，ACC 的休止处理功能是定周期起动运行的。

6.2.3.8　设定休止时的加热炉温度

如果轧线有作业休止，意味着加热炉不能出钢，这时就要降低加热炉内各个区（段）的炉温。降温多少度，降温多长时间，是和操作人员估计的作业休止时间的长短相关的。针对不同炉子和轧线的情况，总结、归纳操作人员的经验，制定出作业休止时的降温制度，储存在计算机中，这对加热炉燃烧控制是一项很重要的工作。下面给出一个例子，供参考，见表6-3。

表 6-3　休止时的降温制度

规　则	休止时间	降温开始时间	降　温	ACC 切换时间
加热 1 段				
1	休止时间超过 20min，小于 30min	预定休止前 20min	上部 $T-60℃$ 下部 $T-60℃$	休止结束之前 10min
2	休止时间超过 30min，小于 60min	预定休止前 30min	上部 $T-100℃$ 下部 $T-100℃$	休止结束之前 20min
3	休止时间超过 60min，小于 90min	预定休止前 30min	上部 $T-130℃$ 下部 $T-130℃$	休止结束之前 30min
4	休止时间超过 90min，小于 120min	预定休止前 30min	上部 $T-160℃$ 下部 $T-160℃$	休止结束之前 36min
5	休止时间超过 120min，小于 180min	预定休止前 30min	上部 $T-180℃$ 下部 $T-180℃$	休止结束之前 41min
6	休止时间超过 180min	预定休止前 30min	上部 $T-200℃$ 下部 $T-200℃$	休止结束之前 41min
加热 2 段				
1	休止时间超过 20min，小于 30min	预定休止前 20min	上部 $T-40℃$ 下部 $T-40℃$	休止结束之前 10min
2	休止时间超过 30min，小于 60min	预定休止前 20min	上部 $T-70℃$ 下部 $T-70℃$	休止结束之前 20min
3	休止时间超过 60min，小于 90min	预定休止前 30min	上部 $T-90℃$ 下部 $T-90℃$	休止结束之前 30min
4	休止时间超过 90min，小于 120min	预定休止前 30min	上部 $T-130℃$ 下部 $T-130℃$	休止结束之前 35min
5	休止时间超过 120min，小于 180min	预定休止前 30min	上部 $T-150℃$ 下部 $T-150℃$	休止结束之前 40min
6	休止时间超过 180min	预定休止前 30min	上部 $T-170℃$ 下部 $T-170℃$	休止结束之前 40min
均热段				
1	休止时间超过 20min，小于 30min	预定休止前 5min	上部 $T-10℃$ 下部 $T-10℃$	休止结束之前 10min
2	休止时间超过 30min，小于 60min	预定休止前 5min	上部 $T-30℃$ 下部 $T-30℃$	休止结束之前 20min
3	休止时间超过 60min，小于 90min	预定休止前 5min	上部 $T-50℃$ 下部 $T-50℃$	休止结束之前 30min
4	休止时间超过 90min，小于 120min	预定休止前 5min	上部 $T-70℃$ 下部 $T-70℃$	休止结束之前 35min
5	休止时间超过 120min，小于 180min	预定休止前 5min	上部 $T-90℃$ 下部 $T-90℃$	休止结束之前 40min
6	休止时间超过 180min	预定休止前 5min	上部 $T-110℃$ 下部 $T-110℃$	休止结束之前 40min

6.2.3.9　设定板坯的重要性权重

设定板坯的重要性权重（Importance Weight），就是决定加热炉内每一块板坯对于"烧钢"的不同优先级别。

有两种设定权重的方法。第一种方法是"最大必要温度设定规则"法。这种方法很简单，就是找到加热炉各个区内必要炉温是最高温度的那块板坯，其重要性权重为 100。当在加热炉各个区内的板坯所需的必要炉温差别不大的时候，通常使用这种方法。另外，热负荷试车，ACC 功能进行粗调时，也使用这种方法。表 6-4 给出了其设定规则。

表 6-4   最大必要温度设定规则

规则	条件 1	条件 2	重要性权重
	板坯在 1 加热段	板坯的必要温度是 1 加热段的最大温度	
1	√	√	100
2	√	×	0
	板坯在 2 加热段	板坯的必要温度是 2 加热段的最大温度	
3	√	√	100
4	√	×	0
	板坯在均热段	板坯的必要温度是均热段的最大温度	
5	√	√	100
6	√	×	0

注："√"表示条件成立，"×"表示条件不成立。

第二种方法是"平均必要温度设定规则"法。这种方法与第一种方法是互相排斥的，即只能选择其中的一种。第二种方法的执行，又分成以下三个步骤。

首先，根据必要炉温、板坯出炉的目标温度、板坯的含碳量、精轧目标板厚、板坯的装炉温度等参数决定等级权重（Rank Weight），决定的方法见表 6-5 ~ 表 6-9 。

表 6-5   必要炉温的分挡及等级权重

序号	必要炉温的分挡	等级权重 W_{NT}	序号	必要炉温的分挡	等级权重 W_{NT}
1	$T_{NES} \geqslant T_{AV} + 35$	8	6	$T_{AV} - 15 \leqslant T_{NES} < T_{AV} - 5$	3
2	$T_{AV} + 25 \leqslant T_{NES} < T_{AV} + 35$	7	7	$T_{AV} - 25 \leqslant T_{NES} < T_{AV} - 15$	2
3	$T_{AV} + 15 \leqslant T_{NES} < T_{AV} + 25$	6	8	$T_{AV} - 35 \leqslant T_{NES} < T_{AV} - 25$	1
4	$T_{AV} + 5 \leqslant T_{NES} < T_{AV} + 5$	5	9	$T_{NES} < T_{AV} - 35$	0
5	$T_{AV} - 5 \leqslant T_{NES} < T_{AV} + 5$	4			

表 6-5 中，T_{NES} 是必要炉温，℃；T_{AV} 是平均炉温，℃。从表 6-5 中可以看出，板坯的必要炉温 T_{NES} 和平均炉温 T_{AV} 之间的偏差（指正偏差）越大的板坯，板坯的等级权重 W_{NT} 就越大。换句话说，温度要求越高的板坯，在加热时就应该越要得到重视。

表 6-6   板坯出炉目标温度的分挡及等级权重

序号	板坯出炉目标温度的分挡/℃	等级权重 W_{TX}	序号	板坯出炉目标温度的分挡/℃	等级权重 W_{TX}
1	$T_X \geqslant 1260$	9	6	$1240 \leqslant T_X < 1260$	4
2	$1240 \leqslant T_X < 1260$	8	7	$1240 \leqslant T_X < 1260$	3
3	$1240 \leqslant T_X < 1260$	7	8	$1240 \leqslant T_X < 1260$	2
4	$1240 \leqslant T_X < 1260$	6	9	$1240 \leqslant T_X < 1260$	1
5	$1240 \leqslant T_X < 1260$	5	10	$1240 \leqslant T_X < 1260$	0

表 6-6 中，T_X 是板坯的出炉目标温度，℃。从表 6-6 中可以看出，板坯的出炉目标温度越高，板坯的等级权重 W_{TX} 就越大。

表 6-7   板坯含碳量的分挡及等级权重

序号	板坯含碳量的分挡/%	等级权重 W_C	序号	板坯含碳量的分挡/%	等级权重 W_C
1	$w(C) \geqslant 0.07$	3	3	$0.045 \leqslant w(C) < 0.06$	1
2	$0.06 \leqslant w(C) < 0.07$	2	4	$w(C) < 0.045$	0

表 6-7 中 $w(C)$ 是板坯的含碳量，从表中可以看出，板坯的含碳量越大，板坯的等级权重 W_C 就越大。换句话说，含碳量越高的板坯，在加热时就越要得到重视。

表 6-8 精轧目标板厚的分挡及等级权重

序号	精轧目标板厚的分挡/mm	等级权重 W_H	序号	精轧目标板厚的分挡/mm	等级权重 W_H
1	$H_{aim} \geqslant 5.0$	0	5	$2.0 \leqslant H_{aim} < 2.3$	4
2	$3.8 \leqslant H_{aim} < 5.0$	1	6	$1.7 \leqslant H_{aim} < 2.0$	5
3	$2.8 \leqslant H_{aim} < 3.8$	2	7	$1.4 \leqslant H_{aim} < 1.7$	6
4	$2.3 \leqslant H_{aim} < 2.8$	3	8	$H_{aim} < 1.4$	7

表 6-8 中 H_{aim} 是精轧的目标板厚，从表中可以看出，精轧目标板厚越薄，其对应的板坯的等级权重 W_H 就越大。换句话说，对应于精轧目标板厚越薄的板坯，在加热时就越要得到重视。

表 6-9 板坯装炉温度的分挡及等级权重

序号	板坯装炉温度的分挡/℃	等级权重 W_{TC}	序号	板坯装炉温度的分挡/℃	等级权重 W_{TC}
1	$T_C \geqslant 800$	0	4	$80 \leqslant T_C < 150$	3
2	$300 \leqslant T_C < 800$	1	5	$T_C < 80$	4
3	$150 \leqslant T_C < 300$	2			

表 6-9 中 T_C 是板坯的装炉温度，从表中可以看出，板坯的装炉温度越低，其等级权重 W_{TC} 就越大。换句话说，装炉温度越低的板坯，在加热时就越要得到重视。

在加热炉各个区内的每块板坯的等级权重用下面的公式计算：

$$W_{H1} = W_{NT} \times 10000 + W_{TC} \times 1000 + W_{TX} \times 100 + W_H \times 10 + W_C \tag{6-14}$$

$$W_{H2} = W_{NT} \times 10000 + W_{TC} \times 1000 + W_H \times 100 + W_C \times 10 + W_{TX} \tag{6-15}$$

$$W_{SK} = W_{TX} \times 10000 + W_C \times 1000 + W_H \times 100 + W_{NT} \times 10 + W_{TC} \tag{6-16}$$

式中，W_{H1}、W_{H2}、W_{SK} 分别是加热炉 1 加热段、2 加热段、均热段的等级权重。

其次，在加热炉的各个区里，选择 5 块等级权重大的板坯，分别称之为板坯 A、板坯 B、板坯 C、板坯 D、板坯 E。如果在同一个炉区（段）中如果有几个等级权重一样的板坯，就优先选择靠近出炉侧的板坯。

最后，按照下面的规则来设定板坯的重要性权重。

规则 1：如果 A 板坯在炉内存在，那么 A 板坯的重要性权重为 100，B 板坯的重要性权重为 40，C 板坯的重要性权重为 10，D 板坯的重要性权重为 10，E 板坯的重要性权重为 0。

规则 2：如果 B 板坯在炉内存在，那么 B 板坯的重要性权重为 100，C 板坯的重要性权重为 60，D 板坯的重要性权重为 20，E 板坯的重要性权重为 0。

规则 3：如果 E 板坯在炉内存在或者 D 板坯存在，那么 C 板坯的重要性权重为 100，D 板坯的重要性权重为 60，E 板坯的重要性权重为 20。

规则 4：如果对应于精轧目标厚度 $H_{aim} < 1.4$mm 的板坯在炉内存在，并且对应于 $H_{aim} \geqslant 2.8$mm 的板坯在炉内也存在，那么对应于 $H_{aim} < 1.4$mm 的板坯的重要性权重为 100，对应于 1.4mm $\leqslant H_{aim} < 2.8$mm 的板坯的重要性权重为 30，对应于 $H_{aim} > 2.8$mm 的板坯的重要性权重为 10。

规则 5：如果对应于 $H_{aim} < 1.4$mm 的板坯在炉内存在，并且对应于 1.4mm $\leqslant H_{aim} <$

2.8mm 的板坯在炉内也存在，那么对应于 H_{aim} < 1.4mm 的板坯的重要性权重为 100，对应于 1.4mm ≤ H_{aim} < 2.8mm 的板坯的重要性权重为 50。

规则 6：如果对应于 1.4mm ≤ H_{aim} < 2.8mm 的板坯在炉内存在，并且对应于 H_{aim} ≥ 2.8mm 的板坯在炉内也存在，那么 1.4mm ≤ H_{aim} < 2.8mm 的板坯的重要性权重为 100。对应于 H_{aim} ≥ 2.8mm 的板坯的重要性权重为 70。

规则 7：如果含碳量 $w(C)$ ≥ 0.06% 的板坯在炉内存在，并且含碳量 $w(C)$ < 0.06% 的板坯在炉内也存在，那么含碳量 $w(C)$ ≥ 0.06% 的板坯的重要性权重为 100。含碳量 $w(C)$ < 0.06% 的板坯的重要性权重为 40。

规则 8：上述条件都不满足的板坯的重要性权重为 100。

对加热炉每个区（段）选择出来的 5 块板坯，计算必要炉温的平均值 NT_{AV}，单位℃。然后按照表 6-10 所示的方法，进行平均必要温度设定。

表 6-10   平均必要温度设定

序号	不同优先级的板坯	温　度	序号	不同优先级的板坯	温　度
1	优先级 A	NT_{AV} + 30℃	4	优先级 D	NT_{AV} - 10℃
2	优先级 B	NT_{AV} + 10℃	5	优先级 E	NT_{AV} - 30℃
3	优先级 C	NT_{AV}			

6.2.3.10   计算加热炉的设定温度

使用上面计算出来的必要炉温和板坯加热的"重要性权重"，用下式计算加热炉的设定温度

$$T_{SET}(k) = \frac{\sum_{i=1}^{j} \left[SW(k,i) \times T_{NES}(k,i) \right]}{\sum_{i=1}^{j} SW(k,i)} \qquad (6-17)$$

式中，T_{SET} 为加热炉的设定温度，℃；SW 为重要性权重；T_{NES} 为加热炉各个区（段）的必要炉温，℃；i 为在加热炉内板坯的序号；j 为加热炉各个区（段）内板坯的数量；k 为加热炉各个区（段）的序号。

对计算出来的加热炉设定温度要进行上、下限值的检查。

6.2.4   出钢间隔延长的计算

当计算出来的加热炉设定温度虽然达到最高值，但是仍然不能够满足板坯出钢目标温度的要求时，就需要延长出钢间隔。处理的流程如图 6-7 所示。

使用下式计算出钢间隔延长（extended interval）时间：

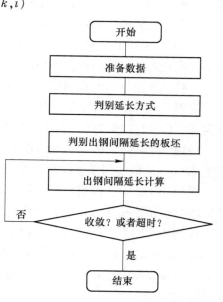

图 6-7   出钢间隔延长计算的流程图

$$t_{imEI} = \frac{T_X - T_{EX}(4)}{\sum_{k=i}^{4}\left\{\frac{\partial T_{EX}(4)}{\partial t_{imp}(k)} \times \frac{[N_{ES}(k-i+1) - N_{ES}(k-i)] - [j(k-i+1) - j(k-i)] - 1}{N_{ES}(4-i+1) - j(4-i+1) - 1}\right\}}$$

$$(6\text{-}18)$$

式中，t_{imEI} 为出钢间隔延长时间，h；T_X 为板坯的出炉目标温度，℃；T_{EX} 为板坯出炉时的温度，℃；$\dfrac{\partial T_{EX}}{\partial t_{imp}}$ 为温度敏感度，℃/h；t_{imp} 为预计的板坯在炉时间，h；N_{ES} 为板坯出炉的顺序；i 为在加热炉内板坯的序号；j 为加热炉各个区（段）内板坯的数量；k 为加热炉各个区（段）的序号。

出钢间隔延长了，就意味着板坯在炉内的时间加长了。用下式计算板坯在炉时间的修改值：

$$t_{imp}(k) = t_{imp}(k) + t_{imEI} \times \frac{[N_{ES}(k-i+1) - N_{ES}(k-i)] - [j(k-i+1) - j(k-i)] - 1}{N_{ES}(4-i+1) - j(4-i+1) - 1}$$

$$(6\text{-}19)$$

公式中符号的意义同上。

出钢间隔延长了，轧制节奏控制（MPC）的参数也要做相应的改变。

6.2.5 关于自动燃烧控制（ACC）的讨论

上面给出的 ACC（自动燃烧控制）数学模型是从国外公司引进的，在我国几个带钢热连轧生产线都有应用。笔者曾经和这个 ACC 模型的开发者做过讨论，这个模型主要的作用是能够较为准确地计算板坯在炉内的温度，特别是板坯的出钢温度。当然前提是，要针对加热炉的具体工况，很好地调试 ACC 模型的参数。这个模型还有一个特点，在设定板坯"重要性权重"、制定轧线休止时的加热炉降温制度，都是总结了操作工的经验，把这些经验归纳成该模型的"Rule Base"（规则库）。这给模型的应用提供了灵活性。同时也要求一定要根据具体加热炉和轧线的具体情况，来总结"知识"，即更新"Rule Base"（规则库）。

ACC 模型的开发者也坦承，从"烧钢"的角度来说，ACC 模型和一个比较有经验的加热炉操作工差不多，但是比不上一个优秀的操作工。这种情况也是与国内加热炉数学模型应用状况相符合。我国从国外多家公司引进过不同的热连轧加热炉燃烧控制数学模型。上述 ACC 模型的应用状况是比较好的一种。而国内另外一些引进的加热炉模型，在后来的生产中，有些已经弃之不用了。

从控制系统的角度来看，加热炉是一个非线性系统，并且具有强耦合、纯滞后、大惯性、慢时变等特点，所以建立一个计算精确的加热炉数学模型仍然是比较困难的事情。国内外在建模时，主要是在分析加热炉内的热交换机理基础上，依据传热学的定律，用不同的方法（例如有限差分法）建立适合在线计算的板坯加热数学模型。这方面还有许多问题值得研究。

6.2.6 另外一种加热炉燃烧控制模型

下面给出另外一种加热炉燃烧控制模型，计算公式如下：

$$T_{EX} = \frac{1}{2}(T_{ZU} + T_{ZL}) - \left[\frac{1}{2}(T_{ZU} + T_{ZL}) - T_{SUF}\right] \times \exp\left[-H_{SLB}^{\alpha_1} \times t_{im}^{\alpha_2} \times \exp(\alpha_3 \times t_{im} + \alpha_4)\right] +$$

$$\Delta T_{Z1} \times (\beta_1 + \beta_2 \times H_{SLB} + \beta_3 \times t_{im} + \beta_4 \times H_{SLB} \times t_{im}) + \Delta T_{Z2} \times (\beta_5 + \beta_6 \times H_{SLB} +$$

$$\beta_7 \times t_{im} + \beta_8 \times H_{SLB} \times t_{im}) + \Delta T_{Z3} \times (\beta_9 + \beta_{10} \times H_{SLB} + \beta_{11} \times t_{im} + \beta_{12} \times H_{SLB} \times t_{im}) +$$

$$\Delta T_{Z4} \times (\beta_{13} + \beta_{14} \times H_{SLB} + \beta_{15} \times t_{im} + \beta_{16} \times H_{SLB} \times t_{im}) + \beta_{17} \qquad (6-20)$$

式中，T_{EX} 为板坯出炉时的温度，℃；T_{ZU} 为加热炉均热段上部的基准温度，℃；T_{ZL} 为加热炉均热段下部的基准温度，℃；T_{SUF} 为板坯装炉时的温度，℃；H_{SLB} 为板坯的厚度，mm；t_{im} 为板坯的在炉时间，h；$\Delta T_{Z1} \sim \Delta T_{Z4}$ 为加热炉各段的设定温度和基准温度之差，℃；$\alpha_1 \sim \alpha_4$ 为模型系数；$\beta_1 \sim \beta_{17}$ 为模型系数。

加热炉各段的设定温度和基准温度之差用下式计算：

$$\Delta T_{Zi} = T_{Zi}^{SET} - T_{Zi}^{BASE} \qquad (6-21)$$

式中，ΔT_{Zi} 为加热炉各段的设定温度和基准温度之差，℃；T_{Zi}^{SET} 为加热炉各段的设定温度，℃；T_{Zi}^{BASE} 为加热炉各段的基准温度，℃；i 为加热炉各段的序号。

加热炉各段的基准温度如表 6-11 所示。

表 6-11   加热炉各段的基准温度

序号	温 度	预 热 段	第 1 加热段	第 2 加热段	均 热 段
1	上部温度/℃	1075	1280	1315	1280
2	下部温度/℃	1025	1230	1265	1230
3	平均温度/℃	1050	1255	1290	1255

这是一个经验模型。模型分成两部分，式（6-20）中，具有系数 $\alpha_1 \sim \alpha_4$ 的公式是模型的基本部分。它表示板坯的温度、板坯的在炉时间、加热炉均热段的温度这三者之间的关系，即当板坯的在炉时间足够长时，板坯的平均温度将逐渐趋向于加热炉均热段的炉温；它也反映板坯的温度、板坯的厚度、在炉时间之间的关系。式（6-20）中，具有系数 $\beta_1 \sim \beta_{17}$ 的公式是模型的修正部分，它表示加热炉各段炉温的波动值对板坯温度影响。用模型式（6-20）可以计算板坯在出炉时的温度，可以计算加热炉各段的设定温度。

模型式（6-20）的建立方法是，根据传热学的微分方程，首先使用有限差分法进行离线的仿真计算。离线计算时要使用控制对象（即加热炉）的具体设计参数、不同的板坯厚度和不同的板坯在炉时间，见表 6-12。

表 6-12   板坯厚度和在炉时间

序 号	板坯厚度/mm	在炉时间/min	序 号	板坯厚度/mm	在炉时间/min
1	150	90	4	225	150
2	175	100	5	250	180
3	200	120			

离线计算的结果是各种厚度的板坯，在不同的在炉时间情况下的出炉温度。有了这些仿真计算出来的数据，就可以回归出模型的系数 $\alpha_1 \sim \alpha_4$ 和 $\beta_1 \sim \beta_{17}$。如表 6-13 所示。

表 6-13　加热炉燃烧控制模型的系数

系数	α_1		α_2		α_3		α_4	
	−1.1117		1.8185		−0.0056		−0.9524	
系数	β_1	β_2	β_3	β_4		β_5		β_6
	−0.04575	0.0035759	0.001705	−0.00003181		−0.2968		0.0028257
系数	β_7	β_8	β_9	β_{10}		β_{11}		β_{12}
	0.0008783	−0.00000962	0.1564	0.0010521		−0.00131		0.000001042
系数	β_{13}		β_{14}		β_{15}		β_{16}	β_{17}
	0.9532		−0.0020933		0.001053		0.000001873	0.0083

板坯的出炉目标温度可以在 PDI 数据中给定，也可以使用下面的公式计算

$$T_{\mathrm{X}} = 1235 + k_1(k_3 T_{\mathrm{RD}} - k_2 H_{\mathrm{SLB}} - k_3) \tag{6-22}$$

式中，T_{X} 为板坯的出炉目标温度，℃；T_{RD} 为粗轧机出口目标温度，℃；H_{SLB} 为板坯的厚度，mm；$k_1 \sim k_3$ 为模型系数。

这也是一个经验模型，模型的系数 k_1、k_2、k_3 也是用回归分析法得出来的。

与 6.2.2 节和 6.2.3 节给出的 ACC 模型相比较，6.2.6 节给出的加热炉燃烧控制模型属于 20 世纪 70 年代末的加热炉模型。那时由于受到计算机硬件的限制，还不能将有限差分法应用于在线控制的计算中去，所以先经过离线分析计算，然后建立一个可以在线使用的加热炉模型。这个加热炉模型在我国引进的第一条热连轧生产线上使用了多年。于此介绍，以期对不同的加热炉控制模型有个比较。

6.3　粗轧设定模型和模型的自学习

6.3.1　概述

粗轧区生产工艺流程的产物是合格的中间坯，又叫做带坯（Bar）。

板坯进入粗轧机以前，计算机要确定粗轧区域所属设备的基准值（又叫设定值），统称为粗轧设定。粗轧设定的设定值（基准值）主要有：（1）可逆粗轧机的轧制道次数（包括可逆水平辊轧机和可逆立辊轧机的轧制道次）；（2）水平轧机的压下位置（辊缝）；（3）水平轧机的咬钢速度、轧制速度；（4）侧导板的开口度；（5）除鳞机的喷水方式（ON/OFF）；（6）可逆粗轧机每道次的除鳞喷水方式（ON/OFF）；（7）立辊轧机的开口度（辊缝）；（8）立辊轧机的速度；（9）粗轧短行程控制（SSC）值；（10）测量仪表的有关参数；（11）其他有关参数。

粗轧设定模型是由描述粗轧生产过程中各种物理规律（例如物体的导热规律、轧件的塑性变形规律、轧机的弹跳规律等）的数学表达式构成的。把粗轧设定的全过程分成这样几个项目：对于可逆水平辊轧机来说，每个道次的厚度分配、温度计算、轧制力计算、轧制力矩计算、轧制功率计算、轧机的弹跳计算、辊缝和速度的计算等；对于可逆立辊轧机来说，每个道次的宽度压下分配、轧制力（侧压力）计算、轧制力矩计算、轧制功率计算、立辊轧机的弹跳计算、立辊轧机的开口度（辊缝）计算等。利用事先建立起来的上述每个项目的数学表达式，逐项求解，最终完成粗轧设定计算。

如果把粗轧设定模型进一步细分，可以认为它是由下面几个主要数学模型构成的：（1）温度预报模型；（2）水平辊轧机的轧制力预报模型（包括变形抗力模型和应力状态模型）；（3）水平辊轧机的轧制力矩预报模型；（4）水平辊轧机的轧制功率预报模型；（5）水平辊轧机的轧机弹跳模型；（6）水平辊轧机的辊缝计算模型；（7）立辊轧机的轧制力预报模型（包括变形抗力模型和应力状态模型）；（8）立辊轧机的轧制力矩预报模型；（9）立辊轧机的轧制功率预报模型；（10）立辊轧机的轧机弹跳模型；（11）立辊轧机的辊缝计算模型；（12）宽度计算模型（包括宽展计算、"狗骨"计算等）。

对于设置了调宽压力机的生产线来说，还有调宽压力机的设定计算模型（包括轧制力、辊缝等）。当然还包含负荷分配（厚度分配、宽度分配）的计算方法以及前滑模型等。

粗轧设定计算和粗轧设定模型的自学习功能的执行时序如表6-14所示。

表6-14 粗轧设定计算和自学习的时序

序号	时 序	功 能	说 明
0	板坯到达出炉区	第0次设定计算	HMI显示计算结果
1	板坯出钢完成	第1次设定计算	
2	粗轧入口测宽仪（REW）测量完成（如果有测宽仪）或者板坯到达立辊轧机之前（如果没有测宽仪）	第2次设定计算	可以周期性起动粗轧设定计算功能
3	定周期	每道次的设定计算	只对剩余的道次进行计算
4	粗轧末道次，RDT测量完成	粗轧模型自学习	粗轧自学习
5	精轧出口测宽仪（FDW）测量完成	精轧宽度模型自学习	精轧宽度自学习
6	粗轧末道次，带坯的中间点到达粗轧出口测宽仪（RDW）	精轧立辊轧机 F_1E 再计算	仅对 F_1E 再计算
7	HMI请求	测试、模拟轧钢	HMI显示计算结果

在粗轧、精轧和卷取的设定计算过程中，经常要使用"热值"和"冷值"的概念。具体规定见表6-15。

表6-15 热值和冷值的区分

序号	项 目	厚度	宽度	长度	压下位置（辊缝）	速度	侧导板开口度
1	PDI（板坯、中间坯、成品钢卷）	冷值	冷值	冷值	—	—	—
2	模型的计算值	热值	热值	热值	热值	热值	热值
3	HMI的显示值	冷值	冷值	—	热值	热值	热值
4	报 表	热值冷值	热值冷值	热值	热值	热值	热值

生产和工程报表上的值（厚度、宽度）既有热值也有冷值。"冷值"是指材料在室温（35℃）情况下的度量值；"热值"是指材料经过温度提升以后的度量值。"热值"是在"冷值"的基础上，考虑了温度的影响，通过计算变换而得来的。

6.3.2 粗轧设定计算的流程

粗轧机辊缝和速度设定计算的流程如图6-8所示。

下面按照流程图，再进一步叙述粗轧机设定计算流程及其使用的数学模型。

图 6-8 粗轧轧机设定计算流程图

6.3.2.1 输入处理

输入处理的过程就是获取数据的过程，即为粗轧设定计算进行准备工作。首先从常数数据文件中获取有关工厂及设备的参数，再根据钢种、带钢的成品目标厚度、目标宽度等条件从模型数据文件得到相适应的数学模型的参数，从工艺数据文件得到有关工艺数据，然后编辑从基础自动化计算机得到的实际数据和由操作人员通过 HMI 输入的数据。

A 输入的主要数据项目

主要的输入数据项有以下几种：

（1）PDI 数据：钢卷号、板坯号、钢种、化学成分、带钢成品的厚度和宽度目标值、板坯长度、板坯厚度、板坯宽度。

（2）常数：和工厂设备有关的数据。

（3）模型和工艺数据：模型参数、负荷分配系数、各种极限值、物理参数等。

（4）实际数据：实测的板坯温度等。

（5）操作人员输入的数据：可逆粗轧的轧制道次数、水平辊轧机和立辊轧机负荷分配的修正值、咬入速度和轧制速度的修正值、中间坯厚度的修正值、精轧出口宽度目标值的修正值、宽度余量、除鳞机的喷水方式（ON/OFF）、可逆粗轧每个道次的除鳞方式（ON/OFF）、粗轧空过机架的选择（如果配备了两架或者两架以上的粗轧机）等。

（6）计算数据：由其他的数学模型功能计算出来的数据，例如加热炉燃烧控制模型计算出的板坯温度等。

B 极限检查

对实际数据和操作人员输入的数据进行极限检查，以便确保数据和设定计算的正确性。

C 操作人员的人工干预

操作人员可以通过 HMI 输入或修改有关数据，对设定计算使用的数据进行人工干预，见表 6-16。但是操作人员输入、修改的有关数据必须在规定的允许值范围之内，否则计算机将判定人工输入值无效。

表 6-16 操作员可以通过 HMI 进行人工干预的项目

序号	项目	输入的值
1	道次数	要修改的可逆粗轧机的轧制道次数
2	水平轧机的负荷分配率（厚度分配率）	要修改的负荷分配率
3	咬入速度	要修改的咬入速度值
4	轧制速度	要修改的轧制速度值
5	中间坯的厚度	要修改的中间坯厚度值
6	宽度余量	要修改的宽度余量值
7	精轧出口目标宽度的修正值	要修改的精轧目标宽度修正值

序号	项目	输入的值
8	除鳞模式（ON/OFF）	要修改的除鳞机的除鳞模式
9	除鳞机的喷射方式	自动控制方式或手动控制方式
10	立辊轧机的负荷分配率（宽度分配率）	要修改的负荷分配率
11	水平辊轧机空过（DUMMY）	指定水平辊轧机空过机架
12	立辊轧机空过（DUMMY）	指定立辊轧机空过机架

D　初始设定

初始设定是根据输入的数据，进行下面这些项目的计算：

（1）决定中间坯的厚度。中间坯（BAR）的目标厚度是通过查询存储在计算机中的"中间坯目标厚度表"得到的。如果操作员在 HMI 上修改了中间坯的厚度值，则优先使用操作员的输入值。较为简单的"中间坯目标厚度表"只按照带钢成品的厚度区分；较为复杂的"中间坯目标厚度表"按照钢种（或钢族）、带钢成品的厚度和宽度区分。

（2）计算中间坯的宽度。使用下式计算中间坯的宽度值：

$$W_{BAR} = W_{AIM} + C_{MAG} + \Delta W_{HMI} \tag{6-23}$$

式中，W_{BAR} 为中间坯的宽度，mm；W_{AIM} 为钢卷的目标宽度，mm；C_{MAG} 为宽度余量（常数），mm；ΔW_{HMI} 为操作员从 HMI 输入的宽度余量，mm。

更为复杂的计算中间坯的宽度的公式如下：

$$W_{BAR} = \frac{[W_{AIM}(1 + \alpha T_{FD}) + \Delta W_{HMI}](1 + \alpha T_{RD})}{1 + \alpha T_{FD}} - \Delta W_{FM} + \beta_W \frac{1 + \alpha T_{FD}}{1 + \alpha T_{RD}} \tag{6-24}$$

式中，W_{BAR} 为中间坯的宽度（热值），mm；W_{AIM} 为钢卷的目标宽度（PDI 值，冷值），mm；ΔW_{HMI} 为操作员从 HMI 输入的宽度余量，mm；T_{RD} 为粗轧出口温度，℃；T_{FD} 为精轧出口温度（PDI 值），℃；ΔW_{FM} 为精轧的宽展量，mm；α 为热膨胀系数；β_W 为精轧宽度微调自学习系数，mm。

精轧的宽展量

$$\Delta W_{FM} = a_1 \sqrt{h_F} + a_2 W_{AIM} + a_3 \Delta h_{FM} + a_4 - \frac{1 + \alpha_{RD} T_{RD}}{1 + \alpha_{F1E} T_{F1E}}(\Delta W_{F1E} - \Delta W_{F1ED}) \tag{6-25}$$

式中，ΔW_{FM} 为精轧的宽展量，mm；h_F 为精轧（目标）板厚，mm；W_{AIM} 为钢卷的目标宽度，mm；Δh_{FM} 为精轧总的厚度压下量，mm；T_{RD} 为粗轧出口温度，℃；T_{F1E} 为精轧入口立辊轧机 F_1E 处的温度，℃；α_{RD}、α_{F1E} 为热膨胀系数（分别对应粗轧出口处和精轧 F_1E 入口处）；$a_1 \sim a_4$ 为模型的系数；ΔW_{F1E} 为 F_1E 的宽度压下量，mm；ΔW_{F1ED} 为 F_1E 和 F_1 之间的狗骨恢复量，mm。

（3）校核中间坯的长度。校核中间坯长度的目的是防止中间坯的长度超过粗轧出口辊道的长度。如果发生了这种异常情况，就要加大中间坯的厚度，以便减小中间坯的长度。使用下式计算中间坯的长度。

$$L_{BAR} = \frac{L_{SLB}H_{SLB}W_{SLB}}{H_{BAR}W_{BAR}} \tag{6-26}$$

式中，L_{BAR} 为中间坯的长度，mm；L_{SLB} 为板坯的长度，mm；H_{SLB} 为板坯的厚度，mm；W_{SLB} 为板坯的宽度，mm；H_{BAR} 为中间坯的厚度，mm；W_{BAR} 为中间坯的宽度，mm。

如果中间坯的长度超过了允许的极限值，就使用下面的公式重新计算中间坯的厚度。也就是说，通过加大中间坯的厚度，来减小中间坯的长度。

$$H_{BAR} = \frac{L_{SLB}H_{SLB}W_{SLB}}{L_{BAR}^{NEW}W_{BAR}} \tag{6-27}$$

$$L_{BAR}^{NEW} = L_{LIM} - L_{MAG} \tag{6-28}$$

式中，L_{BAR}^{NEW} 为修正后的中间坯长度，mm；L_{LIM} 为中间坯长度的极限值，mm；L_{MAG} 为中间坯长度的余量，mm。其余符号的意义同上。

在式（6-28）中，减去一个长度余量，是为了保证中间坯的长度绝对不会超过粗轧出口辊道的长度。

（4）决定可逆粗轧机的道次数。可逆粗轧机的轧制道次数是通过查询存储在计算机中的"粗轧道次表"得到的。如果操作员在 HMI 上修改了可逆粗轧机的轧制道次数，则优先使用操作员的输入值。

（5）决定水平轧机的负荷分配率。粗轧水平轧机的负荷分配率是通过查询存储在计算机中的"粗轧负荷分配率表"得到的。如果操作员在 HMI 上修改了粗轧的负荷分配率，则优先使用操作员的输入值。

（6）决定除鳞模式。粗轧的除鳞模式是通过查询存储在计算机中的"粗轧除鳞模式表"得到的。如果操作员在 HMI 上修改了粗轧的除鳞模式，则优先使用操作员的输入值。

（7）计算设备的允许值。设备的允许值是指轧制某一块板坯时，允许设备的有关参数达到的最大许可值。如果超过了这个最大许可值，可能会造成事故、损害设备。这里的有关参数主要是轧制功率、轧制力矩、轧制力和轧制速度。

设备允许值等于设备参数的额定值（或者最大值）乘以过负荷率。

6.3.2.2 保证负荷分配率

对于粗轧设定计算来说，主要的工作就是确定压下规程。和精轧区相比，粗轧区的主要区别就是对轧件进行多道次的可逆轧制。如果粗轧区设置了两架水平辊轧机，就变成多机架、多道次的轧制了。由于粗轧区设置了立辊轧机，所以粗轧区的压下规程既包括水平辊轧机的压下规程，也包括立辊轧机的压下规程。每道次的压下规程必须满足目标的功率分配率。因为水平辊轧机进行每道次轧制时轧件会产生宽展，水平辊轧机的压下规程和立辊轧机的压下规程是相互干扰、相互影响的，所以粗轧区总的压下规程需要反复计算（Repeating calculation）才能完成。这个反复计算的过程就是"保证负荷分配率"的过程。它的计算流程见图6-9。

6.3.2.3 设定值计算

使用数学模型或者查询存储在计算机中的数学模型表，计算粗轧区的设定值。表6-17列出了设定值的项目及其数据来源，具体使用的数学模型见下面章节。

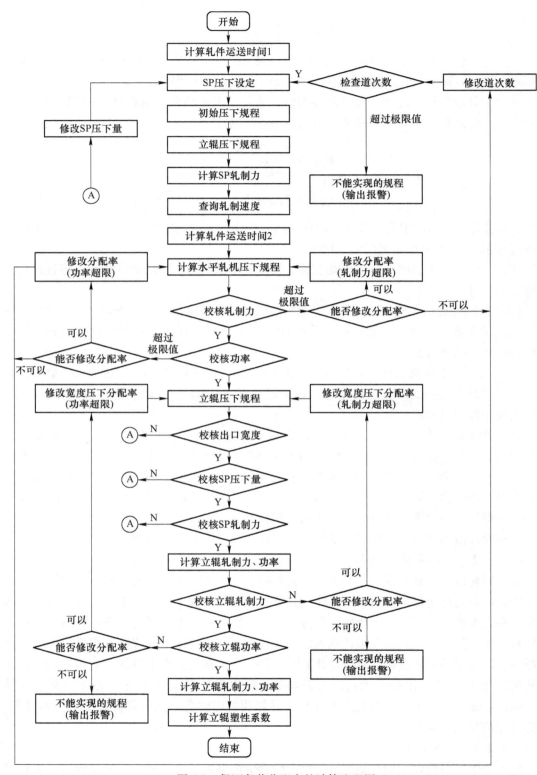

图 6-9 保证负荷分配率的计算流程图

表 6-17 设定值的项目及数据来源

序 号	设定值的分类	设 定 项 目	数 据 来 源
1	中间坯的尺寸	厚 度	工艺数据表
		宽 度	公式计算
		长 度	公式计算
2	轧机的速度	咬入速度	工艺数据表
		轧制速度	工艺数据表
		最大速度	工艺数据表
		抛钢速度	工艺数据表
		前滑和后滑	公式计算
3	除鳞模式	除鳞机的除鳞模式	工艺数据表
		可逆轧机每道次的除鳞模式	工艺数据表
4	APC 的基准值	水平辊轧机的压下位置	公式计算
		立辊轧机的开口度	公式计算
		调宽压力机的开口度	公式计算
		侧导板的开口度	公式计算
5	测宽仪	轧件在轧机的入口、出口板宽	公式计算
		轧件的热膨胀系数	物理数据表
6	AWC	塑性系数	公式计算
		AWC 的控制参数	模型数据表

6.3.3 粗轧设定模型

6.3.3.1 前滑和后滑的计算及其模型

粗轧机的速度是通过查询存储在计算机中的"粗轧速度表"得到的。计算轧件的头部和尾部速度时，要使用前滑和后滑公式。下面给出两种形式的前滑、后滑公式。第一种公式为：

$$f_i = 0.25 \frac{H_i - h_i}{H_i} \tag{6-29}$$

$$f_{Bi} = 1 - \frac{h_i}{H_i}(1 + f_i) \tag{6-30}$$

式中，f 为前滑；f_B 为后滑；H_i 为入口板厚，mm；h_i 为出口板厚，mm；i 为轧制道次。

第二种前滑、后滑的计算公式如下：

$$f_i = a_1 \gamma_i^{a_2} + a_3 \tag{6-31}$$

$$f_{Bi} = 1 - (1 + f_i)(1 - \gamma_i) + c_{Bi} \tag{6-32}$$

对于平辊轧机

$$\gamma_i = \frac{H_i - h_i}{H_i} \tag{6-33}$$

对于立辊轧机
$$\gamma_i = \frac{W_{i-1} - W_{Ei}}{W_{i-1}} \tag{6-34}$$

式中，f 为前滑；f_B 为后滑；H_i 为入口板厚，mm；h_i 为出口板厚，mm；γ_i 为压下率（厚度或者宽度）；W_{i-1} 为立辊的入口宽度，mm；W_{Ei} 为立辊的出口宽度，mm；$a_1 \sim a_3$ 为前滑模型的系数；c_{Bi} 为后滑模型的系数；i 为轧制道次。

近些年，在一些热连轧计算机系统中，也有使用 TVD（Time-Velocity-Distance）曲线的方法决定粗轧机的入口速度、轧制速度、加速度和减速度。

6.3.3.2　计算压下分配和可逆轧机各个道次出口板厚

定义可逆粗轧机各个道次的压下厚度分配率为：

$$\alpha_i = \frac{\Delta h_i}{H_{SLB} - H_{BAR}} \times 100 \tag{6-35}$$

$$\sum_{i=1}^{n} \alpha_i = 100 \tag{6-36}$$

式中，α_i 为可逆粗轧机 i 道次的压下厚度分配率，%；Δh_i 为可逆粗轧机 i 道次的压下量，mm，$\Delta h_i > 0$；H_{SLB} 为来料板坯的厚度，mm；H_{BAR} 为中间坯的厚度，即精轧机的入口板厚，mm；n 为总的道次数。

那么，各个道次的出口板厚可以用下式计算：

$$h_i = h_{i-1} - \Delta h_i = h_{i-1} - \frac{\alpha_i}{\sum\limits_{i=1}^{n} \alpha_i} \times (H_{SLB} - H_{BAR}) \tag{6-37}$$

经过整理以后有

$$h_i = h_{i-1} - \frac{\alpha_i}{100} \times (H_{SLB} - H_{BAR}) \tag{6-38}$$

式中，h_i 为可逆粗轧机 i 道次的出口板厚，mm；Δh_i 为 i 道次的压下量，mm。

6.3.3.3　计算咬入角

计算咬入角的目的是防止板坯在咬入粗轧机时打滑，避免无法咬入的情况发生。咬入角用下式计算：

$$\alpha_B = \frac{\arccos[1 - (H_i - h_i)/D_W]}{\pi/180} \tag{6-39}$$

式中，α_B 为咬入角，（°）；H_i 为入口板厚，mm；h_i 为出口板厚，mm；D_W 为轧辊的直径，mm。

6.3.3.4　计算粗轧区的温度和温度预报模型

从加热炉出口到粗轧机出口的温度计（RDT），按照设备的顺序和工艺流程，温度的计算分成不同的区域，如图 6-10 所示。

从加热炉出口到除鳞机入口的中间辊道（见图 6-10 中的 1 区段和 2 区段），主要是考虑热辐射的温降。从除鳞机的入口到除鳞机，再到除鳞机出口（见图 6-10 中的 3 区段），主要是考虑热辐射温降、高压除鳞水的温降。从除鳞机的出口到粗轧机入口主要是考虑热

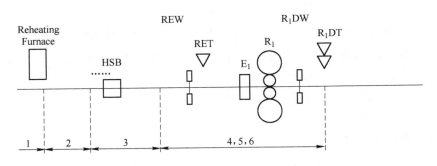

图 6-10　温度计算的区域划分

HSB—粗轧机前面的除鳞机；REW—粗轧入口测宽仪；R_1DW（也有的叫做 RDW）—粗轧出口测宽仪；

R_1DT（也有的叫做 RDT）—粗轧出口温度计；E_1—粗轧立辊轧机；R_1—粗轧机

辐射的温降。粗轧多道次轧制过程（见图 6-10 中的 4 区段、5 区段、6 区段）的温度变化主要有热辐射温降、轧辊接触轧件时产生的热传导温降、工作辊的冷却水产生的温降、轧制变形产生的温升、轧辊和轧件摩擦产生的温升。

使用的温度预报模型分别是辐射温降模型、热传导模型、轧辊接触温升模型、变形热模型、摩擦热温升模型。数学模型的公式与精轧设定计算所使用的温度预报公式是类似的，这里不再重复列出这些公式了，想了解具体的公式，可参见精轧设定计算的有关章节。

这里要提及一点的是，近些年来许多热轧计算机系统都使用有限差分法（Finite Difference Method）来计算轧件的温度变化过程。

6.3.3.5　计算设备负荷的相关参数及其数学模型

所谓设备负荷的相关参数，主要是指轧机的功率、轧制力和轧制力矩等。计算流程如图 6-11 所示。精轧机设备负荷相关参数的计算流程图和图 6-11 也是基本相同的。

6.3.3.6　计算轧制力及其数学模型

对于水平辊轧机

$$F = K_m \times Q_p \times L_d \times W_m / 1000 \qquad (6-40)$$

式中，F 为水平辊轧机的轧制力，kN；K_m 为水平辊轧机中轧件的变形抗力，MPa；Q_p 为水平辊轧机中轧件的轧制力函数（应力状态系数）；L_d 为水平辊轧机轧辊与轧件的接触弧长，mm；W_m 为轧件在水平辊轧机的入口和出口处宽度的平均值，mm。

对于立辊轧机

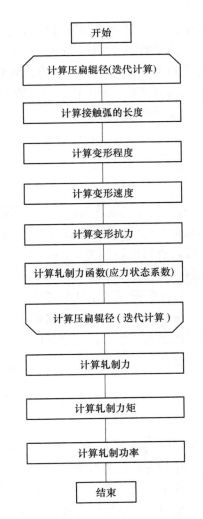

图 6-11　设备负荷参数计算的流程图

$$F_{\mathrm{E}} = K_{\mathrm{mE}} \times Q_{\mathrm{pE}} \times L_{\mathrm{dE}} \times H/1000 \tag{6-41}$$

式中，F_{E} 为立辊轧机的轧制力，kN；K_{mE} 为立辊轧机中轧件的变形抗力，MPa；Q_{pE} 为立辊轧机中轧件的轧制力函数（应力状态系数）；L_{dE} 为立辊轧机轧辊与轧件的接触弧长，mm；H 为轧件在水平辊轧机的入口板厚，mm。

式中省略了表示轧制道次的下标 i。

轧制力函数计算公式：

对于水平辊轧机

当 $\dfrac{h_{\mathrm{m}}}{L_{\mathrm{d}}} < 1.0$ 时 $\qquad\qquad Q_{\mathrm{p}} = \dfrac{1}{4}\left(\pi + \dfrac{h_{\mathrm{m}}}{L_{\mathrm{d}}} \right) \tag{6-42}$

当 $\dfrac{h_{\mathrm{m}}}{L_{\mathrm{d}}} \geqslant 1.0$ 时 $\qquad\qquad Q_{\mathrm{p}} = \dfrac{1}{4}\left(\pi + \dfrac{L_{\mathrm{d}}}{h_{\mathrm{m}}} \right) \tag{6-43}$

$$h_{\mathrm{m}} = \dfrac{1}{3}(H + 2h) \tag{6-44}$$

式中，Q_{p} 为轧制力函数（应力状态系数）；h_{m} 为加权平均板厚，mm；L_{d} 为水平辊轧机轧辊与轧件的接触弧长，mm；H 为轧件在水平辊轧机的入口板厚，mm；h 为轧件在水平辊轧机的出口板厚，mm；π 为圆周率。

式中省略了表示轧制道次的下标 i。

对于立辊轧机

$$Q_{\mathrm{PE}} = a_1 + a_2 \dfrac{W_{\mathrm{mE}}}{L_{\mathrm{dE}}} - a_3 \dfrac{H}{W_{\mathrm{E}}} + a_4 \dfrac{W_{\mathrm{mE}}}{L_{\mathrm{dE}}} \dfrac{H}{W_{\mathrm{E}}} \tag{6-45}$$

$$W_{\mathrm{mE}} = \dfrac{1}{3}(W_{\mathrm{I}} + 2W_{\mathrm{E}}) \tag{6-46}$$

式中，Q_{PE} 为立辊轧机的轧制力函数；W_{mE} 为立辊轧机的加权平均板宽，mm；L_{dE} 为立辊轧机轧辊和轧件的接触弧长，mm；H 为轧件在水平辊轧机的入口板厚，mm；W_{E} 为轧件在立辊轧机的出口板宽，mm；W_{I} 为轧件在立辊轧机的入口板宽，mm；$a_1 \sim a_4$ 为模型的系数。

式中省略了表示轧制道次的下标 i。

变形抗力计算公式：粗轧中轧件的变形抗力 K_{m} 的计算公式可以使用和精轧设定计算相同的公式。也可以使用下面的公式计算轧件在粗轧机中轧件的变形抗力。

$$K_{\mathrm{m}} = a_1 \varepsilon^{a_2} v^{a_3} \exp\left(a_4 + \dfrac{a_5}{T + 273} \right) \tag{6-47}$$

$$a_4 = b_1 + b_2 C + b_3 C^2 \tag{6-48}$$

$$a_5 = d_1 + d_2 C + d_3 C^2 \tag{6-49}$$

式中，K_{m} 为变形抗力，MPa；ε 为变形程度；v 为变形速度，s^{-1}；T 为轧件的温度，℃；$a_1 \sim a_5$ 为变形抗力模型的系数；C 为钢的化学成分中的含碳量，%；b、d 为系数。

式中省略了表示轧制道次的下标 i。

使用这个变形抗力公式既可以计算平辊轧机中轧件的变形抗力，也可以计算立辊轧机中轧件的变形抗力。

　　计算水平辊轧机中轧件的变形抗力时，变形程度和变形速度、轧辊与轧件的接触弧长用下式计算：

变形程度（水平辊轧机）

$$\varepsilon = \ln\left(\frac{H}{h}\right) \tag{6-50}$$

变形速度（水平辊轧机）

$$v = \varepsilon v \frac{1000}{L_d} \tag{6-51}$$

接触弧长（水平辊轧机）

$$L_d = \sqrt{R(H-h)} \tag{6-52}$$

式中，ε 为水平辊轧机中轧件的变形程度；v 为水平辊轧机中轧件的变形速度，s^{-1}；L_d 为水平辊轧机轧辊与轧件的接触弧长度，mm；R 为水平辊轧机工作辊的半径，mm；H 为轧件在水平辊轧机的入口板厚，mm；h 为轧件在水平辊轧机的出口板厚，mm；v 为水平辊轧机的速度，m/s。

　　式中省略了表示轧制道次的下标 i。

　　计算立辊轧机中轧件的变形抗力时，变形程度和变形速度、轧辊与轧件的接触弧长用下面的公式计算：

变形程度（立辊轧机）

$$\varepsilon_E = \ln\left(\frac{W_I}{W_E}\right) \tag{6-53}$$

变形速度（立辊轧机）

$$v_E = \varepsilon_E v_E \frac{1000}{L_{dE}} \tag{6-54}$$

接触弧长（立辊轧机）

$$L_{dE} = \sqrt{R_E(W_I - W_E)} \tag{6-55}$$

式中，ε_E 为立辊轧机中轧件的变形程度；v_E 为立辊轧机中轧件的变形速度，s^{-1}；L_{dE} 为立辊轧机轧辊与轧件的接触弧长度，mm；R_E 为立辊轧机工作辊的半径，mm；W_I 为轧件在立辊轧机的入口板宽，mm；W_E 为轧件在立辊轧机的出口板宽，mm；v_E 为立辊轧机的速度，m/s。

　　式中省略了表示轧制道次的下标 i。

6.3.3.7　计算轧制力矩及其数学模型

对于水平辊轧机

$$T_q = 2\lambda L_d F / 1000 \tag{6-56}$$

$$\lambda = a_1 + a_2 \frac{h_m}{L_d} \tag{6-57}$$

式中，T_q 为水平辊轧机的轧制力矩，$kN \cdot m$；λ 为水平辊轧机的力臂系数；F 为水平辊轧机的轧制力，kN；h_m 为加权平均板厚，mm；L_d 为水平辊轧机轧辊与轧件的接触弧长，mm；a_1、a_2 为力臂系数模型的系数。

对于立辊轧机

$$T_{qE} = 2\lambda_E L_{dE} F_E / 1000 \tag{6-58}$$

$$\lambda_E = b_1 + (1 - b_1)\exp(b_2 L_{dE}) \tag{6-59}$$

式中，T_{qE} 为立辊轧机的轧制力矩，$kN \cdot m$；λ_E 为立辊轧机的力臂系数；F_E 为立辊轧机的轧制力，kN；L_{dE} 为立辊轧机轧辊与轧件的接触弧长，mm；b_1、b_2 为力臂系数模型的系数。

6.3.3.8　轧制功率及其数学模型

对于水平辊轧机

$$P_{w} = \frac{1000}{R} v T_{q} \tag{6-60}$$

$$P_{wq} = \frac{1}{\eta} \times P_{w} \tag{6-61}$$

式中，P_w 为水平轧机的轧制功率（不包含损失力矩），kW；R 为工作辊的半径，mm；v 为水平辊轧机的速度，m/s；T_q 为水平辊轧机的轧制力矩（不包含损失力矩），kN·m；P_{wq} 为水平辊轧机的轧制功率（包含损失力矩），kW；η 为电机的效率。

对于立辊轧机

$$P_{wE} = \frac{1000}{R_{E}} v_{E} T_{qE} \tag{6-62}$$

$$P_{wqE} = \frac{1}{\eta_{E}} P_{wE} \tag{6-63}$$

式中，P_{wE} 为立辊轧机的轧制功率（不包含损失力矩），kW；R_E 为立辊轧机工作辊的半径，mm；v_E 为立辊轧机的速度，m/s；T_{qE} 为立辊轧机的轧制力矩（不包含损失力矩），kN·m；P_{wqE} 为立辊轧机的轧制功率（包含了损失力矩），kW；η_E 为电机的效率。

6.3.3.9　设备负荷参数的校核和每个道次出口厚度的修改

设备负荷参数的校核是为了保证粗轧轧制过程的安全性，校核的主要参数有轧制力和轧制功率。设备负荷参数校核的流程如图 6-12 所示。

首先，进行轧制力的校核，当计算的轧制力超过设备允许的轧制力时，就要使用下面的公式，修改每个道次的轧制力分配。

$$AF_{NEW} = \alpha AF_{CAL} + (1 - \alpha) AF_{TBL} \tag{6-64}$$

式中，AF_{NEW} 为修改以后的轧制力分配；AF_{CAL} 为原来计算的轧制力分配；AF_{TBL} 为允许的轧制力平衡率（存储在计算机数据表中）；α 为平滑系数，$0 \leqslant \alpha \leqslant 1$。

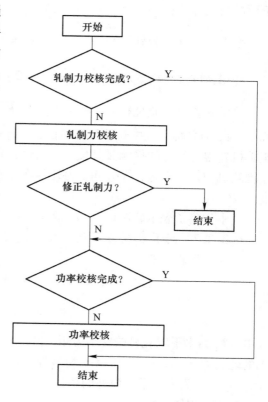

图 6-12　设备负荷参数校核的流程图

其次，进行轧制功率的校核，当计算的轧制功率超过设备允许的功率时，就要使用下面的公式，修改每个道次的轧制功率分配。

$$AP_{NEW} = \alpha AP_{CAL} + (1 - \alpha) AP_{TBL} \tag{6-65}$$

式中，AP_{NEW} 为修正以后的功率分配；AP_{CAL} 为原来计算的功率分配；AP_{TBL} 为允许的功率平衡率（存储在计算机数据表中）；α 为平滑系数，$0 \leqslant \alpha \leqslant 1$。

使用下面的公式修改每个道次的出口板厚计算值。

$$
\begin{bmatrix}
A_{11} & A_{12} & \cdots & A_{1n} \\
A_{21} & A_{22} & \cdots & A_{2n} \\
\vdots & \vdots & \vdots & \vdots \\
A_{n1} & A_{n2} & \cdots & A_{nn}
\end{bmatrix}
\begin{bmatrix}
\Delta h_1 \\
\Delta h_2 \\
\vdots \\
\Delta h_n
\end{bmatrix}
=
\begin{bmatrix}
B_1 \\
B_2 \\
\vdots \\
B_n
\end{bmatrix}
\tag{6-66}
$$

当 $i \geqslant j$ 时 $\quad A_{ij} = \dfrac{1}{AP_{NEW}(i)} \cdot \dfrac{\partial P_i}{\partial h_j} - \dfrac{1}{AP_{NEW}(i+1)} \cdot \dfrac{\partial P_{i+1}}{\partial h_j}$ (6-67)

当 $i = j - 1$ 时 $\quad A_{ij} = -\dfrac{1}{AP_{NEW}(i+1)} \cdot \dfrac{\partial P_{i+1}}{\partial h_j}$ (6-68)

当 $i < j - 1$ 时 $\quad A_{ij} = 0$ (6-69)

$$
B_i = \frac{P(i+1)}{AP_{NEW}(i+1)} - \frac{P(i)}{AP_{NEW}(i)}
\tag{6-70}
$$

式中，n 为总的道次数；AP_{NEW} 为修正以后的功率分配；P 为功率的计算值，kW；$\dfrac{\partial P}{\partial h}$ 为（功率和板厚的数值微分）敏感度（Sensitivity），kW/mm；i，j 为道次数，其值为 $1 \sim n$。

6.3.3.10 计算调宽压力机和立辊轧机的宽度压下规程

对于常规热连轧机来说，能够对产品进行宽度控制的主要设备和主要控制手段在粗轧区域。在有的热连轧生产线，粗轧区设置了具有较大侧压量（例如 100mm）的立辊轧机。在有的热连轧生产线，设置了调宽压力机（又叫大侧压机，还有的叫做定宽压力机，英文名称是 Sizing Press，简称 SP），其侧压量可以达到 300mm。还有一些热连轧生产线，在第一架精轧机前面设置了立辊轧机（一般叫做 F_1E），但是 F_1E 的侧压量较小，只能给带钢一个"齐边"的作用，对带钢宽度控制发挥的作用较小，一般带钢的宽度控制手段主要在粗轧区。

计算宽度压下规程主要是分别计算调宽压力机和立辊轧机的侧压规程，也包含 F_1E 立辊轧机的侧压规程。在有的带钢热连轧计算机控制系统中，将 F_1E 立辊轧机的侧压规程放在精轧设定计算功能里面完成。

并不是所有的板坯都要经过调宽压力机进行轧制。是否使用调宽压力机进行轧制，主要根据连铸机出来的板坯宽度和成品钢卷宽度这两者之间的宽度差值来决定。例如，当宽度差大于或等于 40mm 时，使用调宽压力机；否则不使用调宽压力机。

6.3.3.11 计算宽展量及宽展量模型

用下面的公式计算宽展量（Width Spread Amount）：

当宽度压下量小于 12mm 时，

$$
W_{RD} = W' + (a_1 S_{ES} + a_4 \Delta h + a_5 W' \Delta h)
\tag{6-71}
$$

当宽度压下量大于（或者等于）12mm 时，

$$
W_{RD} = W' + (a_2 S_{ES} + a_3 + a_4 \Delta h + a_5 W' \Delta h)
\tag{6-72}
$$

在经过调宽压力机压下以后，粗轧机第一道次的出口宽度用下式进行计算：

$$W_{RD} = W' + C_{SP}(a_4\Delta h + a_5 S_E \Delta h) + \Delta W_{SPRE} \tag{6-73}$$

当 $W_I > S_E$ 时 $W' = S_E \tag{6-74}$

当 $W_I \leqslant S_E$ 时 $W' = W_I \tag{6-75}$

$$S_{ES} = W_{IN} - W' \tag{6-76}$$

$$\Delta h = H_i - h_i \tag{6-77}$$

式中，W_{RD} 为粗轧出口宽度计算值，mm；S_{ES} 为宽度压下量，mm；Δh 为厚度压下量，mm；C_{SP} 为调宽压力机的修正系数；S_E 为立辊的开口度，mm，计算公式在这里省略了；ΔW_{SPRE} 为宽展量，mm；W_I 为轧件在立辊的入口宽度，mm；$a_1 \sim a_5$ 为模型的系数；i 为可逆粗轧机的道次数。

6.3.3.12　计算立辊轧机的压下规程

同水平轧机一样，也可以定义立辊轧机的压下分配率。

$$\Delta W_{E1} : \Delta W_{E3} : \Delta W_{E5} = \alpha_{E1} : \alpha_{E3} : \alpha_{E5} \tag{6-78}$$

$$\alpha_{Ei} = \frac{\Delta W_{Ei}}{W_{SLB} - W_{BAR} + \sum_{i=1,3,5\cdots}^{n} \Delta W_{Di} + \sum_{i=1}^{n} \Delta W_{Hi}} \times 100 \tag{6-79}$$

$$\sum_{i=1,3,5\cdots}^{n} \alpha_{Ei} = 100 \tag{6-80}$$

式中，α_{Ei} 为立辊的宽度压下分配率；ΔW_{Ei} 为每个道次的宽度压下量，mm；W_{SLB} 为板坯宽度，mm；W_{BAR} 为中间坯的宽度，mm；ΔW_{Di} 为每个道次狗骨的恢复量，mm；ΔW_{Hi} 为每个道次水平轧机的宽展量，mm。

利用存储在计算机的立辊宽度分配率，就可以通过上面的公式，计算出立辊轧机每个道次的宽度压下量 ΔW_{Ei}。在式（6-80）中，假定立辊轧机进行 5 道次的轧制。

还要提及一点，如果粗轧区既有立辊轧机也有调宽压力机时，如果使用调宽压力机，那么在第 1 道次一般就不再使用立辊轧机了。

6.3.3.13　计算狗骨高度和狗骨高度模型

不论是使用立辊轧机还是使用调宽压力机，对板坯进行宽度方向的轧制时，一方面使得板坯的宽度变窄，另一方面在宽度方向压下的时候，又使得板坯在厚度方向凸起，即产生狗骨现象。使用下面的公式计算狗骨的高度：

平均值 $$H_{db} = C_{db}\left[\frac{1}{(1 - r_{SP})(1 + 0.7 r_{SP})} - 1\right]H_{SLB} \tag{6-81}$$

最大值 $$H_{db2} = 0.73 C_{db} r_{SP} H_{SLB} \tag{6-82}$$

中心值 $$H_{db3} = 0 \quad (r_P \leqslant 0.15) \tag{6-83}$$

$$H_{db3} = C_{db}(1.2 r_{SP} - 0.18)H_{SLB} \quad (r_P > 0.15) \tag{6-84}$$

$$\Delta W_{SP} = W_{SLB} - W_{SP} \tag{6-85}$$

$$r_{SP} = \frac{\Delta W_{SP}}{W_{SLB}} \tag{6-86}$$

式中，H_{db} 为狗骨高度，mm；C_{db} 为模型的调整系数；r_{SP} 为调宽压力机的压下率；ΔW_{SP} 为调宽压力机的压下量，mm；W_{SP} 为调宽压力机的出口宽度，mm；W_{SLB} 为板坯宽度，mm。

6.3.3.14　计算调宽压力机的轧制力（Pressing Force）及其模型

用下面的公式计算调宽压力机的轧制力：

$$F_{SP} = \lambda_{SP} K_{mSP} H_{SLB} L_{dSP} \tag{6-87}$$

式中，F_{SP} 为调宽压力机的轧制力，kN；λ_{SP} 为调整系数；K_{mSP} 为调宽压力机中轧件的变形抗力，kN/mm^2；H_{SLB} 为板坯的厚度，mm；L_{dSP} 为调宽压力机轧辊与轧件的接触长度（Press Die Contact Length），mm。

调宽压力机中轧件的变形抗力用下面的公式计算：

$$K_{mSP} = G_{MS} \exp\left(K_\alpha + \frac{K_\beta}{T + 273} \right) \varepsilon^n \upsilon^m \tag{6-88}$$

$$D_{SP} = \Delta W_{SP} \frac{L_{fSP}}{L_{dSP}} \tag{6-89}$$

$$W_m = W_{SLB} - \frac{\Delta W_{SP}}{2} \tag{6-90}$$

$$\varepsilon = \ln \frac{W_m}{W_m - D_{SP}} \tag{6-91}$$

$$\upsilon = \frac{\upsilon_{SP} \varepsilon}{D_{SP}} \tag{6-92}$$

$$K_\alpha = a_1 - a_2 C + a_3 C^2 \tag{6-93}$$

$$K_\beta = a_4 + a_5 C - a_6 C^2 \tag{6-94}$$

$$G_{MS} = a_7 + a_8 w(Mn) + a_9 w(V) + a_{10} w(Mo) + a_{11} w(Ni) \tag{6-95}$$

$$n = a_{12}$$

$$m = a_{13}$$

$$\Delta W_{SP} = W_{SLB} - W_{SP} \tag{6-96}$$

式中，ΔW_{SP} 为调宽压力机的宽度压下量，mm；L_{fSP} 为调宽压力机的冲压长度（Press Feed Length），mm；W_{SLB} 为板坯宽度，mm；W_{SP} 为轧件在调宽压力机出口宽度的目标值，mm；υ_{SP} 为调宽压力机的冲压速度，mm/s；$a_1 \sim a_{13}$ 为变形抗力模型的系数。

调宽压力机轧辊与轧件的接触长度用下式计算：

$$L_{dSP} = L_{fSP} + \frac{\Delta W_{SP}}{2\tan\theta_{PRE}} \tag{6-97}$$

式中，L_{dSP} 为调宽压力机轧辊与轧件的接触长度，mm；L_{fSP} 为调宽压力机的冲压长度（Press Feed Length），mm；θ_{PRE} 为冲压角（Press Angle），(°)。

6.3.3.15　计算水平轧机的辊缝

$$S = h - \frac{F - F_0}{M} + S_0 \tag{6-98}$$

式中，S 为水平轧机的压下位置（辊缝），mm；h 为出口板厚；F 为轧制力，kN；F_0 为零调轧制力，kN；M 为轧机的刚度，kN/mm；S_0 为零调时的辊缝，mm。

6.3.3.16 计算调宽压力机的开口度（辊缝）

$$S_{SP} = W_{SP} - \frac{F_{SP}}{M_{SP}} \tag{6-99}$$

式中，S_{SP} 为调宽压力机的开宽度（辊缝），mm；W_{SP} 为轧件在调宽压力机出口宽度的目标值，mm；F_{SP} 为调宽压力机的轧制力，kN；M_{SP} 为调宽压力机的刚度，kN/mm。

在一些热连轧生产线使用了更加复杂的公式计算水平轧机和立辊轧机的辊缝，主要是考虑了支持辊油膜的厚度、工作辊的热膨胀、工作辊的磨损等因素。

6.3.4 粗轧设定模型的自学习

6.3.4.1 概况

粗轧设定模型自学习的概况见表 6-18。

表 6-18 粗轧模型自学习功能概况

序号	模型自学习功能	批次（LOT）之间的自学习	每块钢的自学习（每个道次）	每块钢的自学习（每个机架）	道次之间的自学习	自学习类型
1	水平轧机的轧制力模型的自学习	无	有（总道次）	有	有	乘法
2	水平轧机的轧制力矩模型的自学习	有	有（总道次）	有	有	乘法
3	水平轧机中轧件的变形抗力模型的自学习	有	无	无	无	乘法
4	立辊轧机的轧制力模型的自学习	无	有（每道次）	无	有	乘法
5	立辊轧机中轧件的变形抗力模型的自学习	有	无	无	无	乘法
6	宽度变形模型	有	有（每道次）	无	无	加法

这里需要说明的是，在一些热连轧计算机系统中，只对轧制力模型进行自学习，而不对变形抗力模型进行自学习。在这种情况下，就必须有批次（LOT）之间的轧制力模型自学习。在有些热连轧计算机系统中，既对轧制力模型进行自学习，又对变形抗力模型进行自学习。

粗轧模型自学习功能起动的时序如表 6-19 所示。

表 6-19 粗轧模型自学习功能的起动时序

序 号	时 序	功 能
1	在每个道次的轧制完成并且采集实测数据以后	道次之间的再计算和模型自学习
2	粗轧最后一个道次轧制完成（RDT ON）并且采集实测数据以后	模型自学习
3	精轧实测数据 FDW 采集完成	精轧宽度模型自学习

粗轧模型自学习项的类型区分见表6-20。

表6-20 粗轧模型自学习项的类型

自学习项的类型	每块钢的自学习 (1)每个机架的自学习项； (2)每个道次的自学习项	批次(LOT)之间的自学习	道次之间的自学习
简 称	BTB(BAR TO BAR)	LTL(LOT TO LOT)	PTP(PASS TO PASS)
自学习项的更新时间	粗轧最后一个道次轧制完成	所有道次轧制完成并且"更新标志"ON	每个道次轧制完成
自学习项的作用域	用于下一块钢的设定计算	用于下一个相同的批次(LOT)钢的设定计算	用于同一块钢的下一个道次的设定计算
自学习项初始化的时间	(1)停止轧钢 n 小时； (2)换辊以后	根据自学习轧件的数量决定	(1)最后道次轧制完； (2)停止轧钢 n 小时； (3)换辊以后

这里需要说明的是，每块钢的自学习又分为每个机架的自学习项和每个道次的自学习项。每个机架的自学习项主要是考虑不同机架之间的区别，即依赖于机架的变化趋势；每个道次的自学习项主要是考虑不同道次之间的区别，即依赖于轧制道次的变化趋势。每块钢的自学习也叫做短期自学习，批次（LOT）之间的自学习也叫做长期自学习。由此也可以看出，为了提高数学模型的计算精度，已经将模型的自学习更加精细化了。

6.3.4.2 粗轧模型自学习算法

一般的数学模型式都可以写出下面的形式。

$$Y = f(x_1, x_2, \cdots, x_m) = f(X)$$

不论是乘法自学习还是加法自学习，都可以按照表6-20的区分，为粗轧数学模型定义自学习项。

对乘法自学习有

$$Y = f(X) \times \beta$$

按照表6-20，将乘法自学习项进一步细分，就有

$$Y = f(X) \times \beta_L \times \beta_{Bi} \times \beta_{Bj} \times \beta_P$$

将上式进行对数变换

$$\ln(Y) = \ln(f(X)) + \ln(\beta_L) + \ln(\beta_{Bi}) + \ln(\beta_{Bj}) + \ln(\beta_P)$$

即

$$Y = \ln(f(X)) + \exp(\beta_L) + \exp(\beta_{Bi}) + \exp(\beta_{Bj}) + \exp(\beta_P)$$

对加法自学习有

$$Y = f(X) + \beta$$

按照表 6-20，将加法自学习项进一步细分，就有

$$Y = f(X) + \beta_{\mathrm{L}} + \beta_{\mathrm{B}i} + \beta_{\mathrm{B}j} + \beta_{\mathrm{P}}$$

式中，Y 为模型的计算值；$f(X)$ 为数学模型的公式；β_{L} 为批次（LOT）到批次（LOT）之间的自学习项；$\beta_{\mathrm{B}i}$ 为每块钢的自学习项（每个道次）；i 为道次号；$\beta_{\mathrm{B}j}$ 为每块钢的自学习项（每个机架）；j 为机架号；β_{P} 为道次之间的自学习项；β 为自学习项的通用定义。

在模型的自学习方面，经常说到"LOT"（批次）这个术语。同一个批次（LOT）的钢，可以理解为"同一批钢"。那么如何判定和区分是否为同一个批次（LOT）的钢（即是否为同一批钢）呢？首先要给出一些判定和区分的"条件"，然后根据这些条件来判定当前正在轧制的轧件与已经轧制完成的上一块轧件是否为同一个批次（LOT）的钢。在有的热连轧计算机系统中，把这些"条件"也称为键字（Key）。数学模型公式中的自学习项的具体数值（通常所说的模型自学习值）是以"键字"为索引，存储在计算机的自学习数据文件（数据表）中的。进行模型设定计算的时候，也是以"键字"为索引，得到模型的自学习值。表 6-21 列出了一些常用的判定和区分的"条件"即"键字"。并不是满足所有条件的才算做同一个批次（LOT），根据不同的数学模型，这些条件可以进行不同的组合，表 6-21 仅仅给出了一个例子。

表 6-21　相同批次（LOT）的条件（键字）

序号	条件——键字（Key）	分挡	序号	条件——键字（Key）	分挡
1	钢种或者钢族（steel grade family）	30	5	变形速度	10
2	成品带钢厚度	25	6	轧辊与轧件的接触弧长和平均板厚之比 $\dfrac{L_{\mathrm{d}}}{h_{\mathrm{m}}}$	10
3	成品带钢宽度	10	7	宽度压下量	10
4	温度	20	8	入口板厚	10

在存储自学习项时，除了按照键字（Key）为索引以外，不同的数学模型还按照表 6-22 的分挡来读取数据。

表 6-22　自学习项存储时的分挡

序号	项　目	分　挡	序号	项　目	分　挡
1	粗轧机机架号	2	3	总的道次数	14
2	立辊轧机机架（包含 F_1E）号	3	4	加热炉的炉号	3

表 6-22 中的"分挡"给出了具体的数值，这里仅是一个举例。例如 30 个钢种（钢族）分挡，对有的轧线来说可能多了，对有的轧线来说可能又少了。粗轧机架分成 2 挡，是指有 R_1 和 R_2 两架粗轧机。立辊轧机机架分成 3 挡，是指在粗轧有 E_1 和 E_2 两架立辊轧机，在精轧入口还有 F_1E 立辊轧机。所以应该根据生产线的设备布置、生产工艺、产品大纲、不同的数学模型等具体情况给出适当的自学习分挡数值。

表 6-23 定义了粗轧数学模型的自学习项。

表 6-23 粗轧数学模型的自学习项定义

序号	数学模型	LTL：批次（LOT）之间的自学习	BTB：每块钢的自学习（每个道次）	BTB：每块钢的自学习（每个机架）	PTP：道次间的自学习
1	水平轧机的轧制力模型	无	β_{BFi}（总道次）	β_{BFj}	β_{PF}
2	水平轧机的轧制力矩模型	β_{LG}	β_{BGi}（总道次）	β_{BGj}	β_{PG}
3	水平轧机中轧件的变形抗力模型	β_{LK}	无	无	无
4	立辊轧机的轧制力模型	无	β_{BFEi}（每道次）	无	β_{PFE}
5	立辊轧机中轧件的变形抗力模型	β_{LKE}	无	无	无
6	宽度变形模型	β_{LW}	β_{BWi}（每道次）	无	无
7	精轧宽度微调	β_{LvW}	无	无	无

注：β 为自学习项。第 1 个下标表示自学习项的类型，L（LTL）：批次（LOT）之间的自学习；B（BTB）：每块钢的自学习；P（PTP）：道次间的自学习。第 2 个下标表示数学模型的名字，F：轧制力模型；K：变形抗力模型；G：轧制力矩模型；W：宽度变形模型。第 3 个下标 E 表示是立辊轧机；i 表示道次号，j 表示机架号。只有 β_{BFEi} 有 4 个下标，下标 i 表示道次号。

表 6-24 给出了 LTL 自学习项的键字（Key）。

表 6-24 批次（LTL）自学习项的键字（Key）

序号	自学习项	Key 1	Key 2	Key 3	Key 4
1	水平轧机的轧制力矩模型的自学习项 β_{LG}	钢族（30）	$\dfrac{L_d}{h_m}$（10）	—	—
2	水平轧机中轧件的变形抗力模型的自学习项 β_{LK}	钢族（30）	变形速度（10）	温度（20）	—
3	立辊轧机中轧件的变形抗力模型的自学习项 β_{LKE}	钢族（30）	成品带钢宽度（10）	宽度压下量（10）	立辊机架号（3）
4	宽度变形模型的自学习项 β_{LW}	钢族（30）	成品带钢厚度（25）	宽度压下量（10）	成品带钢宽度（10）

把自学习项（即自学习系数）的"实测值"叫做"瞬时值"，记作 β^*。实际上自学习系数是没有办法测量的，自学习系数的"实测值"是通过下面的方法计算出来的。

对于乘法类型的自学习

$$\beta^* = \frac{Y^*}{f(X^*)}$$

对于加法类型的自学习

$$\beta^* = Y^* - f(X^*)$$

式中，β^* 为自学习系数的"实测值"（瞬时值）；Y^* 为数学模型输出变量的实测值；$f(X^*)$ 为实际计算值（也有的叫做"再计算值"、"后计算值"）。

由此可见，自学习系数的"实测值"（瞬时值）的实际含义就是实测值与模型计算值的相对误差（对于乘法类型的自学习来说），就是实测值与模型计算值的绝对误差（对于加法类型的自学习来说）。

对粗轧每个机架的 BTB 自学习系数，计算公式为：

$$\beta_{\mathrm{B}j}^{\mathrm{CUR}} = \frac{1}{N_j} \sum_{j,i=1}^{N_j} \left(\frac{\beta_{j,i}^*}{\beta_{\mathrm{L}}^{\mathrm{OLD}}} \right) \qquad \text{（乘法类型自学习）}$$

$$\beta_{\mathrm{B}j}^{\mathrm{CUR}} = \frac{1}{N_j} \sum_{j,i=1}^{N_j} (\beta_{j,i}^* - \beta_{\mathrm{L}}^{\mathrm{OLD}}) \qquad \text{（加法类型自学习）}$$

式中，$\beta_{\mathrm{B}j}^{\mathrm{CUR}}$ 为粗轧每个机架 BTB 自学习系数的现在值（当前值）；$\beta_{j,i}^*$ 为粗轧第 j 架轧机、第 i 道次的自学习系数"实测值"；$\beta_{\mathrm{L}}^{\mathrm{OLD}}$ 为 LTL 自学习系数的过去值（旧值）；N_j 为粗轧第 j 架轧机轧制的总道次数；j、i 为下标，表示第 j 架轧机的第 i 道次。

对粗轧每个道次的 BTB 自学习系数，计算公式为：

$$\beta_{\mathrm{B}i}^{\mathrm{CUR}} = \frac{\beta_i^*}{\beta_{\mathrm{L}}^{\mathrm{OLD}} \times \beta_{\mathrm{B}j}^{\mathrm{NEW}}} \qquad \text{（乘法类型自学习）}$$

$$\beta_{\mathrm{B}i}^{\mathrm{CUR}} = (\beta_i^* - \beta_{\mathrm{L}}^{\mathrm{OLD}}) - \beta_{\mathrm{B}j}^{\mathrm{NEW}} \qquad \text{（加法类型自学习）}$$

式中，$\beta_{\mathrm{B}i}^{\mathrm{CUR}}$ 为粗轧每个道次的 BTB 自学习系数的现在值（当前值）；β_i^* 为粗轧第 i 道次的自学习系数"实测值"；$\beta_{\mathrm{L}}^{\mathrm{OLD}}$ 为 LTL 自学习系数的过去值（旧值）。

对粗轧 LTL 自学习系数，计算公式为：

$$\beta_{\mathrm{L}}^{\mathrm{CUR}} = \frac{1}{N_{\mathrm{L}}} \sum_{i=1}^{N_{\mathrm{L}}} \beta_i^*$$

式中，$\beta_{\mathrm{L}}^{\mathrm{CUR}}$ 为 LTL 自学习系数的现在值（当前值）；β_i^* 为粗轧第 i 道次的自学习系数实测值；N_{L} 为数据的个数，可以取值 3 或 5。

有了自学习系数的现在值（当前值）$\beta_{\mathrm{B}j}^{\mathrm{CUR}}$、$\beta_{\mathrm{B}i}^{\mathrm{CUR}}$、$\beta_{\mathrm{L}}^{\mathrm{CUR}}$ 和存储在计算机自学习数据表中的自学习系数的过去值（旧值）$\beta_{\mathrm{B}j}^{\mathrm{OLD}}$、$\beta_{\mathrm{B}i}^{\mathrm{OLD}}$、$\beta_{\mathrm{L}}^{\mathrm{OLD}}$，就能够通过指数平滑法，计算出新的自学习系数（新值）了。

对粗轧每个机架的 BTB 自学习系数，新值的计算公式为：

$$\beta_{\mathrm{B}j}^{\mathrm{NEW}} = \beta_{\mathrm{B}j}^{\mathrm{OLD}} + \alpha_{\mathrm{B}j}(\beta_{\mathrm{B}j}^{\mathrm{CUR}} - \beta_{\mathrm{B}j}^{\mathrm{OLD}})$$

对粗轧每个道次的 BTB 自学习系数，新值的计算公式为：

$$\beta_{\mathrm{B}i}^{\mathrm{NEW}} = \beta_{\mathrm{B}i}^{\mathrm{OLD}} + \alpha_{\mathrm{B}i}(\beta_{\mathrm{B}i}^{\mathrm{CUR}} - \beta_{\mathrm{B}i}^{\mathrm{OLD}})$$

对粗轧 LTL 自学习系数，新值的计算公式为：

$$\beta_{\mathrm{L}}^{\mathrm{NEW}} = \beta_{\mathrm{L}}^{\mathrm{OLD}} + \alpha_{\mathrm{L}}(\beta_{\mathrm{L}}^{\mathrm{CUR}} - \beta_{\mathrm{L}}^{\mathrm{OLD}})$$

式中，$\alpha_{\mathrm{B}j}$、$\alpha_{\mathrm{B}i}$、α_{L} 为平滑指数。

然后用下面的公式进行自学习系数的更新。

$$\beta_{Bi}^{NEW} = \beta_{Bi}^{NEW} \times \frac{\beta_{L}^{OLD}}{\beta_{L}^{NEW}} \qquad （乘法类型自学习）$$

$$\beta_{Bi}^{NEW} = \beta_{Bi}^{NEW} + (\beta_{L}^{OLD} - \beta_{L}^{NEW}) \qquad （加法类型自学习）$$

对粗轧 PTP 自学习系数，计算公式为：

$$\beta_{P}^{CUR} = \frac{\beta_{i}^{*}}{\beta_{L}^{OLD} \times \beta_{Bi}^{OLD} \times \beta_{Bj}^{OLD}} \qquad （乘法类型自学习）$$

$$\beta_{P}^{CUR} = \beta_{i}^{*} - \beta_{L}^{OLD} - \beta_{Bi}^{OLD} - \beta_{Bj}^{OLD} \qquad （加法类型自学习）$$

式中，β_{P}^{CUR} 为 PTP 自学习系数的现在值（当前值）；β_{i}^{*} 为粗轧第 i 道次的自学习系数"实测值"；β_{L}^{OLD} 为 LTL 自学习系数的过去值（旧值）；β_{Bi}^{OLD} 为粗轧每个道次的 BTB 自学习系数的过去值（旧值）；β_{Bj}^{OLD} 为粗轧每个机架的 BTB 自学习系数的过去值（旧值）。

同样使用指数平滑法，计算粗轧 PTP 自学习系数的新值。

$$\beta_{P}^{NEW} = \beta_{P}^{OLD} + \alpha_{P}(\beta_{P}^{CUR} - \beta_{P}^{OLD})$$

式中，β_{P}^{NEW} 为 PTP 自学习系数的新值；β_{P}^{OLD} 为 PTP 自学习系数的过去值（旧值）；β_{P}^{CUR} 为 PTP 自学习系数的现在值（当前值）；α_{P} 为平滑指数。

在粗轧最后一个道次轧制完成，进行自学习的时候，需要对 PTP 自学习系数进行初始化，即

$$\beta_{P}^{NEW} = 1.0 \qquad （乘法类型自学习）$$

$$\beta_{P}^{NEW} = 0.0 \qquad （加法类型自学习）$$

采用指数平滑法进行模型的自学习，不同公司的方法基本是相同的。进行模型自学习，一个重要的环节是如何计算出自学习系数的"实测值"（即瞬时值）β^{*}。这个环节的实质是如何采集生产过程中的实测数据，然后如何处理这些实测数据。不同公司的方法会有所区别。最后利用处理过的实测数据，通过设定计算时使用过的数学模型，反算出自学习系数的"实测值"，这个方法又是相同的。

6.4 精轧设定模型和模型的自学习

6.4.1 概述

热轧生产线中精轧机组是生产成品的设备，精轧设定模型的精度决定带钢头部的尺寸精度。因此，下面我们以精轧设定模型为例，给出计算过程和相应的数学模型。

带坯进入精轧机组以前，计算机要确定精轧区域所属设备的基准值（又叫设定值），统称为精轧设定。精轧设定的基准值主要有：

（1）压下位置（辊缝）。

（2）穿带速度、轧制速度加速度、最高速度、抛钢速度。

（3）侧导板开口度（包括飞剪侧导板和精轧机侧导板）。

（4）活套的张力和活套的高度（活套的角度）。

（5）除鳞和机架间的喷水方式。

（6）保温罩的开启方式（如果安装了保温罩）。

（7）轧制油的喷射方式（如果安装了轧制润滑设备）。

（8）测量仪表的有关参数。

（9）其他有关参数。

精轧设定模型基本上是由描述精轧生产过程中各种物理规律（例如物体的导热规律、轧件的塑性变形规律、轧机的弹跳规律等）的数学表达式构成的。为了简化问题，在建立精轧数学模型时，并不是把精轧机组作为一个整体的控制系统来考虑，而是从轧制理论和生产工艺出发，把精轧设定计算的全过程分成几个项目，例如：厚度分配、温度计算（包括初始温度的计算和最终温度的计算）、轧制力计算、轧制功率计算、轧制力矩计算、轧机的弹跳计算等，利用事先建立起来的每个项目的数学表达式，逐项求解，最终完成精轧设定计算。

如果把精轧设定模型进一步细分，可以认为它是由下面几个主要数学模型构成的：

（1）温度预报模型（热辐射、热传导、轧辊接触发热、变形发热、摩擦发热、相变发热等）。

（2）轧制力预报模型（变形抗力模型和应力状态模型）。

（3）轧制功率、轧制力矩预报模型。

（4）轧机弹跳模型。

（5）辊缝计算模型（包括辊缝偏移量、油膜厚度、轧辊磨损、轧辊热膨胀等）。

当然还包含负荷分配（厚度分配）的计算方法、前滑模型等。

6.4.2　辊缝设定和速度设定的过程及其数学模型

对带钢热连轧来说，轧机的辊缝设定和速度设定是最重要、最主要的设定。正确地设定轧机辊缝和轧机速度，才能保证穿带和轧制过程稳定，才能保证带钢头部的厚度精度能够满足要求。

6.4.2.1　计算的流程

精轧机辊缝设定计算和速度设定计算的基本流程可以用下面的一段文字加以概况：根据带钢成品的目标厚度和粗轧来料带坯的厚度，采用一定负荷分配的计算方法，决定各个机架的出口板厚。通常用查询表格的方法（或者采用精轧温度控制法，即 FTC 法）决定末机架的穿带速度。然后，以末机架为基准机架，用流量恒定定律，并且考虑前滑值，求出各个机架的通板速度（穿带速度）。根据带坯在粗轧出口的温度实测值，用温度预报模型计算出精轧入口温度、精轧出口温度以及带钢在各个机架的温度。用轧制力模型计算出各个机架的轧制力。用弹跳模型计算出各个机架的弹跳量，最后用辊缝计算模型完成轧机辊缝设定计算。

国内现有的精轧设定模型，虽然在一些具体细节方面有所不同，但是基本都是这样的计算流程。

精轧机辊缝和速度设定计算的流程图如图 6-13 所示。

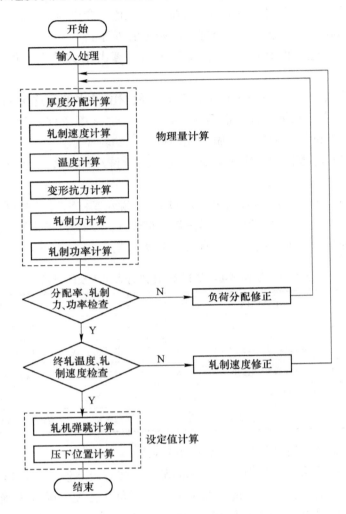

图 6-13　精轧机设定计算流程图

下面按照流程图，再进一步叙述精轧机设定计算流程及其使用的数学模型。

A　输入处理

输入处理的过程就是获取数据的过程，即为精轧机设定计算进行准备工作。首先从常数数据文件获取有关工厂及设备的参数（这些都是常数），再根据钢种、带钢的成品目标厚度、目标宽度等条件从模型数据文件得到相适应的数学模型的参数，然后编辑从基础自动化计算机得到的实际数据和由操作人员通过 HMI 输入的数据。

输入的主要数据项目　主要的输入数据项有以下几种：

（1）PDI 数据：包括钢卷号、板坯号、钢种、化学成分、带钢成品的各种目标值和公差值等。

（2）常数：包括和工厂设备有关的数据。

（3）模型数据：包括模型参数、负荷分配系数、各种极限值、物理参数等。

（4）实际数据：包括实测的轧件温度、轧件的实际传送时间等。

（5）操作人员输入的数据：包括负荷分配的修正值、穿带速度、轧制速度及加速度的修正值、精轧目标温度修正值、卷取目标温度修正值等等。

（6）计算数据：包括由其他的数学模型功能计算出来的数据，例如粗轧的出口板厚等。

模型数据是按照记录号（Record No）存储在数据文件中的。这里的记录号又叫做批号（Lot Number），它是根据钢种、带钢的目标厚度、宽度等条件划分的。钢种、带钢的目标厚度、宽度等条件相同的轧件叫做"相同批次"的轧件。

极限检查　对实际数据和操作人员输入的数据进行极限检查，以便确保数据和设定计算的正确性。

操作人员的人工干预　操作人员可以通过 HMI 输入或修改有关数据，对设定计算使用的数据进行人工干预，见表 6-25。但是操作人员输入、修改的有关数据必须在规定的允许值范围之内，否则计算机将判定人工输入值无效。

表 6-25　操作员可以通过 HMI 进行人工干预的项目

序号	项　目	输入的值	序号	项　目	输入的值
1	压下负荷分配率	要修改的负荷分配率	6	除鳞和机架间喷水模式	自动控制模式或手动控制模式
2	末机架的穿带速度	要修改的穿带速度值	7	轧制油的喷射模式	自动控制模式或手动控制模式
3	加速度	要修改的加速度值	8	精轧目标温度	要修改的精轧目标温度
4	侧导板的宽度余量	要修改的侧导板的宽度余量值	9	卷取目标温度	要修改的卷取目标温度
5	空过轧机机架的选择	要空过的轧机机架序号	10	板形数据	弯辊力限制值、窜辊位置限制值等

初始设定　初始设定的过程需要计算以下项目：

（1）目标负荷分配率。目标负荷分配率的确定一般有压下模式、轧制力模式和轧制功率模式三种模式。在生产过程中，过去通常采用压下负荷分配的模式来确定负荷分配率，现在更多的是采用轧制力比率的方法来确定负荷分配率。标准的负荷分配率（也叫做负荷分配系数）存储在模型数据文件中。操作人员可以根据实际的生产情况对压下负荷分配率进行修改。

（2）除鳞和机架间的喷水模式。除鳞、机架间的喷水模式一般采用自动或者半自动两种方式确定，如果采用自动方式，或者由计算机通过查表法确定，或者通过温度控制模型推算出所需要的机架间喷水模式。如果采用半自动方式，由操作人员从 HMI 直接输入除鳞、机架间的喷水模式。

（3）设备的允许值。设备的允许值包括轧机的功率允许值、轧制力允许值、轧机的速度（转速）允许值等，一般按照以下方法计算：

$$允许值 = 额定值(或最大值) \times 过负荷率$$

额定值和过负荷率都是和设备相关的已知参数，事先存储在数据文件中。

B　粗轧出口板厚的计算

早期建立的热轧生产线，在粗轧机出口处都安装 γ 射线测厚仪，用以测量粗轧出口带坯的厚度。但是 γ 射线测厚仪有较强的辐射，对环境造成污染。所以从 20 世纪 80 年代开始，在粗轧机出口处就不再安装 γ 射线测厚仪了，改用公式计算粗轧出口带坯的厚度。常见的有两种计算方法。一种方法是利用弹跳方程计算：

$$H_{BAR} = S_{RM} + \frac{F_{RM} - F_Z}{M} \tag{6-100}$$

式中，H_{BAR} 为粗轧出口带坯的厚度，mm；S_{RM} 为粗轧机辊缝实际值，mm；F_{RM} 为粗轧机轧制力实际值，kN；F_Z 为粗轧机零调轧制力，kN；M 为粗轧机的轧机常数，kN/mm。

另一种方法是利用经验公式计算：

$$H_{BAR} = a_1 \times S_{RM} + a_2 \times F_{RM} + a_3 \times T_{RD} + a_4 \tag{6-101}$$

式中　T_{RD} 为粗轧出口温度实际值，℃；$a_1 \sim a_4$ 为公式的系数。其余符号的意义同上。

C　厚度分配计算

如果精轧机组有 n 个机架轧机，假定从粗轧机出口的带坯厚度是 H_{BAR}，通过精轧 n 个机架的轧制，带钢的成品厚度是 h_F，那么精轧机 n 个机架总的压下量就是

$$\Delta H = H_{BAR} - h_F \tag{6-102}$$

总的压下量确定以后，就必须确定精轧各个机架应该轧出的带钢的厚度值 h_i，也就是必须确定各个机架的压下量，这项工作称之为厚度分配。各个机架的厚度分配一旦确定了，相应的各个机架的入口厚度（轧件的轧前厚度）、出口厚度（轧件的轧后厚度）、压下量、压下率等工艺参数也就确定了。进一步各个机架的负荷参数，例如轧制力、轧制功率、轧制力矩也就确定了，所以通常厚度分配也称之为负荷分配。

负荷分配的一般原则是：保证各个机架的轧制力、轧制力矩、主电机的电流在允许的负荷范围内；要考虑工艺条件的限制和对成品带钢的板形要求；第一架轧机的压下量大，但要考虑咬入条件，末机架轧机的负荷要小，为了板形良好；考虑各个机架工作辊的磨损尽量均匀，以免影响成品带钢的质量，并且减少换辊次数。

将轧机的负荷进行合理的分配，实质上是对各机架的功率、轧制力进行合理的分配。生产实践证明，精轧机后两个机架的轧制力的大小，将直接影响成品带钢的凸度和平直度。所以进行厚度分配不但要考虑到精轧机设备条件的限制，还要考虑生产工艺的条件限制。如何进行厚度分配（负荷分配），有不少理论方面的研究和探讨，但是，现在热连轧实际生产过程中，主要使用两种常用的方法。一种是用负荷分配系数和递推的方法来进行厚度分配；另一种是用累计能耗分配系数和能耗模型进行厚度分配的。

生产厂使用的负荷分配系数一般都是先给定一个初始值，然后由工艺技术人员、操作工人根据生产经验不断总结、修改、完善，最后得出适合特定热轧生产线的负荷分配系数。表 6-26 给出一组负荷分配系数的例子。

表 6-26　负荷分配系数

产品厚度/mm	F_1	F_2	F_3	F_4	F_5	F_6	产品厚度/mm	F_1	F_2	F_3	F_4	F_5	F_6
2.00	55.08	23.06	10.76	6.29	3.23	1.58	4.50	45.14	24.70	13.52	9.01	4.82	2.81
2.20	54.06	23.10	11.30	6.40	3.43	1.71	4.75	44.28	24.67	13.73	9.37	5.27	2.68
2.75	51.01	24.06	12.11	7.10	3.74	1.98	5.00	43.36	24.61	13.87	9.56	5.43	3.17
3.00	49.38	24.12	12.27	7.82	4.19	2.22	5.50	42.53	24.54	14.10	9.82	5.63	3.38
3.50	48.27	24.34	12.57	8.13	4.37	2.32	6.00	41.71	24.32	14.32	10.15	5.90	3.60
3.75	47.20	24.48	12.85	8.46	4.56	2.45	7.00	41.00	24.06	14.53	10.34	6.16	3.91
4.00	46.20	24.60	13.11	8.72	4.75	2.62							

有了负荷分配系数，各个机架带钢的出口厚度可以按照下面的公式递推计算：

$$h_i = H_i - (H_{BAR} - h_F) \frac{DIS_i}{\sum_{i=1}^{n} DIS_i} \tag{6-103}$$

式中，h_i 为第 i 架轧机的出口板厚，mm；H_i 为第 i 架轧机的入口板厚，mm；H_{BAR} 为粗轧机出口板厚（即精轧机来料的厚度），mm；h_F 为精轧机成品机架（末机架）出口板厚，即精轧的目标板厚，mm；DIS_i 为各机架负荷分配的初始值（查表得到）。

近年来，在一些热连轧生产线还使用"轧制力分配法"（Roll Force Distribution Method, 简称 FRDM）。这种方法实际上是按照各个机架的轧制力比率来进行负荷分配。下面简述这种计算方法。

定义轧制力比率

$$F_1 : F_2 : F_3 : \cdots : F_7 = \alpha_1 : \alpha_2 : \alpha_3 : \cdots : \alpha_7 \tag{6-104}$$

根据上式，则有如下关系：

$$\frac{F_1}{\alpha_1} = \frac{F_2}{\alpha_2} = \frac{F_3}{\alpha_3} = \cdots = \frac{F_7}{\alpha_7} \tag{6-105}$$

式中，F 为轧制力预报值，kN；α 为轧制力比率。

轧制力比率以钢种（钢族）、厚度、宽度为索引存储在模型数据表中。初始的轧制力分配率是根据模型数据表确定的。操作人员可以修正各个机架的轧制力分配率。板形设定模型也可以修改轧制力分配率。

$$\alpha_i' = \alpha_i^{TBL} \frac{\alpha_i^{HMI}}{100} \tag{6-106}$$

式中，α_i' 为修正以后的轧制力比率；α_i^{TBL} 为存储在模型数据表中的轧制力比率；α_i^{HMI} 为操作人员通过 HMI 修改的轧制力比率。

操作人员允许修改的范围是 50% ~ 150%。上式分子的数据为 100 时，表示没有修正。

对数据进行规范化

$$\alpha_i = \frac{\alpha_i'}{\max(\alpha_1', \alpha_2', \cdots, \alpha_7')} \tag{6-107}$$

下面给出计算实例，如表 6-27 所示。

表 6-27 "轧制力分配法"计算实例

项 目	第1架轧机	第2架轧机	第3架轧机	第4架轧机	第5架轧机	第6架轧机	第7架轧机
模型表中的标准轧制力比率 α_i^{TBL}	1.0	0.98	0.87	0.76	0.64	0.55	0.50
操作人员的修正值 α_i^{HMI}/%	110	105	100	100	100	94	90
修正以后的轧制力比率 α_i'	1.1	1.029	0.87	0.76	0.64	0.517	0.45
规范化以后的轧制力比率 α_i	1.0	0.935	0.791	0.691	0.582	0.47	0.41

这里，对 F_1、F_2、F_6、F_7 机架的轧制力比率进行了修改。

板形设定模型也可以修改轧制力分配率。

$$\alpha_i' = \alpha_i^{TBL} \frac{\alpha_i^{SSU}}{100} \tag{6-108}$$

式中，α_i^{SSU} 为板形设定模型修改的轧制力比率。

修改以后，也要对数据进行规范化。

$$\alpha_i = \frac{\alpha_i'}{\max(\alpha_1', \alpha_2', \cdots, \alpha_7')} \tag{6-109}$$

使用"轧制力分配法"的同时，还允许某一个机架或两个机架使用压下率方式的负荷分配。也就是对某一个机架或两个机架给定目标压下率，其余机架仍然使用"轧制力分配法"。

使用"轧制力分配法"进行厚度分配计算，需要采用数值迭代的方法求出各架轧机的出口板厚。这种方法就是著名的牛顿-拉夫森法（Newton-Raphson method）。

根据轧制力比率的定义有

$$\frac{\alpha_{i+1}}{\alpha_i} = \frac{F_{i+1}}{F_i}$$

对于 7 个机架的热连轧机组，$i = 1，2，\cdots，6$。根据轧制过程的流量方程有

$$h_i v_i (1 + f_i) = U \tag{6-110}$$

式中，h_i 为出口板厚，mm；v_i 为轧机的速度，m/s；f_i 为前滑；U 为轧件单位宽度的体积流量，mm·(m/s)。

设
$$y_j = h_i v_i (1 + f_i) - U \qquad (j = 1, 2, \cdots, 7)$$

$$y_j = \alpha_{i+1} F_i - \alpha_i F_{i+1} \qquad (j = i + 1 = 8, 9, \cdots, 13)$$

写成向量形式
$$\boldsymbol{Y} = [y_1 y_2 y_3 \cdots y_{13}]^T$$

设
$$x_1 = h_1, \quad x_2 = h_2, \quad x_3 = h_3, \quad \cdots, \quad x_6 = h_6$$

$$x_7 = v_1, x_8 = v_2, x_9 = v_3, \cdots, x_{12} = v_6, x_{13} = U$$

写成向量形式
$$\boldsymbol{X} = [x_1 x_2 x_3 \cdots x_{13}]^T$$

$[\quad]^T$ 表示转置向量。

在向量 $\boldsymbol{X}$ 中没有包含末架轧机的速度 v_7，因为 v_7 是可以事先确定的（通过查询穿带速度表格，或者通过精轧温度控制模型计算出来）。在向量 $\boldsymbol{Y}$ 中没有包含末机架的出口板厚 h_7，因为 h_7 是出口板厚的目标值，事先可以从 PDI 数据得来。

写出 Newton-Raphson 方程

$$J(X_{N+1} - X_N) + Y(X_N) = 0 \tag{6-111}$$

将上式进行变换
$$J(X_{N+1} - X_N) = -Y(X_N)$$

$$X_{N+1} - X_N = -J^{-1}Y(X_N)$$

所以
$$X_{N+1} = X_N - J^{-1}Y(X_N) \tag{6-112}$$

式中，J 为雅可比（Jacobian）矩阵；J^{-1} 为雅可比矩阵的逆矩阵；N 为迭代的次数。

$$J = \begin{bmatrix} \dfrac{\partial y_1}{\partial x_1} & \dfrac{\partial y_1}{\partial x_2} & \dfrac{\partial y_1}{\partial x_3} & \cdots & \dfrac{\partial y_1}{\partial x_{13}} \\[2mm] \dfrac{\partial y_2}{\partial x_1} & \dfrac{\partial y_2}{\partial x_2} & \dfrac{\partial y_2}{\partial x_3} & \cdots & \dfrac{\partial y_2}{\partial x_{13}} \\[2mm] \vdots & \vdots & \vdots & & \vdots \\[2mm] \dfrac{\partial y_{13}}{\partial x_1} & \dfrac{\partial y_{13}}{\partial x_2} & \dfrac{\partial y_{13}}{\partial x_3} & \cdots & \dfrac{\partial y_{13}}{\partial x_{13}} \end{bmatrix}$$

雅可比（Jacobian）矩阵的每一项都是可以计算出来的。例如，当 $x_1 = h_1$，对于 y_1 有下式成立：

$$\frac{\partial y_1}{\partial x_1} = \frac{\partial f_1}{\partial h_1}h_1 v_1 + (1 + f_1)v_1 \tag{6-113}$$

$$\frac{\partial f_1}{\partial h_1} = \frac{f_1(h_1 + \Delta h_1) - f_1(h_1 - \Delta h_1)}{2h_1} \tag{6-114}$$

用下式计算出口板厚和轧机速度的差分项数值：

$$\Delta h_i = 0.02 h_i \tag{6-115}$$

$$\Delta v_i = 0.02 v_i \tag{6-116}$$

其他项的计算以此类推，现在有标准的迭代算法程序，可以直接使用。什么时候迭代计算结束？可以用两种方法，一种是设置最大的迭代次数，例如迭代5次；另一种是设置判断迭代计算收敛的条件，例如，把每次迭代计算出来的轧制力比率和目标轧制力率的相对误差的绝对值作为收敛的条件，当相对误差小于或等于一个允许值时，迭代计算结束。

对7个机架的精轧机组来说，向量 X 和 Y 是13维的，雅可比矩阵是 13×13 维的矩阵。那么对于6个机架的精轧机组来说，向量 X 和 Y 是11维的，雅可比矩阵是 11×11 维的矩阵。

还要提及一点，使用"轧制力分配法"进行迭代计算，需要给出厚度分配的一个"初始值"，以便减少迭代计算的次数。这个初始值的计算方法如下：

$$h_i^l = \frac{H_{SLB}}{\lambda_i} \tag{6-117}$$

$$\lambda_i = \left[\frac{\dfrac{H_{SLB}}{h_F}}{\dfrac{H_{SLB}^{TBL}}{h_F^{TBL}}}\right]^{M_i} \left(\frac{H_{SLB}^{TBL}}{h_i^{TBL}}\right) \tag{6-118}$$

$$M_i = 1 - \frac{G}{N}\left(\frac{N - i}{N - 1}\right)^2 \tag{6-119}$$

式中，h_i^l 为插值计算的出口板厚，mm；H_{SLB} 为板坯的厚度，mm；λ_i 为轧件的延伸率；h_F 为精轧出口的目标板厚，mm；H_{SLB}^{TBL} 为模型数据表中的板坯厚度，mm；h_F^{TBL} 为模型数据表中的精轧出口目标板厚，mm；h_i^{TBL} 为模型数据表中的各机架出口板厚，mm；M_i 为指数；G 为增益系数，可以取值 1.0；N 为使用的精轧机架数量；i 为机架号。

6.4.2.2 能耗模型

各机架的出口厚度也可以使用能耗模型和累计能耗分配系数来计算。

轧制时，单位质量的轧件通过第 i 架轧机的轧制，而产生一定变形所消耗的能量叫做单位能耗。影响单位能耗的主要因素有：轧机和轴承的类型、摩擦和润滑的条件、钢种、轧制温度、变形程度（压下率）等。在其他条件相对固定的情况下，单位能耗的数值主要取决于钢种、轧制温度、压下率等因素。从第 1 架轧机到第 i 架轧机的单位能的累加值，叫做累计单位能耗，记做 E_i

$$E_i = \sum_{i=1}^{j} E_j$$

那么，所有机架的总能耗为

$$E = \sum_{i=1}^{n} E_i$$

在实际生产过程中，可以利用统计分析的方法建立如下形式的能耗模型：

$$E_i = K_{PG}\left[1 + K_T(T_B - T_{FE})\right]\left[K_1\left(\ln\frac{H_{BAR}}{h_i}\right)^2 + K_2\ln\frac{H_{BAR}}{h_i} + K_3\right] \tag{6-120}$$

式中，E_i 为第 i 架轧机的累计能耗；K_{PG} 为钢种修正系数；K_T 为温度修正系数；T_B 为精轧机组入口温度的基准值，℃；T_{FE} 为精轧入口温度的预报值，℃；H_{BAR} 为中间坯的厚度（即粗轧出口带坯的厚度），mm；h_i 为第 i 架轧机的出口板厚，mm；$K_1 \sim K_3$ 为能耗模型的系数。

这是一个由机理出发的统计模型，该模型可以分解为三部分。K_{PG} 反映钢种（即化学成分）对能耗的影响；第二部分 $\left[1 + K_T(T_B - T_E)\right]$ 反映了轧制温度对能耗的影响；最后一部分反映了压下率对能耗的影响。

此时，负荷分配系数 ϕ_i 可以表示为

$$\phi_i = \frac{\Delta E_i}{E} \times 100\% \tag{6-121}$$

它实际上是累计能耗分配系数，所以要注意，这里的负荷分配系数 ϕ_i 和上面的表 6-26 的负荷分配系数 DIS_i 的取值范围是不相同的。下面的表 6-28 给出累计能耗分配系数的例子。表 6-28 中的数据只是一种成品厚度范围的数据。

表 6-28 能耗分配系数

产品厚度/mm	F_1	F_2	F_3	F_4	F_5	F_6	F_7
$1.2 \leqslant H < 1.7$	12.0	15.3	18.0	18.1	15.7	12.0	8.9
$1.7 \leqslant H < 2.2$	17.7	15.2	16.5	16.6	14.2	12.1	7.7
$2.2 \leqslant H < 2.9$	16.7	16.6	17.7	15.5	15.0	11.5	7.0

产品厚度/mm	F_1	F_2	F_3	F_4	F_5	F_6	F_7
$2.9 \leqslant H < 3.9$	16.9	17.0	17.2	15.7	14.8	11.4	7.0
$2.9 \leqslant H < 5.2$	18.5	15.9	16.0	16.3	12.9	11.8	8.6
$5.2 \leqslant H < 7.0$	15.0	16.5	16.5	16.8	14.4	12.3	8.5
$7.0 \leqslant H < 9.5$	12.7	14.7	16.6	17.2	15.3	13.3	10.2
$9.5 \leqslant H < 13.0$	13.2	15.4	16.9	17.4	15.0	13.0	9.1

为了书写方便起见，记

$$T_{mp} = K_{PG}[1 + K_T(T_B - T_{FE})]$$

那么，从能耗模型就可以推导出来各个机架带钢的出口厚度计算公式：

$$h_i = H_{BAR}\exp\left[\frac{K_2 - \sqrt{K_2^2 - 4K_1\left(K_3 - \dfrac{E}{T_{mp}}\sum_{j=1}^{i}\phi_j\right)}}{2K_1}\right] \qquad (6\text{-}122)$$

式中，h_i 为带钢在各机架的出口厚度，mm；K_{PG} 为钢种影响系数；K_T 为温度影响系数；T_B 为精轧入口温度的标准值，取值 990℃；T_{FE} 为精轧入口温度预报值，℃；$K_1 \sim K_3$ 为能耗模型的系数；ϕ_j 为累计能耗分配系数；E 为总能耗；H_{BAR} 为粗轧机出口的带坯厚度，mm。

表 6-29 给出能耗模型的系数。

表 6-29　能耗模型系数

产品厚度/mm	K_T	K_1	K_2	K_3	产品厚度/mm	K_T	K_1	K_2	K_3
$1.2 \leqslant H < 1.7$	0.00010	4.2627	4.7476	0.3058	$2.9 \leqslant H < 5.2$	0.00033	2.2141	7.4092	0.0873
$1.7 \leqslant H < 2.2$	0.00036	3.3090	8.1441	0.0795	$5.2 \leqslant H < 7.0$	0.00041	2.2115	5.8231	0.0591
$2.2 \leqslant H < 2.9$	0.00044	3.1513	6.1443	0.1063	$7.0 \leqslant H < 9.5$	0.00048	2.1801	4.9090	0.0252
$2.9 \leqslant H < 3.9$	0.00016	2.6916	6.9246	0.1292	$9.5 \leqslant H < 13.0$	0.00040	2.2194	5.7124	0.0119

这里给出的能耗模型属于统计型的经验模型。模型的系数可以根据实际生产过程中的实测数据，用回归分析的方法确定。现在，能耗模型已经较少使用了。为了使读者对厚度分配的方法有一个完整的了解，所以在此介绍了能耗模型。

6.4.2.3　前滑计算和前滑模型

计算前滑的目的是为了计算精轧机的穿带速度（又叫做通板速度）。有不同形式的前滑模型，下面给出的公式是其中较为常用的三种。

第一种
$$f_i = a_1 r_i + a_2 + (a_3 r_i + a_4)\sqrt{\frac{h_i}{R_i}} \qquad (6\text{-}123)$$

第二种
$$f_i = \sqrt{b_1 r_i + b_2} - b_3 \qquad (6\text{-}124)$$

第三种

$$f_i = (a_5 r_i^5 + a_4 r_i^4 + a_3 r_i^3 + a_2 r_i^2 + a_1 r + a_0)k_5\left(\sqrt{\frac{R_i}{h_i}}\right)^5 + k_4\left(\sqrt{\frac{R_i}{h_i}}\right)^4 +$$

$$k_3 \left(\sqrt{\frac{R_i}{h_i}} \right)^3 + k_2 \left[\left(\sqrt{\frac{R_i}{h_i}} \right)^2 + k_1 \sqrt{\frac{R_i}{h_i}} + k_0 \right] \tag{6-125}$$

式中，f 为前滑；r 为压下率；R 为工作辊的半径，mm；a、b、k 为前滑模型的系数；h 为带钢的出口厚度，mm；i 为精轧机的机架号。

在有的热连轧计算机系统中，直接使用轧制理论中的前滑定义公式，来计算前滑值。

A　压下率的计算

$$r_i = \frac{H_i - h_i}{H_i} \tag{6-126}$$

式中，r 为压下率；H 为带钢的入口厚度，mm；h 为带钢的出口厚度，mm。

B　穿带速度的计算

首先确定精轧机末机架的穿带速度，然后根据厚度分配计算出来的各机架出口厚度，根据用前滑模型计算出来的各机架的前滑值，用秒流量公式计算出各个机架的穿带速度。

$$v_i = \frac{(1 + f_n)h_F}{(1 + f_i)h_i} v_n \tag{6-127}$$

式中，v_i 为各个机架的穿带速度，m/s；f_n 为末机架的前滑；h_F 为末机架的出口板厚，即精轧出口的目标板厚，mm；v_n 为末机架的穿带速度，m/s。

末机架的穿带速度 v_n，一般按照带钢成品的厚度、宽度，采用查表的方法得到，也就是说由工艺技术人员按照设备和工艺条件，决定各种成品厚度、宽度的带钢的穿带速度，存储在计算机的数据表中。操作人员也可以通过 HMI 直接输入末机架的穿带速度。

表 6-30 作为例子，给出精轧末机架的穿带速度。表中的穿带速度的单位可以变换为 m/s，表 6-30 中的数据可以以不同的钢种、厚度、宽度为索引进行存储。

表 6-30　穿带速度

带钢的目标厚度/mm	末机架速度/m·min⁻¹	带钢的目标厚度/mm	末机架速度/m·min⁻¹
1.2	720	4.5	425
1.4	680	5.2	385
1.7	665	6.0	345
1.9	650	7.0	310
2.2	635	8.2	280
2.5	605	9.5	250
2.9	575	11.0	225
3.4	535	12.0	200
3.9	485		

为了使得穿带过程更加稳定，在计算出来的各个机架穿带速度 v_i 的基础上，增加一个修正量。即引入"穿带速度调整因子"（Threading speed adjustment factor）a_f，单位是百分数（%），按照带钢厚度和机架号（除了末机架以外）储存在数据表中。这样，向 L1 计算机发送的穿带速度设定值就变成按照下式计算出来的修正值了。

$$v_i^{\text{SET}} = v_i \left(1 + \frac{a_{\text{fi}}}{100} \right) \tag{6-128}$$

式中，v_i^{SET} 为经过修正以后的穿带速度，m/s；v_i 为用流量方程计算出来的各个机架的穿带速度，m/s；a_{fi} 为穿带速度调整因子，%。

穿带速度调整因子 a_{fi} 的值可以是正数，也可以是负数。例如，当 $a_{\text{fi}} = -2\%$ 时，相当于 i 机架的穿带速度小于用流量方程计算出来的穿带速度，这样在 i 机架和 $i+1$ 之间产生了张力。近些年来，这种方法在一些生产线上使用。当然，为了避免产生副作用，选取合适的穿带速度调整因子 a_{fi} 的值是重要的。

如果把确保带钢的终轧温度作为首要目标的话，就可以通过精轧温度模型反算出为了达到目标终轧温度所需要的末架穿带速度。

从精轧入口开始，到精轧出口温度计为止的区间，轧件经过较复杂的热交换过程，为了简化计算，可以把它看成一个综合传热过程。根据传热的基本方程，得出如下形式的精轧温度模型。

$$T_{\text{FD}} = T_{\text{W}} + (T_{\text{FE}}^* - T_{\text{W}}) \exp\left(\frac{-K_{\text{s}}}{c_{\text{p}}\rho} \times \frac{L}{h_{\text{F}} v_{\text{n}}} \right) \tag{6-129}$$

式中，T_{FD} 为精轧出口温度预报值，℃；T_{FE}^* 为精轧入口温度的实际测量值，℃；T_{W} 为精轧机架间冷却水的温度，℃；L 为精轧入口测温仪到精轧出口测温仪之间的距离，mm；K_{s} 为等价热传导系数；c_{p} 为比热容，J/(kg·℃)；ρ 为钢的密度，kg/m³；h_{F} 为末机架的出口板厚，mm；v_{n} 为末机架的穿带速度，m/s。

把上式中的精轧出口温度预报值 T_{FD}，用精轧出口温度的目标值 T_{AIM} 代替，并且把式中的末机架的穿带速度 v_{n} 作为未知数来求解，就可以得到满足精轧出口温度达到 T_{AIM} 所需要的末机架的穿带速度，计算公式如下：

$$v_{\text{n}} = f(K_{\text{s}}, h_{\text{F}}, T_{\text{AM}}, T_{\text{FE}}^*) \tag{6-130}$$

式中的符号含义同上。这就是用精轧温度控制法（FTC 法）计算精轧穿带速度的基本原理。不同热轧生产线的区别仅在于上述的温度模型的形式和参数不同。

6.4.2.4 温度计算和温度预报模型

精轧温度数学模型描述粗轧出口带坯在传输辊道以及带钢在精轧区域的温度变化规律。使用精轧温度模型能够进行下面的计算：

(1) 根据粗轧出口处带坯的实测温度 RDT（记作 T_{RD}），预报带坯在精轧入口的温度 FET（记作 T_{FE}）。

(2) 预报带钢在精轧出口温度计处的温度 FDT（记作 T_{FD}）。

(3) 预报带钢在精轧机各机架的温度 T_i。

(4) 决定精轧温度控制（FTC）方式下的穿带速度。

所以综合起来说，温度的计算过程就是利用温度预报模型计算精轧入口温度预报值、精轧出口温度预报值和精轧各机架出口温度预报值。除了温度控制需要进行温度计算以外，温度计算的重要目的是为了计算轧制力，因为轧制力的大小和温度的高低是密切相关的。

从粗轧出口温度计 RDT 开始，到精轧入口为止，认为主要是空冷区间，如果考虑在该区间温度变化主要由于热辐射引起的，根据热力学定律，建立微分方程，并求解，得到精轧入口温度预报模型。从精轧入口开始，到精轧出口温度计为止的区间，轧件经过较复杂的热交换过程。一般不但考虑水冷和空气冷却，还要考虑轧辊接触的热传导、由变形产生的热、由摩擦产生的热等。这些温度数学模型一般来源于理论或文献，求解传热学的微分方程或者采用二维有限差分法建立，基本不需要改变，除非温度预报的精度明显不好，需要调整综合热辐射系数或综合热传导系数。下面给出一些温度预报数学模型。在这些温度模型的公式中，省略了模型的自学习项。

A 空冷温度模型（辐射温降模型）

$$\Delta t_a = \left[(t_0 + 273)^{-3} + \frac{6\varepsilon\sigma t_{im}}{c_p\rho H} \right]^{-\frac{1}{3}} - (t_0 + 273) \tag{6-131}$$

式中，Δt_a 为空冷温度，℃；t_0 为初始温度，℃；ε 为热辐射率，也叫黑度；σ 为斯蒂芬-玻耳兹曼常数，$\sigma = 5.69 \text{W}/(\text{m}^2 \cdot \text{K}^4)$；$t_{im}$ 为轧件的传送时间，h；c_p 为比热容，J/(kg·℃)；ρ 为钢坯的密度，kg/m³；H 为带钢的厚度，m。

用空冷温度模型可以计算轧件在轧线上运动时，由空气冷却对轧件产生的温降。

在有的带钢热轧计算机控制系统中，采用如下形式的辐射温降模型

$$T_a = T_{abs}\left(\frac{1}{1+E}\right)^{1/3} - 273 \tag{6-132}$$

$$E = \varepsilon \times K_r \times T_{abs} \times \frac{t_{im}}{H} \tag{6-133}$$

$$T_{abs} = T + 273 \tag{6-134}$$

式中，T_a 为轧件经过辐射温降以后的温度，℃；T_{abs} 为轧件在辐射温降以前的绝对温度，℃；ε 为热辐射率；t_{im} 为轧件的传送时间，h；K_r 为热辐射常数，$K_r = 6.54 \times 10^{-11}$；$H$ 为带钢的厚度，mm。

B 水冷温降模型

$$\Delta t_w = (t_0 - t_w)\left[\exp\left(\frac{-2a_h t_{im}}{c_p\gamma H}\right) - 1 \right] \tag{6-135}$$

式中，Δt_w 为水冷温度，℃；t_0 为初始温度，℃；t_w 为冷却水的温度，℃；a_h 为热传导系数，W/(m²·℃)。

或者使用如下形式的水冷模型：

$$\Delta t_w = R_w a_s \frac{t_0}{Hv} \tag{6-136}$$

式中，Δt_w 为水冷温度，℃；R_w 为冷却水的热传导系数；a_s 为水冷温度模型的自学习系数；t_0 为初始温度，℃；H 为带钢的厚度，m；v 为带钢的速度，m/s。

用水冷温度模型可以计算除鳞和机架间冷却水对轧件产生的温降。

C 轧辊接触产生的温度降

$$\Delta t_c = \alpha_c \frac{4\beta(t_{wr} - t)}{\dfrac{H_i + 2h_i}{3}} \sqrt{\frac{\kappa_s t_{im}}{\pi}} \tag{6-137}$$

$$\kappa_s = \frac{\lambda}{c_p \gamma} \tag{6-138}$$

式中，Δt_c 为由轧辊接触产生的温降，℃；α_c 为热传导的衰减率；t_{wr} 为轧辊的温度，℃；t 为带钢的入口温度，℃；κ_s 为热传导率，m^2/h；λ 为接触热传导系数，$W/(m \cdot ℃)$；t_{im} 为轧辊的接触时间，h；π 为圆周率。

在有的文献中将上式的 $\dfrac{H_i + 2h_i}{3}$ 一项用平均厚度 $\dfrac{H_i + h_i}{2}$ 来代替。

或者有如下形式的轧辊接触温度模型：

$$\Delta t_c = K_c E_c F_c (t - t_{wr}) \tag{6-139}$$

$$F_c = \sqrt[3]{\frac{(H_{i-1} - H_i)\sqrt{\dfrac{(H_i - h_i)R_i}{2}}}{(v_i h_i)^2 h_m}} \tag{6-140}$$

$$h_m = H_i - \frac{2}{3}(H_i - h_i) \tag{6-141}$$

式中，Δt_c 为由轧辊接触产生的温度，℃；K_c 为热增益常数；E_c 为有效系数；t_{wr} 为轧辊的温度，℃；t 为带钢的入口温度，℃；H 为带钢的入口厚度，mm；h 为带钢的出口厚度，mm；R 为轧辊的辊径，mm；v 为带钢的速度，m/s。

D　由变形产生的温度

$$\Delta t_d = \alpha_d \frac{K_m \ln\left(\dfrac{H_i}{h_i}\right)}{c_p \gamma} \tag{6-142}$$

式中，Δt_d 为变形产生的温度，℃；α_d 为衰减率；K_m 为变形抗力，MPa。

或者有如下形式的变形温升模型：

$$\Delta t_d = K_d E_d \frac{P_w}{hvW} \tag{6-143}$$

式中，Δt_d 为变形产生的温度，℃；K_d 为变形功的增益常数；E_d 为变形功的有效系数；P_w 为功率，kW；h 为带钢的出口厚度，mm；v 为带钢的速度，m/s；W 为带钢的宽度，mm。

E　由摩擦产生的温度

$$\Delta t_f = \beta_f \times 2 \times \frac{2.3419}{1000} \times \mu \times \frac{K_m v_f}{\dfrac{(H + 2h)c_p \gamma}{3}} \tag{6-144}$$

$$v_f = \frac{v(f^2 + f_b^2)}{2(f + f_b)(1 + f)} \tag{6-145}$$

式中，Δt_f 为由摩擦产生的温度，℃；β_f 为衰减率；μ 为摩擦系数；f 为前滑；f_b 为后滑；v

为轧机的出口速度，m/s。

在精轧设定计算中，从粗轧机出口到精轧机入口，再到精轧机出口，按照轧件的运动过程和轧制过程，根据不同形式的热交换，划分成空冷区、水冷区、塑性变形区、轧辊接触区、摩擦区等不同的区域，使用与其相对应的温度数学模型，来计算轧件在不同区域，不同状态下的温度。

6.4.2.5　轧制力预报模型

国内外带钢热连轧计算机控制系统中在线使用的轧制力数学模型有许多种类。例如，如果按照研制者的名字区分，主要有如下轧制力数学模型：(1) Sims Integrated 模型；(2) Alexander 模型；(3) Alexander And Ford 模型；(4) Bland And Ford 模型；(5) 志田茂模型；(6) 井上胜郎模型。

在众多种类的轧制力数学模型中，它们的共同特点，或者说它们的主要趋势是：在轧制力数学模型中除了考虑轧件的宽度和轧辊与轧件的接触弧长之外，都把轧制力分解成两个函数的乘积。一个函数是变形抗力，另一个函数是应力状态系数。前者（变形抗力）描述了轧件在高温、高速变形的过程中，对轧制力的影响；后者（应力状态系数）描述了轧件在几何尺寸变形过程中，对轧制力的影响。这样，有如下形式的轧制力数学模型。

$$F_i = K_{mi} Q_{Pi} L_{di} W \tag{6-146}$$

式中，F 为轧制力，kN；K_m 为变形抗力，MPa；Q_P 为应力状态系数；L_d 为轧辊与轧件的接触弧长，mm；W 为轧件的宽度，mm。

因此归根到底，不同的轧制力模型实际上是不同的变形抗力模型和不同的应力状态系数模型的组合。下面将介绍几种在国内外带钢热连轧计算机控制系统中，常用的变形抗力模型和应力状态系数模型。

A　变形抗力模型

下面的志田茂模型在许多热轧生产线上都有具体的应用。

$$K_{mi} = \frac{2}{\sqrt{3}} \left[\sum_{j=1}^{N} (A_{km}(j) CH(j)) + A_{km}(N+1) \right] \sigma_f f\left(\frac{\varepsilon_i}{10}\right)^m \tag{6-147}$$

$$t = \frac{T + 273}{1000}, t_d = a_1 \frac{CH(1) + a_2}{CH(1) + a_3}$$

当 $t \geq t_d$ 时　　$m = (a_4 CH(1) + a_5)t + (a_6 CH(1) + a_7)$

当 $t < t_d$ 时　　$m = (a_8 CH(1) - a_9)t + (a_{10} CH(1) + a_{11}) + \dfrac{a_{12}}{CH(1) a_{13}}$

$$f = a_{14}\left(\frac{\varepsilon(i)}{a_{15}}\right)^n - a_{16}\left(\frac{\varepsilon(i)}{a_{15}}\right)$$

$$n = a_{17} - a_{18} CH(1)$$

当 $t \geq t_d$ 时　　$\sigma_f = a_{19} \exp\left(\dfrac{a_{20}}{t} - \dfrac{a_{21}}{CH(1) + a_{22}}\right)$

当 $t < t_d$ 时　　$\sigma_f = a_{19} g(CH(1), t) \exp\left(\dfrac{a_{20}}{t_d} - \dfrac{a_{21}}{CH(1) + a_{22}}\right)$

$$g = a_{23}(CH(1) + a_{24})\left(t - a_{25}\frac{CH(1) + a_{26}}{CH(1) + a_{27}}\right)^2 + \frac{CH(1) + a_{28}}{CH(1) + a_{29}}$$

式中，K_m 为变形抗力，MPa；A_{km} 为模型系数；$CH(j)$ 为化学成分，%；j 为化学成分的顺序号；N 为化学成分的种类数；v 为变形速度，s^{-1}；ε 为变形程度；$CH(1)$ 为碳含量。上述公式中省略了表示机架号的下标 i。

近些年，下面的井上胜郎模型也在许多热轧生产线上有具体的应用。下述公式中省略了模型的自学习项。

$$K_{mi} = K_{Si}K_{Ki} \tag{6-148}$$

$$K_{Si} = C_{1i}\left(\frac{2}{\sqrt{3}}\right)^{n+1}\frac{1}{n+1}\frac{\varepsilon_{ci}^{n+1} - \varepsilon_{ci-1}^{n+1}}{\varepsilon_{ci} - \varepsilon_{ci-1}} \tag{6-149}$$

$$K_{Ki} = v_i^m \zeta_i \exp\left[\alpha_{1i}\left(\frac{1}{T_i} - \frac{1}{T_S}\right)\right] \tag{6-150}$$

$$n = C_{2i}\exp\left[\alpha_{2i}\left(\frac{1}{T_i} - \frac{1}{T_S}\right)\right] \tag{6-151}$$

$$m = C_{3i}\exp\left[\alpha_{3i}\left(\frac{1}{T_i} - \frac{1}{T_S}\right)\right] \tag{6-152}$$

式中　　　K_m——平均变形抗力，MPa；

　　　　　ε_c——累积变形程度，

$$\varepsilon_{ci} = -\ln(1 - r_{ci}) = \ln\frac{H_{BAR}}{h_i} \tag{6-153}$$

　　　　　v——变形速度，s^{-1}；

　　　　　r_{ci}——累积变形率，

$$r_{ci} = \frac{H_{BAR} - h_i}{H_{BAR}} \tag{6-154}$$

　　　H_{BAR}——中间坯的厚度，mm；

　　　　h_i——各机架的出口板厚，mm；

　　　　T_i——各机架的温度，K；

　　　　T_S——标准温度，1073K；

　　　　ζ_i——调节因子项（计算公式见后）；

C_{1i}，C_{2i}，C_{3i}——与化学成分有关的影响系数，它的计算公式是

$$C_{ji} = a_{ji}\boldsymbol{CH}^T$$

α_{1i}，α_{2i}，α_{3i}——与温度有关的影响系数，其数值也受化学成分的影响，它的计算公式是

$$\alpha_{ji} = b_{ji}\boldsymbol{CH}^T$$

a_{ji}，b_{ji}——存储在模型数据表的系数，$j = 1 \sim 3$；

　　　　i——机架号；

　　$\boldsymbol{CH}$——化学成分（写成向量形式），$\boldsymbol{CH}^T$ 是它的转置向量。

$$\boldsymbol{CH} = [1, C, Si, Mn, Ni, Cr, V, Nb, Mo, Ti, B, Cu]$$

其中包含了 11 种化学元素。

调节因子 ζ_i 的计算公式是

$$\zeta_i = 1.0 + f_{Si}(Si) + f_{Mn}(Mn) + f_{Ni}(Ni) + f_{Cr}(Cr) + f_V(V) +$$
$$f_{Nb}(Nb) + f_{Mo}(Mo) + f_{Ti}(Ti) + f_B(B) + f_{Cu}(Cu)$$

函数 $f_{comp}(comp)$ 分别使用下面的公式计算，这些公式的形式是相同的。

当 $Si > Si(k)$ 时　　　$f_{Si}(Si) = a_{Si}(k)Si^{b_{Si}(k)} - c_{Si}(k)$

当 $Si \leqslant Si(k)$ 时　　　$f_{Si}(Si) = 0$

当 $Mn > Mn(k)$ 时　　　$f_{Mn}(Mn) = a_{Mn}(k)Mn^{b_{Mn}(k)} - c_{Mn}(k)$

当 $Mn \leqslant Mn(k)$ 时　　　$f_{Mn}(Mn) = 0$

当 $Ni > Ni(k)$ 时　　　$f_{Ni}(Ni) = a_{Ni}(k)Ni^{b_{Ni}(k)} - c_{Ni}(k)$

当 $Ni \leqslant Ni(k)$ 时　　　$f_{Ni}(Ni) = 0$

当 $Cr > Cr(k)$ 时　　　$f_{Cr}(Cr) = a_{Cr}(k)Cr^{b_{Cr}(k)} - c_{Cr}(k)$

当 $Cr \leqslant Cr(k)$ 时　　　$f_{Cr}(Cr) = 0$

当 $V > V(k)$ 时　　　$f_V(V) = a_V(k)V^{b_V(k)} - c_V(k)$

当 $V \leqslant V(k)$ 时　　　$f_V(V) = 0$

当 $Nb > Nb(k)$ 时　　　$f_{Nb}(Nb) = a_{Nb}(k)Nb^{b_{Nb}(k)} - c_{Nb}(k)$

当 $Nb \leqslant Nb(k)$ 时　　　$f_{Nb}(Nb) = 0$

当 $Mo > Mo(k)$ 时　　　$f_{Mo}(Mo) = a_{Mo}(k)Mo^{b_{Mo}(k)} - c_{Mo}(k)$

当 $Mo \leqslant Mo(k)$ 时　　　$f_{Mo}(Mo) = 0$

当 $Ti > Ti(k)$ 时　　　$f_{Ti}(Ti) = a_{Ti}(k)Ti^{b_{Ti}(k)} - c_{Ti}(k)$

当 $Ti \leqslant Ti(k)$ 时　　　$f_{Ti}(Ti) = 0$

当 $B > B(k)$ 时　　　$f_B(B) = a_B(k)B^{b_B(k)} - c_B(k)$

当 $B \leqslant B(k)$ 时　　　$f_B(B) = 0$

当 $Cu > Cu(k)$ 时　　　$f_{Cu}(Cu) = a_{Cu}(k)Cu^{b_{Cu}(k)} - c_{Cu}(k)$

当 $Cu \leqslant Cu(k)$ 时　　　$f_{Cu}(Cu) = 0$

式中的 $a_{comp}(k)$、$b_{comp}(k)$、$c_{comp}(k)$ 分别是公式的系数，通过查表得来；式中的 k 是钢族的序号，如果划分了 60 个钢族，则 $k = 1 \sim 60$。$comp(k)$ 是 k 钢族的化学成分 comp 的限制值，通过查表得来。

下面给出另外一种变形抗力公式，该式在许多热连轧生产线也有应用。

$$K_m = \sigma_b \left(\frac{v}{v_b} \right)^m \sigma_t L_S L_H C_{HD} \tag{6-155}$$

式中，K_m 为变形抗力，MPa；σ_b 为基本变形抗力，MPa；v 为变形速度，s^{-1}；v_b 为基本变形速度，s^{-1}，取值为 $55s^{-1}$；m 为变形速度指数；σ_t 为温度对变形抗力的影响项；L_S 为和机架相关的自学习系数；L_H 为和板厚相关的自学习系数；C_{HD} 为硬度变化率。

这里的基本变形抗力 σ_b 取值为常数，即低碳钢在 920℃ 的变形温度、$55s^{-1}$ 的变形速度时的变形阻力，数值为 14.8kg/mm²。基本变形速度 v_b 取值为 55s⁻¹。变形速度指数 m 是带钢温度的函数，由另外的公式计算。温度对变形抗力的影响项 σ_t 的值，可以由另外的公式计算，也可以通过查询存储在计算机中的数据表得到。硬度变化率 C_{hr} 用下式计算：

$$C_{hr} = 1.0 + (Ce_{cur} - Ce_{base}) \tag{6-156}$$

式中，C_{hr} 为硬度变化率；Ce_{cur} 为当前这块钢的碳当量计算值；Ce_{base} 为基准钢的碳当量。

碳当量 Ce 用下式计算：

$$Ce = C + \frac{Mn}{6} + \frac{S}{35} + \frac{Si}{3} + \frac{Cu}{20} + \frac{Ni}{4} + \frac{Cr}{5} + \frac{Sn}{40} + \frac{Al}{30} + 25N + \frac{Mo}{50} + \frac{V}{2} + Cb + Zr$$

$$\tag{6-157}$$

计算变形程度

$$\varepsilon_i = \ln\left(\frac{1}{1 - r_i}\right) \tag{6-158}$$

$$r_i = \frac{H_i - h_i}{H_i} = 1 - \frac{h_i}{H_i} \tag{6-159}$$

计算变形速度

$$v_i = \frac{v_{r_i}}{\sqrt{R_{di}H_i}} \times \frac{1}{\sqrt{r_i}} \times \varepsilon_i \tag{6-160}$$

式中，v_r 为工作辊的圆周速度，m/s。

B　应力状态系数模型

在带钢热连轧计算机控制系统中，计算应力状态系数时，较为常用的有以下公式：

（1）志田茂公式

$$Q_{p_i} = 0.8 + C\left(\sqrt{\frac{R_{di}}{h_i}} - 0.5\right) \tag{6-161}$$

当 $r \leqslant 0.15$ 时　　　　$C = \frac{0.052}{\sqrt{r_i}} + 0.016$

当 $r > 0.15$ 时　　　　$C = 0.2r_i + 0.12$

$$r_i = \frac{H_i - h_i}{H_i} \tag{6-162}$$

式中，Q_p 为应力状态系数；R_d 为轧辊的压扁辊径，mm。

（2）美坂佳助公式

$$Q_p = \frac{\pi}{4} + 0.25\frac{L_d}{h_m} \tag{6-163}$$

式中　L_d——轧辊与轧件的接触弧长，mm；

　　　h_m——轧件的平均厚度，mm，即入口板厚和出口板厚之和的平均值，

$$h_m = \frac{H + h}{2} \tag{6-164}$$

　　　H——轧机的入口板厚，mm；

h——轧机的出口板厚，mm。

（3）福特-亚历山大公式

$$Q_p = 0.786 + \sqrt{1-r} \times \frac{r}{2(2-r)} \times \sqrt{\frac{R_d}{H}}$$

上式经过变换后可以变成如下形式：

$$Q_p = 0.786 + 0.25 \frac{L_d}{h_m} \tag{6-165}$$

实际上与美坂佳助公式一样。

（4）克林特里公式

$$Q_p = 0.75 + 0.27 \frac{L_d}{h_m} \tag{6-166}$$

用多元线性回归法得到的应力状态系数模型

$$Q_p = a_1 \frac{L_d}{h_m} + a_2 \frac{L_d}{h_m} r + a_3 r + a_4 \tag{6-167}$$

式（6-163）~式（6-167）中，省略了表示精轧机架号的下标 i。

C 计算轧辊与轧件的接触弧长

基本上都使用经典的海基柯克（Hitchcock）公式来计算轧辊与轧件的接触弧长。

$$L_{di} = \sqrt{R_{di}(H_i - h_i)} \tag{6-168}$$

或者为如下形式

$$L_{di} = \sqrt{R_{di}\Delta h_i \left(1 - \frac{\Delta h_i}{4R_{di}}\right)} \tag{6-169}$$

式中，L_{di} 为轧辊与轧件的接触弧长，mm；Δh_i 为压下量，mm；R_{di} 为轧辊的压扁辊径，mm。

$$\Delta h_i = H_i - h_i$$

计算轧辊的压扁辊径

$$R_{di} = \left(1 + \frac{C_0}{\Delta h_i} K_{mi} L_{di} Q_{pi}\right) R_i \tag{6-170}$$

或者为如下形式

$$R_{di} = \left(1 + \frac{C_0}{\Delta h_i} \frac{F_i}{W}\right) R_i \tag{6-171}$$

其中

$$C_0 = \frac{16(1 - \nu_0^2)}{\pi E_0} \tag{6-172}$$

式中，R_{di} 为轧辊的压扁辊径，mm；R_i 为轧辊的半径，mm；C_0 为海基柯克常数，2.25×10^{-2} mm²/kN；E_0 为工作辊的杨氏模数，205800MPa；ν_0 为泊松比；F_i 为轧制力，kN；W 为轧件的宽度，mm。

轧辊的压扁辊径一般都采用迭代方法进行计算。常用的有两种迭代方法。一种是先给定一个初始的轧制力，例如 1000kN，然后用这个初始轧制力除以宽度值，代替轧辊压扁辊径公式中的数据项 $K_m L_d Q_p$。算出轧辊的压扁辊径、轧辊与轧件的接触弧长、轧制力。再用这个轧制力进行迭代。另一种是先用工作辊的辊径作为轧辊压扁辊径的初始值，进行迭代。两种方法一般迭代五次，就可以达到计算精度的要求。

D　另外一种形式的轧制力数学模型

在国内带钢热轧计算机控制系统中使用的较为广泛的轧制力模型还有如下形式：

$$F = RH \times EP \tag{6-173}$$

$$RH = RH_0 \times P_s \times R_f \times R_a$$

式中，F 为轧制压力，kN；RH 为材料的硬度（Material hardness），kN；EP 为压下率；RH_0 为不考虑压扁状态下的材料硬度，kN；P_s 为压扁影响系数；R_f 为与精轧各个机架有关的修正系数；R_a 为与材料有关的修正系数。

不考虑压扁状态下的材料硬度 RH_0 用下式计算：

$$RH_0 = X_{TEN} \times X_{TMP} \times X_{THK} \times \frac{R_i}{R_{bi}} \times W \tag{6-174}$$

式中，X_{TEN} 为张力影响项；X_{TMP} 为温度影响项；X_{THK} 为厚度影响项；R_i 为轧辊辊径，mm；R_{bi} 为轧辊辊径的基准值，mm；W 为带钢的宽度，mm。

这种计算方法的理论根据来自于 Cook　P. M. and Mc Crum　A. W.，The calculations of load and torque in hot flat rolling，The British Iron and Steel Research Association（BISRA），Sheffield 1958。

这种轧制压力数学模型没有按变形抗力和应力状态系数两个函数之积的方法来考虑，同时使用神经网络的方法计算变形抗力和轧制压力，在实际应用中也取得了令人满意的结果。

在有的带钢热轧计算机控制系统中，使用如下形式的轧制力模型，即 Alexander-Ford 模型。

$$F_i = K_{pi} \times G_{ha} \times Q_{pi} \times L_{di} \times W \tag{6-175}$$

式中，K_{pi} 为平均变形抗力，MPa；G_{ha} 为硬度系数，存储在计算机的数据表中。其余符号的意义和前面相同。

在这种情况下，首先采用查询数据表格的方法得到平均变形抗力值 K_{pi}，然后再根据轧件的温度和厚度分别对变形抗力值进行修正。温度对变形抗力的修正系数如表 6-31 所示。从表中的数据可以看出来，这种方法是将 900℃ 时的变形抗力作为基准值。这样可以根据预报的轧件温度值，采用插值法求出变形抗力修正系数。

表 6-31　变形抗力修正系数

带钢的温度/℃	变形抗力修正系数	带钢的温度/℃	变形抗力修正系数
780	1.319	960	0.971
840	1.148	1020	0.758
900	1.0		

插值法的计算公式为

$$Y = Y_{i-1} + \frac{Y_i - Y_{i-1}}{X_i - X_{i-1}} \times (X - X_{i-1}) \qquad (6\text{-}176)$$

6.4.2.6 轧制转矩模型和轧制功率模型

常见的轧制转矩有如下形式

$$T_{qi} = \lambda \times L_{di} \times F_i \qquad (6\text{-}177)$$

轧制功率模型有如下形式

$$P_{wi} = \frac{1}{\eta} \times 9.81 \times 2 \times \frac{v_{ri}}{R_i} \times T_{qi} \qquad (6\text{-}178)$$

式中，T_q 为轧制转矩，$kN \cdot m$；λ 为转矩力臂增益；L_d 为轧辊与轧件的接触弧长，mm；F 为轧制力，kN；P_w 为轧制功率，kW；η 为电动机效率；T_q 为轧制转矩，$kN \cdot m$；v_r 为工作辊的圆周速度，m/s；R 为轧辊的半径，mm。

6.4.2.7 轧机弹跳计算（弹跳模型）

在轧制过程中，轧辊对轧件施加轧制压力，使得轧件产生变形。反过来，轧件对轧辊也有一个反作用力，使得轧机的辊缝增大，这个现象就是轧机的弹跳。计算完轧制力以后，就可以使用轧机弹跳模型来预报轧机的弹跳了。关于轧机弹跳模型的详细叙述参见本书的第 3 章。

可以把轧机弹跳的计算公式写成如下形式。该公式即考虑了轧机零调时的轧制力，也考虑了轧件宽度对轧机刚度的影响。

$$S_{Pi} = \frac{F_{0i}}{M_i} - \frac{F_i}{M_i - K_i(W_0 - W)} \qquad (6\text{-}179)$$

式中，S_{Pi} 为轧机的弹跳量，mm；M_i 为轧机的刚度系数，kN/mm；F_{0i} 为零调时的轧制力，kN；F_i 为轧制力预报值，kN；K_i 为轧机机架刚度的宽度补偿系数；W_0 为工作辊辊身的长度，mm；W 为轧件的宽度，mm。

由于轧机的弹跳量与轧制力并不是完全呈线性关系，机架的刚度不是一个常数，而是轧制力和轧件宽度的函数，所以一般不将上式直接用于在线控制。预报解决的办法是把轧机的弹性曲线分成几段，在每一小段中用直线来近似曲线。另外，认为轧件宽度对弹跳的影响，满足下面的函数关系：

$$f(W, F) = [a(W_0 - W) + b] \times (W_0 - W)$$

这样，可以得到如下形式的弹跳方程：

$$S_{Pi} = S_{0i} - \{S_i' - [a \times (W_0 - W) + b] \times (W_0 - W)\} \qquad (6\text{-}180)$$

式中，S_{Pi} 为轧机的弹跳量，mm；S_{0i} 为零调时的辊缝值，mm；S_i' 为轧制力为 F 时，并且宽度 $W = W_0$ 时的辊缝值，mm；W_0 为轧机工作辊辊身的长度，mm；W 为轧件的宽度，mm；a、b 为系数。

在有的热连轧计算机控制系统中，将总的弹跳量分成两部分构成，一部分是轧机机架牌坊的伸长，另一部分是轧辊的挠度，即有如下形式的弹跳模型：

$$S_{Pi} = DS_0(F) + DS_1(W, R_b, R, F)$$

式中，DS_0 为轧机牌坊的伸长，它是轧制力的函数；DS_1 为轧辊挠度的修正项，它是带钢宽度 W、支持辊的直径 R_b、工作辊的直径 R、轧制力 F 的函数。

轧机牌坊的弹跳量 DS_0 是利用存储在计算机的"轧制力-弹跳表"（见表 6-32），然后采用线性插值算法求出来的。轧辊挠度的修正项采用下式计算：

$$DS_1 = F_d \times F \times D_e \tag{6-181}$$

$$F_d = [1.0 + C_{WR} \times (R_{ba} - R)] \times [1.0 + C_{BR}(R_{Bba} - R_B)] \times C_{EL} \tag{6-182}$$

式中，DS_1 为轧辊挠度的修正项；F_d 为轧辊挠度的修正因子，它是支持辊直径和工作辊直径的函数；F 为轧制力预报值，kN；D_e 为宽度对轧辊挠度的影响项；C_{WR} 为工作辊辊径系数；C_{BR} 为支持辊辊径系数；R_{ba} 为工作辊的标准辊径，mm；R_{Bba} 为支持辊的标准辊径，mm；R 为工作辊的实际辊径，mm；R_B 为支持辊的实际辊径，mm；C_{EL} 为轧辊的延伸系数。

表 6-32　轧制力-弹跳表

序　号	轧制力	F_1	F_2	F_3	F_4	F_5	F_6
1	0	-2.74	-2.75	-2.72	-3.32	-3.050	-3.10
2	100	-2.19	-2.13	-2.27	-2.53	-2.51	-2.20
3	200	-1.83	-1.80	-1.94	-2.09	-2.10	-1.92
4	300	-1.56	-1.52	-1.64	-1.72	-1.75	-1.65
5	450	-1.18	-1.18	-1.25	-1.28	-1.30	-1.23
6	600	-0.84	-0.85	-0.87	-0.92	-0.92	-0.88
7	800	-0.41	-0.42	-0.42	-0.45	-0.44	-0.43
8	1000	0	0	0	0	0	0
9	1500	0.98	0.94	0.99	1.05	1.02	1.04
10	2000	1.88	1.80	1.93	1.93	1.95	2.0
11	3000	3.68	3.51	3.75	3.65	3.77	3.82
12	4000	5.40	5.22	5.60	5.37	5.59	5.64

宽度对轧辊挠度的影响项 D_e，它是利用存储在计算机的"宽度-轧辊挠度数据表"（见表 6-33），采用线性插值算法求出来的。

表 6-33　宽度-轧辊挠度数据表

序号	轧件的宽度/mm	宽度对挠度的影响系数	序号	轧件的宽度/mm	宽度对挠度的影响系数
1	500	0.000356	4	1150	0.000051
2	600	0.000229	5	1500	0.000025
3	750	0.000127	6	2000	0.0

近些年，以下两种热轧弹跳模型也在许多生产线使用。

（1）第一种弹跳模型是这样推导得来的。根据轧机刚度的定义，有下式成立：

$$M = \frac{\Delta F}{\Delta S} = \frac{\partial F}{\partial S_P} \tag{6-183}$$

式中，M 为轧机的刚度，kN/mm；ΔF 为轧制力的变化量，kN；ΔS 为辊缝的变化量，mm；S_P 为轧机的弹跳，mm。

轧机刚度可以近似地用下式表示：

$$M = K_W M_0 \tag{6-184}$$

$$M_0 = C_1 + C_2 S_P \tag{6-185}$$

式中，M 为轧机的刚度，kN/mm；K_W 为宽度对轧机刚度的影响系数；M_0 为没有考虑宽度影响的轧机刚度，kN/mm；C_1、C_2 为公式的系数；S_P 为轧机的弹跳，mm。

定义宽度对轧机刚度的影响系数由下式表示：

$$K_W = C_3 + C_4(W/1000) + C_5(W/100)^2 \tag{6-186}$$

式中，K_W 为宽度对轧机刚度的影响系数；W 为轧件的宽度，mm；$C_3 \sim C_5$ 为公式的系数。

那么，轧机刚度的公式可以写成：

$$M = \frac{\Delta F}{\Delta S} = \frac{\partial F}{\partial S_P} = K_W(C_1 + C_2 S_P) \tag{6-187}$$

从上式可以得到，轧制力用下式表示：

$$F = K_W\left(C_1 S_P + \frac{1}{2}C_2 S_P^2\right) + C \tag{6-188}$$

在上式中，如果轧制力 F 为 0，那么弹跳 S_P 也变成 0，常数 C 也为 0 了。

把弹跳 S_P 作为未知数，解一元二次方程，并且取其正数解，可以得到如下的弹跳模型：

$$S_P = \frac{1}{C_2}\left(\sqrt{C_1^2 + 2C_2 \frac{F}{K_W}} - C_1\right) \tag{6-189}$$

（2）第二种弹跳数学模型，划分为两部分组成，如图 6-14 所示。

1）牌坊变形（Housing deformation）：轧机牌坊的变形主要取决于机架的总负荷，使用弹跳曲线作为牌坊变形模型，弹跳曲线是离线测量出来的。

2）轧辊挠曲（Roll deflection）：轧辊挠曲主要取决于以下三方面因素：

第一，轧辊的尺寸（辊脖子和辊身的长度和直径）；

第二，轧辊的弹性特性，辊外壳和内心的杨氏模数（young modulus）；

第三，轧辊宽度、圆周方向的负荷分布，即轧制力改变和带钢宽度的改变都会影响轧辊的挠度。

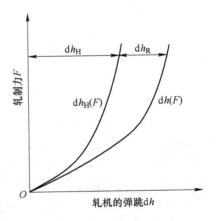

图 6-14　弹跳模型的组成
dh_H—牌坊变形；dh_R—轧辊挠曲

6.4.2.8　支持辊油膜轴承的油膜厚度的计算

支持辊油膜轴承的油膜厚度和轧制力、轧机的速度有关。其计算也有不同的方法。下面给出在热轧生产过程实际使用的一个计算公式：

$$O_{\mathrm{f}i} = K\left(\sqrt{\frac{v_i}{F_i \times R_{si} \times \pi}} - \sqrt{\frac{v_{0i}}{F_{0i} \times R_{si} \times \pi}} \right) \times \sqrt{\frac{R_i}{R_{Bi}}} \tag{6-190}$$

式中，$O_{\mathrm{f}i}$ 为轧机油膜厚度，mm；K 为油膜模型的系数；v_i 为轧机速度，m/s；v_{0i} 为轧机的零调速度，m/s；F_i 为轧制力，kN；F_{0i} 为轧机零调时的轧制力，kN；R_i 为工作辊的辊径，mm；R_{si} 为工作辊的标准辊径，mm；R_{Bi} 为支持辊的辊径，mm。

还有一种油膜厚度的计算公式，如下所示：

$$O_{\mathrm{f}} = K_{\mathrm{OF}} \times \Delta O_{\mathrm{f}}(N_{\mathrm{B}}) \times K_{\mathrm{F}}(F) \tag{6-191}$$

$$N_{\mathrm{B}} = N_{\mathrm{W}} \times \frac{D_{\mathrm{W}}}{D_{\mathrm{B}}} \tag{6-192}$$

式中，O_{f} 为油膜厚度，mm；K_{OF} 为油膜厚度的调整系数；$\Delta O_{\mathrm{f}}(N_{\mathrm{B}})$ 为支持辊转数对油膜厚度的影响项，mm；N_{B} 为支持辊的转数，r/min；N_{W} 为工作辊的转数，r/min；D_{W} 为工作辊的直径，mm；D_{B} 为支持辊的直径，mm；$K_{\mathrm{F}}(F)$ 为轧制力对油膜力的影响项；F 为轧制力，kN。

也有的计算机控制系统中，计算轧机弹跳和油膜厚度时没有采用公式计算法，而是使用查表和插值法。在测试轧机刚度时，同时测量油膜厚度的影响数据，存储计算机的数据表中。在线控制时，利用预报的轧制力和轧机零调时的轧制力，通过插值法，计算轧机弹跳；利用设定的轧机速度和轧机零调时的速度，通过插值法，计算油膜厚度，如图6-15所示。

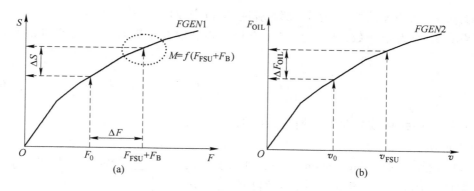

图6-15　轧机弹跳和油膜厚度的计算

图6-15（a）图中，横坐标 F 是轧制力，纵坐标 S 是压下位置（辊缝），ΔS 轧制力为 $F_{\mathrm{FSU}} + F_{\mathrm{B}}$ 时的压下位置 $S(F_{\mathrm{FSU}} + F_{\mathrm{B}})$ 与轧制力为 F_0 时的压下位置 $S(F_0)$ 之间的差值，即轧机的弹跳值。F_0 是零调轧制力，F_{FSU} 是精轧模型计算的轧制力，F_{B} 是弯辊力。图中曲线 $FGEN1$ 表示一种函数关系，其实际意义为轧机的刚度曲线。

图6-15（b）图中，横坐标 v 是轧机的速度（m/s），纵坐标 F_{OIL} 是油膜力（kN），ΔF_{OIL} 是速度为 v_{FSU} 时的油膜力 $F_{\mathrm{OIL}}(v_{\mathrm{FSU}})$ 与速度为 v_0 时的油膜力 $F_{\mathrm{OIL}}(v_0)$ 之间的差值（kN），v_0 是零调速度（m/s），v_{FSU} 是精轧模型设定的穿带速度（m/s）。图中曲线 $FGEN2$ 表示一种函数关系，其实际意义为油膜力之差 ΔF_{OIL} 的曲线。

6.4.2.9　压下位置的计算

用下面的公式计算轧机的压下位置。

$$S = h - S_\mathrm{P} - O_\mathrm{f} + G_\mathrm{m} \tag{6-193}$$

式中，S 为压下位置（辊缝），mm；h 为带钢的厚度，mm；S_P 为轧机的弹跳量，mm；O_f 为油膜厚度，mm；G_m 为压下位置的修正项，是一个自学习项，mm。

公式中省略了表示轧机机架号的下标 i。

压下位置的修正项 G_m 包含了轧辊的磨损、轧辊的热膨胀等在实际生产过程难以测量的影响因素。对压下位置的修正项 G_m 进行自学习，对提高压下位置的设定精度是十分重要的。从压下位置的计算公式也可以看出，压下位置的修正项 G_m 对压下位置的影响是很敏感的。

下面再给出一个更为复杂的计算压下位置的公式。

$$S = S_0 + S_\mathrm{TRUE} + O_\mathrm{f} + C_\mathrm{BND} + C_\mathrm{WRS} - C_\mathrm{WRW} + C_\mathrm{WRH} + S_\mathrm{IDC} + G_\mathrm{m} \tag{6-194}$$

$$S_0 = S_\mathrm{P0} - O_\mathrm{f0}$$

$$S_\mathrm{TRUE} = h - S_\mathrm{P}$$

式中，S 为辊缝设定值，mm；S_0 为零调时的辊缝值，mm；S_TRUE 为真正辊缝（True roll gap），mm；O_f 为油膜厚度，mm；C_BND 为轧辊弯辊力补偿值，mm；C_WRS 为工作辊窜辊位置补偿值，mm；C_WRW 为工作辊磨损补偿值，mm；C_RH 为工作辊热凸度补偿值，mm；S_IDC 为零调时显示器的设定辊缝值（Indicator setting value for zeroing），mm；G_m 为辊缝自学习项，mm；S_P0 为轧机在零调时的弹跳，mm；O_f0 为零调时的油膜厚度，mm；h 为出口厚度，mm；S_P 为轧机的弹跳，mm。

式中省略了表示精轧机架号的下标 i。

式（6-194）的实际意义如图 6-16 所示。

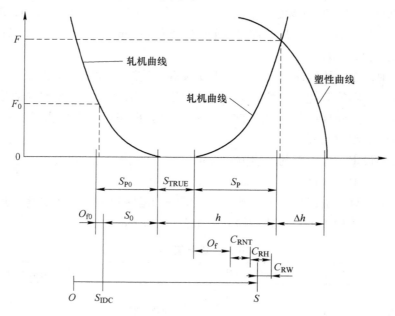

图 6-16　压下位置的计算

至此，完成了精轧机的压下位置和轧机速度的设定计算。

6.4.2.10 其他设定值的计算

其他设定值的计算主要包括：

（1）侧导板开口度（包括飞剪侧导板和精轧机侧导板）；

（2）活套的张力和活套的高度（活套的角度）；

（3）除鳞和机架间的喷水方式；

（4）保温罩的开启方式；

（5）轧制油的喷射方式；

（6）测量仪表的有关参数；

（7）精轧入口辊道的速度补偿值。

下面给出具体的算法：

（1）精轧宽度计设定值

$$W_G = (1.0 + \alpha T_{FD}) W_F \tag{6-195}$$

式中，W_G 为精轧宽度计设定值，mm；T_{FD} 为成品带钢的精轧目标温度，℃；W_F 为成品带钢的精轧目标宽度，mm；α 为热膨胀系数。

（2）侧导板开口度的设定值

$$S_G = (1.0 + \beta) W_F + \delta_{SG} \tag{6-196}$$

式中，S_G 为侧导板开口度的设定值，mm；W_F 为成品带钢的精轧目标宽度，mm；δ_{SG} 为侧导板开口度的修正余量，mm；β 为热膨胀系数。

（3）精轧入口辊道的速度补偿

$$D_{rft} = \left(1.0 + \frac{D_{W1}}{D_{Wmax}} \times \frac{h_1}{H_{BAR}}\right) \times 100\% \tag{6-197}$$

式中，D_{rft} 为精轧入口辊道的速度补偿值，%；D_{W1} 为 F_1 的工作辊辊径，mm；D_{Wmax} 为 F_1 的工作辊最大辊径，mm；h_1 为 F_1 的出口板厚计算值，mm；H_{BAR} 为粗轧出口带坯的厚度（即中间坯的厚度），mm。

轧钢过程中，在精轧机使用轧制油，即实现润滑轧制，可以减少轧辊和轧件之间的摩擦，减小轧制力，降低能耗。计算机对轧制油的设定有两个项目：轧制油的喷射模式、轧制油的喷射流率。这两项的设定值存储在计算机的数据表中。操作人员也可以通过 HMI 画面修改轧制油的喷射模式。

活套参数的设定、保温罩的开启方式设定一般也采用查表的方法。

6.4.2.11 极限值的检查

精轧机设定计算完成以后，为了确保设备的安全运转和生产过程的稳定运行，还必须进行极限值的检查。检查项目和处理的方法如表 6-34 所示。

表 6-34　极限值的检查

需要检查的项目	检查点的位置	检查的方法	超过极限值时的处理
压下率	带钢的头部	和允许的最大压下率进行比较	修改带钢的目标厚度

需要检查的项目	检查点的位置	检查的方法	超过极限值时的处理
轧制速度	带钢的头部 带钢的中部	速度椎校核	修改轧机的速度
轧制力	带钢的头部	和允许的最大轧制力进行比较	修改带钢的目标厚度
电机的力矩	带钢的头部 带钢的中部	和允许的最大电机力矩进行比较	在带钢头部电机力矩超限时，修改带钢的目标厚度；在带钢的中部电机力矩超限时，修改轧机的速度
咬入角	带钢的头部	和允许的最大咬入角进行比较	修改带钢的目标厚度

用下面的公式计算咬入角（Bite angle）

$$\alpha_{Bi} = \frac{180}{\pi} \sqrt{\frac{H_i - h_i}{R_{di}}} \tag{6-198}$$

式中，α_{Bi} 为咬入角，(°)；H_i 为入口板厚，mm；h_i 为出口板厚，mm；R_{di} 为压扁辊径，mm。

6.4.3　数学模型的自学习

6.4.3.1　模型的自学习方法

用理论方法建立起来的数学模型，既要假设一些条件，还要忽略一些条件，因此这样的模型必然存在着预报误差。用统计方法建立起来的数学模型，由于受到试验方法、数据分布的限制也必然会产生误差。这就是数学模型本身对计算精度的限制。除了数学模型本身的误差以外，还有三方面的因素也在影响着数学模型的计算精度。一个因素是材料的不确定性，即材料的尺寸和材料的特性在生产过程中会发生变化，例如同一批板坯的化学成分会产生波动、板坯加热温度和加热状况会发生变化。另外一个因素是轧机的变化，例如连续不断的长时间的生产，使得轧辊产生热膨胀，使轧辊表面不断磨损。第三个因素是测量仪表的误差，例如仪表的噪声、仪表零位的漂移等。因此在实际热轧生产过程中，没有一个数学模型能够自始至终地达到百分之百的计算精度。良好的设备状态和稳定的工艺制度是提高模型精度的前提条件和必要条件。对数学模型进行在线自适应修正（自学习）是提高数学模型精度的有效方法。

数学模型自学习的基本原理是在线自适应修正。也就是利用生产过程中比较可靠的数据，通过一定的自适应算法，对数学模型的有关参数，或者对数学模型的自适应修正系数进行在线、实时的修正。自适应修正算法有许多种类，例如增长记忆递推法、渐消记忆递推法、卡尔曼滤波法、指数平滑法等。热轧生产过程中自学习算法用得最多的还是指数平滑法。下面重点叙述指数平滑法在热轧数学模型自学习的应用。

指数平滑法的基本公式为

$$\beta_{n+1} = \beta_n + \alpha(\beta_n^* - \beta_n) \tag{6-199}$$

式中，β_{n+1} 为第 $n+1$ 次的值；β_n 为第 n 次的值；β_n^* 为第 n 次的实际值；α 为平滑指数。

指数平滑法的实际含义是，第 $n+1$ 次的值等于在第 n 次的值的基础上加上一个修正量，这个修正量就是第 n 次的实际值 β_n^* 和第 n 次的计算值 β_n 之间的偏差值。平滑指数 α 的取值范围在 $0 \sim 1$ 之间。当平滑指数 α 等于 1 时，$\beta_{n+1} = \beta_n^*$，也就是第 $n+1$ 次的值完全等于第 n 次的实际值。当平滑指数 α 等于 0 时 $\beta_{n+1} = \beta_n$，也就是第 $n+1$ 次的值完全等于第 n 次的值。所以平滑指数 α 是偏差值的"权重"。

对数学模型进行自学习，首先要对被学习的数学模型定义一个自学习系数（又叫自适应修正系数），然后才能通过指数平滑法，计算出新的自学习系数，最后用新的自学习系数来修改模型的计算值。

设一个任意的数学模型用下面的函数式来表示：

$$Y = f(X_1, X_2, \cdots, X_m)$$

式中，Y 为数学模型的输出变量；X 为数学模型的输入变量。

定义 β 为数学模型的自学习系数。热轧生产过程主要使用乘法自学习和加法自学习。那么对于乘法自学习有

$$Y = \beta \times f(X_1, X_2, \cdots, X_m)$$

对于加法自学习有

$$Y = f(X_1, X_2, \cdots, X_m) + \beta$$

在生产过程中可以直接通过检测仪表测量出，或者间接地计算出来数学模型输出变量 Y 的实际值和模型输入变量 X 的实际值。现在把生产过程中模型输出变量 Y 的第 n 次实际测量值记做 Y_n^*，模型输入变量 X 的第 n 次实际测量值记做 X_n^*，自学习系数的"实测值"，也叫瞬时值（Instantaneous Value）记做 β_n^*，来推导出用指数平滑法进行自学习的公式。实际上，瞬时值一般是不能够直接测量出来的。所以，如何利用能够测量的数据，计算出数学模型自学习修正系数的"实测值"即瞬时值，就是最重要的事情了。对于乘法自学习，瞬时值的计算公式为

$$\beta_n^* = \frac{Y_n^*}{f(X_{n1}^*, X_{n2}^*, \cdots, X_{nm}^*)}$$

对于加法自学习，瞬时值的计算公式为

$$\beta_n^* = Y_n^* - f(X_{n1}^*, X_{n2}^*, \cdots, X_{nm}^*)$$

最后利用指数平滑法可以得出第 $n+1$ 次"新的"自学习系数。

$$\beta_{n+1} = \beta_n + \alpha(\beta_n^* - \beta_n)$$

在过程控制级计算机中建立了每个数学模型的自学习文件，按照钢种、成品厚度、成品宽度等各种条件划分成不同的记录（Record）。在轧制第 n 块钢时，模型设定程序将从自学习文件中取出 β_n 值用于设定计算。当第 n 块钢在轧制过程中，模型自学习程序根据实际测量数据推算出自学习系数的"实测值" β_n^*，再使用指数平滑法对 β_n 进行自学习，计算出新的 β_{n+1}，用 β_{n+1} 来替代 β_n，存储到自学习文件中，以便在相同条件下的第 $n+1$ 块钢设定计算时使用。这个过程叫做自学习系数的"更新"。

数学模型自学习的计算过程一般分为：

（1）实际数据处理。按照一定的方法，从基础自动化计算机传送来的实际采样值中选择数据。对选好的数据进行处理，例如去掉数据中的最大值和最小值，然后求平均值。

（2）自学习条件的判断。检查是否满足模型自学习的条件，例如操作人员对轧机的压下位置或轧机速度干预太多，就不进行自学习了。以避免由于异常条件使得自学习系数"变坏"。

（3）自学习系数的更新。前面已经介绍过了，主要包括自学习系数"瞬时值"的计算和指数平滑法。

6.4.3.2 精轧模型的自学习

对精轧机而言，最常见的有表 6-35 中所列 9 项自学习功能。

表 6-35 精轧模型自学习功能

序号	模型自学习功能	目 的	自学习的类型
1	压下位置的自学习（Gauge Meter Error）	为了消除轧辊热膨胀和轧辊磨损造成的压下位置偏差，进行 mass 厚度和 gauge meter 厚度之间偏差的自学习	加 法
2	前滑模型的自学习	为了使各机架的速度平衡，对前滑模型进行自学习	加 法
3	出炉温度的自学习	为了补偿出炉温度的偏差，对预报粗轧出口温度和实测粗轧出口温度之间的偏差进行自学习	加 法
4	温降偏差的自学习	为了提高温度模型的计算精度，对从 RDT 到 FDT 的温降偏差进行自学习	加 法
5	轧制力模型的自学习	为了提高轧制力模型的计算精度，对预报轧制力和实测轧制力之间的偏差进行自学习	乘 法
6	功率模型的自学习	为了提高功率模型的计算精度，对预报轧制功率和实测轧制功率之间的偏差进行自学习	乘 法
7	精轧出口宽度（FDW）的自学习	为了补偿由精轧机轧制引起的宽度偏差，对粗轧出口的宽度和精轧出口的宽度之间的偏差进行自学习	加 法
8	力矩模型的自学习	为了提高力矩模型的计算精度，对预报力矩和实测力矩之间的偏差进行自学习	乘 法
9	变形抗力模型的自学习	为了提高变形抗力模型的计算精度，对预报变形抗力和实测变形抗力之间的偏差进行自学习	乘 法

除此以外，在有的热轧计算机系统中，还对基准钢的温度分布、穿带时的温度分布、与机架有关的变形抗力修正项、与机架有关的力臂系数修正项、硬度系数、精轧入口温度 FET 等等进行自学习。下面简述自学习的处理流程。

A 采集实际数据

为了进行自学习，采集生产过程的实际数据，有如下两种采集方法：

（1）同时数据。在同一时刻采集所有机架的有关数据。这种数据叫做"同时数据"。在每个机架采集数据的开始时序为：末机架 Metal In + Timer。"同时数据"用于压下位置（辊缝）的自学习。Timer 为延迟时间，其数值可以在线调整。

（2）同点数据。在轧件同一点上采集所有机架的有关数据。这种数据叫做"同点数据"。在每个机架采集数据的开始时序为：每一个机架 Metal In + Timer。"同点数据"用于除了压下位置（辊缝）以外的其他项目的自学习。

B 检查实际测量数据

检查各种实测数据的合理性，对实际数据进行极限值检查，判断设定值与实际值的偏差是否超过了给定的限制值。如果数据异常时，就输出报警，对本块钢不再进行数学模型的自学习，以避免由于测量数据的异常而造成的错误自学习。主要检查的数据有：PDI 数据、带坯的厚度、宽度、温度、精轧温度、轧制力、轧制功率、轧机速度、电流、电压等。

　　C　计算实际测量数据的平均值

采用如下算法对实际数据计算平均值。

$$\text{实际数据} = \frac{\sum_{i=1}^{n} X_i - X_{\max} - X_{\min}}{n-2}$$

即去掉一个最大值，去掉一个最小值，然后取其平均值。也可以使用其他的数据滤波算法。

　　D　更新自学习系数

首先计算各个自学习项目的"瞬时值"，然后进行指数平滑法的修正，最后更新自学习系数。即把新的自学习系数存储到学习文件中，供下次轧制时使用。

下面以轧制力模型的自学习为例，具体说明自学习的过程。

首先定义 L_{cr} 为轧制力模型的自学习修正系数，并且采用乘法自学习。这样，轧制力模型有如下形式

$$F^* = L_{cr} W K_m L_d Q_p \tag{6-200}$$

为了方便起见，省略代表精轧机机架号的下标 i。根据指数平滑法，轧制力模型的自学习系数的"更新"公式为

$$L_{cr_{n+1}} = L_{cr_n} + \alpha (L_{cr_n}^* - L_{cr_n}) \tag{6-201}$$

式中，L_{cr_n} 为存储在自学习文件中的轧制力模型的自学习修正系数。通过轧制力模型反算出自学习修正系数的"实际值" $L_{cr_n}^*$。

$$L_{cr_n}^* = \frac{F^*}{W^* K_m^* L_d^* Q_p^*} \tag{6-202}$$

式中，F^* 为实际测量的轧制力，kN；W^* 为精轧出口带钢的实测宽度，mm。

K_m^*、Q_p^* 和 L_d^* 是利用实际测量的精轧出口带钢的厚度、温度、轧机速度等参数通过变形抗力模型、应力状态系数模型和轧辊与轧件的接触弧长公式计算出来的。从这个计算过程可以看出：轧制力模型自学习修正系数的实测值 $L_{cr_n}^*$ 实质上是实际测量的轧制力 F^* 和模型计算出来的轧制力（$W^* \times K_m^* \times L_d^* \times Q_p^*$）之间的比值。$L_{cr_n}^*$ 的值越接近于 1.0，就说明轧制力模型的计算精度越高。

6.4.3.3　各种瞬时值的计算

前面介绍了轧制力瞬时值的计算。这里将精轧自学习用的其他瞬时值的计算方法归纳如下：

轧制力自学习用瞬时值　　　　$\dfrac{F_{ACT}}{F_{PRE}}$

功率自学习用瞬时值　　　　　$\dfrac{P_{ACT}}{P_{PRE}}$

温度差自学习用瞬时值 $\dfrac{RDT_{ACT} - FDT_{ACT}}{RDT_{ACT} - FDT_{PRE}}$

宽度自学习用瞬时值 $RDW_{ACT} - FDW_{ACT}$

压下自学习用瞬时值 $H_{GM} - H_{FM}$

式中，F 为轧制力，kN；P 为功率，kW；RDT 为粗轧出口温度，℃；FDT 为精轧出口温度，℃；RDW 为粗轧出口宽度，mm；FDW 为精轧出口宽度，mm；H_{GM} 为用弹跳方程计算的出口板厚，mm；H_{FM} 为用流量方程计算的出口板厚，mm。

下标 ACT 为实际测量值，PRE 为模型计算值。

6.4.3.4 平滑系数

根据指数平滑法的原理可知：平滑指数 α 的值越大，依据当前实际测量数据对自学习系数修正的幅度就越大，也就是可以加快自学习的速度。但是其反作用会使自学习系数的值产生振荡，不利于自学习的稳定性。在热轧计算机系统中，一般情况下 α 的取值为 0.3~0.6。也可以根据不同的条件和不同的算法，使得 α 的值不是常数，是一个动态改变的值。例如

$$\alpha = \alpha_{min} + (\alpha_{max} - \alpha_{min}) \times \cos\left(\frac{N}{N_{max}} \times \frac{\pi}{2}\right) \tag{6-203}$$

或

$$\alpha = \frac{K_a}{1 + K_b \sqrt{\sigma_1^2 + \sigma_2^2 + \sigma_3^2}} \tag{6-204}$$

式中，α_{min} 为平滑指数的最小值；α_{max} 为平滑指数的最大值；N 为轧制的数量（钢卷数）；N_{max} 为最大的轧制数量（钢卷数）；K_a 为阻尼因子；K_b 为权重；σ 为轧制过程一些物理量（例如轧制力、温度等）的标准差。

根据指数平滑法的原理可知：随着采样次数 n 的增加，初始值 β_0 所起的作用越来越小，即使以 1.0 做乘法自学习的初始值也未尝不可。

6.4.3.5 长期自学习和短期自学习

将自学习功能进一步细化，可以分成短期（short time）自学习和长期（long time）自学习，各自相对应的自学习系数分别称为短期自学习系数（short time coefficients）和长期自学习系数（long time inheritance coefficients）。

短期自学习是指对每块钢的自学习，又称为轧件到轧件的自学习（Bar to bar learning，简称 BTB 自学习）。轧制每块钢以后，对自学习系数进行学习和更新，将新的自学习系数用于下一块钢的轧制。短期自学习用于轧制力模型、轧制力矩模型、温度模型、辊缝计算模型等。

长期自学习是指轧制完若干块钢（一批钢）以后，再对自学习系数进行更新，所以又称为"批"到"批"的自学习（Lot to lot learning，简称 LTL 自学习）。更新的自学习系数在下次再轧制同类材质的钢时使用。长期自学习用于轧制力模型、轧制力矩模型、变形抗力模型等。

相同批次（LOT）是指同样的材质代码（steel grade code）、同样的成品厚度级别

（thickness class）、同样的成品宽度级别（width class）。变形抗力模型自学习时，相同批次（LOT）的判定有另外的条件：同样的钢族（Same steel grade family）、同样的变形速度级别（same strain rate class）、同样的温度级别（same temperature class）。由此可见，模型自学习系数分得越来越细化了。

按照表6-36管理自学习项目的自学习批次（LOT）。表6-36规定了各个自学习项目的LOT和哪些因素有关。例如压下位置的LOT与轧辊材质有关；轧制力和功率的LOT与钢种、目标厚度、目标宽度、空过机架号、精轧机序号有关。

表6-36　自学习批次（LOT）的区分

自学习项目	(1)	(2)	(3)	(4)	(5)	(6)	(7)	自学习项目	(1)	(2)	(3)	(4)	(5)	(6)	(7)
(A)压下位置							○	(E)轧制力	○	○	○	○	○		
(B)前滑	○	○	○	○		○		(F)功率	○	○	○	○	○		
(C)出炉温度	○	○	○	○				(G)精轧出口宽度	○	○	○				
(D)温度差	○	○	○	○											

注：(1) 表示钢种；(2) 表示成品带钢的目标厚度；(3) 表示成品带钢的目标宽度；(4) 表示空过机架号；(5) 精轧机的机架序号；(6) 表示精轧机相邻两个机架；(7) 表示轧辊的材质。

精轧机压下位置的自学习在相同批次（LOT）的带钢头部进行。前滑的自学习在相同批次（LOT）的带钢头部进行。

6.4.3.6　更换精轧工作辊以后的压下位置自学习

当一个轧制计划（有的叫做轧制单位）中的所有板坯轧制完成以后，需要更换精轧机的工作辊。使用新更换的工作辊轧制下一个轧制计划中的板坯。换辊后，前几块带钢的头部厚度偏差波动较大。"往往要经过几块钢的自学习，才能学习过来"，这是在许多热连轧生产线都会遇到的问题。产生这个问题的原因是换辊以后的压下位置（辊缝）自学习值（即 gagemeter error）偏离较大。从压下位置的计算式（6-193）、式（6-194）可以看出，辊缝自学习值直接影响到下一块钢的辊缝设定值，所以会对带钢头部的厚度偏差的大小影响很大。

近年来，技术人员不断改进压下位置的自学习方法。下面介绍的方法在多个生产线应用，对换辊后开轧的带钢头部的厚度偏差有所改善。

这个方法的核心思想是，对于换辊以后轧制的第一块钢，给定一个辊缝位置自学习值的初始值。这个初始值不是固定不变的常数，而是经过计算得到的。对于三个连续的轧制计划分别叫做"上一个轧制计划"、"当前轧制计划"和"下一个轧制计划"。采集"上一个轧制计划"的前3块钢的辊缝自学习值，经过极限值检查和滤波处理，存储在计算机中，作为轧制"当前轧制计划"中第一块钢的辊缝位置自学习值的初始值；采集"当前轧制计划"的前3块钢的辊缝自学习值，经过极限值检查和滤波处理，存储在计算机中，作为轧制"下一个轧制计划"中第一块钢的辊缝位置自学习值的初始值，以此类推。采集几块钢的值？用什么样的滤波方法，要根据生产线的具体情况去摸索。

6.4.4　动态设定（穿带自适应）模型

进行精轧辊缝设定计算时，主要根据带坯在粗轧机出口处的实测温度来预报轧件在精轧机的温度分布，从而进一步预报轧制力。由于测量仪表的误差、带坯实际传送时间的误差，特别是带坯的表面温度和带坯内部温度的差别，都会造成带坯在精轧机轧制时，轧件的硬度发生变化，即轧制力发生较大变化，其结果是实际弹跳值与预报的弹跳值差得较大，最终使得带钢的头部厚度偏差较大。作为弥补措施，进行精轧动态设定，也叫做穿带自适应。

动态设定的基本原理是根据精轧前几个机架（例如 $F_1 \sim F_3$）的轧制力偏差值，修改后面几个机架（例如 $F_5 \sim F_7$）的辊缝。下面给出一种动态修正的算法。

$$S_{DSU} = a_{1i}dF_1 + a_{2i}dF_2 + a_{3i}dF_3 \tag{6-205}$$

$$S = S_{FSU} + S_{DSU} \tag{6-206}$$

$$a_{ji} = f\left(T_i, M_i, \frac{\partial F_i}{\partial H_i}, \frac{\partial F_i}{\partial T_i}\right)$$

式中，S_{DSU} 为动态修改功能计算出来的辊缝修正值，mm；S_{FSU} 为精轧设定计算时的辊缝设定值，mm；dF 为实测轧制力和预报轧制力之间的偏差值，kN；$a_{1i} \sim a_{3i}$ 为修正系数；T 为温度，℃；M 为轧机常数，kN/mm。

6.4.5　神经网络和热轧数学模型

利用神经网络法建立热轧数学模型、利用神经网络法进行数学模型的自学习，国内外发布了许多研究和应用成果。从 1995 年至今，研究人员发表了许多文章，并且将其研究成果应用于许多热轧生产线上（包括国内的，由欧洲公司提供计算机控制系统和数学模型的热轧生产线），主要在如下方面应用：

（1）用神经网络法预报轧制力；用神经网络法修正轧制力的预报值。

（2）用神经网络法预报温度；用神经网络法修正温度模型的系数。

（3）用神经网络法预报轧件的宽展。

（4）用神经网络法进行带钢宽度的短行程控制。

（5）用神经网络法进行带坯的优化剪切控制。

（6）用神经网络法计算卷取温度控制的热传导系数。

其中，用得最多的还是针对轧制力模型。这里又分成几种计算方法：

（1）用神经网络法直接预报轧制力。选取和轧制力相关的因素作为神经网络的输入层，例如轧件的入口厚度、出口厚度、入口温度、出口温度、出口宽度、轧制速度、各种化学成分（C、Si、Mn、Cu、Ti、V、Mo 等）。神经网络的输出层为轧制力。利用生产现场采集的实际数据进行神经网络的训练和离线仿真，然后从输入层删除一些影响小的因素，并且确定隐含层的数量，最终建立神经网络轧制力模型。

（2）用神经网络法直接预报变形抗力。这一方法与方法（1）的区别在于神经网络的输出层不是轧制力，而是变形抗力。然后将变形抗力值代入常规的轧制力模型，计算出轧制力。

（3）用神经网络法修正轧制力预报值。这一方法与方法（1）的区别在于神经网络的输出层不是轧制力，而是轧制力的修正值。假设用常规轧制力数学模型计算出的轧制力记做 F_{MDL}，用神经网络计算出的轧制力修正值记做 αF，那么，预报的轧制力

$$F = F_{MDL} \times \alpha F$$

（4）将常规轧制力数学模型的预报轧制力作为神经网络的输入层。这一方法基本与方法（1）相同，只不过在神经网络的输入层中加上了常规轧制力数学模型的预报轧制力，并且可以相应地减少输入层的元素。

下面给出在热轧生产线使用神经网络预报轧制力的一个应用实例。该神经网络的名称和功能如表 6-37 所示。

表 6-37   轧制力预报神经网络的功能

序号	神经网络名称	功　能	序号	神经网络名称	功　能
1	GLOBAL_RF_NET	全局轧制力修正	5	RF4_NET	F_4 机架轧制力修正
2	RF1_NET	F_1 机架轧制力修正	6	RF5_NET	F_5 机架轧制力修正
3	RF2_NET	F_2 机架轧制力修正	7	RF6_NET	F_6 机架轧制力修正
4	RF3_NET	F_3 机架轧制力修正	8	RF7_NET	F_7 机架轧制力修正

神经网络 GLOBAL_RF_NET 的功能是进行全局轧制力修正（global rolling force correction）。这个神经网络把钢的 16 种化学成分（元素）作为网络的输入，网络的输出是轧制力修正系数 GLOBAL_RF，如表 6-38 所示。

表 6-38   神经网络（全局轧制力修正）的输入和输出项

输　入　项					
序号	化学元素	化学元素中文名称	序号	化学元素	化学元素中文名称
1	C	碳 ,%	9	Mo	钼,%
2	Si	硅 ,%	10	Ti	钛,%
3	Mn	锰 ,%	11	Ni	镍 ,%
4	P	磷 ,%	12	V	钒,%
5	S	硫 ,%	13	Nb	铌 ,%
6	Al	铝 ,%	14	N	氮 ,%
7	Cr	铬,%	15	B	硼 ,%
8	Cu	铜 ,%	16	Sn	锡 ,%
输　出　项					
序号	变量名	输出项目	序号	变量名	输出项目
1	GLOBAL_RF	轧制力修正系数			

表 6-37 中，RF1_NET 到 RF7_NET 是每个精轧机架的神经网络，其功能是对每个机架的轧制力进行修正，也就是给每一架精轧机建立一个轧制力神经网络，其输入项和输出项如表 6-39 所示。

表6-39　神经网络（每个机架轧制力）的输入和输出项

		输 入 项			
序号	变 量 名	含 义	序号	变 量 名	含 义
1	WIDTH	带钢的宽度，mm	13	S	硫，%
2	THICK	入口板厚，mm	14	Al	铝，%
3	TEMP	入口温度，℃	15	Cr	铬，%
4	BTENS	后张力，N/mm²	16	Cu	铜，%
5	EPS	压下率，%	17	Mo	钼，%
6	RADIUS	工作辊直径，mm	18	Ti	钛，%
7	SPEED	工作辊速度，m/s	19	Ni	铌，%
8	BENDF	弯辊力，kN	20	V	钒，%
9	C	碳，%	21	Nb	铌，%
10	Si	硅，%	22	N	氮，%
11	Mn	锰，%	23	B	硼，%
12	P	磷，%	24	Sn	锡，%
		输 出 项			
序号	变 量 名	含 义	序号	变 量 名	含 义
1	RFCORR	轧制力修正系数			

图6-17 表示了用轧制力模型计算出来的轧制力与用神经网络计算出来的轧制力二者之间的关系。

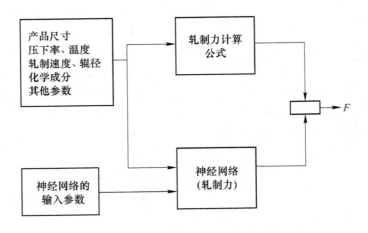

图6-17　轧制力计算公式和神经网络修正

下面给出在热轧生产线使用神经网络预报温度的一个应用实例。该神经网络的输入和输出项如表6-40所示。

表 6-40　神经网络（温度预报）的输入输出项

序号	变量名	含义	序号	变量名	含义
				输 入 项	
1	C	碳，%	10	FM_TEMP	精轧温度，℃
2	Si	硅，%	11	RF_F1_TIM	板坯从炉子出钢辊道到 F_1 机架的时间，s
3	Mn	锰，%	12	EP1	F_1 压下率，%
4	P	磷，%	13	EP2	F_2 压下率，%
5	S	硫，%	14	EP3	F_3 压下率，%
6	WIDTH	带钢宽度，mm	15	EP4	F_4 压下率，%
7	SLAB_THICK	板坯厚度，mm	16	EP5	F_5 压下率，%
8	SLAB_TEMP	板坯温度，℃	17	EP6	F_6 压下率，%
9	FM_THICK	精轧厚度，mm	18	EP7	F_7 压下率，%

序号	变量名	含义	序号	变量名	含义
				输 出 项	
1	TEMP_CORR	温度修正系数			

温度修正系数 TEMP_CORR 在设定计算时用于温度预报模型。在自学习计算时，实际温度修正系数的计算方法是：（目标温度 − 实测温度）/机架数。

下面给出在热轧生产线使用神经网络计算卷取温度控制用的热传导系数的一个应用实例，该神经网络的输入项和输出项见表 6-41。

表 6-41　神经网络（热传导系数）的输入和输出项

序号	变量名	含义	序号	变量名	含义
				输 入 项	
1	FD_THICK	精轧出口厚度，mm	8	Mn	锰，%
2	WIDTH	带钢宽度，mm	9	Cr	铬，%
3	FDT	精轧温度，℃	10	Si	硅，%
4	CT	卷取温度，℃	11	Nb	铌，%
5	F7_SPEED	末机架的轧制速度，m/s	12	Ti	钛，%
6	TEMP_WAT	冷却水的温度，℃	13	ALLOY	其他合金，%
7	C	碳，%			

序号	变量名	含义	序号	变量名	含义
				输 出 项	
1	CORRE_COEFF	热传导修正系数			

6.4.6　轧制压力数学模型的建立方法

由于轧制压力数学模型在精轧数学模型中的重要地位，本节叙述轧制压力数学模型的建立方法。这里所说的建立方法，是指建立一个用于某个具体的热轧生产线过程控制的轧制压力数学模型。"建立"的目的是确定数学模型的结构，确定数学模型的新系数。由于每个热轧生产线轧制的钢种不同，生产工艺参数不同，设备状况不同，因此即使用结构完全相同的数学模型，也要根据实际情况确定数学模型的有关系数。否则将影响模型的计算精度。"建立"的过程是数据处理的过程，是提高数学模型的计算精度的过程。

6.4.6.1 一般方法

国内外带钢热连轧的生产实践证明，把轧制压力数学模型分解成变形抗力和应力状态系数两个模型的方法是一种很好的方法。其优点在于：

（1）能够分别研究变形抗力和应力状态系数模型。

（2）便于在线计算和离线分析。

（3）当把应力状态系数的计算方法固定之后，只研究变形抗力模型即可。

（4）轧制压力数学模型的建立最终归结为变形抗力数学模型的建立。

如果轧辊与轧件的接触弧长 L_d 的算法固定了，轧制压力数学模型的解析问题就变成了应力状态系数和变形抗力数学模型的解析了。我们归纳出建立轧制压力数学模型的流程如下：

（1）设定参数的初始值。

（2）在线自学习调整。

（3）在线自学习监视。

（4）轧制压力模型的评价。

（5）判定评价结果，如果结果满足要求，工作结束；否则，进行第（6）步工作。

（6）重新建立轧制压力数学模型。

（7）设定新的模型参数。返回到第（2）步。

以上流程表示如何将一个已知的轧制压力数学模型具体地应用到一个新的带钢热连轧计算机控制系统中去，并且使得该模型能够满足生产的要求。

6.4.6.2 应力状态系数模型的建立

下面给出用多元线性回归法解析应力状态系数模型的方法：

（1）采集热轧生产过程中的实际数据。这些数据包括：各机架的轧制压力、各机架的出口板厚、带钢在各机架的温度、各机架的出口速度、各机架的轧辊辊径、带钢的宽度、钢坯的化学成分。

（2）用上述数据计算出压下率、变形程度、变形速度、压扁辊径、轧辊与轧件的接触弧长。

（3）计算变形抗力。在线控制中使用什么样的变形抗力模型，解析应力状态系数模型时就使用什么样的变形抗力模型。

（4）计算应力状态系数。由轧制力模型可以得到：$Q_P = F/(K_m L_d W)$，以此来计算应力状态系数，作为"实际"的应力状态系数，作为回归公式中的自变量。

（5）构造多种应力状态系数模型的结构，进行回归分析。

（6）从多种应力状态系数模型中选取一种相关系数最高，预报误差最小的作为在线控制中使用的模型。

用这种方法解析出来的应力状态系数模型主要有以下六种形式：

$$Q_\mathrm{P} = a_1 \frac{L_\mathrm{d}}{h_\mathrm{m}} + a_2 \gamma \frac{L_\mathrm{d}}{h_\mathrm{m}} + a_3 \gamma + a_4 \qquad (6\text{-}207)$$

$$Q_\mathrm{P} = a_1 \frac{L_\mathrm{d}}{h_\mathrm{m}} + a_2 \gamma \frac{L_\mathrm{d}}{h_\mathrm{m}} + a_3 \gamma + a_4 \gamma^2 + a_5 \qquad (6\text{-}208)$$

$$Q_\mathrm{P} = a_1 \sqrt{\frac{R_\mathrm{d}}{H}} + a_2 \gamma \sqrt{\frac{R_\mathrm{d}}{H}} + a_3 \gamma + a_4 \qquad (6\text{-}209)$$

$$Q_\mathrm{P} = a_1 \sqrt{\frac{R_\mathrm{d}}{H}} + a_2 \gamma \sqrt{\frac{R_\mathrm{d}}{H}} + a_3 \gamma + a_4 \gamma^2 \sqrt{\frac{R_\mathrm{d}}{H}} + a_5 \qquad (6\text{-}210)$$

$$Q_\mathrm{P} = a_1 \sqrt{\frac{R_\mathrm{d}}{h}} + a_2 \gamma \sqrt{\frac{R_\mathrm{d}}{h}} + a_3 \gamma + a_4 \qquad (6\text{-}211)$$

$$Q_\mathrm{P} = a_1 \sqrt{\frac{R_\mathrm{d}}{h}} + a_2 \gamma \sqrt{\frac{R_\mathrm{d}}{h}} + a_3 \gamma + a_4 \gamma^2 \sqrt{\frac{R_\mathrm{d}}{h}} + a_5 \qquad (6\text{-}212)$$

式中，Q_P 为应力状态系数；R_d 为轧辊的压扁辊径，mm；L_d 为轧辊与轧件的接触弧长，mm；h_m 为轧件的平均厚度，mm，即入口板厚和出口板厚之和的平均值，$h_\mathrm{m} = \dfrac{H + h}{2}$；$H$ 为入口板厚，mm；h 为出口板厚，mm；γ 为压下率；$a_1 \sim a_5$ 为模型的系数。

从相关系数和预报误差两方面来评价，前两种更适合作为在线控制中使用的模型。

用多元线性回归法解析应力状态系数模型的优点是简便易行，能针对一个具体的热连轧机进行数学模型的解析。它的缺点是由于用多元线性回归法，受实测数据的限制，在多元线性回归的计算过程中，在一个机架有可能出现违反轧制规律的结果。例如压下率加大，却使应力状态系数减小。因此要设法避免这种现象的产生。即采集实际数据时，做好数据的筛选。根据我们在热轧工程的实践经验，这种方法还是可行的。

6.4.6.3　变形抗力模型的建立

我们将变形抗力模型的建立方法分成两大类。一类是首先构造一种新的变形抗力模型，即模型的结构形式不同于已有的经典模型，然后通过试验和数据处理给出模型的系数，最终得到新的变形抗力模型。我们把此类方法称为"模型构造法"。

另一类是基于某种经典模型（例如志田茂模型），从影响变形抗力最重要的因素，也就是从各个带钢热轧生产线最有差异的东西，即钢坯的化学成分入手，对原有的轧制压力数学模型加以修正。我们把此类方法称为"模型修改法"。这两类方法在我们参加的热连轧工程实践中都有应用成果。

A　第一类解析法（模型构造法）

武汉钢铁公司和北京钢铁学院（现北京科技大学）合作，1982～1984 年开发和研制了武钢 1700mm 热连轧机的精轧轧制压力数学模型。当时的主要思路是：

（1）构造一种新的结构的变形抗力模型。

（2）在变形抗力模型中不仅要考虑碳和锰等化学成分的影响，并且还要考虑铜和硅这两种化学成分的影响。

（3）碳、锰、铜、硅含量对变形抗力的影响不用以前那种碳当量的形式来表示，将这些化学元素对变形抗力的影响分别加以考虑。

（4）由于变形温度对变形抗力的影响最为强烈，因此在温度影响项中将碳、锰、铜、硅的含量作为自变量来考虑。

（5）不用单调递增幂函数，采用非线性函数来描述化学成分、变形温度和变形速度对变形抗力的影响。

当时，把生产现场采集来的钢板加工成试件以后，在北京钢铁学院的实验室中，采用凸轮压缩机进行压缩试验。共取得 5000 多组试验数据。对这些试验数据，采用带阻尼的高斯-牛顿迭代法，进行非线性回归分析，得出了下列在线控制所使用的变形抗力模型。

$$K_{\mathrm{m}} = K_{\mathrm{T}} K_{\varepsilon} K_{\upsilon} \tag{6-213}$$

$$K_{\mathrm{T}} = a_1 \exp\left(\frac{a_2}{T} + a_3 w(\mathrm{C}) + a_4 w(\mathrm{Mn}) + a_5 w(\mathrm{Si}) + a_6 w(\mathrm{Cu})\right)$$

$$K_{\varepsilon} = a_{10}\left(\frac{\varepsilon}{0.4}\right)^m - (a_{10} - 1.0)\frac{\varepsilon}{0.4}$$

$$K_{\upsilon} = \left(\frac{\upsilon}{10}\right)^n$$

$$m = a_{11} + a_{12} w(\mathrm{Mn}) + a_{13}\upsilon - a_{14}T$$

$$n = a_7 + a_8 w(\mathrm{C}) + a_9 T$$

式中，K_{m} 为变形抗力，kN；K_{T} 为温度影响项；K_{ε} 为变形程度影响项；K_{υ} 为变形速度影响项；T 为变形温度，K；ε 为变形程度；υ 为变形速度，s^{-1}；$w(\mathrm{C})$、$w(\mathrm{Mn})$、$w(\mathrm{Si})$、$w(\mathrm{Cu})$ 为化学元素含量，%；$a_1 \sim a_{14}$ 为模型的系数。

该数学模型用于生产的在线控制，运行稳定，使轧制压力的预报精度提高了 5% 以上。至今仍然在使用。

B 第二类解析方法（模型修改法）

在这里以志田茂模型为例，阐述这种解析方法。志田茂的原始模型中只考虑了化学成分碳的影响，没有考虑其他化学成分对变形抗力的影响。这有很大的不足之处。

在轧制压力模型中增加一个自适应修正项（一般也叫自学习项）记作 L_{f}，则有

$$F = L_{\mathrm{f}} K_{\mathrm{m}} Q_{\mathrm{P}} L_{\mathrm{d}} W$$

为了用化学成分对志田茂模型给出的平均变形抗力 K_{fm} 进行修正，设变形抗力 K_{m} 和平均变形抗力 K_{fm} 有如下关系：

$$K_{\mathrm{m}} = \frac{2}{\sqrt{3}}\Sigma(a_j x_j) K_{\mathrm{fm}} \tag{6-214}$$

式中，x_j 为化学成分；a_j 为模型系数。

则有

$$F = L_{\mathrm{f}} \frac{2}{\sqrt{3}}\Sigma(a_j x_j) K_{\mathrm{fm}} Q_{\mathrm{P}} L_{\mathrm{d}} W \tag{6-215}$$

如果令

$$F_b = \frac{2}{\sqrt{3}} K_{fm} Q_P L_d W$$

则有

$$F = L_f \Sigma (a_j x_j) F_b \tag{6-216}$$

我们从热轧生产过程中能够得到以下采样数据：轧机入口板厚、轧机出口板厚、轧制速度、轧制温度、轧件宽度。那么，根据志田茂模型可以计算出平均变形抗力 K_{fm}。根据美坂佳助模型（或者 Sims 模型）可以计算出应力状态系数 Q_P。根据 Hitchcock 公式可以计算出轧辊与轧件的接触弧长 L_d。这样可以计算出 F_b。

定义 F_{CAL} 为用数学模型计算出来的轧制压力（或者叫预报轧制压力），定义 F_{ACT} 为生产过程中的实际轧制压力，即

$$F_{CAL} = F_b$$

$$F_{ACT} = F$$

$$F_{ACT} = L_f \Sigma (a_j x_j) F_{CAL}$$

记生产过程中采样数据的总数量为 N，则预报轧制压力的平均值 F_{CAL}^{av} 为

$$F_{CAL}^{av} = \frac{\Sigma F_{CAL}(i)}{N}$$

实际轧制压力的平均值 F_{ACT}^{av} 为

$$F_{ACT}^{av} = \frac{\Sigma F_{ACT}(i)}{N}$$

令

$$F'_{CAL}(i) = \frac{F_{CAL}(i)}{F_{CAL}^{av}}$$

$$F'_{ACT} = \frac{F_{ACT}(i)}{F_{ACT}^{av}}$$

并且将轧制压力模型中的自适应修正系数定义为

$$L_f = \frac{F_{ACT}^{av}}{F_{CAL}^{av}}$$

那么

$$F'_{ACT} = \frac{F_{ACT}^{av}}{F_{CAL}^{av}} \Sigma (a_j x_j) F'_{CAL} \frac{F_{CAL}^{av}}{F_{ACT}^{av}}$$

最后得到

$$F'_{ACT} = \Sigma (a_j x_j) F'_{CAL} \tag{6-217}$$

令 $Y = \dfrac{F'_{ACT}}{F'_{CAL}}$ ，即 $Y = \Sigma (a_j x_j)$。

利用 Y 式可以进行多元线性回归分析，求出各种化学成分和 Y 之间的关系。

在生产过程中实测了 6346 组数据，每组数据包括了 10 种化学成分，即 C（碳）、Ni（镍）、Si（硅）、Mn（锰）、Cr（铬）、Mo（钼）、Nb（铌）、Ti（钛）、V（钒）和 Cu（铜）。

在上述 10 种化学成分中，选择哪些化学成分作为回归公式的自变量，主要考虑了以下几点：

（1）该种化学成分在采样数据中的分布比较均匀。

（2）由于计算平均变形抗力 K_{fm} 的志田茂模型中已经包括了碳元素，所以在多元线性回归分析时，就把碳的系数固定为"0"。

（3）由于在采样数据中，钢中的 Mo 和 V 的含量非常少，所以在回归分析时，将 Mo 和 V 的系数固定为 0。

如果其他工厂的钢坯中 Mo 和 V 的含量较多，就不能将 Mo 和 V 的系数固定为 0。也就是说，在公式中只能将含量非常少的化学成分舍弃，不能将含量较多的化学成分舍弃。

最后得到如下公式：

$$Y = \Sigma(a_j x_j) = 0.186w(\text{Si}) - 0.029w(\text{Mn}) + 4.165w(\text{Nb}) + 2.068w(\text{Ti}) + 0.988$$

$$(6\text{-}218)$$

将上式和志田茂模型结合在一起用于热轧生产控制，提高了轧制压力的预报精度。实践证明这种解析方法是行之有效的。宝钢 1580mm 热轧机和鞍钢 1780mm 热轧机都采用了这种解析方法。这种解析方法很容易在其他热连轧机上推广应用。

6.4.7 半无头轧制和 FGC 设定

国内某个具有半无头轧制功能的超薄板坯连铸连轧的生产线由两台连铸机（CC）、一座隧道炉（辊底炉 TF）、一架立辊轧机（E_1）、两架粗轧机（R_1、R_2）、一台切头剪（CS）、五架精轧机（$F_1 \sim F_5$）、一套层流冷却装置（LM）、一台高速飞剪（HSS）、两台卷取机（DC）组成。这种设备布置，既可以采用传统的单块板坯轧制方式，也可以采用半无头轧制方式，还可以进行超薄带钢轧制。

中间坯进入精轧机之前要进行切头。五机架精轧机可以生产出 0.8～12.7mm 厚的带钢。卷取区前的高速飞剪仅用于半无头轧制时的剪切。

在半无头轧制时，用一块长板坯可以轧制出多个钢卷。超薄带钢（带钢的厚度为 1.2mm、1.0mm、0.8mm）生产时使用 70mm 厚的板坯轧制。由于超薄带钢的头部在精轧机穿带比较困难，带钢的尾部离开精轧机又容易甩尾，所以必须采用 FGC 技术。FGC 是 flying gauge control 的缩写，又叫动态变规格。最早，FGC 技术广泛应用于冷轧；后来，在各种类型的薄板坯连铸连轧生产线上的应用逐渐多了起来。用一块长板坯轧制出多个钢卷的过程，开始板坯头部用轧制稍微厚一点带钢的辊缝（压下位置）穿带；在轧制过程中，通过向下调整辊缝，可顺利地轧制成所要求的超薄带钢；按照轧制计划，轧制出多块超薄带钢；为了避免甩尾，在轧制最后一至两卷带钢时，又将辊缝抬起一些，使得带钢的成品厚度变厚。

轧线的生产控制功能由过程控制计算机（L2）和基础自动化计算机（L1）两级计算

机系统完成。在传统的、常规的带钢热连轧生产工艺下，通常情况下用一块板坯只能轧制出一个钢卷，计算机控制系统对轧件的控制方法已经十分成熟了。

采用半无头轧制工艺时，要用一块很长的板坯轧制出多个钢卷。如果有 FGC 功能，还要用一块板坯轧制出不同厚度规格的钢卷。例如开始采用轧制 1.2mm 厚度带钢的压下规程和轧制速度进行穿带，然后在轧制过程中利用高精度和高响应速度的液压压下系统，改变轧机的压下位置，使带钢的出口厚度从 1.2mm 过渡到 1.0mm，再过渡到 0.8mm。在整个的生产过程中，要求中间过渡厚度的带钢的长度（也就是超出目标厚度的带钢的长度）应该尽可能的短，例如在 20m 以内。生产中所有控制参数应该稳定地变化，以避免产生堆钢、拉钢、起套、折叠等问题，使生产能够顺利地进行。因此，FGC 控制就显得十分重要。

L2 计算机计算和设定 FGC 控制的有关参数，L1 计算机完成 FGC 的具体控制。

6.4.7.1 板坯各部分的区分

采用半无头和 FGC 轧制工艺时，如图 6-18 所示，一块长板坯可以分成板坯头部、第2 个钢卷的头部（也就是同一个批次（LOT）的第 2 个钢卷）、FGC 开始点、FGC 完成点四个部分。

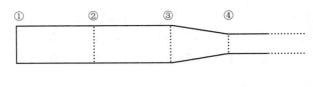

图 6-18　板坯的各部分

过程控制计算机根据板坯号和顺序号来识别轧件，来确定并且区分板坯的各部分。过程控制计算机决定"跟踪点的类型"和"跟踪点的位置"。

顺序号定义为一块板坯经过轧制以后，计划轧制、剪切成多少个钢卷的序号。从一块板坯的头部计算起，即板坯的头部的顺序号为 1，后面每一个钢卷的顺序号依次加 1。顺序号在编制轧制计划时就事先确定好了。

"跟踪点的类型"（Tracking point kind）分成板坯的头部（Slab head）、剪切点（Cut point）、动态变规格点（FGC point）三种。

"跟踪点的位置"（Tracking point position）定义为从板坯的头部到目标跟踪点的距离，由 L2 计算机计算跟踪点的位置。再把这些数据传送给 L1。

在第一架粗轧机 R_1 前安装了脉冲发生器（PLG），当轧件到达时，PLG 开始计数。这样 L1 就可以根据 L2 计算机计算出来的跟踪点的位置（距离），确定实际的轧件是否已经到达了预定的跟踪位置。如果到达了预定的位置（例如剪切点），就产生相应的"事件"，通知 L2 计算机进行设定计算或其他处理。

6.4.7.2 FGC 的判断条件

当一个钢卷的头部不是一块板坯的头部时，是否需要进行 FGC 设定，要根据下列条件来判定：（1）轧机入口处的条件：现在的带钢的（板坯的）宽度 ≠ 后面的带钢的（板坯的）宽度。（2）轧机出口处的条件：现在的带钢的目标厚度 ≠ 后面的带钢的目标厚度。

（3）控制的极限条件：AGC 的行程量（stoke）大于给定的限制值。

6.4.7.3 设定 FGC 控制的有关参数

压下位置（辊缝）及轧机速度的设定计算方法与传统的、常规的带钢热连轧生产工艺下的辊缝、速度设定计算过程是一样的，即根据来料板坯的厚度和不同的成品带钢目标厚度（例如 1.2mm、1.0mm、0.8mm、1.0mm、1.2mm），按照一定的负荷分配方法，决定各架轧机的出口板厚。通常用表格法决定最后机架的穿带速度。为了能够使精轧出口温度达到要求的目标温度，再对穿带速度进行修正。然后，根据秒流量相等的原理并且考虑前滑，计算出各架轧机的出口速度；用温度模型预报带钢在各架轧机的入口温度；用轧制压力模型预报带钢在各架轧机的轧制压力，考虑轧机的弹跳和支撑辊油膜轴承的油膜厚度的影响，计算各架轧机的压下位置（辊缝）。

与传统的、常规的带钢热连轧生产工艺有所不同的是，在 FGC 轧制时，过程控制计算机还要计算和设定以下值。

A 压下位置的修正值

$$dS(i) = S_{NEW}(i) - S_{OLD}(i) \tag{6-219}$$

式中，dS 为压下位置（辊缝）的修正值，mm；S_{NEW} 为 FGC 时的压下设定值，mm；S_{OLD} 为 FGC 前的压下设定值，mm；i 为机架号。

压下位置的修正值参见表 6-42。

表 6-42 压下位置修改表

通过的机架	修改压下位置的机架						
	R_1（No. 1）	R_2（No. 2）	F_1（No. 3）	F_2（No. 4）	F_3（No. 5）	F_4（No. 6）	F_5（No. 7）
R_1（No. 1）	$dS(1)$	—	—	—	—	—	—
R_2（No. 2）	—	$dS(2)$	—	—	—	—	—
F_1（No. 3）	—	—	$dS(3)$	—	—	—	—
F_2（No. 4）	—	—	—	$dS(4)$	—	—	—
F_3（No. 5）	—	—	—	—	$dS(5)$	—	—
F_4（No. 6）	—	—	—	—	—	$dS(6)$	—
F_5（No. 7）	—	—	—	—	—	—	$dS(7)$

B 速度的修正值

$$dv(i,i) = v_{NEW}(i) - v_{OLD}(i) \tag{6-220}$$

$$dv(k,i) = v(k,i) - v(k,i-1) \tag{6-221}$$

式中，dv 为速度的修正值，m/s；v_{NEW} 为 FGC 时的压下设定值，m/s；v_{OLD} 为 FGC 前的压下设定值，m/s；i 为机架号。

速度的修正值如表 6-43 所示。

表 6-43　速度修改表

通过的机架	修改速度的机架						
	R_1(No. 1)	R_2(No. 2)	F_1(No. 3)	F_2(No. 4)	F_3(No. 5)	F_4(No. 6)	F_5(No. 7)
R_1(No. 1)	$dv(1,1)$	—	—	—	—	—	—
R_2(No. 2)	$dv(1,2)$	$dv(2,2)$	—	—	—	—	—
F_1(No. 3)	$dv(1,3)$	$dv(2,3)$	$dv(3,3)$	—	—	—	—
F_2(No. 4)	$dv(1,4)$	$dv(2,4)$	$dv(3,4)$	$dv(4,4)$	—	—	—
F_3(No. 5)	$dv(1,5)$	$dv(2,5)$	$dv(3,5)$	$dv(4,5)$	$dv(5,5)$	—	—
F_4(No. 6)	$dv(1,6)$	$dv(2,6)$	$dv(3,6)$	$dv(4,6)$	$dv(5,6)$	$dv(6,6)$	—
F_5(No. 7)	$dv(1,7)$	$dv(2,7)$	$dv(3,7)$	$dv(4,7)$	$dv(5,7)$	$dv(6,7)$	$dv(7,7)$

C　FGC 时间

首先，计算出压下位置调节器的响应时间 T_s 以及速度调节器的响应时间 T_v。

$$T_s(i) = \frac{dS(i)}{v_s(i)}$$

$$T_v(i,i) = \frac{dv(i,i)}{A_v(i)}$$

$$T_v(k,i) = \frac{dv(k,i)}{A_v(k)}$$

式中，T_s 为压下位置调节器的响应时间，s；dS 为压下位置（辊缝）的修正值，mm；v_s 为压下位置调节器的速度，m/s；dv 为速度的修正值，m/s；A_v 为轧机的加速度，m/s^2；T_v 为速度调节器的响应时间，s。

每一架轧机的 v_s 和 A_v 是事先可以确定的。

然后，从 $T_s(i)$、$T_v(i,i)$、$T_v(k,i)$ 中选取最大值作为 FGC 的基本时间，再加上 FGC 延迟时间（FGC Delay Time），就得到了向基础自动化计算机传送的 FGC 时间。FGC 延迟时间存储在 L2 计算机的数据表中，现取值 0.05s。

当板坯上的 FGC 开始点从隧道炉出来时，L2 计算机向 L1 计算机传送设定数据。当第一架 FGC 机架咬钢时，精轧机出口速度改变为指定的速度，这个速度叫做 FGC 穿带速度。

当 FGC 点通过每架轧机，L1 计算机开始 FGC 控制，即开始改变轧机的压下位置（辊缝）和轧机的速度。当到达轧制计划的下一个钢卷时，FGC 控制完成压下位置（辊缝）和轧机速度的改变。

当 FGC 开始点到达每个机架的入口侧时，控制的目标厚度要从前一块带钢的目标厚度过渡到下一块带钢的目标厚度。实际轧制压力和目标厚度作为 ABS-AGC 控制逻辑的输入信号，经过斜坡函数（RAMP）改变。轧制压力输入信号从前一块带钢的轧制压力实际值，改变到下一块带钢的目标轧制压力值。这个目标轧制压力值是由 L2 计算出来的，并且事先传送给 L1 计算机。目标厚度输入信号从前一块带钢的设定目标厚度值，改变到下一块带钢的目标厚度值。因此，轧制压力的变化值和目标厚度的变化值作为 ABS-AGC 的输入信号，压下位置的变化值作为 ABS-AGC 输出值。

为了保持轧机的秒流量相等，通过牵引补偿功能（Draft compensation）来克服由于压下位置变化所引起的上游侧轧机的速度波动。

当执行 FGC 控制时，每一机架的压下位置和速度必须从前一块带钢的值改变到下一块带钢的值。当 FGC 点通过第 i 架轧机时，第 i 架轧机的压下位置由 $S_{OLD}(i)$ 改变到 $S_{NEW}(i)$。第 i 架轧机的出口速度保持恒定。因此必须修正所有上游机架（$1 \sim i$）的速度。第 i 机架的速度由 $v_{OLD}(i)$，改变到 $v_{NEW}(i)$。k 机架（$1 \leq k < i$）的出口速度在 $i-1$ 机架改变压下位置时已经改变了。因此，k 机架的速度由 $v(k, i-1)$ 变化到 $v(k, i)$。

6.4.8　精轧轧机刚度、油膜厚度测试方法及其数据处理

为了建立轧机的弹跳模型，在热负荷试车以前，要对轧机进行刚度测试。本节以精轧机为例，给出轧机刚度测试的方法、步骤及其数据处理的方法与数据处理的过程。

轧机的刚度测试，主要包含以下三项测试内容：

（1）轧机刚度的测试；

（2）板宽对轧机刚度影响系数的测试；

（3）轧机支持辊的油膜厚度影响系数的测试。

前两项内容可以同时进行，油膜厚度影响系数的测试单独进行。

6.4.8.1　轧机刚度测试和板宽对轧机刚度影响系数的测试

轧机的刚度测试，采用压靠工作辊的方法。以某热轧机为例，在测试前，首先要对轧机的工作辊进行调平，其次要对压下位置（辊缝）进行标定，也就是零调。在这个测试过程中，尽量使用最大辊径的工作辊。上、下工作辊的直径差应小于 0.5mm。轧机的调平和零调完成以后，让轧机运转 30min 以上，就可以开始测试了。测试过程逐机架进行，使用数据采集程序，记录测试过程的数据。操作人员手动操作压下设备，压下速度选择慢挡，进行手动压下，使旋转的工作辊压靠后的压力从 500kN 开始，每增加 1000kN 停顿 1s 左右，这是为了使压力值稳定。一直增加到事先规定的、各架轧机的最大的压靠压力为止。为了安全起见，连续压靠最好不要超过 3min。轧辊的冷却水一定要正常给定。测试结束后，再以基准速度运转轧机一段时间。

以下举例说明测试时的轧机运转速度和最大的压靠力，见表 6-44。

表 6-44　轧机的速度和轧辊的压靠力

机架号	F_1	F_2	F_3	F_4	F_5	F_6	F_7
轧机速度/m·min^{-1}	85	141	217	300	370	430	480
最大压靠力/MN	25	25	25	25	20	20	20

为了进行板宽对轧机刚度影响系数的测试，需要压不同宽度的钢板（早期曾经使用铝板，现在多使用钢板），钢板的钢种一般可以选用 SS400 或类似的钢，屈服强度在 400MPa 左右。钢板厚度选 10mm 为宜。钢板长度在 1000mm 以上。钢板宽度要根据所测试的轧机工作辊的辊身长度和产品的宽度范围决定。例如，对于 1780mm 轧机，可以选用 900mm、1150mm、1400mm、1650mm 四种宽度的钢板。如果选用五种宽度的钢板，则宽度分别为 850mm、1050mm、1250mm、1450mm、1650mm。

测试的顺序如下：

（1）停轧机，关闭冷却水。

（2）打开辊缝，把钢板放进上下工作辊之间。

（3）压辊缝，手动给定压下量，每次压下 0.1~0.2mm。当轧制力到达给定轧制力（例如，当轧机的最大轧制力设计为40MN时，可以给定200MN的轧制力）时，停止压下。

（4）抬起辊缝，每次抬起 0.1~0.2mm，直到轧制压力降到0为止。

测试过程中，同时记录压下位置和轧制力。测试完了，还要测量钢板的厚度。

上述测试进行两次，之所以要进行两次测试，是为了减小压下辊缝和抬起辊缝两条曲线的差别。

6.4.8.2　轧机刚度测试数据的处理方法

下面以某热轧生产线的测试数据来归纳数据处理的过程。

（1）计算出不同宽度下的轧机刚度。使用不同板宽测试出的"轧制力-辊缝（压下位置）"数据，进行线性回归分析，得到不同板宽下的轧机刚度。即轧制力和辊缝（压下位置）有如下关系：

$$F_{ij} = M_{ij}S_{ij} + c_{ij} \tag{6-222}$$

式中，F_i 为轧制力，kN；S_i 为压下位置（辊缝），mm；M_i 为轧机的刚度，kN/mm；c_i 为系数；i 为机架号；j 为钢板宽度代表点的序号。

将回归出来的不同宽度情况下的轧机刚度列表，如表6-45所示。

表 6-45　不同板宽的轧机刚度　　　　　　　　（kN/m）

轧机机架号 i	900mm $j=1$	1150mm $j=2$	1400mm $j=3$	1650mm $j=4$	1780mm（工作辊压靠）$j=5$
1	6423.2	6560.8	6950.4	6971.8	6868.2
2	6647.2	6827.2	7026.4	7187.1	6972.9
3	6039.7	6232.6	6404.2	6467.9	6480.4
4	6059.0	6401.1	6568.0	6645.8	6501.7
5	6163.9	6479.6	6623.2	6745.3	6681.1
6	6936.0	7344.7	7615.7	7818.7	7268.3
7	6586.4	6867.9	7169.8	7296.2	7079.2

（2）计算板宽1650mm情况下的轧机刚度和工作辊压靠（1780mm）情况下的轧机刚度的比值，见表6-46。

表 6-46　轧机刚度的比值

轧机序号 i	$\dfrac{M_{1650}}{M_{1780}}$	轧机序号 i	$\dfrac{M_{1650}}{M_{1780}}$
1	1.015	5	1.010
2	1.031	6	1.076
3	0.998	7	1.031
4	1.022	平均值	1.026

注：M_{1650} 表示在板宽为1650mm下的轧机刚度，M_{1780} 表示在轧机工作辊压靠（1780mm）下的轧机刚度。

（3）根据表 6-45 中的数据，求出 7 架轧机的刚度比值的平均值。记作 aw_{i6}，此值即为所有机架在板宽 1780mm 下的宽度影响系数。经过计算，这个例子中，$aw_{i6} = 1.026$。下标 i 表示机架号，下标 6 是宽度代表点的序号，6 表示宽度为 1780mm 的情况，即轧机工作辊全压靠。

（4）确定轧机刚度和钢板宽度之间定量的关系式为：

$$M_i = a_i \ln(W) + b_i \tag{6-223}$$

式中，W 为钢板宽度，mm；M_i 为轧机的刚度，kN/mm；a_i、b_i 为系数；i 为机架号。

注意：回归分析时不使用全辊身（1780mm）的数据。通过回归分析可以得到系数 a_i、b_i，计算结果列于表 6-47。

表 6-47　回归系数 a 和 b

轧机序号	系数 a	系数 b	轧机序号	系数 a	系数 b
1	1.0110×10^{-2}	-4.7753×10^{-1}	5	9.4907×10^{-1}	-2.5976×10^{-1}
2	8.9703×10^{-1}	5.3005×10^{-1}	6	1.4575×10^{-2}	-2.9572×10^{-2}
3	7.2933×10^{-1}	1.0891×10^{-2}	7	1.2114×10^{-2}	-1.6518×10^{-2}
4	9.7520×10^{-1}	-5.3048×10^{-1}			

（5）计算各架轧机在宽度代表点（representative point）的刚度。用（4）得到的公式计算各机架在宽度代表点轧机刚度，这里宽度代表点为 800mm、1000mm、1200mm、1400mm、1630mm、1780mm，计算结果见表 6-48。

表 6-48　用公式计算出来的不同板宽对应的轧机刚度　　　　　　（kN/m）

轧机序号 i	800mm $j=1$	1000mm $j=2$	1200mm $j=3$	1400mm $j=4$	1630mm $j=5$	1780mm $j=6$
1	6280.6	6506.2	6690.5	6846.4	7000.2	7089.2
2	6526.3	6726.5	6890.1	7028.3	7164.8	7243.8
3	5964.4	6127.1	6260.1	6372.5	6483.5	6547.7
4	5988.4	6206.0	6383.8	6534.1	6682.4	6768.3
5	6084.4	6296.2	6469.2	6615.5	6759.9	6843.4
6	6786.3	7111.5	7377.3	7602.0	7823.7	7952.0
7	6445.9	6716.3	6937.1	7123.9	7308.1	7414.8

注：j 是宽度代表点的序号。

（6）计算在各个宽度代表点处（宽度 800mm、1000mm、1200mm、1400mm、1630mm、1780mm）的宽度补偿系数。计算公式见式（6-224）。计算结果见表 6-49。

$$aw_{ij} = \frac{M_{ij}}{M_{i6}} aw_{i6} \tag{6-224}$$

表 6-49   宽度影响系数

轧机序号	800mm $j=1$	1000mm $j=2$	1200mm $j=3$	1400mm $j=4$	1630mm $j=5$	1780mm $j=6$
1	0.909	0.942	0.968	0.991	1.013	1.026
2	0.924	0.953	0.976	0.995	1.015	1.026
3	0.935	0.960	0.981	0.999	1.016	1.026
4	0.908	0.941	0.968	0.991	1.013	1.026
5	0.912	0.944	0.970	0.992	1.013	1.026
6	0.876	0.918	0.952	0.981	1.009	1.026
7	0.892	0.929	0.960	0.986	1.011	1.026

（7）将宽度补偿系数列表，存储在计算机中。设定计算时采用插值法计算板宽对轧机刚度的影响系数。

实际上，任意钢板宽度 W 的宽度补偿系数可以用下式计算：

$$a_{wi} = \frac{a_i \ln(W) + b_i}{a_i \ln(W_{max}) + b_i} \qquad (6\text{-}225)$$

式中，a_{wi} 为轧机刚度的宽度补偿系数；W 为钢板宽度，mm；W_{max} 为最大宽度（工作辊压靠），mm；a_i、b_i 为系数；i 为机架号。

6.4.8.3   油膜厚度测试过程及其数据处理方法

下面以某热轧生产线的实际测试为例，给出油膜厚度的测试过程及其数据处理的方法。

A   测试过程

首先，记录精轧机支持辊和工作辊的辊径，计算出工作辊辊径的平均值，如表 6-50 所示。

表 6-50   轧辊的辊径   （mm）

机 架	支持辊上辊辊径	支持辊下辊辊径	工作辊上辊辊径	工作辊下辊辊径	辊径平均值
F_1	1550.0	1549.9	799.8	799.2	799.5
F_2	1549.9	1550.0	798.8	798.2	798.5
F_3	1550.0	1550.0	797.8	797.2	797.5
F_4	1549.0	1549.3	699.3	699	699.15
F_5	1548.9	1548.5	698.4	698.2	698.3
F_6	1549.9	1550.0	698.2	698.5	698.35

在数据处理时，如果要将轧辊的线速度变换成轧辊的转速，就要使用工作辊辊径的平均值。

然后，按正常标定方法进行轧机的零调，这里精轧机的零调轧制力取 12MN，按各架轧机额定（最大）速度的 30% 的转速转车，即各架轧机的零调速度取值为该架轧机 30% 电机额定转速，零调速度数据见表 6-51。

表 6-51　轧机的额定最大速度和零调速度

机　架	额定最大转速 $n_{max}/r \cdot min^{-1}$	零调速度 $n_0/r \cdot min^{-1}$	机　架	额定最大转速 $n_{max}/r \cdot min^{-1}$	零调速度 $n_0/r \cdot min^{-1}$
F_1	85.5	25.65	F_4	277.8	83.34
F_2	128.4	38.52	F_5	350	105
F_3	188.1	56.43	F_6	425	127.5

注：$n_0 = n_{max} \times 30\%$。

为了使支持辊油膜轴承形成稳定的油膜，零调标定后需要转车 1 ~ 2h，再开始测试。油膜测试的理论依据是：支持辊使用油膜轴承时，其油膜力的大小是轧辊转速和轧制力的函数。或者说油膜厚度是和速度、轧制力相关的。油膜测试和数据处理的过程，实质上就是找出在一个特定轧机上，油膜厚度、轧机速度、轧制力之间的数值关系。

测试时，操作人员手动对各机架进行压靠，轧辊的压靠力，即轧制力给定值是：F_1 ~ F_3：12MN（实际操作时可达到 13MN），F_4 ~ F_5：10MN（实际操作时可达到 11MN），F_6：5MN（实际操作时可达到 6MN）。

当轧制力达到上述要求值时，操作人员将轧机的速度从额定速度的 10% ~ 90% 连续升速。升速过程大约 2 ~ 3min。基础自动化级计算机记录测试时各机架对应的轧制力、转速等数据。也可以使用数据采集设备（例如 PDA）记录数据和曲线。

轧辊的转速如表 6-51 所示。表中的轧辊最大转速（n_{max}）是根据各架轧机的电机的额定转速、电机的减速比计算出来的。计算公式如下：

$$n_{max} = \mathrm{ROUNDUP}\left(\frac{n_{mo}}{G_R}, 1\right) \tag{6-226}$$

式中，n_{max} 为每架轧机的最大转速，r/min；n_{mo} 为每架轧机电机的额定转速，r/min；G_R 为电机的减速比；ROUNDUP 为函数 ROUNDUP 表示向上舍入数字。

计算结果如表 6-52 所示。

表 6-52　轧辊的转速　　　　　　　　　　　（r/min）

机架	n_{max}	$n_{max} \times 10\%$	$n_{max} \times 20\%$	$n_{max} \times 30\%$	$n_{max} \times 40\%$	$n_{max} \times 50\%$	$n_{max} \times 60\%$	$n_{max} \times 70\%$	$n_{max} \times 80\%$	$n_{max} \times 90\%$
F_1	85.5	8.55	17.1	25.65	34.2	42.75	51.3	59.85	68.4	76.95
F_2	128.4	12.84	25.68	38.52	51.36	64.2	77.04	89.88	102.72	115.56
F_3	188.1	18.81	37.62	56.43	75.24	94.05	112.86	131.67	150.48	169.29
F_4	277.8	27.78	55.56	83.34	111.12	138.9	166.68	194.46	222.24	250.02
F_5	350	35	70	105	140	175	210	245	280	315
F_6	425	42.5	85	127.5	170	212.5	255	297.5	340	382.5

B　数据处理

测试完成之后，按照如下步骤，对数据进行处理：

（1）计算轧制力的平均值。计算各机架在 9 种速度（即额定速度的 10% ~ 90%）下的轧制力平均值，列入表 6-53 ~ 表 6-58 中。表中 n 为轧辊的转速，F 为轧制力，轧制力是测量的多点轧制力的平均值。F_{oil} 为油膜力，F_{oil} 的计算方法将在后面给出。

表 6-53　F₁ 的油膜力

相对于额定速度的比率/%	$n/\mathrm{r} \cdot \mathrm{min}^{-1}$	F/kN	$F_{\mathrm{oil}}/\mathrm{kN}$	相对于额定速度的比率/%	$n/\mathrm{r} \cdot \mathrm{min}^{-1}$	F/kN	$F_{\mathrm{oil}}/\mathrm{kN}$
10	8.55	12090	−585.264	60	51.3	13000	369.2603
20	17.1	12380	−216.003	70	59.85	13090	451.381
30	25.65	12590	0	80	68.4	13170	522.5172
40	34.2	12750	153.2569	90	76.95	13230	585.2637
50	42.75	12890	272.1321				

表 6-54　F₂ 的油膜力

相对于额定速度的比率/%	$n/\mathrm{r} \cdot \mathrm{min}^{-1}$	F/kN	$F_{\mathrm{oil}}/\mathrm{kN}$	相对于额定速度的比率/%	$n/\mathrm{r} \cdot \mathrm{min}^{-1}$	F/kN	$F_{\mathrm{oil}}/\mathrm{kN}$
10	12.84	11980	−534.936	60	77.04	12850	337.5072
20	25.68	12300	−197.429	70	89.88	12930	412.5663
30	38.52	12480	0	80	102.72	12980	477.5854
40	51.36	12660	140.0782	90	115.56	13030	534.9363
50	64.2	12760	248.7312				

表 6-55　F₃ 的油膜力

相对于额定速度的比率/%	$n/\mathrm{r} \cdot \mathrm{min}^{-1}$	F/kN	$F_{\mathrm{oil}}/\mathrm{kN}$	相对于额定速度的比率/%	$n/\mathrm{r} \cdot \mathrm{min}^{-1}$	F/kN	$F_{\mathrm{oil}}/\mathrm{kN}$
10	18.81	12120	−517.697	60	112.86	12990	326.6304
20	37.62	12450	−191.067	70	131.67	13050	399.2705
30	56.43	12640	0	80	150.48	13090	462.1942
40	75.24	12790	135.5638	90	169.29	13140	517.6969
50	94.05	12910	240.7153				

表 6-56　F₄ 的油膜力

相对于额定速度的比率/%	$n/\mathrm{r} \cdot \mathrm{min}^{-1}$	F/kN	$F_{\mathrm{oil}}/\mathrm{kN}$	相对于额定速度的比率/%	$n/\mathrm{r} \cdot \mathrm{min}^{-1}$	F/kN	$F_{\mathrm{oil}}/\mathrm{kN}$
10	27.78	9400	−638.107	60	166.68	10460	402.6007
20	55.56	9800	−235.506	70	194.46	10540	492.136
30	83.34	10040	0	80	222.24	10600	569.6951
40	111.12	10220	167.0944	90	250.02	10660	638.107
50	138.9	10360	296.7028				

表 6-57　F₅ 的油膜力

相对于额定速度的比率/%	$n/\mathrm{r} \cdot \mathrm{min}^{-1}$	F/kN	$F_{\mathrm{oil}}/\mathrm{kN}$	相对于额定速度的比率/%	$n/\mathrm{r} \cdot \mathrm{min}^{-1}$	F/kN	$F_{\mathrm{oil}}/\mathrm{kN}$
10	35	9400	−526.927	60	210	10250	332.4542
20	70	9700	−194.473	70	245	10320	406.3895
30	105	9900	0	80	280	10380	470.4351
40	140	10050	137.981	90	315	10440	526.9274
50	175	10170	245.0073				

表 6-58 F_6 的油膜力

相对于额定 速度的比率/%	$n/\mathrm{r} \cdot \min^{-1}$	F/kN	$F_{\mathrm{oil}}/\mathrm{kN}$	相对于额定 速度的比率/%	$n/\mathrm{r} \cdot \min^{-1}$	F/kN	$F_{\mathrm{oil}}/\mathrm{kN}$
10	42.5	5057	−687.281	60	255	6130	433.6259
20	85	5420	−253.655	70	297.5	6230	530.0611
30	127.5	5670	0	80	340	6330	613.597
40	170	5850	179.971	90	382.5	6420	687.2809
50	212.5	6010	319.5674				

（2）线性回归分析。使用表 6-53 ~ 表 6-58 的数据（轧辊的转速和轧制力），进行线性回归分析，求出轧制力和轧辊转速（对数）的关系，即

$$F_i = a_i \ln(N_i) + b_i \tag{6-227}$$

式中，F 为轧制力，kN；N 为轧辊的转速，r/min；a、b 为回归系数；i 为机架号。

线性回归分析的结果见表 6-59。

表 6-59 回归分析结果

机 架	系数 a	系数 b	机 架	系数 a	系数 b
F_1	53.273	1089.8	F_4	58.083	747.41
F_2	48.692	1072.8	F_5	47.963	768.03
F_3	47.122	1074.5	F_6	62.559	266.64

作为举例，图 6-19 是 F_3 机架的回归曲线图。纵坐标为轧制力。其他机架的回归曲线省略。

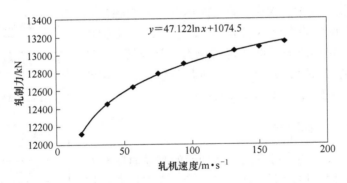

图 6-19 速度-轧制力回归曲线（F_3 机架）

（3）计算精轧设定程序（FSU）中使用的油膜力。用下面的公式计算油膜力，做成精轧设定（FSU）程序使用的数据表。

$$F_{\mathrm{oil}} = a(\ln n - \ln n_0) \tag{6-228}$$

式中，F_{oil} 为油膜力，kN；n_0 为各个机架零调时的轧辊转速，r/min；n 为轧辊的转速，r/min。

n_0 和 n 的数值见表 6-58。

计算结果见表6-53～表6-58中右边 F_{oil} 项的数据。将表6-53～表6-58中的数据存储在计算机的数学模型文件中，在线设定计算时采用插值法得到轧制某一块带钢时的油膜厚度。

使用这种方法，计算油膜厚度使用的公式是

$$FGEN2(v_{FSU})\frac{G}{M} = \Delta F_{oil}\frac{G}{M} \tag{6-229}$$

式中，G 为增益系数；M 为轧机的刚度，kN/mm。

注意：这里的油膜厚度是相对于零调速度时的油膜厚度。另外表6-53～表6-58中的速度是轧辊的转速（r/min），图6-19中的速度是轧辊的线速度（m/s），需要进行单位变换。

6.5 卷取设定模型

6.5.1 概述

带钢进入卷取机前，计算机要确定卷取区域所属设备的基准值（设定值），这称之为卷取设定。计算机根据成品带钢的目标厚度、目标宽度以及钢种等参数，通过卷取机设定计算模型（Coiler Set Up，简称 CSU），计算出卷取区域所属设备的各种物理量和初始设定值，以便使带钢能够平稳地在精轧机出口的输出辊道（Run Out Table，简称 ROT）上运行，然后顺利地咬入卷取机，进行卷取，并且确保在卷取过程中钢卷保持良好的卷形。

卷取设定计算的主要内容有：输出辊道（ROT）的超前速度和滞后速度、夹送辊（PR）的超前速度、助卷辊（WR）的超前速度、卷筒（MD）的超前速度、夹送辊的辊缝（开口度）、助卷辊的辊缝（开口度）、卷筒的张力转矩和弯曲力矩、夹送辊的压力、助卷辊的压力、侧导板（SG）的压力、侧导板的开口度、卸卷小车的等待位置、自动跳跃控制 AJC(Automatic Jumping Control)的参数。

6.5.2 卷取设定的计算流程

不同热轧生产线的卷取机设定计算功能的起动时序有所不同。有的进行一次卷取设定计算，起动时序为带坯使得精轧入口温度计 FET ON，也有的起动时序为带钢使得 F_1 ON 时进行；有的进行两次卷取设定计算，起动时序为带坯到达粗轧出口温度计（RDT）时，进行第一次卷取机设定计算，计算机在带坯到达精轧入口温度计（FET）并且完成了精轧设定计算之后，进行第二次卷取机设定计算。

卷取设定计算的过程可用图6-20的流程图来表示。

下面按照流程图，简要叙述卷取机设定计算过程，并且给出相应的数学模型或计算公式。

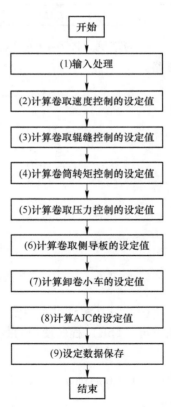

图 6-20 卷取设定计算的流程

6.5.2.1 输入处理

与精轧设定 FSU 的处理基本相同。

6.5.2.2 计算有关速度控制的设定值

A 输出辊道和卷取设备的超前速度

带钢头部离开精轧末机架时将失去张力，这样容易使带钢起套，影响带钢的卷取。为了使带钢在辊道上运行稳定，要控制输出辊道和卷取设备的速度（超前速度）。在带钢使卷取机 ON 之前，输出辊道和卷取设备的速度要比精轧末架轧机的速度稍微快一些，这叫做超前速度。这样就可以使带钢继续保持一个向前的张力，以便于卷取。

超前速度由下面的公式计算出：

$$v_{\mathrm{Ld}} = v_{\mathrm{FM}}(1.0 + R_{\mathrm{Ld}}) \tag{6-230}$$

式中，v_{Ld} 为超前速度，m/s；v_{FM} 为精轧最后一架轧机的速度，m/s；R_{Ld} 为超前率，%。

不同设备（输出辊道、夹送辊、助卷辊、卷筒）的超前率是不同的，但是可以认为它们都是带钢成品厚度的函数。

B 输出辊道和夹送辊的滞后速度

在带钢的尾部通过预先规定的精轧某个机架之前，输出辊道和夹送辊的速度要比精轧末架轧机的速度稍微慢一些，这叫做滞后速度。滞后速度由下面的公式计算出：

$$v_{\mathrm{Lg}} = v_{\mathrm{FM}}(1.0 + R_{\mathrm{Lg}}) \tag{6-231}$$

式中，v_{Lg} 为滞后速度，m/s；R_{Lg} 为滞后率，%。

不同设备（输出辊道、夹送辊）的滞后率是不同的。超前率和滞后率按照钢种、带钢的厚度、带钢的宽度存储在卷取工艺数据表中。

6.5.2.3 计算助卷辊和夹送辊的辊缝（开口度）设定值

按照下面的公式计算：

$$S_{\mathrm{WR}} = h_{\mathrm{F}} + \delta_{\mathrm{WR}} \tag{6-232}$$

$$S_{\mathrm{PR}} = h_{\mathrm{F}} + \delta_{\mathrm{PR}} \tag{6-233}$$

式中，S_{WR} 为助卷辊辊缝的设定值，mm；h_{F} 为带钢的目标厚度，mm；δ_{WR} 为助卷辊辊缝的余量，mm；S_{PR} 为夹送辊辊缝的设定值，mm；δ_{PR} 为夹送辊辊缝的余量，mm。

助卷辊辊缝的余量和夹送辊辊缝的余量按照钢种、带钢的厚度、带钢的宽度存储在卷取工艺数据表中。

6.5.2.4 计算有关卷筒转矩控制的设定值

带钢的头部被卷筒卷上以后，卷筒要保持恒定的张力。卷筒的转矩是张力力矩、弯曲力矩、加速力矩三个力矩相加在一起。

CSU 要设定以下项目：卷筒的单位张力、卷筒的最小张力、卷筒的最大张力。

卷筒的最小张力设定值和卷筒的最大张力设定值按照下面的公式计算：

$$\sigma_{\min} = gk\left(a + \frac{b}{h_{\mathrm{F}}}\right)\left(c + \frac{d}{W_{\mathrm{F}}}\right) \tag{6-234}$$

$$\sigma_{\max} = \frac{\sigma_{\min}H_{\mathrm{HOT}}W_{\mathrm{HOT}} + \sigma_{\mathrm{BIAS}}}{H_{\mathrm{HOT}}W_{\mathrm{HOT}}} \tag{6-235}$$

式中，$\sigma_{\min}$ 为卷筒的最小张力设定值，N/mm^2；$\sigma_{\max}$ 为卷筒的最大张力设定值，N/mm^2；g 为张力计算的增益值；k 为和钢种影响有关的增益；a、b、c、d 为数学模型的系数；h_F 为钢卷的目标厚度，mm；W_F 为钢卷的目标宽度，mm；H_{HOT} 为钢卷的厚度（热值），mm；W_{HOT} 为钢卷的宽度（热值），mm；σ_{BIAS} 为张力基准值，N，取值范围在 $\sigma_{\max}$ 和 $\sigma_{\min}$ 值之间。

在有的热轧计算机系统中也使用如下方法计算卷筒的张力力矩、弯曲力矩、加速力矩。

$$T_{MD} = h_F W_F \sigma_U \frac{D_{MD}}{2} \tag{6-236}$$

$$BD_{MD} = h_F^2 W_F \sigma_Y \tag{6-237}$$

$$AC_{MD} = K_a W_F \tag{6-238}$$

式中，T_{MD} 为卷筒的张力力矩，$N\cdot mm$；BD_{MD} 为卷筒的弯曲力矩，$N\cdot mm$；AC_{MD} 为卷筒的加速力矩，$N\cdot mm$；h_F 为钢卷的目标厚度，mm；W_F 为钢卷的目标宽度，mm；σ_U 为带钢的单位张力，N/mm^2；D_{MD} 为卷筒的直径，mm；σ_Y 为钢的屈服应力，N/mm^2；K_a 为系数，N。

6.5.2.5 计算助卷辊和夹送辊压力控制的设定值

卷取机夹送辊的压力按照下面的公式进行计算。

（1）当目标钢卷厚度不大于规定值时

$$P_{PR} = \frac{1}{G_1} h_F^2 W_F G_2 \times 10^{-4} \tag{6-239}$$

（2）当目标钢卷厚度大于规定值时

$$P_{PR} = G_3 \sqrt{h_F W_F} \tag{6-240}$$

式中，P_{PR} 为卷取夹送辊的压力，kN；h_F 为钢卷的目标厚度，mm；W_F 为钢卷的目标宽度，mm；$G_1 \sim G_3$ 为计算增益。

这里，助卷辊的压力没有采用公式计算，而采用查表法。把助卷辊的压力按照不同的钢种、带钢的厚度、带钢的宽度分类，存储在工艺数据表中，进行卷取设定计算时进行数据检索。

6.5.2.6 计算卷取侧导板开口度的设定值

卷取侧导板开口度有两种常用的计算方法。第一种方法为

$$SG = W_F \alpha_T + C_{BA} \tag{6-241}$$

式中，SG 为侧导板开口度的设定值，mm；W_F 为带钢的目标宽度，mm；α_T 为温度修正系数；C_{BA} 为侧导板开口度的基准修正值，mm。

第二种方法介绍如下。首先，使用下面两式决定带钢的宽度。这里考虑了钢的热膨胀，并且使用了粗轧出口宽度实测值。

$$W_1 = W_F(1 + \alpha CT_{AIM})$$

$$W_2 = W_{RD}$$

然后，在宽度值 W_1 和宽度值 W_2 中取其中的最大值，再加上侧导板开口度余量作为卷取机侧导板开口度的设定值。

$$SG = \max(W_1, W_2) + C_{SG} \tag{6-242}$$

式中，W_1 为为了计算卷取机侧导板开口度值而使用的宽度值1，mm；W_2 为为了计算卷取

机侧导板开口度值而使用的宽度值 2，mm；W_F 为带钢的目标宽度，mm；α 为热变换率，$^\circ\!C^{-1}$；CT_{AIM} 为卷取的目标温度，$^\circ\!C$；W_{RD} 为粗轧出口处轧件的实际宽度，mm；SG 为侧导板开口度的设定值，mm；C_{SG} 为侧导板开口度的余量，mm，存储在工艺数据表中。

6.5.2.7　计算卸卷小车等待位置的设定值

为了尽量缩短卸卷小车上升时的等待时间，就要让卸卷小车事先接近目标位置。计算机按下式计算卸卷小车等待位置的设定值。

$$S_{SC} = S_{SC0} - \frac{D_{COIL}}{2} - C_{SC} \tag{6-243}$$

$$D_{COIL} = 2\sqrt{\frac{G_{SLB}Y \times 10^6}{\rho\pi W_F A_{CH}} + \left(\frac{D_{MD}}{2}\right)^2} \tag{6-244}$$

式中，S_{SC} 为卸卷小车的等待位置，mm；S_{SC0} 为从卸卷小车的下限位置到卷筒中心的距离，mm；C_{SC} 为余量，mm；D_{COIL} 为钢卷的直径，mm；G_{SLB} 为板坯重量，kg；Y 为成材率，%；ρ 为钢的密度，kg/m³；A_{CH} 为占空率；D_{MD} 为卷筒的直径，mm；W_F 为带钢的目标宽度，mm。

6.5.2.8　计算 AJC 的设定值

带钢的头部在进行卷取时，由于钢板厚度的波动，会在卷头部处产生压痕。为了将压痕限定在最小范围内，通过 AJC 功能强制打开助卷辊，使助卷辊和带钢脱离接触。带钢的头部通过助卷辊以后，助卷辊再回复到原来的位置，以便压紧卷筒上的带钢。CSU 要确定 AJC 的设定值。这个设定的项目是助卷辊的跳跃量和 AJC 的次数，这些值都按照带钢的成品厚度，从数学模型文件中获取数据，而没有使用公式计算。

6.5.2.9　其他设定值的计算

为了保证良好的卷形，基础自动化级计算机要对卷取机实行锥度张力（taper tension）控制，也就是在带钢的卷取过程中，使带钢的张力由大到小，按照锥度进行递减。为此，过程控制级计算机要计算锥度率（taper ratio），并且发送给基础自动化级计算机。

按照下面的公式计算锥度率：

$$T_{PR} = \frac{\sigma_{max} - \sigma_{min}}{L_C} \tag{6-245}$$

$$L_C = \frac{\left(\sum_{i=1}^{3} h_{STDi,i+1}\right)L_{STD}}{h_F} \tag{6-246}$$

式中，T_{PR} 为锥度率；σ_{max} 为卷筒的最大张力设定值，N/mm²；σ_{min} 为卷筒的最小张力设定值，N/mm²；L_C 为带钢的控制长度，mm；$h_{STDi,i+1}$ 为精轧 i 架和 $i+1$ 架轧机之间的带钢厚度，mm；L_{STD} 为机架之间的距离（取平均值），mm；h_F 为钢卷的目标厚度，mm。

6.5.3　卷取设定计算使用的工艺参数表

从上述的卷取设定计算流程可以看出，卷取设定计算没有使用复杂的数学模型，许多设定值需要通过查表的方法得到。这样，针对具体的热连轧生产线和卷取设备的实际情况，制定出能够满足生产和卷取质量控制的工艺参数表，就是一项重要的工作了。下面给出一些卷取工艺参数表的实例,供参考。

表 6-60 给出了输出辊道速度的超前率和滞后率。这里的输出辊道分为 4 组,即输出辊道 ROT1 至输出辊道 ROT4。

表 6-60　输出辊道速度的超前率和滞后率 （%）

厚度/mm	<1.3	<1.5	<1.7	<1.9	<2.2	<2.5	<2.7	<2.9	<3.2	<3.6
ROT1 R_{Ld}	22	22	21	20	18	15	15	15	15	11
ROT2 R_{Ld}	24	24	23	22	20	17	17	17	17	13
ROT3 R_{Ld}	26	26	25	24	22	19	19	19	19	15
ROT4 R_{Ld}	28	28	27	26	24	21	21	21	21	17
ROT1 R_{Lg}	17	17	17	17	17	14	12	12	12	12
ROT2 R_{Lg}	22	22	22	22	22	17	16	16	16	13
ROT3 R_{Lg}	26	26	26	26	26	22	19	19	19	14
ROT4 R_{Lg}	29	29	29	29	29	26	22	22	22	17
厚度/mm	<4.1	<4.5	<5.1	<5.6	<6.4	<7.1	<7.9	<9.1	<12.7	12.7
ROT1 R_{Ld}	11	11	11	11	8	8	6	6	6	4
ROT2 R_{Ld}	13	13	13	13	10	10	8	8	8	6
ROT3 R_{Ld}	15	15	15	15	12	12	10	10	10	8
ROT4 R_{Ld}	17	17	17	17	14	14	12	12	12	10
ROT1 R_{Lg}	12	12	10	10	8	8	6	6	6	6
ROT2 R_{Lg}	13	13	11	11	10	10	7	7	7	7
ROT3 R_{Lg}	14	14	12	12	11	11	8	8	8	8
ROT4 R_{Lg}	17	17	14	14	12	12	10	10	10	10

表 6-61 给出夹送辊速度的超前率和滞后率。

表 6-61　夹送辊速度的超前率和滞后率 （%）

厚度/mm	<1.3	<1.5	<1.7	<1.9	<2.2	<2.5	<2.7	<2.9	<3.2	<3.6
PR R_{Ld}	5	5	2	2	2	1	1	1	1	1
PR R_{Lg}	0.8	0.8	0.8	0.8	0.8	1	1.2	2.8	3	3
厚度/mm	<4.1	<4.5	<5.1	<5.6	<6.4	<7.1	<7.9	<9.1	<12.7	12.7
PR R_{Ld}	1	1	2	2	2	2	2	2	3	3
PR R_{Lg}	3.5	3.5	3.5	3.5	4	6	6	7	7	7

表 6-62 给出助卷辊和卷筒速度的超前率。

表 6-62　助卷辊和卷筒速度的超前率 （%）

厚度/mm	<1.3	<1.5	<1.7	<1.9	<2.2	<2.5	<2.7	<2.9	<3.2	<3.6
WR R_{Ld}	15	15	15	15	14	14	14	14	14	14
MD R_{Ld}	11	11	11	11	11	11	11	11	11	11
厚度/mm	<4.1	<4.5	<5.1	<5.6	<6.4	<7.1	<7.9	<9.1	<12.7	12.7
WR R_{Ld}	14	14	14	14	14	14	14	15	20	20
MD R_{Ld}	11	11	11	11	11	11	11	12	17	17

表6-63给出助卷辊的压力值。

表6-63　助卷辊的压力值　　（MPa）

厚度/mm 宽度/mm	<1.3	<1.5	<1.7	<1.9	<2.2	<2.5	<2.7	<2.9	<3.2	<3.6
<1050	49.03	49.03	49.03	49.03	49.03	49.03	49.03	49.03	49.03	49.03
<1150	49.03	49.03	49.03	49.03	49.03	49.03	49.03	49.03	49.03	49.03
<1250	49.03	49.03	49.03	49.03	49.03	49.03	49.03	49.03	49.03	49.03
<1350	49.03	49.03	49.03	49.03	49.03	49.03	49.03	49.03	49.03	49.03
<1450	49.03	49.03	49.03	49.03	49.03	49.03	49.03	49.03	49.03	49.03
<1550	49.03	49.03	49.03	49.03	49.03	49.03	49.03	49.03	49.03	49.03
<1650	49.03	49.03	49.03	49.03	49.03	49.03	49.03	49.03	49.03	49.03
≤1680	49.03	49.03	49.03	49.03	49.03	49.03	49.03	49.03	49.03	49.03

厚度/mm 宽度/mm	<4.1	<4.5	<5.1	<5.6	<6.4	<7.1	<7.9	<9.1	<12.7	12.7
<1050	49.03	49.03	49.03	49.03	49.03	49.03	49.03	49.03	49.03	49.03
<1150	49.03	49.03	49.03	49.03	49.03	49.03	49.03	49.03	49.03	49.03
<1250	49.03	49.03	49.03	49.03	49.03	49.03	49.03	53.39	122.36	122.36
<1350	49.03	49.03	49.03	49.03	49.03	49.03	49.03	57.84	132.82	132.82
<1450	49.03	49.03	49.03	49.03	49.03	49.03	49.03	63.4	145.88	145.88
<1550	49.03	49.03	49.03	49.03	49.03	49.03	49.03	69.63	160.51	160.51
<1650	49.03	49.03	49.03	49.03	49.03	49.03	49.03	69.63	160.51	160.51
≤1680	49.03	49.03	49.03	49.03	49.03	49.03	49.03	69.63	160.51	160.51

6.6　卷取温度控制模型

6.6.1　概述

带钢在进入卷取机之前，要通过精轧机出口处输出辊道上设置的层流冷却设备进行冷却，以便控制带钢的卷取温度，使卷取温度达到目标值。卷取温度控制模型（Coiling Temperature Control，简称CTC）的功能就是决定并且控制层流冷却设备的喷水方式、喷水阀门的开闭数量。卷取温度控制的目的，就是通过层流冷却喷水阀门开闭的动态调节，对不同钢种、不同厚度、不同宽度、不同终轧温度的带钢从较高的终轧温度（例如800～900℃）迅速冷却到所要求的卷取温度（例如570～650℃），使带钢获得良好的组织性能和力学性能。因此可以说，卷取温度控制实质上是带钢热轧生产过程中的轧后冷却控制，但它与中、厚板生产中的轧后冷却控制又有所不同。

层流冷却设备的基本原理是利用虹吸管从水箱中吸出冷却水，使冷却水流向带钢，与带钢平稳接触。冷却水不反溅，并且紧贴在带钢的表面，以保持小压力的巨大水量流向带钢。另外还设置了侧喷装置，使带钢表面上的冷却水按照一定的方向运动，从而降低带钢的温度。

层流冷却是决定带钢的金相组织结构和物理性能的一个重要手段。一般来说，对带钢成品性能方面各种要求，大多反映在对卷取温度控制上的要求。为了使带钢卷取温度尽量接近目标温度值，CTC 功能不但要预先设定层流冷却设备的喷水模式，而且要动态地控制层流冷却设备的喷水模式。

CTC 主要由 4 个功能组成，即初始喷水阀门模式设定（又叫做 CTC 初始设定或者 CTC 预设定）、动态喷水阀门模式设定（又叫做 CTC 动态设定或者动态控制）、卷取温度的反馈控制、CTC 数学模型的自学习。其中，初始喷水阀门模式设定功能和 CTC 数学模型的自学习功能由 L2 计算机完成。动态喷水阀门模式设定功能和卷取温度的反馈控制功能由 L1 完成。图 6-21 给出 CTC 的控制图。

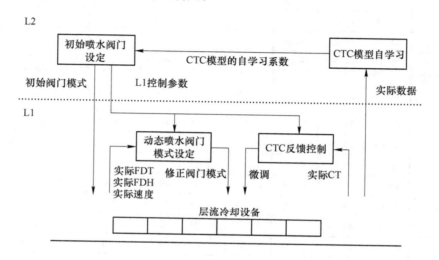

图 6-21　CTC 控制图

CTC 各项功能的执行时序，参见表 6-64。

表 6-64　CTC 各项功能执行时序表

序　号	功　　能	时　　序
1	初始喷水阀门模式设定（L2 完成）	RDT ON，FET ON，F1 ON
2	动态喷水阀门模式设定（L1 完成）	FDT ON
3	CTC 的反馈控制（L1 完成）	带钢的头部使 CT ON 时开始，到带钢的尾部使 CT OFF 结束，按一定的控制周期执行。但是，当进行特殊冷却控制时，就不执行 CTC 的反馈控制
4	CTC 数学模型的自学习（L2 完成）	带钢的头部通过 CT 或带钢的尾部通过 CT 时，在确定的带钢的长度范围内执行

（1）预设定计算：在带钢头部达到精轧入口温度计 FET 时，根据带钢的钢种、成品厚度、轧制速度和卷取温度的冷却策略计算出应该开启的喷水段数，并且提前打开或者关闭喷水阀门。

（2）动态控制：在带钢头部到达精轧出口温度计 FDT 时，采集生产过程中的实际数据，然后通过计算，对预设定的控制量进行修正，动态地调整喷水阀门的开、闭。动态控制的周期为带钢走过一个喷水段的距离所用时间，由于带钢的速度是变化的，因此这个控制周期是变化的。

（3）反馈控制：当带钢头部到达卷取温度计 CT 时，根据实测的带钢卷取温度和目标卷取温度之间的偏差，计算出需要增减的喷水阀门的数量，按照一定的控制周期进行反馈控制。这实质上是一种比例积分（PI）控制。

（4）数学模型的自学习：当带钢的头部通过 CT 或带钢的尾部通过 CT 时，利用采集到的实际数据，进行卷取温度模型的自学习。

随着计算机技术的发展，近些年，曾经在 L1 完成的动态控制和反馈控制功能逐渐迁移到 L2 计算机来执行，L1 只负责层流冷却喷水阀门的开闭控制了。

6.6.2 初始阀门喷水模式设定

在带钢到达精轧入口温度计 FET 时，L2 计算机要根据预报的精轧出口温度 FDT 和卷取温度的目标值，确定层流冷却设备的喷水段（Bank，也有叫做喷水集管）的数量，这叫做初始阀门喷水模式设定。其目的是使带钢的头部温度值尽量达到预先给定的卷取温度目标值。这实质上是一个预测控制功能。

首先，根据来自于 L1 的实际数据，决定层流冷却设备的状况，哪些喷水段是能够正常喷水的，即"可用的"；哪些喷水段是无法喷水的，即"故障的"。以此来确定 CTC 的控制方式和冷却模式。

然后，计算喷水段的喷水阀门开启模式。根据预测的精轧出口温度和预先给定的卷取温度的目标值，计算出为了控制带钢的温度达到目标卷取温度而所必需的冷却量，根据这个冷却量，再确定初始阀门喷水模式。

6.6.2.1 计算空冷量

计算带钢通过空气冷却，从精轧出口温度计到卷取温度计的温度 CT_{AIR} 和温降量 ΔT_{AIR}。这个计算过程是通过空冷数学模型进行的，并且使用了带钢的厚度和速度值。

$$CT_{AIR} = f(v, T_{FD})$$

$$\Delta T_{AIR} = T_{FD} - CT_{AIR}$$

式中，CT_{AIR} 为经过空气冷却以后的带钢温度（卷取温度），℃；ΔT_{AIR} 为精轧出口温度计到卷取温度计之间的温降，℃；v 为带钢的预测速度，m/s；T_{FD} 为在精轧出口处的带钢温度，℃。

空冷数学模型见式（6-248）。

6.6.2.2 计算必需的冷却量

带钢的温度经过空冷以后，还没有降下来的部分，必须通过喷水冷却降下来。所以要计算使带钢的温度能达到目标卷取温度所必需的冷却量 ΔT_{LAST}。

$$\Delta T_{LAST} = CT_{AIR} - CT_{AIM}$$

式中，ΔT_{LAST} 为必需的冷却量，℃；CT_{AIM} 为目标卷取温度，℃；CT_{AIR} 为带钢通过空冷后，能达到的卷取温度，℃。

6.6.2.3 确定喷水阀门的开启模式

按照喷水段的优先级别来决定喷水段的喷水阀门开启的顺序。首先计算基本喷水段的

层流水冷温降量 ΔT_{BNK0} 和侧喷的水冷温降量 ΔT_{SD0}。

$$Q = f(T_{FD}, v, f_1)$$

$$\Delta T_{BNK0} = f(Q, v)$$

$$\Delta T_{SD0} = f(v)$$

式中，ΔT_{BNK0} 为基本喷水段的水冷温降，℃；v 为带钢的预测速度，m/s；T_{FD} 为在精轧出口处的带钢温度，℃；f_1 为热流密度系数的学习值；ΔT_{SD0} 为侧喷的水冷温降，℃；Q 为上部喷水段的热流密度，kJ/(m$^2 \cdot$ h)。

然后使用每个基本喷水段的水冷温降量和可用喷水段（含上、下喷水段）的能力率，计算通过喷水冷却的冷却量。按照喷水段开启的优先级别，计算出一个一个喷水段的水冷温降量。这种计算是连续进行的，直到水冷温降量达到了所需要的冷却量。

在第 i 个喷水段，如果计算出来的卷取温度低于目标卷取温度时，就只使用半个喷水段，即单独用上部或者下部的喷水段。原则上先使用前面的喷水段进行冷却，如果还不够，剩余的冷却量再使用后面的喷水段进行冷却。如果计算出来的喷水段的水冷温降量超过了所需要的冷却量，就要减去最后计算的 ΔT_{BNK}。

$$\Delta T_W = \Delta T_W - \Delta T_{BNK}(i,j)$$

式中，ΔT_{BNK} 为喷水段的水冷温降，℃。

为了得到由轧制计划规定的 CT 温度，当带钢上的"控制点"到达精轧出口温度计 FDT 时，用 FDT 的实际值和带钢的实际速度值，计算出喷水阀门的模式。这是动态设定。

6.6.3   卷取温度控制模型

6.6.3.1   空气冷却模型

从带钢离开精轧末机架到达卷取温度计，带钢交替处于空冷区和水冷区。在空冷区，带钢主要是以辐射的形式散热，而在水冷区，主要是以对流的形式散热。

卷取温度控制模型主要使用了空气冷却模型和水冷温降模型。原始的空气冷却模型实际上是忽略了自然对流冷却，只计算辐射引起的温降，有如下形式：

$$CT_{AIR} = \cfrac{1}{\sqrt[3]{\cfrac{3AX}{\cfrac{h_{FA}}{1000}}\cfrac{L}{v \times 3600} + \cfrac{1}{(T_{FDA} + 273)^3}}} - 273 \qquad (6\text{-}247)$$

这是根据斯蒂芬-玻耳兹曼定律得到的空冷模型，主要考虑热辐射的影响。在实际生产中，也有使用如下的经验模型：

$$CT_{AIR} = a_1 + a_2\Delta t_{im} + a_3\Delta T_{FD} + a_4\Delta h_F \qquad (6\text{-}248)$$

式（6-248）中的系数 $a_1 \sim a_4$ 以及其他参数的计算方法如下：

$$a_1 = \chi_0^{-\frac{1}{3}} - 273$$

$$a_2 = AY\chi_0^{-\frac{1}{3}}\frac{3AX}{h_F/1000} \times \frac{1}{3600}$$

$$a_3 = AY\chi_0^{-\frac{1}{3}} \frac{-3}{(T_{FD0} + 273)^3}$$

$$a_4 = AY\chi_0^{-\frac{1}{3}} \frac{-3AX \times 10^9}{h_F^2 \rho} \times \frac{L}{v_0} \times \frac{1}{3600}$$

$$\Delta t_{im} = \frac{L}{v_0} - t_{im0}$$

$$\Delta T_{FD} = T_{FDA} - T_{FD0}$$

$$\Delta h_F = h_{FA} - h_F$$

$$AX = \frac{2\varepsilon\sigma}{c_p \rho}$$

$$\varepsilon = ah_F + b$$

$$\chi_0 = \frac{3AX}{\dfrac{h_F}{1000}} \frac{L}{v_0 \times 3600} + \frac{1}{(T_{FD0} + 273)^3}$$

$$AY = -\frac{1}{3} \frac{1}{\chi_0}$$

式中，CT_{AIR} 为经过空气冷却以后的带钢温度（卷取温度），℃；$a_1 \sim a_4$ 为空气冷却模型的系数；ε 为轧件的热辐射系数；a、b 为热辐射系数回归模型的系数；h_F 为带钢厚度的目标值，mm；Δh_F 为实际钢卷厚度和厚度目标值之间的偏差，mm；h_{FA} 为实际的带钢厚度，mm；v_0 为初始速度，m/s；T_{FDA} 为精轧出口温度实际值，℃；ΔT_{FD} 为精轧出口温度实际值和精轧出口温度初始值之间的偏差，℃；T_{FD0} 为精轧出口温度的初始值（即 FSU 计算出来精轧出口温度值），℃；σ 为斯蒂芬-玻耳兹曼常数，$\sigma = 5.69 W/(m^2 \cdot K^4)$；$\rho$ 为钢坯的密度，kg/m^3；c_p 为比热容，$J/(kg \cdot ℃)$；t_{im0} 为带钢从精轧出口温度计到卷取温度计的初始传送时间，s；Δt_{im} 为从精轧出口温度计到 CTC 再计算点的实际时间，s；L 为精轧出口温度计到卷取温度计之间的距离，m。

6.6.3.2　侧喷水冷温降模型

用侧喷水冷温降模型可以计算出由于侧喷装置喷水所导致的带钢温降。

$$\Delta T_S = a_{SS} \frac{1}{v_{AVE}} \frac{1}{h_{FA}} \tag{6-249}$$

$$a_{SS} = \frac{1000 l_{SD} Q_S}{c_p \rho} \times 10^7 \tag{6-250}$$

式中，ΔT_S 为侧喷的水冷温降，℃；a_{SS} 为侧喷水冷温降量的计算参数；h_{FA} 为实际的带钢厚度，mm；v_{AVE} 为精轧出口带钢的平均速度，m/s；l_{SD} 为侧喷装置的喷射宽度，m；Q_S 为侧喷的热流密度，W/m^2。

它是由下面的原始侧喷水冷温降模型转化而来的。

$$\Delta T_S = \frac{1000 l_{SD} Q_S}{v c_p \rho h_{FA}} \tag{6-251}$$

式中，v 为带钢的速度，m/s。其余符号的含义同上。

本节所讲的侧喷水冷温降模型和下一节所讲的层流冷却喷水段的水冷模型都是根据傅里叶定律得来的。

6.6.3.3   层流冷却喷水段的水冷模型

A   热流密度

热流密度（热通量）即单位时间内通过单位面积的热量。层流冷却喷水段的热流密度按照下式计算：

$$Q = f_1\left(a_{W1}v_{AVE} + a_{W2}\frac{1}{v_{AVE}} + a_{W3}T_{FDA} + a_{W4}\Delta h_F + a_{W5} \right) \tag{6-252}$$

喷水段的水冷量

$$\Delta T = \frac{1}{v_{PLS}} \times \frac{1}{h_{FA}}a_{W6}Q \tag{6-253}$$

式中，Q 为层流冷却设备上部喷水段的总热流密度，W/m^2；f_1 为热流密度系数的学习值；v_{AVE} 为预测的平均带钢速度，初始值：$v_{AVE} = v_0$，m/s；v_{PLS} 为每个控制周期（一个脉冲）的带钢速度，初始值：$v_{PLS} = v_0$，m/s。

式（6-252）和式（6-253）中的参数按照下面的方法进行计算：

$$a_{W1} = C_6 C_{TW} \times 10^7$$

$$a_{W2} = C_8 L C_{TW} \times 10^7$$

$$a_{W3} = (C_3 + C_7) C_{TW} \times 10^7$$

$$a_{W4} = C_1 C_{TW} \times 10^7$$

$$a_{W5} = (C_0 + C_1 h_F + C_2 W_F + C_4 T_{CT} + C_5 T_W) C_{TW} \times 10^7$$

$$a_{W6} = \frac{1000 l_{BNK}}{3600 c_p \rho}$$

$$C_{TW} = 1 - 0.002 T_W$$

式中，$a_{W1} \sim a_{W6}$ 为冷却水的水冷量计算参数；h_F 为带钢厚度的目标值，mm；W_F 为带钢宽度的目标值，mm；l_{BNK} 为每个喷水段的距离，m；C_{TW} 为水温修正系数；T_W 为冷却水的温度，℃；T_{CT} 为卷取温度，℃。

上面的喷水段水冷模型是从下面的原始模型转化而来的。

B   热流密度系数

热流密度系数用下面的公式计算：

$$\begin{aligned} f_0 = f_1 [& C_0 + C_1 h_F + C_2 W_F + C_3 T_{FDA} + C_4 T_{CT} + C_5 T_W + \\ & C_6 v + C_7 (T_{FDA} - T_{CT}) + C_8 \frac{L}{v}] \end{aligned} \tag{6-254}$$

式中，f_0 为热流密度系数；f_1 为热流密度系数的学习值；$C_0 \sim C_8$ 为热流密度系数计算公式的系数；T_{FDA} 为精轧出口温度实际值，℃。其余符号的含义同上。

能否准确地确定热流密度系数，是决定水冷温降模型计算精度的关键。这里考虑了影响热流密度系数的主要因素，即带钢的厚度、宽度、精轧出口温度、卷取温度、冷却水的温度、带钢的轧制速度和通过冷却区的时间，建立形式如式（6-254）的线性回归分析模型。

C 喷水段的热流密度

上部喷水段的热流密度

$$Q_U = f_0 f_{2U} C_{TW} \frac{N_U}{N_{UA}} \left(1 - \frac{5.371}{10^7} v \right) \tag{6-255}$$

式中，f_{2U} 为上部喷水段的热流密度修正系数；N_U 为计算时的上部喷水段数量；N_{UA} 为实际安装的上部喷水段总数；C_{TW} 为水温修正系数。

下部喷水段的热流密度

$$Q_D = f_0 f_{2D} C_{TW} \frac{N_D}{N_{DA}} \tag{6-256}$$

式中，f_{2D} 为下部喷水段的热流密度修正系数；N_D 为计算时的下部喷水段数量；N_{DA} 为实际安装的下部喷水段总数。

D 水温修正系数

$$C_{TW} = 1 - 0.002 T_W \tag{6-257}$$

水温修正系数的作用是对冷却水本身温度的变化造成的水冷温降波动进行修正。

E 喷水段水冷量

喷水段水冷量，也就是每一段层流冷却集管给带钢所造成的温降为

$$\Delta T = \frac{1000 l_{BNK}}{v c_p \rho h_{FA}} QX \tag{6-258}$$

$$QX = Q_U + Q_D$$

式中，QX 为每个喷水段的热流密度，W/m^2；l_{BANK} 为每个喷水段的长度，m。

6.6.3.4 基于统计模型的卷取温度控制模型

下面再给出一个在实际生产控制中效果较好的卷取温度控制模型。这是一个统计模型，该模型的形式为

$$N = \left\{ P_i + R_i (v - v_S) + \left[\alpha_1 (T_{FC} - T_{FS}) - (T_{CA} - T_{CAS}) \right] \frac{hv}{Q} \right\} \alpha_2 \tag{6-259}$$

式中 N——冷却喷水段数；

P_i——标准条件（$v = v_S$，$T_{FC} = T_{FS}$，$T_{CA} = T_{CAS}$）下，预设定喷水数量；根据带钢厚度分成 8 个级别，存储在计算机的数据表中，使用时根据带钢的成品厚度，采用插值法求出；

R_i——带钢速度影响系数，存储在计算机的数据表中，使用时根据带钢的成品厚度，采用插值法求出；

v——带钢速度，m/s；

v_S——带钢的轧制基准速度，m/s，根据带钢的厚度，采用插值法求出；

α_1——终轧温度变化对卷取温度的影响系数；

T_{FC}——带钢精轧出口的实际温度值，℃；

T_{FS}——带钢精轧出口的标准温度值，℃，根据带钢的厚度，采用插值法求出；

T_{CA}——带钢卷取的目标温度，℃，来源于轧制计划；

T_{CAS}——带钢卷取目标温度的标准值，℃，根据带钢的厚度，采用插值法求出；

Q——综合传热系数，根据带钢的厚度，采用插值法求出；

h——带钢实测厚度，m；

α_2——水温补偿系数，由冷却水的实际温度和冷却水的标准温度决定。

$$\alpha_2 = 1.0 + K_W(T_W - T_{WS}) \tag{6-260}$$

式中，K_W 为冷却水温度的影响系数；T_W 为冷却水的实际温度，℃；T_{WS} 为冷却水的标准温度，℃。

由上述基本模型可直接推导出下述三个实际使用的控制模型。

A   前馈控制模型

$$N_{FF} = \left\{ P_i + R_i(v - v_S) + \left[\alpha_1(T_{FA} - T_{FS}) - (T_{CA} + \Delta T - T_{CAS}) \right] \frac{hv}{Q} \right\} \alpha_2 \tag{6-261}$$

式中，N_{FF} 为前馈控制的喷水段数；T_{FA} 为精轧温度目标值，℃；ΔT 为卷取目标温度的修正值，℃。

在这里，一个重要的策略是，在卷取目标温度 T_{CA} 的基础上加了一个目标温度的修正值 ΔT。由于反馈控制所输出的阀门开闭是在层流冷却设备的下游进行的，并不能改变上游的冷却喷水数量。如果上游的冷却喷水量过多，造成带钢温度过低，当对带钢进行 CTC 的反馈控制时，就必须关闭喷水阀门，才能提高带钢的温度，然而此时下游的层流冷却设备可能没有可供关闭的喷水阀门了，这样就无法进行反馈控制了。在卷取目标温度 T_{CA} 的基础上加了一个目标温度的修正值 ΔT，实际的作用是将上游的冷却喷水量视 ΔT 大小，转移到下游处去控制。ΔT 的值可以根据生产的实际情况调整。

B   精轧温度补偿控制模型

$$N_{FFT} = \alpha_1 \alpha_2 \frac{hv}{Q}(T_F - T_{FA}) \tag{6-262}$$

式中，N_{FFT} 为补偿控制的喷水段数；α_1、α_2 为系数。

C   反馈控制模型

$$N_{FB} = (\Delta T + T_{C0} - T_{CA}) \frac{hv}{Q} \alpha_2 \tag{6-263}$$

式中，N_{FB} 为反馈控制的喷水段数；T_{C0} 为实际带钢卷取温度的平均值，℃。

T_{C0} 的计算方法是：带钢的头部到达卷取温度计后，在 0.5s、1.0s、1.5s、2.0s 采集实际卷取温度，取其平均值。

于是，总喷水数量（段数）为

$$N = N_{FF} + N_{FFT} + N_{FB}$$

表 6-65 给出了式（6-259）模型的一些参数。

表 6-65　层流冷却模型的参数

带钢的厚度/mm	轧制基准速度/m·s^{-1}	精轧温度标准值/℃	卷取目标温度标准值/℃	R	Q	P
1.7	10.83	820	600	1.7	335	5.0
2.2	10.58	840	600	2.3	353	8.0
2.9	9.58	865	600	3.0	387	13.0
3.9	8.08	870	600	4.0	430	15.0
5.2	6.42	870	600	5.25	465	18.0
7.0	5.17	870	600	6.0	495	20.0
9.5	4.17	870	600	6.25	540	22.0
13.0	3.33	870	600	7.25	560	22.0

6.6.3.5　其他形式的卷取温度控制模型

在一些热连轧生产线上，直接使用下面的斯蒂芬-玻耳兹曼方程来计算带钢在空冷区间的辐射热传导。

$$Q_{RAD} = \varepsilon A \sigma (T_{SUR}^4 - T_{SFCE}^4) \tag{6-264}$$

式中，Q_{RAD} 为辐射引起的热量损失，W/mm；ε 为热辐射率；A 为带钢的表面积，mm^2；σ 为斯蒂芬-玻耳兹曼常数，$\sigma = 5.69\text{W}/(\text{m}^2 \cdot \text{K}^4)$；$T_{SUR}$ 为环境的绝对温度，K；T_{SFCE} 为带钢表面的绝对温度，K。

而使用下面的牛顿对流方程来计算冷却水带走的热量。

$$Q_W = h_W A_W (T_{SFCE} - T_W) \tag{6-265}$$

式中，Q_W 为冷却水带走的热流量，W/mm；h_W 为冷却水的热传导系数，W/(m^2 · K)；A_W 为带钢表面单位长度的面积，mm^2；T_{SFCE} 为带钢表面的绝对温度，K；T_W 为冷却水的绝对温度，K。

近些年，采用温度场数值解法的有限差分温度模型来计算带钢内部的传热过程，用于卷取温度的控制，进一步提高了卷取温度的控制精度。这方面的文献很多，这里不再叙述了。

6.6.4　卷取温度控制模型的自学习

6.6.4.1　概述

为了提高模型的计算精度，对卷取温度模型进行自学习。自学习的对象主要是水冷温降模型中的热流密度系数 f_1，见式（6-253）。

沿着带钢的轧制方向，根据自学习定时点的脉冲选取自学习目标点，根据自学习目标点处的实际水冷温降量，修正卷取温度控制模型的自学习系数。设立了如下自学习系数：基本热流密度系数的自学习基本值 f_{1c}，基本热流密度系数的自学习修正值 af_{1a}，基本热流密度系数的自学习修正值 bf_{1b}。它们之间的关系见图 6-22。

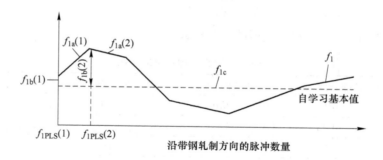

图 6-22   热流密度系数的自学习

在自学习过程中，首先要计算每一个学习点上的自学习系数的瞬时值。由于带钢在轧制过程中的速度和厚度是变化的，所以计算出来的自学习系数的瞬时值也是变化的，尤其是在带钢的头部和尾部其数值的变化可能是剧烈的。为了解决这个问题，有三种确定自学习系数的方法：头部模式自学习、平均自学习和尾部模式自学习。按照带钢的长度方向将自学习区划分成头部、中部、尾部三个部分。

A   平均自学习

平均自学习只计算所有学习点的平均值 f_{1c}。当选择了这种模式，其他的自学习系数 f_{1a} 和 f_{1b} 全设定为 0。

B   模式自学习

模式自学习又分成头部模式自学习和尾部模式自学习。当每个学习点计算出的自学习系数的瞬时值变化太大（尤其是在带钢的头部和尾部），就用插值法计算自学习系数 f_1。

$$f_1 = f_{1c} + \left[f_{1a}(j)(N - f_{1PLS}(j)) \right] + f_{1b}(j) \tag{6-266}$$

j 由以下条件确定

$$f_{1PLS}(j) \leqslant N < f_{1PLS}(j + 1)$$

式中，f_{1c} 为基本热流密度系数；f_{1a} 为修正系数 1；f_{1PLS} 为脉冲数；f_{1b} 为修正系数 2；$N(j)$、$N(j+1)$ 为 j 点和 $j+1$ 点的脉冲数；j、$j+1$ 为自学习的目标点序号。

6.6.4.2   自学习的处理过程

根据在自学习点处采集到的实测数据，先计算每一个学习点的自学习系数的瞬时值。然后计算所有学习点的自学习系数的瞬时值的平均值，最后对这个平均值和自学习系数的基值（即上一次的值）进行指数平滑计算，得到最新的自学习系数的基值，也就是本次的自学习值。自学习使用的数据有精轧出口温度 FDT 和卷取温度 CT 之间实际的冷却温降量、空冷量、水冷量等。这些数据是无法直接测量的，只能利用能够实测到的数据，间接地计算出来。

A   计算目标学习点的空冷量

（1）根据带钢从精轧出口温度计到卷取温度计的实际传送时间，计算带钢经过空冷后的卷取温度值 CT_{AIR}。

$CT_{AIR} = f(t_{im}, T_{FDA})$，具体的计算见式（6-248）。

（2）计算空冷温降量

$$\Delta T_{AIR} = T_{FDA} - CT_{AIR}$$

（3）计算每个喷水段的空冷温降量

$$\Delta T_{ABNK}(i) = \Delta T_{AIR} \frac{b_{BNK}(i)}{100}$$

式中，$b_{BNK}(i)$ 为第 i 个喷水段的空冷分布系数。

B 计算在目标学习点处的水冷温降量

根据喷水阀门的实际开启模式和带钢在每个喷水段间的实际速度，计算在目标学习点处的水冷量。

（1）用平均速度计算喷水段的基本水冷温降量和侧喷的水冷温降量。

$$Q = f(T_{FDA}, v, f_1)$$
$$\Delta T_{BNK0} = f(Q, v)$$
$$\Delta T_{SD0} = f(v)$$

式中，v 为带钢的速度，m/s。

（2）计算每个喷水段的水冷温降量。

$$\Delta T_{WCAL}(i) = \Delta T_{BNK0}\left(RT_U(i) \frac{K_U(i)}{K_{SP}(i,1)} + RT_D(i) \frac{K_D(i)}{K_{SP}(i,2)} \right) + \Delta T_{SD0} RT_{SD}(i) \quad (6\text{-}267)$$

式中，$K_U(i)$ 为实际的喷水段数（上部集管）；$K_D(i)$ 为实际的喷水段数（下部集管）；$K_{SP}(i,1)$ 为安装的喷水段数（上部集管）；$K_{SP}(i,2)$ 为安装的喷水段数（下部集管）；$RT_U(i)$ 为上部喷水段的冷却能力率；$RT_D(i)$ 为下部喷水段的冷却能力率；RT_{SD} 为侧喷装置的冷却能力率；i 为喷水段的序号。

C 计算带钢在每个喷水段的出口温度

$$\Delta T_{CAL}(i) = T_{FDA} - \Delta T_{ABNK}(i) - \Delta T_{WCAL}(i) \quad (6\text{-}268)$$

D 计算在自学习点处热流密度自学习系数的瞬时值 μ

$$\mu = \frac{T_{FDA} - \Delta T_{AIR} - T_{CA}}{\sum_{i=1}^{N} \Delta T_{WCAL}(i)} \quad (6\text{-}269)$$

式中，μ 为自学习系数的瞬时值，也就是基本热流密度自学习系数的瞬时值；T_{FDA} 为精轧出口温度实测值，℃；ΔT_{AIR} 为带钢从精轧机出口到卷取机之间的空冷温降量，℃；T_{CA} 为带钢卷取温度的实测值，℃；$\Delta T_{WCAL}(i)$ 为第 i 组喷水段的水冷温降计算值，℃；N 为喷水段数。

由上式可以看出来：μ 实质上是带钢水冷温降的实际值与计算值（用数学模型计算出来的值）之间的比值。

E 计算热流密度自学习系数瞬时值 μ 的平均值 μ_{AV}

$$\mu_{AV} = \frac{\Sigma \mu}{K_P} \quad (6\text{-}270)$$

式中，μ_{AV} 为热流密度自学习系数瞬时值的平均值；μ 为每个学习点的基本热流密度自学习系数瞬时值；K_P 为自学习点的总数。

F　对基本热流密度系数 f_{1c} 进行平滑滤波处理

$$f_{1c} = (1 - g)f_{1OLD} + g\mu_{AV} \tag{6-271}$$

式中，g 为平滑系数；f_{1OLD} 为旧的基本热流密度系数（本块钢使用的值）；μ_{AV} 为热流密度自学习系数瞬时值的平均值。

G　计算基本热流密度自学习系数的修正系数

（1）平滑每个自学习点的自学习系数的瞬时值 μ。

$$\mu_N = (1 - g_1)\mu_{OLD} + g_1\mu \tag{6-272}$$

式中，g_1 为平滑系数。

（2）计算基本热流密度系数的修正系数 a。

$$f_{1a}(j) = \frac{\mu_N(j + 1) - \mu_N(j)}{N(j + 1) - N(j)} \tag{6-273}$$

式中，j、$j + 1$ 为自学习的目标点序号；$N(j)$、$N(j + 1)$ 为 j 点和 $j + 1$ 点的脉冲数。

（3）计算基本热流密度系数的修正系数 b。

$$f_{1b}(j) = \mu_N(j) - f_{1c} \tag{6-274}$$

6.7　板形设定和控制模型

6.7.1　概述

在热轧生产过程中，和成品带钢的厚度精度一样，带钢的板形精度也是一项重要的产品质量指标。特别是随着带钢厚度精度的提高，带钢的板形精度已经成为影响产品市场竞争力的重要因素。

板形质量指标包含带钢断面形状（凸度、楔形、边部减薄）和带钢平直度多项指标。

国内外控制热轧带钢板形主要从以下几个方面采取措施：

（1）在热轧生产线设计阶段，选择不同类型的精轧机。国内外应用较为普遍的热轧精轧机类型有德国西马克（SMS）的 CVC 轧机、日本三菱重工（MHI）的 PC 轧机、WRB/WRS（Work Roll Bending/Work Roll Shifting 即平辊弯辊加窜辊）轧机。这三种轧机又都设置弯辊装置，以实现板形控制。

（2）不断开发、改进和完善板形控制数学模型。对 CVC 轧机、PC 轧机、WRS 轧机都开发出了与其相适用的数学模型，并且在生产中不断改进、完善这些数学模型。

（3）使用不同的辊形技术。设计不同曲线的支持辊辊形和工作辊辊形，提高轧辊研磨精度，使轧辊的辊形更有利于板形控制。

（4）改进和完善工艺制度。在轧制计划的编排、精轧机负荷分配的调整、轧辊冷却（分段轧辊冷却）等方面考虑板形控制的要求。

（5）提高板形检测仪表的测量精度。对凸度仪、平直度仪进行改进和完善，提高板形测量的精度，这是仪表制造厂商研究的内容。对热轧生产厂来说，经常进行板形检测仪表的维护和标定是十分重要的工作。

板形控制包含板形设定（Shape Set Up，简称 SSU）和自动板形控制（Automatic Shape Control，简称 ASC）两大部分功能。板形设定和设定模型的自学习功能由过程控制级计算机完成，自动板形控制功能由基础自动化级计算机完成。自动板形控制（ASC）见第4章。

6.7.2 板形设定模型

CVC 和 PC 技术是受专利保护的专有技术，使用常规（WRB/WRS）轧机，开发和研究常规（WRB/WRS）轧机板形控制技术，开发和研制常规（WRB/WRS）轧机板形数学模型是符合自主创新方向的。在这方面鞍山钢铁公司和北京科技大学走出了一条新路子，在国内自主设计、制造的多条热轧生产线上成功地实现了板形控制，并取得了良好的控制效果。下面首先叙述常规轧机（WRB/WRS 轧机）的板形设定模型。

6.7.2.1 常规轧机的板形设定模型（SSU）

板形设定模型的功能是计算精轧机工作辊的弯辊力设定值和工作辊的窜辊位置设定值，以便保证带钢头部的凸度和平直度达到目标值。

板形设定计算流程见图 6-23。

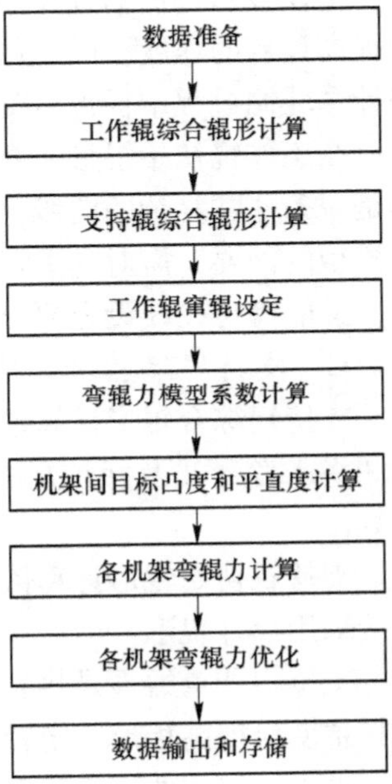

板形设定控制既要保证带钢凸度的控制精度，也要保证平直度的控制精度，在设定计算中需考虑控制策略的不同。

每次板形设定计算需经过以下主要过程：

（1）数据准备，读取所需要的数据。

（2）计算工作辊的综合辊形，包括初始辊形、热辊形和磨损辊形。

图 6-23 板形设定计算流程图

（3）计算支持辊的综合辊形，包括初始辊形、热辊形和磨损辊形。

（4）工作辊窜辊位置的设定计算。

（5）根据来料凸度及平直度、目标凸度和目标平直度，考虑板形良好条件计算各机架的入口凸度及平直度、出口凸度及平直度，设定各机架的弯辊力大小。

（6）各机架设定的弯辊力优化，以保证精轧出口目标凸度和平直度，同时，改善机架间带钢的平直度。

（7）数据输出及存储。

A 数据准备

数据准备模块主要完成设定计算所需数据的初始化、从 HMI 和其他功能（如精轧设定）读取所需数据等。

B 工作辊综合辊形计算

工作辊综合辊形计算包括初始辊形即磨削辊形的计算、磨损辊形的计算、热辊形的计算和将三者合并及相应的等效处理，计算出能用于弯辊设定的工作辊综合辊形的特征参数。

工作辊初始辊形计算依赖所采用的工作辊辊形，在磨床能保证磨削精度的前提下，可直接采用设计辊形。

工作辊严重磨损和热胀是热轧的一个显著特点，也是影响板形的最主要的两个干扰因素。磨损辊形计算模型和热辊形计算模型是板形设定的两个基础模型，对提高板形设定精度具有非常重要的作用。

由于轧制过程中影响工作辊磨损的因素很多且各因素多具时变性，目前还不能从机理出发导出磨损计算模型，只能考虑影响磨损的主要因素，通过大量的现场实测，采用先进算法对模型参数进行评估，得出适合的工作辊磨损计算模型。

工作辊热辊形的计算同样复杂，边界条件难以确定，而且计算结果不好直接验证。为了提高计算的速度，同时保证计算精度，在对边界条件进行合理处理的基础上，采用差分法计算轧制过程中任意时刻的热辊形。

在工作辊初始辊形、磨损辊形、热辊形计算完毕后，需对其进行综合。工作辊综合辊形是一条非常复杂的曲线，需十次以上的多项式才能完全表示。显然，这不能满足在线设定模型的需要，需对其进行简化，提炼出既能描述轧制过程中工作辊的综合辊形的真实情况，又能满足在线设定要求的特征参数。

C　支持辊综合辊形计算

支持辊综合辊形计算包括初始辊形即磨削辊形的计算、磨损辊形的计算、热辊形的计算和将三者合并及相应的等效处理，计算出能用于弯辊设定的支持辊综合辊形的特征参数。

支持辊初始辊形计算依赖所采用的支持辊辊型，在磨床能保证磨削精度的前提下，可直接采用设计辊形。

支持辊严重磨损是热轧的一个显著特点，也是影响板形的最主要的干扰因素之一，其计算精度对提高板形设定精度具有重要的作用。

由于支持辊的换辊周期较长，换辊周期内轧制的品种、规格很多，影响其磨损的因素很多，从理论上进行计算很困难，也只能采用经验模型，通过大量的现场实测，采用先进算法对模型参数进行评估，得出适合的支持辊磨损计算模型。

相对工作辊的热辊形而言，支持辊热辊形较稳定，辊身各点温差变化不大。因而，支持辊热辊形的计算可采用经典的简化计算模型。

在支持辊初始辊形、磨损辊形、热辊形计算完毕后，对其进行综合。支持辊综合辊形也是一条非常复杂的曲线，需十次以上的多项式才能完全表示。同样，这不能满足在线设定模型的需要，需对其进行简化，提炼出既能描述轧制过程中支持辊的综合辊形的真实情况，又能满足在线设定要求的特征参数。

D　工作辊窜辊设定

工作辊窜辊设定模型的主要功能是根据来料情况和窜辊策略，对各机架的工作辊的窜辊位置进行设定计算，以改善轧辊辊面的不均匀磨损，实现自由规程轧制。

针对不同的工作辊辊型配置，窜辊的目的也有所不同。对于平辊形或普通辊形的工作辊辊型配置，通过窜辊调整，可以改善辊面的不均匀磨损，达到增加同宽规格轧制长度和单位总轧制长度、延长工作辊换辊周期、实现自由规程轧制的目的。但对于特殊辊形曲线的工作辊辊形配置，通过窜辊调整，则主要是达到增加轧机板形控制能力、改善带钢板形的目的。

对于普通辊形的工作辊，窜辊设定以轧制单位内每块带钢为设定对象。根据本单位的轧制规程选择适合本单位的工作辊窜动策略，包括窜辊模式、窜辊步长、窜辊行程和窜辊频率等。

E 弯辊力模型系数计算

考虑轧制的实际工况范围，包括带钢宽度、轧制压力、工作辊辊径、支持辊辊径、窜辊量、辊形等，采用有限元离线模型进行大量的离线计算，对计算结果进行整理分析，得出在线弯辊力模型系数的计算式。在弯辊力设定计算时，代入所需的工况参数，即可计算出弯辊力模型系数。

F 机架间目标凸度和平直度计算

根据 L3 系统质量设计的结果（PDI）或 HMI 直接输入的带钢精轧出口目标凸度和目标平直度，按照等比例凸度的原则，自末机架开始依次往前求出各机架出口目标凸度和目标平直度。

G 各机架弯辊力计算

根据各机架出口带钢目标凸度和平直度，由弯辊力计算模型和机架入口、出口的凸度、平直度计算模型，按照弯辊设定策略自第一机架开始依次往后求出各机架所需弯辊力。

弯辊力计算采用线性化的模型，以提高模型的计算速度，使得弯辊力在线设定计算成为可能，下式为弯辊力计算模型

$$B_F = K_{RB}F + K_w C_w + K_b C_b + K_{in}C_{in} + K_{out}C_{out} \qquad (6\text{-}275)$$

式中，B_F 为弯辊力，kN；F 为轧制力，kN；C_w 为工作辊等效辊形，mm；C_b 为支持辊等效辊形；C_{in} 为来料凸度，mm；C_{out} 为目标凸度，mm；K_{RB} 为轧制力影响系数，$K_{RB} = -K_{BF}/K_{RF}$，K_{RF} 为轧机轧制力横向刚度系数，K_{BF} 为轧机弯辊力横向刚度系数；K_w 为工作辊等效辊形的影响系数；K_b 为支持辊等效辊形的影响系数；K_{in} 为来料凸度的影响系数；K_{out} 为目标凸度的影响系数。

H 各机架弯辊力优化

在各机架弯辊力的设定计算中，对于某些工况，很难将精轧出口的目标凸度和目标平直度都准确的保持在一个值上，或者有时不能保证机架间平直度以便使轧制过程更加顺利。因此，需对计算出的各机架弯辊力进行优化，以降低各机架间在带钢宽度方向的不均匀延伸。优化计算可采用简单的登山法，目标函数为各机架出口平直度的加权之和，越往后机架，其出口平直度的权值越大。

I 数据输出和存储

板形设定计算完毕，需将其计算结果输出保存，包括各机架弯辊力设定值、各机架窜辊设定值、各机架出口凸度计算值、各机架入口凸度计算值、各机架入口平直度计算值、各机架出口平直度计算值等。

板形模型的自学习功能根据凸度仪或平直度仪的实测结果，修正弯辊力设定模型的弯

辊力对凸度影响系数或直接修正弯辊力值，以提高弯辊力的设定精度。弯辊力凸度自学习和平直度自学习采用常用的指数平滑法。

6.7.2.2　PC 轧机的板形设定模型（PCSU）

日本三菱重工公司设计的 PC 轧机在我国多个热轧生产线应用。

A　PC 轧机设定功能构成

图 6-24 给出 PC 轧机设定功能的构成。

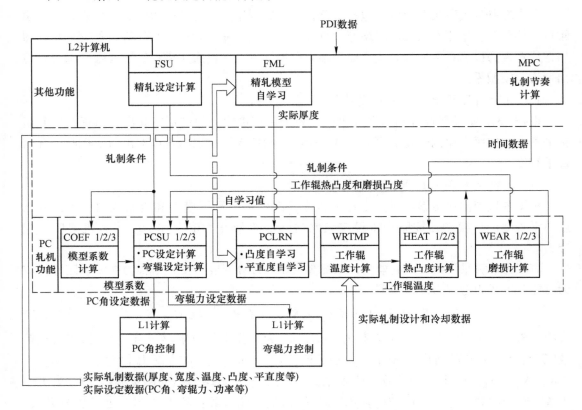

图 6-24　PC 轧机设定功能的构成

（1）COEF：该模块的功能是为 PC 轧机的设定计算准备数学模型的相关系数。这些系数有横刚度系数、弯辊力的影响系数、PC 影响系数、工作辊凸度影响系数、入口带钢凸度影响系数、带钢凸度常数等。图 6-24 中的 1/2/3 表示不同的起动时序。

（2）PCSU：该模块的功能是计算轧机的弯辊力设定值和 PC 轧机交叉角的设定值。计算的依据是成品带钢的凸度目标值、平直度目标值；计算过程要使用轧机设定数据和轧辊数据；计算过程要考虑轧辊的磨损凸度和轧辊的热膨胀凸度。

（3）PCLRN：该模块的功能是根据本块带钢凸度实测值和目标值的偏差，根据带钢平直度实测值和目标值的偏差，对模型参数进行自学习，用于下一块钢的设定计算。

（4）WRTMP：该模块的功能是计算工作辊的温度分布。计算过程要使用工作辊数据，使用水冷和空冷的相关数据。该模块按照固定的时间（例如 10s）周期起动。计算工作辊的温度分布采用二维有限差分法，将工作辊的横轴方向划分成 14 个节点，将工作辊的辊径方向划分成10个节点，按照不同的边界条件进行计算。计算过程中，考虑了水冷和空冷、考虑了轧辊和轧件之间的接触热、摩擦热、变形热等。

（5）HEAT：该模块的功能是计算工作辊的热辊形，计算工作辊的热凸度。把工作辊当前的温度分布作为初始状态，预测当轧件使每架精轧机 ON 时，各机架工作辊的温度分布，同时预测带钢在 C_{40} 处的热凸度值。

（6）WEAR：该模块的功能是计算工作辊的磨损凸度。

B PC 轧机设定数学模型

PC 轧机板形设定模型的主要工作是设定 PC 角度，同时设定配置了弯辊装置的轧机的弯辊力，以便使成品带钢达到规定的目标凸度和平直度。下面简要介绍 PC 轧机板形设定计算时使用的主要数学模型。

（1）带钢的凸度模型。

$$Ch_i = C_{Kci}\frac{F_i}{K_{ci}} - C_{Efi}Ef_iF_{Bi} - C_{\zeta_{\theta i}}\zeta_{\theta i}\chi C\theta_i - C_{\zeta_{Wi}} \times$$

$$\zeta_{Wi}(\chi C_{Ri} + C_{Wi} + C_{Ti} + C_{LRNi}) + C_{\eta i}\eta_i Ch_{i-1} + C_{Cc_i}Cc_i \tag{6-276}$$

式中，Ch_i 为轧机出口的带钢的凸度，mm；F_i 为轧制力，kN；F_{Bi} 为工作辊的弯辊力，kN；$C\theta_i$ 为 PC 轧机的等效机械凸度，mm；C_{Ri} 为工作辊的初始凸度，mm；C_{Wi} 为工作辊的磨损凸度，mm；C_{Ti} 为工作辊的热凸度，mm；C_{LRNi} 为凸度的自学习项，mm；Ch_{i-1} 为轧机入口的带钢凸度，mm；K_{ci} 为横刚度系数，kN/mm；Ef_i 为弯辊力影响系数，mm/kN；$\zeta_{\theta i}$ 为 PC 影响系数；ζ_{Wi} 为工作辊凸度的影响系数；η_i 为带钢入口凸度的影响系数，Cc_i 为带钢凸度常数，mm；C_{Kci} 为横刚度系数的修正系数；C_{Efi} 为弯辊力影响系数的修正系数；$C_{\zeta_{\theta i}}$ 为 PC 影响系数的修正系数；$C_{\zeta_{Wi}}$ 为工作辊凸度影响系数的修正系数；$C_{\eta i}$ 为轧机入口带钢凸度影响系数的修正系数；C_{Cc_i} 为带钢凸度常数的修正系数；i 为精轧机的机架号；χ 为宽度转换系数。

$$\chi = \left(\frac{W_F - 2C_{DS}}{L_{WR}}\right)^2 \tag{6-277}$$

式中，χ 为宽度转换系数；W_F 为精轧目标板宽，mm；L_{WR} 为工作辊辊身长度，mm；C_{DS} 为带钢凸度的定义距离（即凸度的测量位置，例如 C_{25}、C_{40}），mm。

这里需要说明的是，在式（6-276）中，在横刚度系数 K_{ci} 和各种影响系数 Ef_i、$\zeta_{\theta i}$、ζ_{Wi}、η_i 以及带钢凸度常数 Cc_i 项的前面，都各自加上了一个修正系数，分别是 C_{Kci}、C_{Efi}、$C_{\zeta_{\theta i}}$、$C_{\zeta_{Wi}}$、$C_{\eta i}$、C_{Cc_i}，以便模型的调试。

（2）PC 轧机的等效机械凸度模型。

$$C\theta_i = \frac{L_{WR}^2\tan^2\left(\frac{\pi}{180}\theta_i\right)}{2D_{Wi}} \tag{6-278}$$

式中，$C\theta_i$ 为 PC 轧机的等效机械凸度，mm；L_{WR} 为工作辊辊身长度，mm；θ_i 为 PC 辊的交

叉角，（°）；D_{Wi} 为工作辊直径（上、下工作辊辊径的平均值），mm。

（3）延伸率模型。

$$\varepsilon_i = \xi_i\left(\frac{Ch_i}{h_i} - \frac{Ch_{i-1}}{h_{i-1}}\right) + \eta\varepsilon_i\varepsilon_{i-1} + \varepsilon c_i \tag{6-279}$$

式中，ε_i 为延伸率；Ch_i 为轧机出口的带钢的凸度，mm；Ch_{i-1} 为轧机入口的带钢的凸度，mm；h_i 为轧机出口的带钢的厚度，mm；h_{i-1} 为轧机入口的带钢的厚度，mm；ε_{i-1} 为延伸率；$\eta\varepsilon_i$ 为入口板形影响系数；εc_i 为延伸率常数；i 为精轧机的机架号。

当 $i=1$ 时，$Ch_{i-1} = C_0$，$h_{i-1} = H_{BAR}$，$\varepsilon_{i-1} = 0$；C_0 为精轧入口带坯凸度，H_{BAR} 为精轧入口带坯厚度。

（4）翘曲度模型。

$$\lambda_i = 200/\pi\,\mathrm{sign}(\varepsilon_i)\,\sqrt{|\varepsilon_i|} \tag{6-280}$$

式中，λ_i 为翘曲度，%；$\mathrm{sign}(\varepsilon_i)$ 为取 ε_i 的符号（＋号或者－号）；ε_i 为延伸率。

（5）PC 角计算模型。

$$\theta_{SET} = \frac{180}{\pi}\tan^{-1}\sqrt{\frac{2D_{Wi}}{L_{WR}^2}C\theta_i} \tag{6-281}$$

式中，θ_{SET} 为 PC 轧机的交叉角设定值，（°）；D_{Wi} 为工作辊直径（上、下工作辊辊径的平均值），mm；L_{WR} 为工作辊的辊身长度，mm；$C\theta_i$ 为 PC 轧机的等效机械凸度，mm。

（6）工作辊磨损计算模型。使用下面的公式计算工作辊磨损的变化量，这个变化量相当于每轧制一块钢以后，工作辊的磨损量。对于上、下工作辊的磨损量分别进行计算，使用相同的公式。

$$\Delta W_{i,j} = (a_i D_{Wi} + b_i)A_{i,j}^{\alpha_i}B_i^{\beta_i}C_i \tag{6-282}$$

式中，$\Delta W_{i,j}$ 为工作辊磨损的变化量，mm；a_i 为工作辊磨损变换系数（辊径项）；b_i 为工作辊磨损变换系数（常数项）；D_{Wi} 为工作辊辊径，mm；$A_{i,j}$ 为轧制力影响因子；B_i 为轧辊与轧件的接触弧长的影响因子；C_i 为轧件接触轧辊的次数（圈数）；α_i 为轧制力影响指数；β_i 为摩擦影响指数；i 为精轧机的机架号；j 为沿着轧辊辊身长度方向划分的点号，表示轧辊磨损计算的位置。

轧制力影响因子 $A_{i,j}$ 用下式计算：

$$A_{i,j} = \frac{F_{i,j}^c \times 10^3}{W_F L_{di}hd_{Wi}} \tag{6-283}$$

式中，$A_{i,j}$ 为轧制力影响因子；$F_{i,j}^c$ 为轧制力的修正值，kN；W_F 为精轧目标板宽，mm；L_{di} 为轧辊与轧件的接触弧长，mm；hd_{Wi} 为工作辊的硬度，MPa。

轧辊与轧件的接触弧长的影响因子 B_i 用下式计算：

$$B_i = \left(\frac{H_i}{h_i} - 1\right)L_{di} \tag{6-284}$$

式中，B_i 为轧辊与轧件的接触弧长的影响因子；H_i 为入口板厚，mm；h_i 为出口板厚，mm。

轧件接触轧辊的次数（圈数）C_i 用下式计算：

$$C_i = \frac{L_C}{\pi R_{Wi}(1 + f_i)} \tag{6-285}$$

$$L_C = \frac{H_{SLB}W_{SLB}L_{SLB}}{W_F h_i} \tag{6-286}$$

式中，C_i 为轧件接触轧辊的次数（圈数）；L_C 为钢板的长度，mm；π 为圆周率；R_{Wi} 为工作辊辊径，mm；f_i 为前滑。

轧制力的修正值 $F_{i,j}^c$ 根据轧辊和轧件的不同的接触位置，取值不同。

当在轧辊和轧件之间的正常接触部分，即满足以下条件时，

$$0 \leqslant X_j \leqslant \frac{W_F}{2} - dW_i \qquad F_{i,j}^c = cf_i F_i$$

当在轧辊的边部时，即满足以下条件时，

$$\frac{W_F}{2} - dW_i < X_j \leqslant \frac{W_F}{2} \qquad F_{i,j}^c = \left[1 + (K_{wi} - 1)\left(1 + \frac{X_j - \dfrac{W_F}{2}}{dW_i}\right)\right]F_i$$

当在轧辊和轧件没有接触的部分时，即满足以下条件时，

$$X_j > \frac{W_F}{2} \qquad\qquad F_{i,j}^c = 0$$

式中　$F_{i,j}^c$——轧制力的修正值，kN；

F_i——轧制力的计算值（由精轧设定模型给出），kN；

W_F——精轧目标板宽，mm；

cf_i——修正系数，初始值可以取 1.0；

dW_i——各个机架工作辊辊身的边部宽度值，mm，根据具体的轧机给定。例如分别取值 170.5、170.5、170.5、174.4、206.1、190.3、184.2；

K_{wi}——各个机架工作辊辊身边部处的轧制力比率，例如分别取值 1.0、1.0、1.309、1.247、1.063、1.076、1.127；

X_j——在工作辊辊身长度方向上，计算轧辊磨损的坐标点，mm，

$$X_j = \Delta X(j - 1)$$

ΔX——计算轧辊磨损时，沿工作辊辊身长度方向上，划分计算点的分割长度值，mm，取值 0.5mm；

i——精轧机的机架号；

j——沿着轧辊辊身长度方向划分的计算点的序号，表示轧辊磨损计算的位置。

假设工作辊的辊身长度为 1810mm，取其二分之一为则为 905mm。按照 $\Delta X = 5$mm 划分，可以分成 182 个点，即 $j = 1，2，3，\cdots，182$；那么，坐标点 $X_1 = 0，X_2 = 0.5，X_3 = 1.0，\cdots，X_{182} = 90.5$。

除了上述主要模型以外，还有计算轧辊温度分布、计算轧辊热凸度的数学模型。计算

方法是二维有限差分法，在此不再介绍了，可以参见有关文献。

　　C　PC 轧机设定计算步骤

PC 轧机设定计算的流程图如图 6-25 所示。

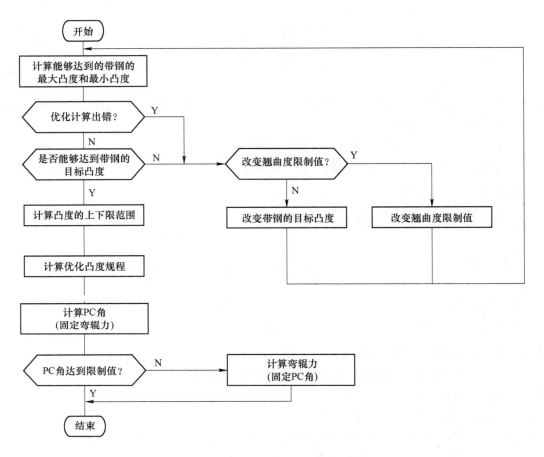

图 6-25　PC 轧机设定计算的流程图

　　PCSU 设定计算的步骤如下：（1）设定弯辊力初始值。（2）确定弯辊力的上下限值。（3）设定 PC 角度初始值。（4）确定 PC 角度的上下限值。（5）计算带钢凸度：计算带钢凸度常数、计算弯辊力引起的带钢凸度、计算弯辊力引起带钢凸度的上下限值、计算 PC 角度的等效机械凸度、计算延伸系数的上下限值。（6）计算能够达到的带钢凸度的上下限值。（7）计算带钢平直度的上下限值。（8）计算最佳的凸度规程。（9）计算最佳凸度时，平直度的规程。（10）计算弯辊力设定值和 PC 角度的设定值。

　　D　PC 轧机设定模型的自学习

PC 轧机设定模型的自学习分为短期自学习、中期自学习和长期自学习三种类型。

　　短期自学习是在同一批次（LOT）钢进行。当批次（LOT）改变以后，就要对短期自学习值进行初始化处理。短期自学习的项目主要有：带钢目标凸度的修正值、弯辊力修正值、板形反馈修正值。

中期自学习是在两次更换工作辊之间进行。当更换工作辊以后，就要对中期自学习值进行初始化处理。中期自学习的项目主要有：工作辊辊形的修正值，包括工作辊初始凸度的误差、工作辊磨损凸度的误差、工作辊热凸度的误差。

长期自学习是在轧制每块钢时都进行。长期自学习的项目主要有：延伸率的修正值、目标翘曲度的修正值。长期自学习值不进行初始化处理。

自学习的计算方法主要是指数平滑法。

6.8 自动宽度控制模型

自动宽度控制（Automatic Width Control，简称 AWC）功能利用粗轧机入口的立辊轧机和精轧机前面的立辊轧机（如果有此设备）控制带钢的宽度达到目标值。

6.8.1 概述

随着对热轧带钢成品质量的要求越来越高，热轧的宽度控制功能显得越发重要。不论是新建的带钢热轧计算机系统，还是对原有老系统进行的改造，一项重要内容就是自动宽度控制。

目前从轧钢设备方面，主要还是通过粗轧区的立辊轧机进行带坯的宽度控制。为了增大调控能力，在有些热轧线上安装了调宽压力机（简称 SP），以改善带坯的头部、尾部的宽度。在有些热轧线上安装了精轧机入口侧的立辊轧机（简称 F_1E）。

在测量仪表方面，不但在粗轧机出口处和精轧机出口处安装测宽仪（这是一般的仪表配置），而且在粗轧机的入口侧也安装了测宽仪，以便进行宽度前馈控制。更进一步，有些热轧线在卷取机入口处也安装了测宽仪，用以监测带钢在卷取前辊道的宽度变化。

在工艺控制方面，一方面改进精轧机间活套的控制，使活套能够较为平稳地起套和落套，并且与带钢进行"软接触"，尽量避免拉窄带钢。另一方面协调卷取机咬钢后的速度控制和张力控制，以免拉窄带钢。

在数学模型方面着重研究宽展模型，例如采用神经网络的方法建立宽展模型。

6.8.2 AWC 功能的构成

完整的 AWC 具有以下五个功能：

（1）短行程控制（Short Stroke Control，简称 SSC），SSC 由 L1 计算机执行。控制用的有关参数由 L2 计算机设定。

（2）轧制力 AWC(Roll Force AWC，简称 RF AWC)，RF AWC 由 L1 计算机完成。

（3）前馈 AWC(Feed Forward AWC，简称 FF AWC)，在 FF AWC 中包含缩颈补偿功能(Necking compensation，简称 NEC)。FF AWC 和 NEC 功能由 L1 计算机完成。

（4）动态设定(Dynamic set-up，简称 DSU)，DSU 由 L1 计算机执行。有关参数由 L2 计算机设定。

（5）AWC 的自学习，由 L2 计算机完成。

SSC 控制带坯的头部和尾部。RF AWC 控制带坯的全长（除去头尾）。FF AWC 控制带坯的全长（除去头尾）。它们的控制手段都是立辊的辊缝（开口度）。FF AWC 功能需要在粗轧机入口处安装测宽仪。NEC（缩颈补偿）功能只能应用在精轧机前的立辊轧机（一般称为 F_1E）。DSU 修正粗轧立辊轧机末道次的辊缝（开口度）。也需要在粗轧机入口处安装测宽仪。所以受设备的限制，并不是所有的带钢热连轧机控制系统都有 AWC 完整的五项功能。一般有 SSC、RF AWC 和 AWC 自学习功能。可以看出，AWC 的功能主要由 L1 计算机完成。L2 计算机为 L1 计算机准备数据，另外完成 AWC 自学习。

AWC 功能构成如图 6-26 所示。

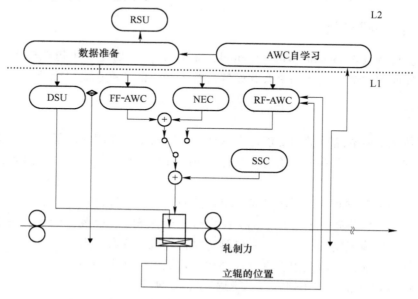

图 6-26　AWC 功能构成图

SSC 功能在板坯头部于粗轧立辊前产生 metal-in 信号（HMD 信号）时，板坯尾部产生 metal-out 信号时起动。RF AWC 在板坯进入立辊轧机后延迟一定时间后（为了进入稳定区域）按照一定的周期起动。当 FF AWC 起动执行时，一般不再起动 RF AWC。DSU 功能在采集粗轧机出口处最后两个道次（last pass-2）的带坯宽度实际值以后起动，以尽量消除粗轧宽展模型的预报误差为目的，修正最终道次的立辊开口度。

6.8.3　动态设定（DSU）模型

动态设定的功能只是在粗轧机轧制的最后一个道次执行。DSU 改变由粗轧设定模型（RSU）计算出的最后一个道次的立辊开口度值。这里认为板坯在轧制每一个道次的时候，宽度设定值和宽度实际值之间的偏差的趋势是相似的。DSU 功能是对 RSU 所完成的立辊开口度设定功能的一种补偿，一种修正。

DSU 的控制顺序如下：

（1）计算板坯宽度的平均值。

$$W_{AV} = \frac{\sum_{i=k}^{N} W_i - \max(W_i) - \min(W_i)}{N - (k-1) - 2} \tag{6-287}$$

式中，W_{AV} 为粗轧机入口处的宽度平均值；W 为宽度的实测值，mm；N 为采样数据的个数；k 为采样的开始点。

（2）计算立辊开口度的修正值。

$$E_{DSU} = \left[W_{OUT} - \alpha(H - h) - \lambda W_{IN} \right]/(1 - \lambda) \tag{6-288}$$

$$\Delta E = G_{DSU}(E_{DSU} - E_{RSU}) \tag{6-289}$$

式中，E_{DSU} 为 DSU 功能计算出的立辊开口度值，mm；W_{OUT} 为在最后一个道次的宽度目标值，mm；W_{IN} 为入口处的宽度实际值，mm；α 为宽展系数（由水平压下引起的宽展量）；λ 为宽展系数（由立辊压下引起的宽展量）；H 为最后一个道次的入口厚度，mm；h 为最后一个道次的出口厚度，mm；ΔE 为 DSU 给出的立辊开口度修正量，mm；E_{RSU} 为 RSU 给出的立辊开口度的设定值，mm；G_{DSU} 为 DSU 的控制增益。

6.8.4 短行程控制（SSC）模型

由于受设备条件的限制，在板坯头部和尾部可能造成较大的宽度偏差。为了解决这个问题，在立辊各个道次轧制时，先将立辊的开口度适当地放大一些。随着进入立辊轧机的板坯长度的增加，再逐步缩小立辊的开口度。这就是短行程控制。同样，在板坯的尾部也进行短行程控制。短行程控制时，立辊开口度值的变化图形是一个多边形，如图6-27所示。短行程控制数学模型没有以数学表达式的方式出现，而是以折线的形式给出，也叫做短行程的控制模式。也有用神经网络建立短行程控制数学模型或者使用多项式描述短行程曲线的应用实例。

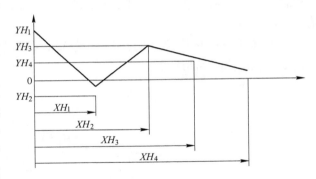

图 6-27　短行程的控制曲线

图 6-27 中 $XH_1 \sim XH_4$ 为 SSC 的距离（从板坯的头部计算），mm；$YH_1 \sim YH_4$ 为 SSC 的控制量，即立辊轧机的开口度，mm。

$XH_1 \sim XH_4$ 和 $YH_1 \sim YH_4$ 存储在计算机的数据表中。

6.8.5 AWC 的自学习（短行程控制模式的自学习）

和其他数学模型的自学习不一样，AWC 的自学习不是修改数学模型的自学习系数，而是修改短行程控制模式，也就是修正图 6-27 所示的短行程控制曲线中的立辊轧机开口度值 $YH_1 \sim YH_4$。

自学习的执行过程如下：

（1）计算宽度偏差的平均值。首先，为了剔除实测数据中的异常数据，对采集到的宽度偏差值进行平滑处理。

$$\Delta W_{RD}(i) = \frac{\Delta W_{RD}(i) + \Delta W_{RD}(i+1) + \Delta W_{RD}(i+2)}{3} \quad (i = S+1 \sim NH)$$

式中，ΔW_{RD} 为采集到的粗轧出口宽度偏差值，mm；S 为板坯头部非稳定部分的结束点；NH 为板坯头部稳定部分的结束点，计算时 NH 的初始值 $NH = NH - 2$；i 为采样数据的序号。

然后，计算宽度偏差值的平均值

$$\Delta W_{RDAV} = \frac{1}{NH - N_E} \sum_{i=S+1}^{NH+S} \Delta W_{RD}(i) \tag{6-290}$$

式中，ΔW_{RDAV} 为宽度偏差的平均值，mm；N_E 为异常数据的个数。

异常数据的判定依据下面的条件：

$$\Delta W_{RD}(i) < e_1$$

$$\Delta W_{RD}(i) > e_2$$

$$|\Delta W_{RD}(i-1) - \Delta W_{RD}(i)| > W_{LIM}$$

式中，e_1、e_2 为数据的上、下极限值，mm；W_{LIM} 为相邻采样点的宽度偏差值的极限值，mm。

（2）根据 SSC 的距离（图 6-27 中的 $XH_1 \sim XH_4$），计算出存储在计算机内存里宽度偏差值 ΔW_{RD} 相应的存储序号。

$$iH(1) = \text{int} \frac{U_{31}}{\Delta L_{IN}} + 1 \tag{6-291}$$

$$iH(2) = \text{int}\left(\frac{XH(1) \dfrac{H_0}{H_1} U_{30} + U_{31}}{\Delta L_{IN}}\right) + 1 \tag{6-292}$$

$$iH(3) = \text{int}\left(\frac{XH(2) \dfrac{H_0}{H_1} U_{30} + U_{31}}{\Delta L_{IN}}\right) + 1 \tag{6-293}$$

$$iH(4) = \text{int}\left(\frac{XH(3) \dfrac{H_0}{H_1} U_{30} + U_{31}}{\Delta L_{IN}}\right) + 1 \tag{6-294}$$

式中，U_{30}、U_{31} 为立辊轧制长度的补偿系数（与粗轧出口的宽度有关）；ΔL_{IN} 为长度的标准增加量，mm；H_1 为粗轧入口的厚度，mm；H_0 为执行 SSC 自学习时的板坯厚度，mm；XH 为 SSC 的距离（存储在数据表中），mm。

（3）计算多边形顶点处的宽度偏差值 $\Delta W_{RD}(iH(k))$ 与平均宽度 ΔW_{RDAV} 之间的误差。

$$\Delta WH(k) = \Delta W_{RD}(iH(k)) - \Delta W_{RDAV} \quad (k = 1 \sim 4) \tag{6-295}$$

式中，$\Delta WH(k)$ 为宽度误差值，mm，是进行 SSC 自学习的依据。

如果 $|\Delta WH(i)| > SSC_{LIM}$，则 $\Delta WH(1) \sim \Delta WH(4) = 0$。此时就不再进 SSC 的自学习了。

SSC_{LIM} 为宽度误差值的极限值。

（4）对 SSC 的模式进行修正。

$$YH(k)^{NEW} = -G_{SSC}(k) \times \Delta WH(k) + YH(k) \qquad (k = 1 \sim 4) \qquad (6\text{-}296)$$

式中，$YH(k)^{NEW}$ 为 SSC 的模式修正值（新值，即 AWC 的自学习值），mm；$YH(k)$ 为轧制本块钢时，使用的 SSC 模式（旧值），mm；G_{SSC} 为自学习增益。

（5）对 SSU 的模式修正值进行极限检查。如果 $YH(k)^{NEW}$ 的值超过规定的上下限值，就取其上限值或者下限值作为 $YH(k)^{NEW}$ 的值。否则，将 $YH(k)^{NEW}$ 的值写入自学习文件。至此完成了 AWC 的自学习功能。在板坯的尾部用同样的方法进行 SSC 模式修正。

6.9 精轧温度控制模型

6.9.1 概述

温度是精轧轧制和控制过程的一个重要的工艺参数。精轧开轧温度的高、低，中间坯的头、尾温度，表面和内部温度是否均匀，将直接影响精轧机的穿带和轧制过程的稳定性，并且影响成品带钢的尺寸精度。精轧终轧温度的控制精度又将影响金属微观组织的变化和产品的力学性能。起源于中板、厚板生产线的控轧控冷技术在带钢热连轧生产线上得到了推广应用和改进。精轧温度的控制目标是保证带钢全长的温度达到目标值。精轧温度控制的手段是机架间冷却水和轧机的速度。精轧温度控制简称 FTC，是 finishing temperature control 的缩写。也有简称为 FDTC，是 finisher delivery temperature control 的缩写。

精轧温度控制的示意图见图 6-28。

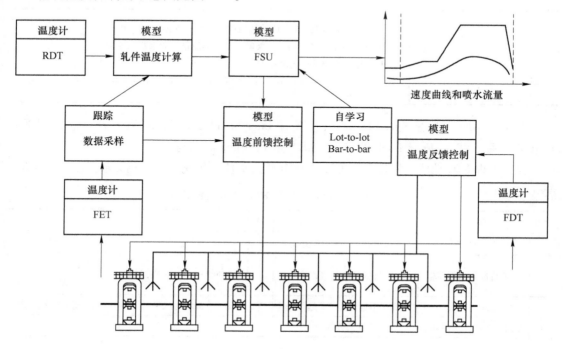

图 6-28 精轧温度控制

6.9.2　FTC 功能的构成

FTC 功能的构成如表 6-66 所示。

表 6-66　FTC 功能的构成

序号	L2 计算机	FTC 模块	功　能	L1 计算机
1	FTC_SPD		以轧机速度为手段，控制精轧温度	精轧机速度控制
		FTC1_SETUP	设定带钢全长的加速度、设定机架间喷水模式、流量。此项功能实际是由精轧设定 FSU 完成。计算 TVD 曲线（见后）	
		FTC1_FF	计算预测的精轧出口温度	
		FTC1_FB	根据实测 FDT 和目标 FDT 的偏差，修改轧机的加速度。必要时，使用高加速，以便 FDT 达标	
		FTC1_LRN	对有关参数进行自学习	
2	FTC_ISC		以机架间冷却水为手段，控制精轧温度	机架间冷却水流量和阀门控制
		FTC2_SETUP	设定带钢在卷取机 ON 以前的轧机的加速度（正常的加速度）。由 FSU（精轧设定）完成机架间喷水模式、流量的初始设定	
		FTC2_FF	根据预测的 FDT 的变化量，确定机架间冷却水的流量；定周期地计算机架间冷却水的流量，以便减少轧件本身的温度变化，减少由于轧机加、减速所带来的 FDT 波动	
		FTC2_FB	设定带钢在卷取机 ON 之前的轧机的加速度；根据实测 FDT 和目标 FDT 之间的偏差，修改机架间冷却水的流量。如果冷却水量达到极限值，则修改轧机的速度	
		FTC2_LRN	对有关参数进行自学习	

表 6-66 中，SPD 是 Speed 的缩写，ISC 是 Inter Stand Cooling 的缩写，FF 是 Feed Forward 的缩写，FB 是 Feed Back 的缩写，LRN 是 Learning 的缩写。

为了实现 FTC 功能，操作人员可以从 HMI 输入相应的控制方式和相关数据，见表 6-67。

表 6-67　操作人员从 HMI 输入的数据

序号	项　目	内　容	序号	项　目	内　容
1	FTC 控制方式	FTC_SPD 或者 FTC_ISC	5	减速率	减速率
2	FDT 目标值的偏移量	对目标温度的修改量	6	机架间冷却水的控制方式	L2_AUTO、L2_MAN、L1_AUTO
3	升速的方式	"立即"升速或者"延迟"升速	7	冷却水的流量	冷却水的流量
4	带钢尾部降速的偏移量	速度的修改量			

按照控制手段来区分，FTC_SPD 和 FTC_ISC 的功能如表 6-68 所示。

表6-68　控制手段的区分

控制模式和程序	模　块	控制手段1	控制手段2	FDT 预测模型
FTC_SPD	—	速度和加速度	机架间喷水 ISC	—
	FTC1_SETUP	正常加速、高加速	FSU 设定 ISC 流量	有
	FTC1_FF	不使用	不使用 ISC	有
	FTC1_FB	标准加速、高加速	不使用 ISC	有
FTC_ISC	—	—	—	—
	FTC2_SETUP	标准加速	FSU 设定 ISC 流量	有
	FTC2_FF	不使用	使用 ISC	有
	FTC2_FB	如果 ISC 超过限制	使用 ISC	有

6.9.3　FTC 数学模型的构成

FTC 使用的数学模型主要是材料的温度模型，温度模型的构成如表6-69 所示。

表6-69　FTC 数学模型的构成

序　号	模 型 名 称	传热机理	序　号	模 型 名 称	传热机理
1	空冷(温降)模型	热辐射	4	变形(温升)模型	变形发热
2	水冷(温降)模型	热传导	5	摩擦(温升)模型	摩擦发热
3	轧辊接触热传导模型	热传导	6	相变(温升)模型	相变发热

除了相变发热模型以外，表6-69 中的温度模型在本书的有关章节里都做过介绍，这里不再重复。所要提及的一点是，随着计算机技术的发展，计算轧件的温度分布时，一般都采用有限差分法。用有限差分法计算轧件的温度分布，可以更为接近实际情况。关于有限差分法，请参见相关文献，这里不再重复叙述了。

在计算过程中，除了使用上述温度模型以外，还要使用 TVD（Time-Velocity-Distance）曲线。这也是一种流行的、有效的方法。

图 6-29 和表6-70 给出了 TVD 曲线的实际例子。

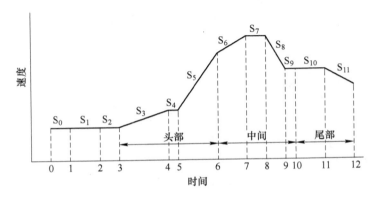

图 6-29　TVD 曲线

表 6-70   TVD 曲线的物理意义

点　号	事　　件	段	速 度 制 度
0	中间坯的头部使精轧除鳞机 ON	S_0	（恒定的）穿带速度
1	中间坯的头部使精轧入口机架 ON	S_1	（恒定的）穿带速度
2	精轧出口温度计 FDT ON	S_2	（恒定的）穿带速度
3	卷取机 ON，开始第一加速	S_3	第一加速度
4	达到卷取机最大的穿带速度	S_4	卷取机穿带速度
5	卷取机穿带完成，开始高加速	S_5	高加速度
6	高加速度完成，转入正常加速	S_6	正常加速度
7	达到最大轧制速度	S_7	最大轧制速度
8	带钢的尾部开始减速	S_8	减速度
9	达到抛钢速度	S_9	抛钢速度，带钢尾部在轧机
10	带钢尾部使精轧出口温度计 FDT OFF	S_{10}	抛钢速度，带钢尾部在输出辊道
11	卷取机开始减速	S_{11}	卷取减速
12	带钢尾部进入卷取机		

在控制过程中，FTC 要不断计算 TVD 曲线，确定带钢从头到尾，各个"段"的位置、速度、温度、冷却水流量等参数，并且根据精轧出口温度的实际测量值和精轧温度目标值之间的偏差，动态地调节轧机的速度和机架间冷却水的流量。FTC 的控制算法已经发展得较为成熟了。为了提高精轧温度的控制精度，如何解决以下的控制算法以外的问题是非常重要的：

（1）实现精确的带钢的"段"跟踪，或者叫做"控制目标点"的跟踪。

（2）尽量减小喷水阀门的滞后影响。

（3）消除温度计的测量波动。

第 7 章

过程控制级系统的设计与实现

本章给出过程控制级计算机系统的设计步骤和设计方法。这里给出的设计方法虽然是针对热轧计算机控制系统，但是也适用于冶金过程其他生产工序的过程控制级计算机系统的设计。

7.1 硬件系统的配置和功能分配

7.1.1 硬件机种、机型选择的演变历程

回顾一下硬件机种、机型选择的历史，会使我们从中得到一些启示。

过程控制级计算机硬件机型的选择是与当时的国际计算机硬件的发展水平密切相关的。热轧过程控制级计算机硬件经历了以下几个历程。

7.1.1.1 小型机

典型的代表产品是 PDP-11 和 VAX 机。这都是美国 DEC（数字设备公司）的产品。由美国 GE 公司设计的世界第一个热轧计算机控制系统，即麦克劳斯钢铁公司 1524mm 热轧精轧机组控制系统，就是采用 PDP-11 小型机。20 世纪 70 年代 VAX 机诞生以后，在工业控制领域逐渐取代了 PDP-11 小型机。VAX 机在我国曾经有过广泛的应用。

国外公司为了保护本国的计算机产业，通常会选用本国的计算机硬件。例如，我国从日本引进的第一个带钢热连轧计算机系统，即武钢 1700mm 热轧计算机系统，就是采用日本东芝公司的 TOSBAC-7000 小型机。宝钢 2050mm 热轧计算机系统引进的时候，采用的是西门子的 R30 计算机。

7.1.1.2 ALPHA 服务器

1992 年，美国 DEC 公司发布了 ALPHA 处理器，开创了 64 位 RISC 处理器的先河。到 1999 年，ALPHA 处理器的时钟频率已经达到了 1GHz，当时远远超过了其他厂商的产品。各种型号的 ALPHA 服务器多次获得全球最佳服务器大奖。一个时期，ALPHA 服务器和 OPEN VMS 操作系统在冶金工业过程控制和生产控制的应用中占据了主导地位。表 7-1 以带钢热连轧生产线为代表，列举了在中国，ALPHA 服务器应用的一些实例。随着 ALPHA 服务器的备品备件的逐年减少以及生产过程的需求，一些生产线已经完成或者准备进行过程控制级计算机的升级改造。ALPHA 服务器将逐渐退出。

表 7-1 国内在热轧生产线曾经使用 ALPHA 服务器的实例

序 号	生产线名称	过程控制计算机
1	珠江钢铁公司 CSP	ALPHA 服务器(1200)
2	包头钢铁公司 CSP	ALPHA 服务器(1200)
3	邯郸钢铁公司 CSP	ALPHA 服务器(DS20E)
4	鞍山钢铁公司 1780mm 热轧	ALPHA 服务器(4100)
5	鞍山钢铁公司 1700mm 热轧	ALPHA 服务器(ES40)
6	鞍山钢铁公司 2150mm 热轧	ALPHA 服务器(ES45)
7	宝山钢铁公司梅山 1422mm 热轧	ALPHA 服务器(ES40)
8	宝山钢铁公司 1780mm 不锈钢热轧	ALPHA 服务器(ES40)
9	攀枝花钢铁公司 1450mm 热轧	ALPHA 服务器(DS20E)
10	唐山钢铁公司超薄板坯连铸连轧(UTSP)	ALPHA 服务器(DS20E)
11	通化钢铁公司薄板坯连铸连轧	ALPHA 服务器(DS20E)
12	马鞍山钢铁公司 CSP	ALPHA 服务器(DS20E)
13	华菱涟源钢铁公司 CSP	ALPHA 服务器(DS20E)
14	济南钢铁公司 1700mm 热轧	ALPHA 服务器(ES45)
15	鞍山钢铁公司营口鲅鱼圈 1580mm 热轧	ALPHA 服务器(ES45)

7.1.1.3　PC 服务器

由于 ALPHA 芯片仅用在 ALPHA 服务器上，因此产品的数量达不到"奔腾"芯片那样多，加上其高额的研发费用，使得 ALPHA 服务器的价格昂贵。这和广大用户追求高性价比的愿望不相容，导致其销售量不断下降。ALPHA 服务器的价格要比 PC 服务器贵很多，OPEN VMS 的价格要比 Windows 操作系统贵很多。虽然 OPEN VMS 是世界上公认的优秀的操作系统，但是 OPEN VMS 下的人机交互使用 DCL 命令，不像 Windows 使用"视窗"那样方便、友好。2004 年 8 月，惠普公司发布了最后一款 ALPHA 芯片 ALPHA EV7Z，以其为标志，终结了 ALPHA 芯片时代。既然从硬件和软件方面都限制了 ALPHA 服务器的应用和发展，那么业界自然就开始了用 PC 服务器代替 ALPHA 服务器的研究开发、试验与应用。

世界三大著名的轧制过程控制计算机系统的供货厂商，即美国通用电气（GE）公司、德国西门子（SIEMENS）公司、日本三菱电机（MELCO）公司在 20 世纪末就开始在轧制过程控制中，进行了用 PC 服务器代替 ALPHA 服务器的研发和应用。其中，SIEMENS 公司率先使用 PC 服务器代替了 ALPHA 服务器，并且果断地停止了在 ALPHA 服务器上进行中间件的研发和应用软件的开发。因此，SIEMENS 公司首先在我国太原钢铁（集团）公司 1549mm 热连轧的第二次改造工程中，用 PC 服务器代替了 ALPHA 服务器。然后，SIEMENS 公司又在武汉钢铁（集团）公司的 2250mm 热连轧计算机控制系统中采用 PC 服务器作为过程控制机（L2）。SIEMENS 使用的是与日本富士通共同设计、生产的 PRIMERGY 服务器。当时，美国 GE 公司采取了较为灵活的做法，是用 ALPHA 服务器还是用 PC 服务器，交给用户来选择，GE 公司可以提供两种不同的系统。例如在同一个时期，GE 公司承担的本钢 1700mm 热轧第二次改造工程中，在签订合同时，配置的是 ALPHA 服务器，后来应用户的要求，改成了 PC 服务器；而在宝钢梅山 1422mm 热轧第二次改造工程中，GE 公司遵从了用户的要求，仍然使用了 ALPHA ES40 服务器。比较起来，日本三菱电机公司的做法较为谨慎，是上述三家公司中最晚宣布用 PC 服务器完全代替 ALPHA 服务器的。三菱电机公司在唐山钢铁公司超薄带钢生产线（UTSP）上，用 ALPHA DS20E 作为过程控制计算机，于 2003 年投产。然后，在同一条生产线上以 HP ProLiant 服务器为平台，构建过程管理计算机系统（也叫 L2.1 计算机）。

这样，用 PC 服务器代替 ALPHA 服务器，就成为大势所趋。最重要的原因是，随着 PC 服务器硬件和系统软件高可靠性的提高，从稳定性和可靠性方面，已经能够满足冶金工业过程控制的需求了。最初，还存在着 PC 服务器的"死机"问题，包括硬件死机和系统软件死机。后来，PC 服务器的平均无故障时间（MTTF）得到大幅度的提高，平均维修时间（MTTR）得到大幅度的降低。系统的可用性（即系统保持正常运行时间的百分比，又叫做系统的开动率）也能够达到 99.8%，甚至更高了。

7.1.1.4 容错计算机

近些年来，国外公司设计带钢热连轧计算机系统时，有的又采用容错计算机做过程控制级计算机，例如 stratus ftserver 4500。容错机的价格要比 PC 服务器贵许多。现在如果按照性价比来看，PC 服务器仍然是有优势的。

回顾硬件机型选择的历史，我们得到如下启示：

（1）计算机硬件是不断在更新，过程控制级计算机的机种、机型的选择随之更新。"后来者居上"，因此没有必要单纯地去追求"最新、最好"。

（2）运行可靠、稳定是选择过程控制级计算机的机种、机型的首要条件。在此前提下，要看性能价格比。

（3）尽量多采用国际流行的，市场占有率较高的机种、机型；尽量少采用某个电气厂商的专用机种、机型，因为它的备品备件价格会很贵，还有可能断供。

7.1.2 硬件配置的实例

由于 VAX 机和 ALPHA 服务器已经被 PC 服务器取代了，所以这里仅给出 PC 服务器的配置和功能分配。

7.1.2.1 集中型的硬件配置

早期，集中型的配置只设置 2 台过程控制级计算机，一台完成轧线在线控制的所有功能；另一台作为备用计算机并进行应用软件的开发。这是简洁、实用的配置，在许多热轧生产线都出现过这样的配置。后来，随着热轧生产技术提高的要求，一方面需要存储的过程数据越来越多，另一方面还要求能够对这些数据进行在线或离线的分析，所以在 2 台过程控制级计算机的基础上又增加了一台过程控制级计算机，叫做"数据服务器"，专门安装数据库软件，存储生产过程中的数据，可以保存更多的数据。表 7-2 列出了典型的计算机配置。

表 7-2 典型的计算机配置

序号	设备名称	机种、机型	配　　置
1	在线控制计算机	HP Proliant DL580	双 CPU、4GB DDR SDRAM 内存、SCSI 硬盘，RAID1、磁盘阵列卡、100/1000M 以太网卡，液晶显示器、鼠标、键盘、冗余电源
2	备用计算机		
3	数据服务器		
4	磁盘阵列	MSA1000 或升级产品	MSA 磁盘柜、MSA Hub(冗余)、LC/LC 光纤 SCSI 硬盘，RAID1

注：表中其他外围设备没有列出。

表 7-3 给出了某外国公司集中型的配置例子。

表 7-3 集中型的计算机配置

序号	计算机名称	数量	序号	计算机名称	数量
1	Supervisory L2 and Process Models Server(SCC)	1	3	Development Server(DEV)、(Stand-By)	1
2	Data Base Server(DBS)	1			

7.1.2.2 分散型的硬件配置

分散型的硬件配置是采用多台计算机完成轧线控制功能。分散型又可以分为以下三种：

（1）按照生产区域分散。按照热轧生产工艺流程，分成粗轧区、精轧（卷取）区、层流冷却区，每个区域设置一台计算机，完成本区域的控制功能。

（2）按照功能分散。将第 5 章描述的功能，按照其性质的相关程度划分成几个子系统，每个子系统设置一台计算机。近些年，这种按照功能分散的配置已经不多见了。

（3）区域和功能混合型。既按照区域，又按照功能配置计算机，如表 7-4 所示。这个例子给出的配置，是某些外国公司经常使用的。

表 7-4 分散型的计算机配置

序号	区域或功能	计算机名称	数量	配 置
1	粗轧区过程控制计算机	Process Computer RM	1	2 CPU，2×72G 硬盘
2	精轧区过程控制计算机	Process Computer FM	1	2 CPU，2×72G 硬盘
3	层流冷却区过程控制计算机	Process Computer CS	1	2 CPU，2×72G 硬盘
4	备用计算机	Stand-By	1	2 CPU，2×72G 硬盘
5	数据服务器	Actual Data Server(ADH)	1	2 CPU，4×72G 硬盘

7.2 系统软件的配置

系统软件的配置也是随着软件产品的不断更新而改变的，表 7-5 给出一个应用实例。

表 7-5 系统软件的基本配置（实例）

软件类型	名 称	厂 商	备 注	软件类型	名 称	厂 商	备 注
操作系统	Windows 2×××Server	Microsoft		开发软件	.net C++	Microsoft	
操作系统	Service Pack	Microsoft		数据库	Oracle	Oracle	
操作系统	Internet Explorer	Microsoft		备份和恢复	ARCserve	CAI	
诊断软件	Insight Manager 7	HP	任选项，可以不要	杀毒软件	Virus scanner	Trend Micro Inc.	可以选其他厂商产品

7.3 中间件

7.3.1 中间件的功能

中间件的英文是 Middleware。中间件是一类计算机软件，顾名思义，中间件就是"在

中间"的软件。在什么中间？在应用软件和
操作系统之间，如图 7-1 所示。所以中间件
是一个具有承上启下作用的应用支撑平台。

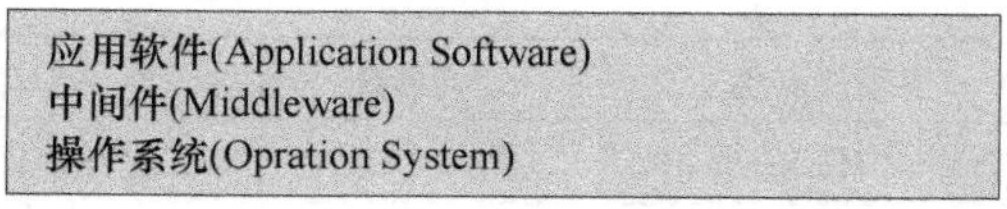

为什么需要中间件？因为计算机技术发
展太快，计算机应用范围太广，许多应用软

| 应用软件(Application Software) |
| 中间件(Middleware) |
| 操作系统(Opration System) |

图 7-1 中间件示意图

件需要在分布式的异构系统上运行。所谓异构系统，有三层含义：第一，是指不同的计算
机硬件系统，例如 PC、工作站、服务器、小型机、大型机等；第二，是指不同的操作系
统，例如 Windows、Open VMS、Unix、Linux、AIS 等；第三，是指不同的网络协议、不同
的网络体系结构连接。除了这三点以外，还有不同的数据库、不同的计算机语言编译器、
不同的人机界面等，都可能需要在这个异构系统上运行。

中间件能够屏蔽异构系统的差异。应用软件借助于中间件，可以在不同的技术之间共
享资源，可以实现应用之间的互操作。以中间件为基础，开发出来的应用软件，具有可扩
充性、高可用性和可移植性。

中间件能够提供标准的应用接口（API），能够提供一个相对稳定的高层应用环境。
那么，不管底层的计算机硬件和操作系统如何升级换代，只要将中间件升级，并保持中
间件的接口定义不变，用户的应用软件就不需要做任何修改。这样就保护了用户的大量
投资和软件开发成果。所以对于应用软件开发来说，中间件比操作系统和网络服务更为
重要。

根据国际权威机构 IDC 对中间件的分类，大致可分为六类，即（1）远程过程调用中
间件；（2）消息中间件；（3）交易中间件；（4）对象中间件；（5）数据访问中间件；
（6）终端仿真和屏幕转换中间件。

每个类别中，又划分了许多功能模块。可以看出，中间件包括的范围广泛。软件厂商
为了满足用户的不同需求，提供的中间件产品都庞大而繁杂。国内银行、电信等应用中间
件最早的行业在实践中发现：从市场上买来的中间件，其 70% 的功能行业永远用不上，能
够用上的功能至多有 30%。对于钢铁工业恐怕会有更多的功能用不上。所以，开发用于钢
铁（或者冶金）工业的中间件是很有必要的。国际上能够提供带钢热连轧计算机控制系统
的电气（自动化）供货商都开发了自己公司的用于钢铁工业的中间件。

7.3.2 中间件的应用实例

本节首先介绍几家由国外公司提供的、在我国带钢热连轧计算机控制系统有较多应用
的中间件，然后概述国内自主开发的、用于钢铁工业（冶金工业）的中间件。通过这些介
绍，使我们对用于钢铁工业的中间件进一步加深了解。

7.3.2.1 W 公司的中间件

W 公司的中间件如表 7-6 所示。

A PRCMAN

PRCMAN 负责创建应用系统的所有进程，因此在一个应用系统中，PRCMAN 必然是
被第一个创建和运行的进程，然后去管理其他进程。其软件构成如表 7-7 所示。

表 7-6　W 公司的中间件

中间件名称	进程名称	功　能
Process Management	PRCMAN	创建和管理应用系统中的所有进程
Mailbox Management	MBXMAN	创建和管理应用系统中的所有邮箱
Alarm Management	ALRMAN	管理应用系统中的所有报警，对应用程序产生的报警以统一的格式输出到 HMI 和报警文件中
Display Management	DSPMAN	管理应用系统中的所有 HMI 画面显示和操作

表 7-7　PRCMAN 的软件构成

序号	名　称	类型	功　能
1	PRCMAN	主模块	创建和管理进程
2	SYSTMP_MBX	子模块	由 PRCMAN 调用，建立名字为 PRCMAN_MBX 的邮箱
3	GETMSG	子模块	由 PRCMAN 调用，根据定义的信息 ID 号，获取来自操作系统的有关信息
4	PUTMSG	子模块	由 PRCMAN 调用，发送创建进程、管理进程的有关信息到计算机系统管理终端
5	LOGMSG	子模块	由 PRCMAN 调用，发送信息到计算机操作员终端
6	PRCMAN_DEF	头文件	定义应用系统中所有进程的特性参数

PRCMAN 的工作过程如下：

（1）建立邮箱 PRCMAN_MBX。调用 SYSTMP_MBX 子模块建立 PRCMAN_MBX 邮箱，用来接收创建进程时产生的结束信息（Termination Messages）。如果建立邮箱失败了，则调用 GETMSG 和 PUTMSG 子模块发送错误信息到系统管理终端。如果建立邮箱成功了，则执行下一步。

（2）初始化创建应用进程时使用的数据结构。PRCMAN 内部有两个数据结构，一个数据结构是 PRC，存储表 7-8 所示的应用进程特性（Profiles）。表 7-8 的内容存放在 PRC-MAN_DEF 头文件中。另一个数据结构是 PRCSTS，存储每个应用进程的状态。PRCMAN 定义了应用进程的三种状态："UP"——正常运行、"DOWN"——故障、"OFF-LINE"——"死掉了"。

这里所说的"初始化"是指把 PRCMAN_DEF 头文件中描述每一个应用进程的特性数据映射到 PRCMAN 内部的数据结构 PRC 中。

实际上，只有 PRCMAN 第一次（First Time）启动时才会执行上述（1）、（2）两个步骤。通常情况下，PRCMAN 从第（3）步执行。

（3）等待事件。PRCMAN 在主回路等待两个事件的发生：第 1 个事件是定时器标志 TIMER_FLAG 被设定。而这个标志恰恰是 PRCMAN 每隔 30s 自己设定的。所以其效果是 PRCMAN 每隔 30s 自动运行一次。30s 是缺省值，系统管理员可以根据需要，来改变这个间隔时间。第 2 个事件是操作系统发送的错误信息。当某个应用进程由于某种故障 "DOWN"掉了，操作系统就会向 PRCMAN_MBX 邮箱发送错误信息。当两个事件之一发生了，PRCMAN 就执行第（4）步。

（4）管理应用进程。PRCMAN 对所有应用进程的状态进行判断，并且根据不同的状态进行相应处理。对"UP"状态的进程不进行任何处理；对"DOWN"状态的进程，如果"DOWN"的次数没有超过 3 次，PRCMAN 就调用操作系统的系统服务，重新创建该进程，如果"DOWN"的次数超过 3 次，就把该进程的状态设置为"OFFLINE"，不再重新创建该进程了。这种情况一般说明该进程所对应的程序有问题，需要软件人员进行特殊的处理。

用户使用 PRCMAN 的方法很简单。首先，将 PRCMAN 安装到计算机中；其次，按照给定的格式制作 PRCMAN_DEF 头文件；最后，启动运行 PRCMAN（或者通过"批处理"运行）。

表 7-8 进程的特性（Profiles）

序号	名 称	意 义	备 注
1	IMAGE	可执行程序(.EXE)名	例如 FSU. EXE
2	INPUT	系统输入设备名	
3	OUTPUT	存储程序输出信息的文件名	例如 FSU. OUT
4	ERROR	存储错误信息的文件名	例如 FSU. ERR
5	PRVNAM	进程具有的特权名	仅 VMS 操作系统需要
6	QUOVAL	资源限额值	仅 VMS 操作系统需要
7	PRCNAM	进程(程序)的名字	例如 FSU
8	BASPR	基本优先级	该进程在应用系统中的级别
9	UIC	用户识别码	仅 VMS 操作系统需要
10	STSFLG	状态标志	仅 VMS 操作系统需要

B MBXMAN

MBXMAN 负责建立和管理应用系统中的所有邮箱。MBXMAN 为应用程序提供了读、写邮箱的接口（API）。

邮箱是一种先入先出的队列数据结构，用以实现进程之间的通信。

MBXMAN 的软件概况如表 7-9 所示。

表 7-9 MBXMAN 的软件概况

序号	名 称	类型	功 能	使用者
1	CREATE_MBX	主模块	在应用系统启动时创建所有永久邮箱	系 统
2	DELETE_MBX	主模块	在应用系统再启动(Restart)时删除应用系统中的所有永久邮箱	系 统
3	DEMAND_MBX	主模块	根据系统管理员的请求删除一个指定的邮箱	系统管理员
4	MBX_ASSIGN	函数	给指定的邮箱分配一个通道(channel)	应用程序
5	MBX_READ	函数	从指定的一个邮箱读取信息并存储在内存	应用程序
6	MBX_WRITE	函数	把存储在内存的信息写入指定邮箱	应用程序
7	MBX_FLUSH	函数	把指定邮箱中的信息清除	应用程序
8	MBX_CREATE	函数	根据给定参数建立一个邮箱	应用程序
9	MBX_DELETE	函数	删除一个指定的邮箱	应用程序
10	MBXDEF	头文件	定义应用系统中所有邮箱的特性参数	CREATE_MBX DELETE_MBX

C　ALRMAN

ALRMAN 管理应用系统中的报警,其软件构成如表7-10所示。

表7-10　ALRMAN 的软件构成

序号	名　称	类型	功　能
1	ALARM	主模块	管理应用程序产生的报警
2	ALR_DEFINE	主模块	离线运行,当 ALARM. SRC 更新时,更新 ALARM. DAT
3	ALR_DISPLAY	子模块	由 ALARM 调用,更新 HMI 显示的报警信息
4	ALR_FORMAT	子模块	由 ALARM 调用,把来自于 ALARM. DAT 文件的一个报警定义转换成文本格式
5	ALR_ARCHIVE	子模块	由 ALARM 调用,把一个指定的报警信息写入按照日期区分的报警档案文件 ALR_YYYMMDD. ARC
6	ALR_QUEUE	子模块	由应用程序中调用该模块,以便输出报警信息
7	ALR_DATABASE	子模块	由 ALARM 调用,对 ALARM. DAT 文件进行读、写等操作
8	ALARM. SRC	文本文件	定义应用系统中的所有报警信息(报警号、报警等级、输出的设备号、报警文本的格式等)
9	ALARM. DAT	索引数据文件	在线报警数据库文件,由 ALR_DEFINE 根据 ALARM. SRC 转换生成
10	ALR_YYYMMDD. ARC	文本文件	每日的报警档案文件(按照时、分、秒、0.1 秒存储)

ALARM 的工作过程如下:

(1) 如果是第一次(First Time)启动,则打开 ALARM. DAT (在线报警数据库文件)进行初始化;否则直接执行第(2)步。

(2) 等待1s,如果有"新报警"则从报警队列得到应用程序产生的"新报警",执行第(3)步;否则再执行第(2)步。

(3) 对"新报警"进行处理。调用 ALA_FORMAT,把来自于 ALARM. DAT 文件的一个报警定义转换成文本格式;调用 ALR_ARCHIVE,把一个指定的报警信息写入按照日期区分的报警档案文件 ALR_YYYMMDD. ARC;调用 ALR_DISPLAY,更新 HMI 显示的报警信息;发送报警信息到指定的其他设备(例如打字机)。返回到第(2)步。

用户使用 ALARM 的步骤很简单。将 ALARM 安装到计算机中,按照给定的格式制作 ALARM. SRC 文本文件,离线运行 ALR_DEFINE 生成新的 ALARM. DAT 文件。在应用程序中需要报警的地方调用 ALR_QUEUE。

D　DSPMAN

W 公司的原来将这个软件叫做 SCREEN MANAGEMENT SYSTEN(简称 SMS),其主要功能是制作和管理 HMI 画面,完成人机交互的对话和显示。后来 W 公司又将这个软件升级,更名为 DSPMAN。现在编制 HMI 画面程序都使用通用的工具软件,例如 In touch、Wincc、Ifix 等,基本不再需要这种用于编制画面程序的中间件了,所以在此不再对 DSPMAN 叙述了。

7.3.2.2　M 公司的中间件

M 公司的中间件的架构如图7-2所示。

M 公司的中间件可以在多种操作系统下面运行,中间件由以下几个子系统构成。

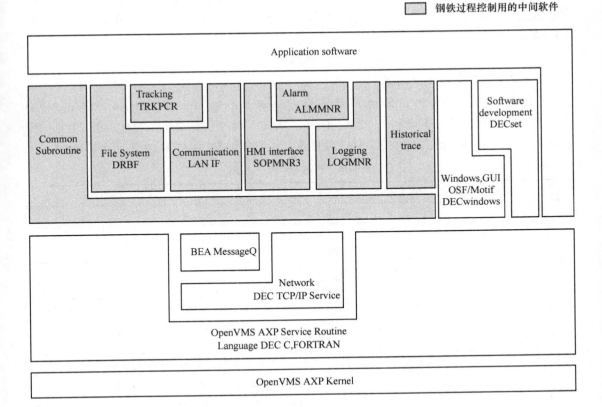

图 7-2 M 公司的中间件

（1）COMSUB（Common subroutine）：以标准子程序、函数的形式，为用户提供所需要的系统管理和进程管理方面的功能。主要的功能有：进程的生成、进程的管理，发送和接收程序启动信息，资源的占用、释放，输出系统服务的出错信息处理等。

（2）DRBF（Distributed Real-time Basic File System）：DRBF 管理磁盘文件和内存文件。在应用系统中，建立和生成各种类型的文件，为用户提供对应用系统中所有文件的操作接口函数，利用这些接口函数，在应用程序中可以对应用系统中的所有文件进行各种操作，包括文件的打开、关闭，文件的读写，文件的更新、删除，文件中数据初始值的设定等。

（3）LAN IF：LAN IF 完成计算机之间的通信功能，支持 TCP/IP、UDP/IP、message Q 等通信协议。建立计算机之间的通信连接、接收和发送通信报文、监视通信全过程并且处理通信过程中产生的错误。

（4）LOGMNR（Logging Manager）：LOGMNR 管理应用系统中的所有输出设备，向输出设备发送数据、发送报表和各种信息，处理输出过程中发生的错误。

（5）ALMMNR（Alarm Manager）/HISTORY：ALMMNR/HISTORY 管理、存储应用系统的报警和履历信息，并且可以根据需要，向 HMI 或打字机输出这些报警和履历信息。

（6）SOPMNR3：SOPMNR3 管理应用系统中的 HMI 设备，完成 HMI 的画面显示、画面更新、数据输入等功能。

（7）TRKPCR：这是 M 公司提供的用于钢铁工业过程控制的跟踪功能标准软件，能够完成跟踪的各种功能。用户使用 TRKPCR 的各种函数，能够很方便地编制跟踪程序，并且大大减少了编码的工作量。

以上 M 公司的中间件在国内许多生产线均有应用。

7.3.2.3　T 公司的中间件

T 公司的中间件统称为 PASolution（Process Automation Solution）。PASolution 可以在多种操作系统下面运行，例如：Windows、Unix、Linux、Open VMS 等。这是至今为止，我们看到的用于冶金工业过程控制的最庞大的中间件，现将该中间件的构成及其主要功能列于表 7-11 中。

表 7-11　PASolution 的构成

类别	功能分类	中间件名称	功　　能
1	Required		必需的软件
		IO_Services	支持不同操作系统的最底层的通信服务软件包。完成进程之间的通信功能
		Shared Libraries	共享库函数
		SSAM	全称为 Supervisory System Application Manager。启动或停止应用进程，监督控制系统的进程，建立操作系统进程的统计资料，查看进程的日志文件等
2	Communication		通信
		Change Detect	监视网络信号的变化，检测信号（Signal_IO）的变化
		EGD Services	支持 Ethernet Global Data（EGD）和其他协议的通信软件包
		Gateway	报文转发系统和通信协议翻译器，提供运行在过程控制计算机中的 IO_Services 进程和运行在远程计算机中的其他用户进程、设备之间的通信。支持 TCP/IP、WebSphere、Message Q 等协议
		TCnet_EGD_Bridge	完成过程控制计算机（通过 EGD）和基础自动化控制器（通过 TCnet）之间的通信功能。实现 EGD exchange 和 TCnet block 之间的数据交换，拷贝 EGD exchange 的内容到 TCnet block，拷贝 TCnet block 的内容到 EGD exchange
3	Data Collection		数据采集
		Coil Historian	按照钢卷轧制的长度或时间，访问钢卷的数据，建立指定格式的数据文件，供其他工具使用
		Data Historian	记录局域网的控制信号，将数据按照 DCA（Data Collection and Analysis）格式保存在（.dca）文件中
		Pond	名字叫做 Playback Of Numeric Data 或者 Pile Of Numeric Data 子系统。根据时间、事件或钢卷的长度，记录生产过程的数据，生成 DCA、CSV 文件，并且以曲线的形式，重新播放这些数据
4	Process Automation		过程自动化应用
		Alarm Handler	报警处理器，把来自于应用程序的报警信息存储到报警历史数据库中
		Db services	设定 IODbService、IODDService 和 Logger
		Director	一种快速实现复杂软件功能开发的、面向对象设计的工具。软件开发使用"脚本"语言"配置"完成，而不是通过"编码"完成。Director 能够执行不同的功能，例如：Piece Director、Mill Tracking、Serial Interfaces、Computer Links、Master Status 等

类别	功能分类	中间件名称	功 能
		Hint Server	全称为 Human Interface New Technology Server，建立 HINT-Server，在 L2 在线控制计算机上运行
		Oplog_Logger	把共享内存的内容拷贝到磁盘文件中
		SQL Stored Procedures	提供应用数据库操作的公共子程序
		Symbols SDB	管理 L2 系统中的信号数据库（Signal Data Base）、管理存储在共享内存中的符号（SYMBOLS）
5	Maint and Diag		维护和诊断
		Alarm View	动态显示报警信息
		CATUty	全称为 Configuration and Trending Utility。配置系统、设备，查询系统数据库和趋势
		DCA TOOLS	DCA 和 CSV 文件转换，查看 DCA 文件
		DDUty	数据字典实用程序，全称为 Data Dictionary Utility。定义和修改 L2 数据字典数据库，生成 L2 系统数据库表和头文件
		Delete old file	清扫目录树，删除旧文件
		L2Uty	查看 L2 跟踪系统的软件包
		Model Browser	模型浏览器，用以显示和修改模型数据
		Model Table Utility	用户增加、修改、删除模型表中"记录"的实用程序
		OPlog Viewer	用户以动态更新方式或者静态方式查看 Oplog log
		Set Time	发送主计算机的当前时间到所有其他网络节点，以便进行时间的同步
6	SDB		系统数据库应用
		L2 SDB Server	基于 Windows 的系统数据库（SDB）和 VMS 程序、Linux 程序之间的接口
		SDB CLIE	帮助用户将数据移进或移出系统数据库（SDB）的程序
		SDB SERVER	后台运行的程序，对系统数据库（SDB）进行启动、停止以及读、写数据的操作
7	HMI Support		HMI 支持
		A2 HMI	全称为 Alarm to HMI。提供 L2 报警系统和 HMI 之间的接口，发送报警信息到 HMI
		Hint client	全称为 Human Interface New Technology Client。提供 HMI 屏幕和监督、跟踪子系统之间的接口。在 HMI 服务器上运行

7.3.2.4 欧洲公司的中间件

欧洲公司的中间件是基于 CORBA 进行设计的。CORBA 是国际组织 OMG（Object Management Group）制定的一种标准的面向对象应用程序体系规范，CORBA 的全称是 Common Object Request Broker Architecture，即公共对象请求代理体系结构。关于 CORBA 这里不再详述，请参见相关文献。

欧洲某公司的中间件叫做 CBS-K（Component Based System-Kernel）。CBS-K 基于 CORBA，使用面向对象的设计方法和统一建模语言 UML（Unified Modelling Language）构建软件系统模型。CBS-K 主要由以下 3 个模块组成：

（1）CBSFRAME：用于完成过程控制计算机应用软件和进程结构的组织、管理和控制。

（2）CBSCommunication：用于完成过程控制计算机和其他外部计算机系统的通信，完成过程控制计算机内部进程之间的通信。

（3）General Functionalities：由目标库、可执行文件和其他文件构成。主要完成线程处理、文件访问、设定时间和定时器、TCP/IP socket 处理、异常处理等功能。

这个中间件的主要功能与其他公司中间件类似，只不过欧洲公司更多地采用了国际组织开发出的产品。

7.3.2.5　国内自主开发的中间件

分析和比较国外公司用于热轧过程控制的中间件，可以归纳出钢铁工业使用的中间件所具备的基本功能包括：进程管理、实时文件管理、通信管理、报警管理、日志管理、HMI 管理等。

国内自主开发的用于钢铁工业（冶金工业）的中间件主要有高效轧制国家工程研究中心的 PCDP（Process Control Develop Platform）、冶金自动化研究院的"金自天正中间件"（又叫做计算机开发平台）、宝钢的 PCSP（Process Control Software Package）。其中在国内应用最多的是高效轧制国家工程研究中心的 PCDP。

7.4　应用软件设计

过程控制级计算机完成生产过程的监督与控制功能，过程控制级的应用软件必须具有实时性、在线性、高可靠性。实时性是指，如果没有其他更高级别的进程竞争 CPU，某个进程必须在规定的响应时间内执行完；在线性是指，作为整个带钢热连轧生产过程的一部分，生产过程不停，计算机也不能停；高可靠性是指，在设计软件和编程时要充分采取措施，避免因为软件故障引起的生产事故或设备事故的发生。

应用软件的设计在带钢热连轧计算机控制系统的设计中占较大的工作量。这里说的设计包括基本设计和详细设计。

7.4.1　应用软件结构的设计

应用软件结构设计是建立带钢热连轧计算机控制系统时要着重解决的一个关系到全局性的问题。如果某个程序设计错了，还可以修改。但是如果整个软件结构有问题，就会影响全局甚至影响项目的工期。应用软件结构设计有共同的特点和规律，要解决的主要问题是如何把应用系统分解成若干个并行的任务或程序，如何实现任务或程序之间的数据交换，如何实现任务或程序间的同步与互斥。

7.4.1.1　任务或程序的划分

任务划分一般遵循以下原则：

（1）受相同事件激活的功能尽量划分在同一个任务中，以便一次性统一调度。

（2）要求响应时间快（例如 0.1s）的功能适当地划分成独立的任务，以便通过操作系统的调度来满足特殊的要求。

（3）信息交换频繁的功能尽量划分在相同的任务中，以便降低任务之间通信带来的开销。

（4）在满足上述前提下，尽量按照功能划分任务。

任务或程序的划分是确定每个任务或程序所要完成的功能，规定它们之间的接口，规定任务或程序的启动时序。

按照当前国际上的流行方法，将热轧过程控制级计算机的应用软件划分成两大类：一类完成控制功能，也就是数学模型方面的功能；一类完成非控制功能，也就是数学模型以外的功能。数学模型程序是过程控制级计算机的承载着关键技术的软件，因此在一定意义上可以说：非控制功能的软件是为控制功能软件即数学模型服务的。所以在进行应用软件结构的设计时，是以数学模型为核心，围绕着数学模型的需求来实现的。

A 国外某公司的设计实例

美国在计算机软件方面处于世界领先地位。下面给出一个美国某公司的带钢热连轧计算机控制系统应用软件结构的设计的实例。该应用软件结构见图7-3。

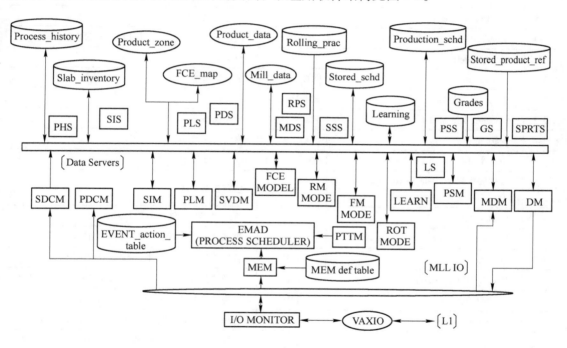

图7-3 软件结构的例子

该应用软件划分为 5 个层次，如表7-12 所示。

表7-12 应用软件的层次结构

序号	功 能	程序（进程）名	完成的功能
1	核心模块（Core Modules）简称 CORE	—	检测事件，调度其他程序运行
1-1	I/O Monitor	IO_MONITOR	L1 和 L2 计算机的通信接口
1-2	Mill Event Monitor	MEM	轧线事件检测和监视处理
1-3	Event Monitor Action Dispatcher	EMAD	调度应用程序的运行

续表7-12

序号	功　能	程序（进程）名	完成的功能
2	一般应用模块（General Application Modules）简称 GENAPP	—	热轧系统一般的应用功能
2-1	Production Schedule Manager	PSM	编制和管理轧制计划
2-2	Slab Inventory Manager	SIM	管理"板坯原始数据和板坯库数据文件"SLAB_INVENTORY
2-3	Product Location Manager	PLM	完成加热炉入口辊道到运输链的全线跟踪
2-4	Product Data Collection Manager	PDCM	采集生产过程数据（和模型无关的数据）
2-5	Slab Verification Induction Manager	SVIM	板坯核对、板坯装炉和板坯吊销处理
2-6	Special Data Collection Manager	SDCM	采集和模型有关的数据，采集质量分类数据
2-7	Process、Turn Timer Manager	PTTM	建立和管理软件定时器，定时器到时后向 EMAD 发送事件信息
2-8	Mill Data Manager	MDM	管理轧辊、换辊、零调、设备状态数据
2-9	Download Manager	DM	向基础自动化级计算机（L1）发送设定数据
3	模型（Models）	—	数学模型
3-1	Furnace Model	FCE_MODEL	加热炉模型
3-2	Roughing Mill Model	RM_MODEL	粗轧模型
3-3	Finishing Mill Model	FM_MODEL	精轧模型
3-4	Learning	LEARN	模型自学习
3-5	ROT Model	ROT_MODEL	卷取温度控制模型
4	数据服务程序（Data Server Processes）简称 DS	—	管理数据文件
4-1	Grades Data Server	GS	管理"钢种文件"STEEL_GRADE
4-2	Learning Data Server	LS	管理"自学习系数文件"LEARNING
4-3	Mill Data Server	MDS	管理"轧辊数据文件"MILL_DATA
4-4	Process History Server	PHS	管理"过程历史数据文件"PROCESS_HISTORY
4-5	Product Data Server	PDS	管理"产品数据文件"PRODUCT_DATA
4-6	Product Location Server	PLS	管理"跟踪数据文件"PRODUCT_LOCATION
4-7	Production Schedule Server	PSS	管理"生产计划数据文件"PRODUCTION_SCHEDULE
4-8	Rolling Practice Data Server	RPS	管理"轧制实际数据文件"ROLLING_PRACTICE
4-9	Slab Inventory Data Server	SIS	管理"板坯库数据文件"SLAB_INVENTORY
4-10	Stored Product Reference Table Data Server	SPRTS	管理"产品参考表数据文件"STORED_PRODUCT_REFERENCE_TABLE
4-11	Stored Schedules Data Server	SSS	管理"轧制规程的存储文件"STORED_SCHEDULE
5	Screen Server Processes	—	图7-3中省略了画面服务程序
5-1	Available Slabs Screen Server	AVSS	"处理'有效'板坯的画面"服务程序
5-2	Demand Report Screen Server	DRSS	"请求打印报告画面"服务程序

序号	功　　能	程序(进程)名	完成的功能
5-3	Grades Screen Server	GSS	"钢种数据处理画面"服务程序
5-4	Learning Screen Server	LSS	"自学习处理画面"服务程序
5-5	Lot Schedule Screen Server	LSSS	"批轧制计划处理画面"服务程序
5-6	Roll Diameter Screen Server	RDSS	"轧辊直径画面"服务程序
5-7	Rolling Practices Screen Server	RPSS	"轧制实际画面"服务程序
5-8	Schedule Overview Screen Server	SOSS	"轧制计划概观画面"服务程序
5-9	Slab Primary Data Screen Server	SPDSS	"板坯 PDI 数据画面"服务程序
5-10	Slab Verify Screen Server	SVSS	"板坯核对画面"服务程序
5-11	Stored Product Reference Table Screen Server	SPRTSS	"产品参考值画面"服务程序
5-12	Stored Schedule Screen Server	SSSS	"存储轧制规程画面"服务程序
5-13	Tracking Manual Update Screen Server	TMUSS	"跟踪修正画面"服务程序

下面将该应用软件系统在设计方面有特色的地方加以归纳。

第一点，采用了由"事件"驱动机制，并且专门设计了一个程序 EMAD 负责调度其他应用程序运行。

按照热连轧的生产工艺流程，定义事件（EVENT），存储在 MEM_DEF_TABLE 文件中。监视基础自动化计算机发送出来的 I/O 信号的状态、进行事件检测、调度程序运行，这些功能由 3 个核心程序（即 IO_MONITOR、MEM、EMAD）完成。这里称之为"核心"程序，并不是"核心技术"的意思，而是指在应用软件系统中，实现任务或程序的调度、实现任务或程序间的同步与互斥方面起着"核心"作用的程序。

IO_MONITOR 程序：在 L2 计算机中设计了 2 个数据缓冲区（Buffer），一个是 VAXIO，存储来自于 L1 计算机的数据，存储 L2 计算机要发送给 L1 计算机的数据；另一个是 MILLIO，存储 L1 和 L2 计算机的数据。IO_MONITOR 程序是 VAXIO 和 MILLIO 之间的接口，并且还负责变换 L1 和 L2 的数据格式，例如将 bit 值转换为 logical 值，将 raw 数值转换为工程单位的数值，将整型数值转换为实型数值等。IO_MONITOR 每 0.1s 自动运行一次，读取来自 L1 计算机的数据，并且将数据转换为 L2 计算机使用的数据格式，然后更新 MILLIO 数据缓冲区。

MEM 程序：MEM(Mill Event Monitor)对 MILLIO 中的数据进行测试，以便检测来自于 L1 级计算机的事件，也就是轧线上产生的事件。对于每一个检测到的事件，MEM 都给 EMAD 程序发送一个相应的"事件信息"，即产生一个信息队列（Message Queue）。对于什么样的事件，产生什么样的"事件信息"，是在详细设计阶段事先定义的，所有的"事件信息"定义存储在 MEM_DEF_TABLE 文件中。

EMAD 程序：EMAD(Event Monitor Action Dispatcher)也可以叫做 Process Scheduler，它调度其他应用程序的运行，以便执行应用程序的功能。实际上 EMAD 是一个信息处理程序，每当它接收一个"事件信息"，就会产生一个或者多个"动作请求信息"（Action Request）。这些"事件信息"的来源有两个，一个来源于 MEM 程序（即来自 L1 级计算机），另一个来源于 L2 级计算机的应用程序。L2 级计算机的应用程序是由"动作请求信息"激活的。应用程序处于等待"动作请求信息"的状态,当读取到"动作请求信息"以后,就按照"动作请求信息"所规定的"动作",执行相应的功能。该程序完成指定的功能以后,就给 EMAD 程序发送一个"事件信息",告诉完成了指定的功能,EMAD 程序就会继续调度其他应用程序的运行。例如,当粗轧出口温度计 RDT ON 时,这个 I/O 信号的状态由 L1 计算机发送出来,由 IO_MONITOR 程序存储在缓冲区 MILLIO 中;MEM 程序检测到 RDT 由 OFF 变成 ON 状态,就会按照 MEM_DEF_TABLE 文件的规定,给 EMAD 程序发送一个"MEM_RDT_ON_EVT"事件信息;EMAD 程序收到这个信息以后,就会按照 EVENT_ACTION_TABLE 文件中的规定,给精轧模型程序 FM_MODEL 发送一个"FMM_GEN_PRESET_ACT"动作信息,启动 FM_MODEL 程序运行;FM_MODEL 完成精轧设定计算以后,再给 EMAD 程序发送一个"精轧设定计算完成"的事件信息"FMM_CAL_COMPL_EVT";EMAD 程序收到这个信息后,就会给 DM 程序发送"DM_DNLD_FM_PRESET_ACT"的动作信息,启动 DM 程序运行,向 L1 计算机发送精轧设定数据。

第二点,设计了"数据服务"(Data Server)程序,用于对应用系统的文件进行操作,从而大大减少了应用程序中对文件操作的重复性源代码,不但减少了调试的工作量还降低了应用软件故障的发生。复杂的系统中,在对文件进行操作时,常常会发生几个程序去打开或者关闭同一个文件;常常会发生一个程序在读某个文件时,另一个程序又在写这个文件。有了"数据服务"(Data Server)程序以后,就可以很容易地解决这个问题。表 7-12 中的 4-1 到 4-11 项就是"数据服务器"程序。

GS 程序:处理应用程序对"钢种文件"STEEL_GRADE 的操作请求,主要的功能是增加、删除、修改、读取一个钢种的数据记录,查询一个钢种的硬度级别和屈服强度数据,查询一个钢种的化学成分的标准值。

LS 程序:管理自学习系数文件,处理数学模型程序对自学习系数文件的操作请求,主要的功能是增加、修改、读取一个自学习系数的数据记录,给自学习系数赋值缺省值,备份自学习系数文件,打印自学习系数文件。

MDS 程序:管理轧辊数据文件 MILL_DATA,处理应用程序对这个文件的操作请求,主要功能是更新粗轧、精轧工作辊的尺寸、材料、辊型等数据,更新粗轧、精轧工作辊的零调数据和零调状态,读取粗轧或精轧的轧辊数据,更新指定轧辊的轧制长度、轧钢块数和轧钢重量。

PHS 程序:管理"过程数据文件"PROCESS_HISTORY,处理应用程序对这个文件的操作请求,主要功能是存储每块板坯的装炉信息,包括确定装炉位置、单排或双排装炉,存储最后 6 块完成"核对"的板坯数据,供 HMI 显示,存储或查询钢卷号、轧制顺序数据,存储或查询板坯出炉节奏数据,存储或查询进入卷取机的钢卷数据,读取换辊的历史数据。DM、SVIM、PLM、FME、MDM 程序都要通过 PHS 访问"过程数据文件"PROCESS_HISTORY。

PDS 程序:管理"产品数据文件"PRODUCT_DATA,处理应用程序对这个文件的操作请求,主要功能是建立 INDUCTION_SLAB 文件或者更新文件中的一个记录,该文件存储"核对"完成的板坯数据,查询或者删除 INDUCTION_SLAB 文件中的一个记录;查询或者更新 PRODUCT_DATA 文件。DM、FM_MODEL、LE、MDM、PLM、RM_MODEL、SP-DCM、SVIM 等程序都要通过 PDS 访问"产品数据文件"PRODUCT_DATA。

PLS 程序：管理"跟踪数据文件"PRODUCT_LOCATION，处理应用程序对这个文件的操作请求，主要功能是把由 SLAB_ID 指定的轧件数据插入跟踪映像，移动加热炉内的跟踪 MAP，查询指定跟踪区的 SLAB_ID、COIL_ID，移动跟踪指针，从跟踪映像中移除由 SLAB_ID 指定的轧件数据，查询由 SLAB_ID 指定的轧件当前在哪一个跟踪区。DM、PD-CM、PLM 程序都通过 PLS 访问"跟踪数据文件"PRODUCT_LOCATION。

PSS 程序：管理"生产计划数据文件"PRODUCTION_SCHEDULE，处理应用程序对这个文件的操作请求，主要功能是选择下一个轧制计划，在当前轧制计划中结束一个轧制批次（LOT），结束当前的轧制计划，增加一个轧制批次（LOT）数据并且插入到一个轧制计划中，增加一块板坯数据并且插入到一个轧制计划中，查询一个轧制计划的指定的批次（LOT）数据或者板坯数据，删除一个轧制计划，从一个批次（LOT）中删除一块板坯数据，调换一个轧制计划中批次（LOT）的顺序。PSM、SVIM 和画面服务程序都通过 PSS 访问"生产计划数据文件"PRODUCTION_SCHEDULE。

RPS 程序：管理"轧制实际数据文件"ROLLING_PRACTICE，处理应用程序对这个文件的操作请求，主要功能是增加、修改、查询、删除粗轧轧制实际数据文件或者精轧轧制实际数据文件。RM_MODEL、FM_MODEL 和画面服务程序都通过 RPS 访问"轧制实际数据文件"ROLLING_PRACTICE。

SIS 程序：管理"板坯库数据文件"SLAB_INVENTORY，处理应用程序对这个文件的操作请求，主要功能是根据 SLAB_ID 增加、删除、修改、查询一个数据记录，更新板坯数据的"状态"，在板坯库中查询钢种、板坯厚度、板坯宽度符合要求的板坯，并且把这些符合条件板坯的 SLAB_ID 列表。PSM、SIM、PLM、SVIM 和画面服务等程序都通过 SIS 访问"板坯库数据文件"SLAB_INVENTORY。

SPRTS 程序：管理"产品参考表数据文件"STORED_PRODUCT_REFERENCE_TA-BLE，处理应用程序对这个文件的操作请求，主要功能是增加、删除、修改查询一个产品的数据记录。PSM 通过 SPRTS 访问"产品参考表数据文件"STORED_PRODUCT_REFER-ENCE_TABLE。

SSS 程序：管理"轧制规程的储存文件"STORED_SCHEDULE，处理应用程序对这个文件的操作请求，主要功能是增加、删除、修改读取一个粗轧或精轧的轧制规程。

第三点，设计了模型环境（Model Environment）程序，为数学模型的计算准备数据以及进行各种必需的预处理和后处理。为了画图简单起见，在图 7-3 中没有画出模型环境程序。

这种方法使得数学模型程序可以完全分离出来，数学模型程序单纯地成为计算公式的集合，既有利于"封装"，还可以免维护。因为有可能需要维护的代码都放在模型环境程序中。模型环境程序准备的数据包括 PDI 数据、实际测量数据和操作人员通过 HMI 输入的数据。

综上所述，将共同的处理和操作抽取出来，归并到一起，设计了"数据服务程序"、"画面服务程序"，使得完成第 5 章所述的热轧过程控制级计算机功能的应用程序的源代码更加简洁，提高了可读性、可维护性，使得应用软件实现了标准化和模块化。这些都是值得我们借鉴的。

　　B　国内某公司的设计实例

　　下面给出一个国内带钢热连轧计算机控制系统应用软件结构的设计实例。该应用软件的构成如表 7-13 所示。

表 7-13　程序构成

序　号	类别编号	程序名（子模块名）	完成的功能
	1	非控制功能程序	
	1-1	跟　踪	
1	1-1-1	ETK（Entry side tracking）	加热炉入口跟踪
		SlabLoad	板坯装载处理
		SlabCheck	板坯核对处理
		TableTrack	加热炉入口辊道跟踪
		SlabCenter	板坯在炉前对中完成时的处理
		TblTrackCorre	加热炉入口辊道跟踪修正
2	1-1-2	HTK（Heat furnace tracking）	加热炉内跟踪
		ChargComplete	板坯装钢完成处理
		WbOneCycle	步进梁每前进一个周期的处理
		ExtractStart	板坯出钢开始处理
		FceTrackCorre	炉内跟踪修正
		ChangeSeq	改变出钢顺序时的处理
3	1-1-3	MTK（Mill tracking）	轧线跟踪
		ExtractComplete	板坯出钢完成处理
		TrackPointerUpdate	更新轧线跟踪指针
		MillTrackCorre	轧线跟踪修正
4	1-1-4	VTK（Conveyer tracking）	运输链跟踪
		TrkPointerUpdate	更新运输链跟踪指针
		CvyTrackCorre	运输链跟踪修正
	1-2	L2 和 L1 通信	
5	1-2-1	HRV（Heat furnace data receive）	接收加热炉信息
		RcvSlabWeight	接收板坯重量数据
		RcvSlabCenter	接收板坯对中完成信息
		RcvChargComplete	接收板坯装钢完成信息
		RcvWbOneCycle	接收步进梁前进一个周期信息
		RcvExtractStart	接收板坯出钢开始信息
		RcvExtractComplete	接收板坯出钢完成信息
		RcvTemp	接收加热炉温度数据
6	1-2-2	RRV（RM data receive）	接收粗轧机实际数据
		RcvHsbResult	接收除鳞机实际数据
		RcvVsbResult	接收大立辊轧机实际数据

续表 7-13

序 号	类别编号	程序名（子模块名）	完成的功能
		RcvR1Result	接收 R_1 轧机实际数据
		RcvR2Result	接收 R_2 轧机实际数据
		RcvCbResult	接收热卷箱实际数据
		RcvRdtResult	接收 RDT 实际数据
		RcvR1Zeroing	接收 R_1 轧机零调数据
		RcvR2Zeroing	接收 R_2 轧机零调数据
7	1-2-3	FRV（FM data receive）	接收精轧机实际数据
		RcvFmResultA	接收精轧机实际数据 A
		RcvFmResultB	接收精轧机实际数据 B
		RcvFmClassify	接收精轧质量分类数据
		RcvFmAsc	接收自动板形控制数据
		RcvFmZeroing	接收精轧零调数据
8	1-2-4	CRV（DC data receive）	接收卷取机和层流冷却实际数据
		RcvDcResult	接收卷取机实际数据
		RcvCtcResult	接收卷取温度控制数据
		RcvCtcClassify	接收卷取温度分类数据
9	1-2-5	HSD（Heat furnace data send）	发送加热炉设定数据
		SndCoilNo	发送钢卷号
		SndChargSet	发送装钢设定
		SndFceTempSet	发送加热炉温度设定值
		SndExtractSet	发送出钢设定
10	1-2-6	RSD（RM data send）	发送粗轧设定数据
		SndR1Set	发送 R_1 轧机设定值
		SndR2Set	发送 R_2 轧机设定值
11	1-2-7	FSD（FM data send）	发送精轧机设定数据
		SndSpeedLoopSet	发送精轧速度和活套设定值
		SndApcAgcSet	发送 APC 和 AGC 设定值
		SndAscset	发送自动板形控制设定值
		SndClassifySet	发送产品质量分类设定数据
12	1-2-8	CSD（Coiler data send）	发送卷取机和卷取温度控制设定数据
		SndDcSet	发送卷取机设定值
		SndCtcSet	发送卷取温度控制的设定数据
	1-3	记录和报表	
13	1-3-1	RPT（Report）	记录和报表
		ChargingStatistics	统计装入加热炉的板坯
		ExtractStatistics	统计出炉板坯
		ShiftReport	班报编辑和输出
		ProductionReport	生产报表编辑和输出
		RmLog	粗轧工程记录编辑和输出

序　号	类别编号	程序名(子模块名)	完成的功能
		FmLog	精轧工程记录编辑和输出
		DcLog	卷取工程记录编辑和输出
		CtcLog	卷取温度控制工程记录编辑和输出
		ClassifyReport	产品质量分类报告编辑和输出
	1-4	L2 和 L3 通信	
14	1-4-1	PRV(PCC data receive)	接收生产控制计算机(L3)数据
		RcvSchedule	接收轧制计划数据
		RcvPdi	接收板坯和钢卷的初始数据
		RcvPdiDelete	接收 PDI 删除信息
		RcvChangeSeq	接收修改 PDI 顺序信息
		RcvSlabLoad	接收板坯装载数据
15	1-4-2	PSD(PCC data send)	向生产控制计算机(L3)发送数据
		SndReject	发送吊销数据
		SndProduction	发送生产报告
		SndShift	发送班报
		SndFceStop	发送加热炉停止装炉信息
		SndForceCheck	发送板坯强制核对信息
		SndPdiRequest	发送请求 PDI 信息
		SndTrack	发送轧件跟踪信息
	1-5	调度	
16	1-5-1	EMR(Event Monitor)	事件监视
		EventDetector	事件检测
		EventHandler	事件处理
	1-6	HMI	
17	1-6-1	HmiServer	HMI 服务
	1-7	轧辊数据管理	
18	1-7-1	RDM(Roll Data Manager)	轧辊数据管理
		RmRollData	粗轧轧辊数据处理
		FmRollData	精轧轧辊数据处理
	2	数学模型程序	
19	2-1	HSU(Heat furnace Set Up calculation)	加热炉设定计算
		Hsucalculat	加热炉设定计算
20	2-2	HML(Heat furnace Model Learning)	加热炉模型自学习
		HmlDataProcess	加热炉实测数据处理
		HmlCoeffUpdate	加热炉模型自学习系数更新
		HfDataSave	加热炉设定数据和自学习数据保存
21	2-3	RSU(RM Set Up calculation)	粗轧设定计算
		RmScheduleCal	粗轧轧制规程计算

序 号	类别编号	程序名(子模块名)	完成的功能
		RsuDataCheck	粗轧设定数据检查
22	2-4	RML(RM Model Learning)	粗轧模型自学习
		RmlDataProcess	粗轧实测数据处理
		RmlCoeffUpdate	粗轧模型自学习系数更新
		RmDataSave	粗轧设定计算数据和自学习数据保存
23	2-5	FSU(FM Set Up calculation)	精轧设定计算
		FmScheduleCal	精轧轧制规程计算
		FsuDataCheck	精轧设定数据检查
		FmAdaptThread	精轧穿带自适应
24	2-6	FML(FM Model Learning)	精轧模型自学习
		FmlDataProcess	精轧实测数据处理
		FmlCoeffUpdate	精轧模型自学习系数更新
		FmDataSave	精轧设定计算数据和自学习数据保存
25	2-7	CSU(Coiler Set Up calculation)	卷取机设定计算
		CsuCalculat	计算卷取设定值
		CsuDataCheck	卷取设定数据检查
		CsuDataSave	卷取数据保存
26	2-8	SSU(Shape Set Up calculation)	板形设定计算
		ShapeCalculat	计算板形设定值
		SsuDataCheck	板形设定数据检查
27	2-9	SML(Shape Model Learning)	板形模型自学习
		SsulDataProcess	板形实测数据处理
		SsuCoeffUpdate	板形模型自学习系数更新
		SsuDataSave	板形设定计算数据和自学习数据保存
28	2-10	RTW(Roll Thermal and Wear)	轧辊热膨胀和磨损计算
29	2-11	AWC(Automation Width Control)	自动宽度控制
		AwcCalculat	自动宽度控制计算
		AwcSsc	短行程计算
		WidthModelLearn	宽度控制模型自学习
		AwcDataSave	宽度控制设定计算和自学习数据保存
30	2-12	FTC(FM Temperature Control)	精轧温度控制
		FtcCalculat	计算精轧温度控制值
		Ftcfeedback	精轧温度反馈控制
		Ftcadaptat	精轧温度控制自适应
31	2-13	CTC(Coiling Temperature Control)	冷却温度控制
		CtSetUp	计算冷却温度控制设定值

序　号	类别编号	程序名（子模块名）	完成的功能
		CtFeedforward	冷却温度前馈控制
		CtFeedback	冷却温度反馈控制
32	2-14	CTL（Coiling Temperature model Learning）	冷却温度模型自学习
		CtDataProcess	冷却实测数据处理
		CtlCoeffUpdate	冷却模型自学习系数更新
		CtDataSave	冷却控制设定计算和自学习数据保存

　　通过以上两个例子可以看出，软件结构设计虽然没有固定的模式，但是都遵循
7.4.1.1 节的原则。虽然没有统一模式，在第一个例子中，可以按照不同生产区域的数学
模型划分，把各区的模型环境程序和模型程序合并在一起。在第二个例子中，可以把
HRV、RRV、FRV、CRV 合并，做成一个数据接收程序；可以把 HSD、RSD、FSD、CSD
合并，做成一个数据发送程序。都是遵循一定的原则，在这两个例子中，都把"事件监
视"程序（EMAD 及 EMR）做成独立的程序，因为要求它们 0.1s 启动一次。在这两个例
子中，程序的划分基本是按照功能来划分的。当然，在有的热轧应用系统中，没有设计
"事件监视"程序，而通过"跟踪程序"来调度其他程序。图 7-4 给出的是一种普遍适用
于轧钢过程控制级计算机的软件结构。这里，以轧件跟踪程序为应用软件中的调度程序，
负责启动其他应用程序；实线框表示实现该功能的相应程序，虚线框表示该功能既可以由
程序来实现，也可以由中间件来实现。

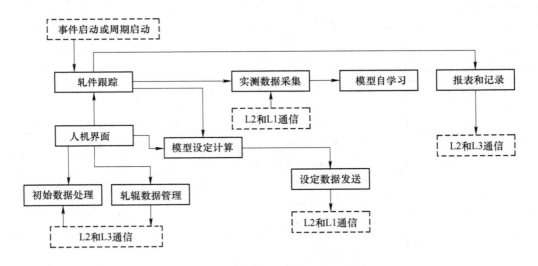

图 7-4　轧钢应用软件结构

　　近些年，面向对象的软件设计方法在热轧计算机系统设计方面也逐渐流行起来。

7.4.1.2　程序之间的关联和启动

　　软件结构设计完成即确定应用软件系统由哪些程序构成以后，要对这些程序之间的关
联和启动时序进行设计，包括定义事件和设计程序链接。

A 事件的定义

事件是指轧件在生产过程中，按照生产工艺流程和设备的顺序，要正常经历的事情。表 7-14 给出了事件定义的例子。表 7-14 中的事件号是事件名的数值，两者是等价的。

表 7-14 事件的定义

事件号	事 件 名	事件的含义
	来自 L1 计算机的事件	
1001	SLAB ON N1	板坯到达连铸和热轧的连接辊道
1002	SLAB ON A1	板坯到达 A_1（上料）辊道
1003	SLAB ON B1	板坯到达 B_1（装炉）辊道
1004	SLAB ON B2	板坯到达 B_2（装炉）辊道
1005	SLAB ON A4	板坯到达 A_4 辊道
1006	SLAB ON A3	板坯到达 A_3 辊道
1007	SLAB ON A2	板坯到达 A_2 辊道
1008	SLAB ON B5	板坯到达 B_5 辊道
1009	SLAB ON B4	板坯到达 B_4 辊道
100A	SLAB ON B3	板坯到达 B_3 辊道
1011	SLAB ON C1	出炉板坯到达 C_1 辊道
1012	SLAB ON C2	出炉板坯到达 C_2 辊道
1013	SLAB ON C3	出炉板坯到达 C_3 辊道
1014	SLAB ON C4	出炉板坯到达 C_4 辊道
1015	SLAB ON C5	出炉板坯到达 C_5 辊道
1016	SLAB ON C6	出炉板坯到达 C_6 辊道
1017	SLAB ON C7	出炉板坯到达 C_7 辊道
1018	SLAB ON C8	出炉板坯到达 C_8 辊道
1131	SLAB WEIGHING COMPLETE	板坯称重完成
113B	CENTERING COMPLETE	板坯在炉前对中完成
1141	CHARGING COMPLETE	装钢完成
1142	WB 1 CYCLE	步进梁动作一个周期
1143	EXTRACTION START REQUEST	出钢开始请求
1144	EXTRACTION COMPLETE	出钢结束
2201	HMD 301 ON	HMD 301 ON
2202	VSB ON	大立辊轧机 ON
2203	VSB OFF	大立辊轧机 OFF
2204	HMD 301 OFF	HMD 301 OFF
2205	HMD 304 OFF	HMD 304 OFF
2206	HMD 305 ON	HMD 305 ON
2207	HMD 306 OFF	HMD 306 OFF

续表 7-14

事件号	事 件 名	事件的含义
2208	R1 EACH PASS ON	R_1 粗轧机的每个道次 ON
2209	spare	备 用
220A	spare	备 用
220B	R1 EACH PASS OFF	R_1 粗轧机的每个道次 OFF
2301	R1 ZEROING COMPLETE	R_1 零调完成
2302	R2 EACH PASS ON	R_2 粗轧机的每个道次 ON
2303	R2 EACH PASS OFF	R_2 粗轧机的每个道次 OFF
2304	R2 LAST PASS OFF	R_2 粗轧机的最后道次 OFF
2305	RDT LAST PASS ON	粗轧出口温度计在最后一个道次 ON
2306	spare	备 用
2307	R2 ZEROING COMPLETE	R_2 零调完成
2308	spare	备 用
2309	R1 ROLL CHANGE COMPLETE	R_1 换辊完成
230A	R2 ROLL CHANGE COMPLETE	R_2 换辊完成
230B	spare	备 用
230C	RDT LAST PASS OFF	粗轧出口温度计在最后一个道次 OFF
230D	spare	备 用
2401	FET ON	精轧入口温度计 ON
2402	F1 ON	F_1 ON
2403	spare	备 用
2404	F7 ON	F_7 ON
2405	FDW ON	精轧出口测宽仪 ON
2406	FDT ON	精轧出口测温仪 ON
2407	F7 OFF	F_7 OFF
2408	FDT OFF	精轧出口测温仪 OFF
2409	spare	备 用
2410	FM ROLL CHANGE COMPLETE	精轧换辊完成(用子事件号表示机架号)
2411	FM ZEROING COMPLETE	精轧零调完成(用子事件号表示机架号)
2412	F1 OFF	F_1 OFF
2413～2415	spare	备 用
2416	CT OFF	卷取温度计 OFF
2601	DC1 ON	1 号卷取机 ON
2602	DC2 ON	2 号卷取机 ON
2603	DC3 ON	3 号卷取机 ON
2604	DC1 OFF	1 号卷取机 OFF
2605	DC2 OFF	2 号卷取机 OFF

事件号	事件名	事件的含义
2606	DC3 OFF	3 号卷取机 OFF
2607	spare	备 用
2608	FROM DC1 TO FAST CONVEYOR	钢卷从 1 号卷取机到达快速运输链
2609	FROM DC2 TO FAST CONVEYOR	钢卷从 2 号卷取机到达快速运输链
260A	FROM DC3 TO FAST CONVEYOR	钢卷从 3 号卷取机到达快速运输链
260B	FROM FC TO WB	钢卷从快速运输链到达步进梁
260C	FROM WB TO UP CONVEYOR	钢卷从步进梁到达运输链
2701	FROM CV1 TO CV2	钢卷从 CV_1 到达 CV_2
2702	FROM CV2 TO CV3	钢卷从 CV_2 到达 CV_3
2703	FROM CV3 TO CV4	钢卷从 CV_3 到达 CV_4
2704	FROM CV4 TO CV5	钢卷从 CV_4 到达 CV_5
2705	FROM CV5 TO CV6	钢卷从 CV_5 到达 CV_6
270A	WEIGHT COMPLETE	钢卷称重完成
270B	spare	备 用
270C	spare	备 用
	来自 L3 计算机的事件	
2A01	ROLLING SCHEDULE RECEIVE	接收轧制计划
2A02	PRIMARY DATA RECEIVE	接收 PDI 数据
2A03	DELETE PRIMARY DATA	删除 PDI 数据
2A04	CHANGE ROLLING SEQUENCE	改变轧制顺序
2A05	SLAB LOAD DATA RECEIVE	接收板坯装载数据

不同生产线的工艺流程、设备布置不同，计算机配置不同，事件的定义也就会不完全相同。上述的例子给出一种事件定义的通用方法。事件表 7-14 中，预留了一些"备用"（spare）项，是为了根据需要增加新的事件。

B 程序链接的设计

按照事件发生的顺序，把应用系统中所有程序之间的关系都做成链接图，就构成了整个应用系统的程序链接。程序链接定义了程序之间的启动关系。这种启动关系表明：当事件号（EVENT NO）标明的事件发生时，和这个事件相关的程序之间的启动顺序。图 7-5 给出了一个例子。

在这个例子中，当板坯（热板坯）到达 N_1 辊道时（事件号 1001）或板坯（冷板坯）到达 A_4 辊道时（事件号 1005），EMR 程序检测到这个事件后，启动 PSD 程序给 L3 计算机发送跟踪数据。当 L3 计算机给 L2 计算机发送"板坯装载数据"时（事件号 2A05），通过通信链路触发 PRV 程序，接收"板坯装载数据"，PRV 再启动 ETK 程序，执行加热炉入口跟踪功能。ETK 程序再启动 HSD 程序，向 L1 计算机发送"钢卷号设定"和"装钢设定"数据。ETK 程序同时启动 HMI 程序在相应的 HMI 画面上显示这些数据。

近些年，有的公司也采用 Excel 图表的形式来设计程序链接。

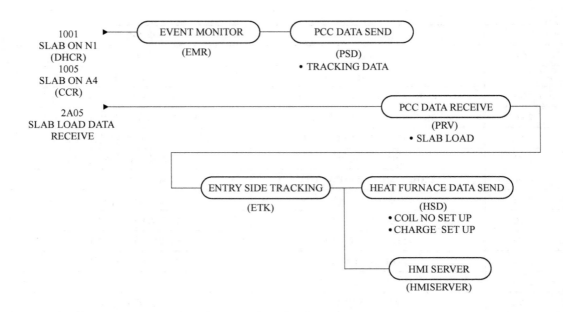

图 7-5　程序链接

7.4.1.3　程序之间的信息交换

程序互相启动时，要进行必要的数据发送和接收，这些数据叫做启动信息（Fork Message），其确定的原则是简单、明了，方便程序的编制、调试和运行。大量数据（例如模型计算结果、实际测量数据等）不通过启动信息传递，而是通过读取文件（或数据库）获得，或者通过通信报文进行传送。表 7-15 给出了启动信息的实例。

表 7-15　启动信息

序号	变 量 名	数据类型	数据长度（字节）	含 义
1	SOURCE_PROCESS	C	12	发送信息的进程名（程序名）
2	DESTINATION_PROCESS	C	12	接收信息的进程名（程序名）
3	PRODUCT_ID	C	10	产品 ID
4	EVENT_NO	I	4	事件号
5	FILE_NO（8）	I	4	文件号
6	RECORD_NO（8）	I	4	文件的记录号
7	MESSAGE_NO	I	4	信息号
8	SPARE	I	4	备 用

表 7-15 中的 FILE_NO 和 RECORD_NO 都是数组，可以同时存放 8 个文件号及其对应的记录号。MESSAGE_NO 是通信程序完成数据接收与发送时的"消息号"（也称为"报文号"）。程序之间交换信息的格式固定，即"启动信息"（Fork Message）的格式固定，具体的数据内容由一个程序在启动另一个程序之前填写，然后通过邮箱发送给被启动的程序，用这种方法就实现了程序的相互启动。

7.4.2 数据结构和数据流程的设计

在带钢热连轧生产过程中，从加热炉、粗轧、精轧、卷取一直到运输链，在某一个时刻可能存在着很多轧件（板坯、带坯、带钢、钢卷）。这些轧件有的在炉前辊道等待装入加热炉，有的在加热炉内加热，有的在粗轧机和精轧机轧制，有的在卷取机卷取，还有的在运输链上向钢卷库或下工序运送。这些轧件的数据（例如轧件的化学成分、厚度、宽度、温度等）是计算机控制生产过程的依据。除了轧件的特性是通过数据反映出来的以外，生产过程的状态也是通过数据反映出来的。计算机控制的过程（例如设定计算）以及计算机控制的结果（例如产品的几何尺寸、产品质量）还是通过数据来体现的。因此，如何定义数据流程和数据结构，如何有效地管理这些数据，对于带钢热连轧计算机控制系统的设计是十分重要的。

20 世纪 80 年代以前，由于受计算机存储容量的限制，在设计数据结构时，考虑较多的一个问题是如何节省存储空间，往往采用覆盖技术，即不同的数据在不同的时刻使用同一个存储空间。这种方法增加了数据管理的复杂性。现代计算机技术的发展，使得软件人员不必再为如何节省一点存储空间而绞尽脑汁了。特别是随着数据库技术的发展，给数据的存储与应用带来了极大的便利。

这里所说的数据是指应用系统中的公共数据（Common Data）或者叫全局数据（Global Data），而不是指程序内部使用的局部数据（Local Data）。过程控制计算机使用的数据基本可以分成以下三种类型：

第 1 类，依附于轧件而生存的数据。这类数据的特点是随着轧件沿着生产线的流动而流动。不同轧件之间，数据名（变量名）和数据格式相同，但是数据项的内容不同，即数据的值不相同。例如，轧件的 PDI 数据、数学模型计算出的设定数据、轧件的实际测量数据等都属于这类数据。

第 2 类，依附于设备（或装置）而生存的数据。这类数据的特点是随着设备（或装置）的状态变化而变化。对不同的轧件而言，它的值有可能相同，也有可能互异。这类数据或者来自于过程 I/O，由 L1 计算机发送到 L1 计算机；或者来自于 HMI，由操作人员输入。例如，运转方式、轧机的状态、精轧机空过机架的选择、卷取机的选择、检测器和测量仪表状态、轧机零调数据等都属于这类数据。

第 3 类，依附于应用程序而生存的数据。这类数据是为了满足软件编制、调试、运行和管理需要而定义的数据。例如软件定时器、标志字（Flag）、状态字（Status）等属于这类数据。

如果按数据所承载的功能划分，又可分为：（1）工厂和设备参数；（2）轧件的 PDI 数据；（3）生产工艺和轧制规程数据；（4）数学模型数据；（5）数学模型自学习的数据；（6）生产过程的实际测量数据；（7）应用系统运行数据；（8）报警数据；（9）历史档案数据；（10）经过编辑后的统计报表数据。

设计数据结构就是确定应用系统中有哪些数据文件（或数据区、数据表），并按数据类型定义其中的数据结构，然后定义这些数据文件的属性，最后还要把这些数据文件写成 C 语言的"头文件"。设计好数据结构后，通过设计数据流程来确定数据文件之间的关系，包括数据的生成和数据的传递（输入、输出）关系。

在确定文件的属性时，通常把对读写速度有快速要求的文件（如跟踪映像文件、数学模型数据文件）设计成内存文件，把需要长期保存的文件（如模型的自学习文件、历史档案文件）设计成磁盘文件。有一些文件既需要能被快速访问，又需要长期保存，就可以将其设计成既是内存文件又是磁盘文件，即在系统空闲时，自动将内存文件写入磁盘文件。还有一些文件，在系统重新起动时，需要给文件赋初始值，初始值也分为两种，一种是固定的常数，每次赋予同样的数值；还有一种初始值是上一时刻的"当前值"，对这种文件就需要自动、定周期地保存上一时刻的"当前值"，以便在系统重新起动时，能够把上一时刻的"当前值"恢复到文件中。

下面结合 7.4.1 节给出的两个应用系统的实例，分别说明内存文件和磁盘文件的划分。

对应图 7-3 的应用系统的内存文件见表 7-16。

表 7-16 内存文件

序 号	文件名称	存储的数据	访问的程序
1	PRODUCT_ZONE_LOC	轧件的跟踪映像	PLS
2	FCE_MAP	加热炉炉内的跟踪映像	PLS
3	PRODUCT_DATA	产品数据	PDS、画面服务程序
4	MILL_DATA	轧辊数据、零调数据	MDS
5	MILL_IO	L2 发送给 L1 的数据(工程单位) L1 发送给 L2 的数据(工程单位)	IO_MONITOR、MEM
6	VAX_IO	L1 发送给 L2 的数据(未加工) L2 发送给 L1 的数据	IO_MONITOR

对应图 7-3 的应用系统的磁盘文件见表 7-17，为了简化起见，有的磁盘文件在图 7-3 中没有画出来。

表 7-17 磁盘文件

序 号	文 件 名 称	存储的数据	访问的程序
1	IO_MON_DEF	状态变化检测定义数据	IO_MONITOR
2	MEM_DEF_TABLE	事件和信息对照表	MEM
3	EVENT_ACTION_TABLE	事件和该事件发生后要执行的 功能的对照表	EMAD
4	MSG_LOG	EMAD 接收、发生信息 LOG	EMAD
5	SPECIAL_DATA_COLL_SET_DEF	模型数据采集项目的定义	SDCM
6	PRODUCT_DATA_COLL_SET_DEF	生产数据采集项目的定义	PDCM
7	RAW_DATA	从 L1 计算机接收的采集数据 （未加工的数据）	PDCM LOG_MANAGER

序 号	文 件 名 称	存储的数据	访问的程序
8	LOG_DATA	报表数据	LOG_MANAGER
9	PROCESS_HISTORY	过程历史数据	PHS
10	SLAB_INVENTORY	板坯数据	SIS
11	FCE_TECHNICAL_DATA	加热炉工艺数据	FME
12	RM_FM_TECHNICAL_DATA	粗轧、精轧工艺数据	RM_MODEL、FM_MODEL
13	ROT_LEARNING_FACTORS	卷取温度控制模型自学习系数	ROT_MODEL
14	ROT_SEGMENT_DATA	层流冷却区的"段跟踪"数据	ROT_MODEL
15	ROLLING_PRACTICE	粗轧、精轧实际轧制数据	RPS
16	STORED_SCHEDULE	轧制规程数据(用于半自动设定)	SSS
17	LEARNING (LE_RM、LE_FM)	粗轧、精轧模型自学习系数	LS
18	PRODUCTION_SCHD	生产计划数据	PSS
19	STORED_PRODUCT_REFERENCE_TABLE	产品参考值数据	SPRTS
20	GRADES	钢种分类、化学成分数据	GS

表 7-18 给出某个国内公司的数据文件的设计实例。

表 7-18 数据文件属性

文件名称	存储介质	记录数	符号名	存储的数据
轧制计划、PDI 及过程数据				
ROLLING SCHEDULE DATA	MEM	16	SCHDA	轧制计划
PRIMARY DATA	MEM	500	PRIDA	PDI
FCE DATA	MEM	200	FCEDA	加热炉数据
EXTRACTION SEQUENCE DATA	MEM	200	EXTDA	出钢顺序数据
MILL LINE DATA	MEM	16	MILDA	轧线数据
CONVEYOR LINE DATA	MEM	64	CVYDA	运输链数据
实际测量数据				
RM RESULT	MEM	16	RMRDA	粗轧实际数据
RM SAMPLING RESULT	MEM	16	RMSDA	粗轧采样数据
FM RESULT1	MEM	16	FMDA1	精轧实际数据 1
FM RESULT2	MEM	16	FMDA2	精轧实际数据 2
FET RESULT	MEM	16	FETDA	精轧入口温度实际数据
FM PROFILE RESULT	MEM	16	FMPRFR	精轧板形实际数据
DC RESULT	MEM	16	DCRDA	卷取实际数据
操作人员输入的数据				
RM OPERATOR INPUT	DISK	1	RMIPT	粗轧 HMI 输入数据
FM OPERATOR INPUT	DISK	1	FMIPT	精轧 HMI 输入数据
DC OPERATOR INPUT	DISK	1	DCIPT	卷取 HMI 输入数据
SSU OPERATOR INPUT	DISK	1	SSUIPT	板形 HMI 数据

文件名称	存储介质	记录数	符号名	存储的数据
RM ROLL DATA	DISK	1	RMROLL	粗轧轧辊数据
FM ROLL DATA	DISK	1	FMROLL	精轧轧辊数据
数学模型数据				
HSU ANALYSIS DATA SAVE	DISK	4000	HSUSAV	加热炉设定保存数据
HSU CONSTANT DATA	MEM	1	HSUCON	加热炉常数
HSU HIERARCHY DATA 1	DISK	15	HSUHD1	加热炉层别数据1
HSU HIERARCHY DATA 2	DISK	15	HSUHD2	加热炉层别数据2
HSU HIERARCHY DATA 3	DISK	8	HSUHD3	加热炉层别数据3
RSU SET UP DATA	MEM	16	RSUSET	粗轧设定数据
RSU ANALYSIS DATA SAVE	DISK	4000	RSUSAV	粗轧设定保存数据
RSU CONSTANT DATA	MEM	1	RSUCON	粗轧设备常数
RSU HIERARCHY DATA（VSB）	MEM	3840	RSUHD1	粗轧层别数据1
RSU HIERARCHY DATA（RM）	MEM	3840	RSUHD2	粗轧层别数据2
RSU LEARNING DATA 1	DISK	7680	RSULN1	粗轧自学习数据1
RSU LEARNING DATA 2	DISK	38400	RSULN2	粗轧自学习数据2
RSU LEARNING DATA 3	DISK	9600	RSULN3	粗轧自学习数据3
FSU SET UP DATA	MEM	16	FSUSET	精轧设定数据
FSU ANALYSIS DATA SAVE	DISK	4000	FSUSAV	精轧设定保存数据
FSU CONSTANT DATA	MEM	1	FSUCON	精轧设备常数
FSU HIERARCHY DATA 1	MEM	9600	FSUHD1	精轧层别数据1
FSU HIERARCHY DATA 2	MEM	5	FSUHD2	精轧层别数据2
FSU LEARNING DATA 1	DISK	19200	FSULN1	精轧自学习数据1
FSU LEARNING DATA 2	DISK	5	FSULN2	精轧自学习数据2
CSU SET UP DATA	MEM	16	CSUSET	卷取设定数据
CSU ANALYSIS DATA SAVE	DISK	4000	CSUSAV	卷取设定保存数据
CSU CONSTANT DATA	MEM	1	CSUCON	卷取设备常数
CSU HIERARCHY DATA 1	MEM	9600	CSUHD1	卷取层别数据1
SSU SET UP DATA	MEM	16	SSUSET	板形设定数据
SSU ANALYSIS DATA SAVE	DISK	4000	SSUSAV	板形设定保存数据
SSU CONSTANT DATA	MEM	1	SSUCON	板形控制常数
SSU LEARNING DATA	DISK	8960	SSULRN	板形控制自学习数据
SSU HIERARCHY DATA 1	MEM	2100	SSUHD1	板形层别数据1
SSU ROLL CONTOUR DATA	DISK	1	SSURCT	辊形数据
AWC SET UP DATA	MEM	16	AWCSET	AWC设定数据

文件名称	存储介质	记录数	符号名	存储的数据
AWC ANALYSIS DATA SAVE	DISK	4000	AWCSAV	AWC 保存数据
AWC CONSTANT DATA	MEM	1	AWCCON	AWC 常数
AWC HIERARCHY DATA 1	MEM	19200	AWCHD1	AWC 层别数据 1
AWC LERANING DATA	DISK	19200	AWCLRN	AWC 自学习数据
CTC SET UP DATA	MEM	16	CTCSET	卷取温度控制设定数据
CTC ANALYSIS DATA SAVE	DISK	4000	CTCSAV	CTC 保存数据
CTC CONSTANT DATA	MEM	1	CTCCON	CTC 常数
CTC HIERARCHY DATA	MEM	45	CTCHD1	CTC 层别数据
CTC LERANING DATA	DISK	3150	CTCLRN	CTC 自学习数据
COMMON HIERARCHY DATA	MEM	60	COMHDT	公共层别数据
产品质量数据				
MILL QUALITY DATA	MEM	16	MQDA	质量数据（内存）
MILL QUALITY DATA SAVE	DISK	4000	MQDSAV	质量数据（硬盘）

表 7-18 中的 MEM 表示内存文件，DISK 表示磁盘文件。除了 ROLLING SCHEDULE DATA 、CONSTANT DATA 、HIERARCHY DATA 和 LERANING DATA 几个文件以外，文件的记录数的实际意义是表示能够同时存储多少块轧件的数据。例如 PDI 文件 PRIDA 的记录数为 500，可以同时存储 500 块钢的 PDI 数据。轧线数据 MIDA 的记录数是 16，可以同时存储 16 块钢的数据。表 7-18 中，还有一些内存文件的记录数也是 16，这也是软件设计时统一规定的，从第 1 个轧件到第 16 个轧件，依次使用文件的第 1 个记录到第 16 个记录。第 17 个轧件使用第 1 个记录，一直按照这种顺序使用内存文件的每个记录。16 个记录已经足够使用了，这是因为国内外文献中所记载的轧线上（从加热炉的出钢辊道到卷取机）允许同时存在的最大的轧件数量是 8。

HIERARCHY DATA 是"层别数据"。"层别"这个词来源于日本语，"层别"的英文是 Hierarchy。"层别文件"、"层别数据"实际是一种多维数据表，例如按照钢种、成品厚度、成品宽度区分，就是三维数据表。关于层别的划分，在 7.5.2.1 节详述。

数据流程（Global Data Flow）的设计，是要解决数据文件（数据区）的创建、读写、更新、保存、清除、备份的时序及其处理者（程序）。上述的第一个例子，从图 7-3 可以清楚地看出其数据的流程。

在上述的第二个例子中，轧线跟踪程序 MTK 在出钢完成事件（EXTRACTION COMPLETE，事件号 1144）发生时，将 PRIDA 文件（即 PDI 数据文件）中的 PDI 数据写入 MILDA 数据文件（即轧线数据文件）。当钢卷从 1 号卷取机卸卷完成事件（FROM DC1 TO FAST CONVEYOR，事件号 2608）发生时，运输链跟踪程序 VTK 程序将 MILDA 中的数据写入到运输链数据文件 CVYDA，并且清除 MILDA 文件的相应记录（16 个记录中的一个记录），以便留出存储空间给下一块轧件使用。

数据结构和数据的定义就是在计算机中定义"头文件"（C 语言的 . H 文件，FOR-TRAN 语言的 . INCLUDE 文件）。现在流行的方法是先用 Excel 定义数据结构和数据，然后在计算机中自动生成"头文件"。随着计算机技术和数据库技术的发展，使用数据库中的数据表来取代内存文件，使得应用软件的编程更加灵活、便利。

7.4.3　计算机通信设计

热连轧过程控制级计算机和其他计算机（设备）通信关系如图 5-11 所示。计算机通信设计包括 L2 计算机与 L3 计算机、L2 计算机与 L1 计算机、L2 计算机与前后工序计算机、L2 计算机与大型仪表之间的通信。一般情况下，除了 L2 和 L1 计算机通信网络有可能不采用以太网以外，其他基本采用以太网，TCP/IP 协议。L2 和 L1 计算机通信网络有的用以太网、有的用内存映像网、有的用某个电气公司的特殊网络（例如 EGD、TC-net 等）。

下面以 L2 和 L3 计算机为例，说明通信功能的设计方法。这种设计方法也可以推广到所有计算机之间的通信。

7.4.3.1　定义计算机名称（节点名）、设备代码和 IP 地址

表 7-19 给出了一个计算机设备代码定义的例子。要根据不同生产线的计算机设备状况，进行定义。

表 7-19　计算机设备代码

设备名称	设备简称	设备代码	设备名称	设备简称	设备代码
加热炉计算机	SCC1	21	生产控制计算机(L3)	PCC	31
轧线计算机	SCC2	22	钢卷库控制计算机(L3)	CYC	32

如果不使用设备代码而使用计算机的节点名，也是可以的。

7.4.3.2　定义通信的信息号

通信的信息号（Message ID）可由发送方的设备代码 + 接收方的设备代码 + 两位数字的顺序号组成，详见表 7-20。

表 7-20　信息号的定义

序号	发送方和接收方	信息号	备　注	序号	发送方和接收方	信息号	备　注
1	PCC→SCC1	3121××		6	SCC2→PCC	2231××	
2	PCC→SCC2	3122××		7	SCC1→CYC	2132××	此例中，没有通信关系
3	CYC→SCC1	3221××	此例中，没有通信关系	8	SCC2→CYC	2232××	
4	CYC→SCC2	3222××		9	SCC1→SCC2	2122××	
5	SCC1→PCC	2131××		10	SCC2→SCC1	2221××	

如果在 7.4.3.6 节所述的"信息头"中，有"发送方"和"接收方"的数据项，也可以省略信息号中的设备代码。

7.4.3.3　定义通信的信息表

通信的信息表规定了计算机之间的主要通信内容，例如报文号、信息名、时序、计算机名等，如表 7-21 所示。

表 7-21　通信信息表

信息号	信息名	主要数据	时序	传送方向
312110	轧制计划	轧制计划数据	计划编制完成时	PCC→SCC1
312120	PDI 数据	板坯信息	计划编制完成并且操作工请求 PDI 数据时	PCC→SCC1
312130	板坯装载数据	板坯号，钢卷号	板坯到达装载（A1）辊道	PCC→SCC1
312140	删除 PDI 数据	删除 PDI 数据请求	轧制计划改变时	PCC→SCC1
312150	改变轧制顺序	改变轧制顺序请求	轧制计划改变时	PCC→SCC1
312190	测试信息	英文字符	软件人员要求时	PCC→SCC1
213110	PDI 数据请求	PDI 数据	操作工请求时	SCC1→PCC
213120	板坯吊销或返回板坯库	板坯号，卷号，标志码	操作工请求时	SCC1→PCC
213130	班报	班报	换班请求时	SCC1→PCC
213140	装炉停止	炉号、代码(停止/启动)	操作工请求时	SCC1→PCC
213190	测试信息	英文字符	操作工请求时	SCC1→PCC
312210	轧辊信息	轧辊信息	换辊计划完成	PCC→SCC2
312220	钢卷封锁	检查信息	改变钢卷检查指示时	PCC→SCC2
312290	测试信息	英文字符	软件人员要求	PCC→SCC2
223110	轧线延迟	延迟开始时间和结束时间	输入线延迟原因	SCC2→PCC
223120	工程数据	生产过程数据	钢卷称重完成时	SCC2→PCC
223130	班报	一个班中的全部产品结果	操作工换班请求时	SCC2→PCC
223140	轧辊的实际结果	换辊时间、轧制重量、轧制长度	换辊完成	SCC2→PCC
223190	测试信息	英文字符	软件人员要求时	SCC2→PCC
322210	钢卷离线	钢卷离线信息	钢卷离线完成时	CYC→SCC2
322290	测试信息	英文字符	软件人员要求	CYC→SCC2
223210	产品结果	分类数据，产品结果	称重完成或钢卷离线时	SCC2→CYC
223220	钢卷离线请求	钢卷号	操作工要求	SCC2→CYC
223230	钢卷在钢卷库	钢卷号、钢卷重量	钢卷在钢卷库移动	SCC2→CYC
223240	钢卷在检查线	钢卷在检查线	钢卷在检查线时	SCC2→CYC
223290	测试信息	英文字符	软件人员要求时	SCC2→CYC
212201	装钢完成	炉号、板坯重量	板坯装钢完成时	SCC1→SCC2
212202	装钢返回	钢卷号、炉号	操作工输入装钢返回时	SCC1→SCC2
212203	出钢完成	钢卷号、板坯温度等	板坯出钢完成	SCC1→SCC2
212204	出钢开始	钢卷号、出钢时间	出钢开始	SCC1→SCC2
212205	装入板坯信息	板坯数据	请求装入板坯信息时	SCC1→SCC2
212206	出钢暂停	暂停的炉号	操作工请求出钢暂停时	SCC1→SCC2
212207	板坯返回加热炉	钢卷号、返回的炉号	操作工请求时	SCC1→SCC2
212208	板坯再热	钢卷号	操作工请求时	SCC1→SCC2
212209	板坯装载完成	钢卷号	板坯装载完成时	SCC1→SCC2
212210	板坯吊销	钢卷号	板坯在装载辊道被吊销时	SCC1→SCC2

信息号	信息名	主要数据	时　序	传送方向
222101	装入板坯的 MPC 信息	钢卷号、出钢时间、板坯温度	MPC 计算完成时	SCC2→SCC1
222102	MPC 计算结果	下一块钢的钢卷号、出钢时间	MPC 计算完成时	SCC2→SCC1
222103	出钢前 10s 钟	钢卷号、炉号	出钢前 10s	SCC2→SCC1
222104	出钢开始请求	钢卷号	具备出钢条件时	SCC2→SCC1
222105	RDT 温度结果	钢卷号、RDT 实测温度	RDT 测量完成时	SCC2→SCC1
222106	装入板坯信息请求	没有数据	操作工请求时	SCC2→SCC1
222107	轧件吊销请求	钢卷号	操作工请求吊销时	SCC2→SCC1
222108	跟踪修正	钢卷号、轧件移动方向	操作工跟踪修正完成时	SCC2→SCC1
222109	班信息	班组号、换班时间	换班开始时	SCC2→SCC1

在表 7-21 中，还应该列出每个信息的长度（Byte），这里省略了。另外，表 7-21 中没有列出 7.4.3.4 节规定的应答信息，应答信息就是 ACK 和 NAK 两种。

7.4.3.4　确定接收和应答的规则

为了保证通信的正常进行，规定一些接收和应答的规则，例如 ACK（正确应答）和 NACK（否定应答）的应答信号。

7.4.3.5　确定通信的检查方法

检查通信正常与否的方法有下面几种：

（1）进行顺序号检查。发送程序在发送信息时，每次将双方的通信顺序号加 1，接收程序要检查该顺序号，如果通信顺序号是正确的，就接收报文，然后发送 ACK 信号，否则就发送 NAK 信号。通信顺序号在"报文头"中定义。

（2）数据的上下限值检查。接收程序要检查数据是否在规定的上下限范围内，如果在合理范围内就接收，否则就发送 NAK 信号。

（3）两个计算机的通信超时检查。当在规定的时间内既没有接收到应答，也没有接收到 NAK 信号时，就判断出错。

通过这些检查，当发生违规情况时，系统发出通信错误信息。

7.4.3.6　定义通信信息的格式

A　信息头

表 7-22 给出一个"信息头"的例子，设计时可以根据需要进行增减。

表 7-22　信息头

序　号	数据名	数据长度	数据类型	备　注
1	Message_ID	32	I	信息号
2	Date	8	C	YYYYMMDD，年月日
3	Time	6	C	HHMMSS，时分秒
4	Sender	5	C	发送方的 TCP/IP 节点名
5	Receiver	5	C	接收方的 TCP/IP 节点名
6	Msg_Length	4	I	总的信息长度，包含信息头和信息体
7	Seq_No		I	顺序号

B 数据定义

数据定义的内容如表 7-23 所示。

表 7-23 数据定义

序 号	数 据 项	单 位	数据类型	数据长度(Byte)	数据名称	注 释
1						
2						
⋮						
N						

表中各项的含义如下：

序号：数据项的顺序号；数据项：数据的内容；单位：数据的单位（按照国际标准单位）；数据类型：字符型、整型、实型等编程语言所允许的数据类型；数据长度：数据占用存储空间的尺寸（以 Byte 为单位）；数据名称：程序中的变量名；注释：为了便于理解，给出的说明；$1 \sim N$ 项合称为"信息体"（Body）或者"数据"（Data）。

7.4.3.7 使用数据库完成数据交换

还有一种方法，是通过数据库的数据表来交换数据。如果计算机都安装了数据库（例如 ORACLE），那么就可以通过数据库的数据表来交换数据，如图 7-6 所示。这时需要定义数据库的数据表。

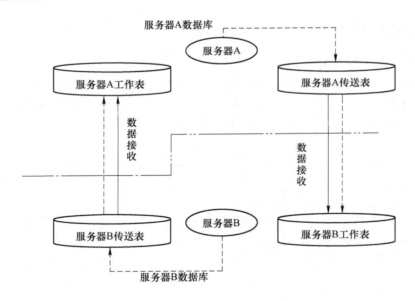

图 7-6 使用数据库完成数据交换

从图 7-6 可以看出，在服务器 A 和服务器 B 中都安装了数据库，并且分别定义了各自的"传输表"（Transfer Table）和"工作表"（Work Table）。服务器 A 可以读取服务器 B 的"传输表"，然后将数据写入自己的"工作表"；服务器 B 可以读取服务器 A 的"传输表"，然后将数据写入自己的"工作表"。服务器之间使用 SQL 语句读取数据。

对于本地工作表的操作，如果是新的"记录"，则进行"插入"操作，如果"记录"已经存在，就进行"更新"操作。

对于本地传输表的操作，如果执行"插入"或"更新"的操作，操作成功以后，就把本地传输表相关记录的"访问标志"（Access flag）置为 0。

对于异地传输表的操作，采用定期查询是否存在新的"记录"，如果有新的"记录"，就进行"插入"操作，并将获得的数据"插入"。

7.4.3.8　通信量的统计

表 7-24 给出某 1780mm 热轧生产线过程控制级计算机和基础自动化计算机之间通信量的统计实例。不同生产线的工艺、设备布置、控制功能等会有差异，因此通信量也会不同。表 7-24 的数据有一定的代表性。

表 7-24　L2 和 L1 之间的通信量

项目 区域	L2 发送 L1 数据（Word）	L2 接收 L1 数据（Word）	总计（Word）
加热炉区	247	260	507
粗轧区	528	5393	5921
精轧区	1406	12281	13687
卷取区	144	405	549
合　计	2325	18339	20664

7.4.4　HMI 画面的设计

7.4.4.1　HMI 的布置

HMI 是操作人员和过程控制级计算机之间的人机接口设备。在计算机室和生产线的操作室设置了 HMI 终端，显示生产过程的有关信息。操作人员通过 HMI 向过程控制级计算机输入有关数据和信息。表 7-25 给出了 HMI 布置的一个例子。

表 7-25　HMI 的布置

地点（操作室）	设备编号	设备编号	设备编号	数量/台	操作范围
计算机室（CPU ROOM）	HMI001	HMI002	—	2	全线（仅显示）
板坯装载室（LOAD PP）	HMI111	—	—	1	板坯装载辊道、入炉辊道
加热炉操作室（FCE PP）	HMI211	HMI212	—	2	加热炉、出炉辊道
粗轧操作室（RM PP）	HMI321	HMI322	—	2	除鳞机、立辊轧机、粗轧
精轧操作室（FM PP）	HMI421	HMI422	HMI423	3	精轧、层流冷却
卷取操作室（DC PP）	HMI521	HMI522	HMI523	3	卷取、运输链

国内外流行的趋势是 L2 和 L1 的 HMI 服务器共用硬件，HMI 终端共用硬件，只是分别设计了与 L2 计算机相关的画面、与 L1 计算机相关的画面。编制画面的软件工具也使用

同一种，例如 I Fix、In Touch、Win CC、Cimplicity 等组态软件。

7.4.4.2 设计 HMI 画面的通用格式

HMI 画面的通用格式包括屏幕上方的页眉、屏幕下方的页脚和屏幕中间画面，如图 7-7 所示。

操作人员从一个画面切换到另外一个画面，一般可以通过以下三种方法：

（1）使用主菜单画面（Main Menu Screen）。

（2）使用鼠标点击导航按钮（Navigation Buttons）。

（3）使用键盘上的功能键（Function Key）。

所以需要定义主菜单画面，要设计导航按钮，要定义键盘上的功能键。

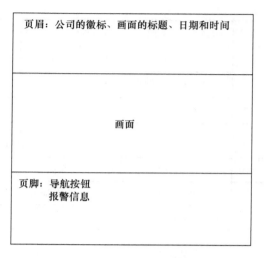

图 7-7 HMI 画面的通用格式

使用 HMI 时，用户必须先登录。对 HMI 画面设置访问权限，这是为了防止误操作引起事故的一项安全措施。一般分成三种权限级别，即系统管理员、L2 计算机工程师（包括工艺工程师）、操作人员，级别由高至低，能够操作的范围不同。

为了查找问题方便，对 HMI 的输入操作均记录到"HMI 操作历史数据文件"，操作记录按照规定的时间周期保留。

7.4.4.3 设计 HMI 画面的概览

下面给出国内某热连轧生产线 HMI 画面的概览。这是和 L2 计算机有关的 HMI 画面，见表 7-26 和表 7-27。

表 7-26 HMI 画面一览（加热炉）

序号	画面名称（中文）	画面名称（英文）	功 能
1	计算机室菜单	computer room menu	计算机室菜单
2	装钢菜单	charging menu	装钢菜单
3	出钢菜单	discharging menu	出钢菜单
4	加热炉装钢	FCE charging	显示装炉板坯数据
5	装钢输入	FCE charging input	（1）板坯核对；（2）强制核对；（3）板坯吊销（REJECT）；（4）修改装炉号；（5）装入返回；（6）数据强制装入
6	加热炉出钢	FCE discharging	（1）显示准备出炉板坯的数据（6块板坯）；（2）显示已经出炉板坯的数据（4块板坯）
7	出钢输入	FCE discharging input	（1）加热炉停止装炉或出炉；（2）加热炉炉内跟踪修正；（3）改变出炉顺序；（4）出钢的板坯返回到加热炉；（5）出钢的板坯返回到板坯库；（6）强制出钢；（7）数据强制抽出；（8）修改轧制节奏

序号	画面名称（中文）	画面名称（英文）	功　能
8	炉前辊道跟踪	A/B table tracking	（1）显示加热炉全区的跟踪信息；（2）跟踪修正（炉前辊道）
9	炉后辊道跟踪	C table tracking	（1）显示加热炉全区的跟踪信息；（2）跟踪修正（炉后辊道）
10	炉内	FCE inside	显示在加热炉内板坯的数据

表 7-27　HMI 画面一览（轧线）

序号	画面名称（中文）	画面名称（英文）	功　能
1	粗轧菜单	RM menu	粗轧菜单
2	粗轧轧制规程	RM schedule	显示粗轧轧制规程
3	粗轧输入	RM input	输入粗轧设定计算修改值：道次、负荷分配、速度、除鳞方式、目标厚度等
4	粗轧跟踪修正	RM tracking correct	跟踪修正（粗轧区）
5	精轧菜单	FM menu	精轧菜单
6	精轧轧制规程	FM schedule	显示精轧轧制规程
7	精轧输入	FM input	输入精轧设定计算修改值：负荷分配、速度、除鳞方式和机架间喷水方式、目标厚度、目标温度，进行换班操作，输入轧线延迟的原因
8	精轧跟踪修正	FM tracking correct	跟踪修正（精轧区）
9	卷取菜单	DC menu	卷取机菜单
10	卷取和运输链跟踪修正	DC and conveyor tracking correct	跟踪修正（卷取区和运输链区）
11	卷取温度控制	CTC	显示卷取温度控制数据、输入 CTC 的修改数据
12	轧制顺序	Rolling sequence	显示来自 L3 计算机的 PDI 数据
13	轧辊数据	Roll data	显示和输入轧辊数据
14	质量数据	Quality data	显示质量统计数据

下面给出某外国公司设计的热连轧生产线 HMI 画面的概览，见表 7-28。这也是只和 L2 计算机有关的 HMI 画面。

表 7-28　热连轧生产线 HMI 画面（L2）的概览

序号	画面名称	功　能
1	Rolling sequence	显示轧制顺序、PDI 数据，修改轧制顺序
2	RM setup	显示粗轧轧制规程； 输入人工干预的粗轧设定计算数据
3	FM setup	显示精轧轧制规程； 输入人工干预的精轧设定计算数据

序号	画面名称	功　能
4	CTC setup	显示层流冷却计算结果和喷水阀门的状态，输入人工干预的卷取温度控制数据
5	Mill line tracking	显示轧件的位置（从加热炉到卷取机），跟踪修正，轧件吊销
6	Post-coiler(conveyor system)tracking	显示钢卷的位置（从卷取机到运输链），跟踪修正，轧件吊销
7	Mill delay	显示轧线延迟的信息，输入轧线延迟的原因
8	Roll data	显示当前的和下一批的轧辊数据
9	Coil Inspection	显示钢卷质量数据，输入钢卷检查的结果
10	Pacing	显示和修改轧制节奏
11	Quality Summary	显示钢卷质量统计数据

以上两个公司设计的 HMI 概览的最大区别是前者画面的数量多一些，在和 L2 相关的 HMI 画面上，输入的项目也多一些。从发展的趋势来看，后者更符合近年的发展状况。也就是说，在和 L2 相关的 HMI 画面上，只显示（或输入）和数学模型有关的数据。

7.4.4.4 设计 HMI 每幅画面的格式

设计 HMI 每幅画面的格式，就是决定每幅画面所呈现出的样式。首先要决定画面上要显示的项目，包括要输入的项目以及这些项目在一幅画面的排列方式，并且按照每个项目来决定数据的类型和长度、数据的单位、数据的颜色。有的画面上还要显示必要的图形和曲线。现在有多种工具可以设计 HMI 画面格式。

7.4.5 报表的设计

首先要决定报表的种类，然后决定每个报表记载的数据项，最后决定每个报表的格式。

下面给出某国外公司设计的报表种类，见表 7-29。不同的热连轧生产线的报表种类大同小异。

表 7-29　报表的种类

序号	报表名称	主要内容
1	Rolling Schedule Report 轧制规程报告	轧制规程数据
2	RM Engineering Report 粗轧工程报告	粗轧设定计算数据和实际测量数据
3	FM Engineering Report 精轧工程报告	精轧设定计算数据和实际测量数据
4	Coil Production & Quality Report 钢卷生产和质量报告	生产和产品质量数据
5	Shift Operation Report 班运转报告	一个作业班的生产概况，包括交接班的时间、板坯数量、钢卷数量、延迟时间等
6	Shift Production Report 班生产报告	一个作业班的板坯和钢卷数据
7	RM Roll Data Report 粗轧轧辊数据报告	粗轧使用过的轧辊和当前使用的轧辊数据
8	FM Roll Data Report 精轧轧辊数据报告	精轧使用过的轧辊和当前使用的轧辊数据

设计报表的格式就是决定每个报表所包含的数据在该报表中的排列位置和数据格式。现在国内外有许多制作报表的软件工具，选择用什么工具制作报表，主要考虑这种工

具的性能是否优化、模板与数据能否分离、设计模式是否容易调整、什么样的接口方式、什么样的输出方式（输出文件的类型）、批量打印的效率如何等问题，这里不再赘述。

7.4.6　启动应用系统的软件设计

应用系统正常启动、运行的前提条件是计算机和网络设备、外围设备正常启动、运行。带钢热连轧过程控制级（L2）应用系统的启动是靠软件自动完成的。这个软件就是启动应用系统的软件。针对不同的操作系统，启动应用系统的软件设计所采用的编码虽然不同，但是该软件实现的主要功能相同。该软件设计内容包括：

（1）根据网络节点名判断计算机的运行方式是在线还是备用，分别定义各计算机的磁盘。

（2）运行中间件，建立应用软件的运行环境。

（3）运行应用软件，首先给每个进程设置优先级，然后创建所有应用进程。

下面给出一个 Open VMS 操作系统下，启动应用系统的软件设计实例。

（1）判断是"在线计算机"还是"备用计算机"。根据计算机的节点名 NODENAME，判断是"在线控制计算机"，还是"备用计算机"。如果是"在线控制计算机"，就定义在线机使用的磁盘，然后在系统终端上输出信息"Start For HSM L2 ON LINE"；如果是"备用计算机"，就定义备用机使用的磁盘，然后在系统终端上输出信息"Start For HSM L2 BACK UP"。

（2）定义逻辑名，@ sys $ com：LOGICALS. COM。

（3）定义符号，@ sys $ com：SYMBOLS. COM。

（4）启动中间件，@ sys $ com：MW $ START. COM。启动中间件，包括给中间件的各个进程设置优先级，分别创建和启动"信息管理"进程、"文件管理"进程、"通信管理"进程（建立与所有外部计算机和仪表的连接）、"HMI 管理"进程、创建、"报警管理"进程、"报表管理"等进程。

（5）启动应用软件，@ sys $ com：AP $ START. COM。启动应用软件，包括给应用软件的各个进程设置"优先级"，@ sys $ com：APPRIORITY. COM 以及创建、启动所有应用进程，@ sys $ comAPCREPROC. COM。

上面的 . COM 文件是命令过程（Command Procedure），它是用 OPEN VMS 操作系统的 DCL 语言书写的一种程序。符号@ 表示"运行"，sys $ com：是逻辑名，指明文件的存储路径。

Open VMS 操作系统下，启动应用系统的软件设计，要比 Windows 操作系统下的启动应用系统的软件设计复杂一些。由于在国内外有许多应用，所以以此为例。

7.5　数学模型的用户化

数学模型的用户化是一项重要而复杂的工作。其重要性在于关系到模型调试是否顺利，以及模型计算精度是否能够尽快满足要求；而复杂性在于不同生产线的工艺流程、设备布置、设备选型、产品大纲、环境条件、坯料的化学成分、操作工的操作水平等都存在着不同之处，所以不能完全照搬，只能根据具体情况来调整、改进和完善。数学模型的用户化包括数学模型的选取与组合、数据表配置、数据表层别划分和调试工具选用等。

7.5.1 数学模型的选取与组合

计算同一个变量的数学模型（例如变形抗力模型）有多种，且繁简不一。对此，不同公司有不同的选择。笔者对国内外多个带钢热连轧生产线的产品控制精度及其变形抗力模型进行了调查和比较，得到的答案是：选择较简单的变形抗力模型和选择较复杂的变形抗力模型，能够得到同样的产品厚度精度。这个答案出乎一般的想象。一般会认为复杂公式比简单公式的计算精度高。单单从一个孤立的公式来看，这个看法或许是对的。但是产品的控制精度是一个综合性的课题，受许多因素的影响。精轧设定模型是由许多公式组成的，其精度并不是由一个变形抗力模型所决定的。这也是不同的国外公司至今仍然使用不同的变形抗力模型的原因。而这些国外公司的变形抗力模型有的复杂点，有的简单点。

笔者认为数学模型的选取与组合原则是：使用经典的以及经过生产实践检验并证明计算精度能够满足要求的模型；选择知道如何修改和调整模型参数的模型。因为这是工程设计项目，不是科学研究项目。

7.5.2 数学模型数据表配置

7.5.2.1 数学模型表的归类与划分

按照功能划分，数学模型数据表主要包括工艺参数表、模型系数表和自学习系数表。数学模型表的归类与划分，就是按照生产区域或者按照不同的数学模型，来确定到底有哪些数学模型表。下面作为举例，给出精轧生产区域、精轧设定模型（FSU）的数学模型表。为了节省篇幅，不再叙述其他生产区域数学模型表的划分了。

工艺参数表是与工艺和设备相关的数据表。进行工艺数据表配置时，首先给表中的各项数据设定初始值，为了稳妥起见，有的参数初始值可以给的保守些，例如轧机咬入速度可以比设计咬入速度低一些；然后随着设备状况和生产工况再逐步调整工艺数据。工艺参数表（精轧设定）的例子见表7-30～表7-38。

表7-30　速度表

序号	项　目	钢族	带钢厚度	带钢宽度	机架号
1	穿带速度(Threading speed)/m·s^{-1}	○	○	○	—
2	加速度(Acceleration rate)/m·s^{-2}	○	○	○	—
3	轧制速度(Running speed)/m·s^{-1}	○	○	○	—
4	最高速度(Max speed)/m·s^{-1}	○	○	○	—
5	抛钢速度(Tail-out speed)/m·s^{-1}	○	○	○	—
6	穿带速度调整因子(Threading speed adjustment factor)/%	—	○	—	除了末机架外的其他机架

表7-31　活套参数表

序　号	项　目	钢　族	带钢厚度	活套数量
1	机架间张力(Interstand tension)/MPa	○	○	○
2	活套角度/高度(Looper angle)/(°)	○	○	○

表7-32　压下规程表

序号	项　目	钢族	带钢厚度	带钢宽度	机架号	方　式
1	压下率(Reduction)/%	○	○	○	○	—
2	轧制力比率(Roll force ratio)/%	○	○	○	○	分为重、标准、轻3种类型

表7-33　除鳞和机架间喷水代码表

序号	项　目	钢　族	带钢厚度	带钢宽度
1	喷水代码(Spray code)	○	○	○

表7-34　除鳞喷水模式表

序　号	项　目	喷水代码(Spray code)
1	除鳞水 ON/OFF(FSB Spray ON/OFF)ON=1，OFF=0	○
2	最大流量	○
3	最小流量	○
4	阀门开关的顺序	○

表7-35　机架间冷却水喷水模式和流量表

序　号	项　目	喷水代码(Spray code)
1	穿带时，喷水的最大流量(flow rate)/m³·h⁻¹	○
2	穿带时，喷水的最小流量(flow rate)/m³·h⁻¹	○
3	精轧温度控制时，喷水的最大流量 (flow rate) /m³·h⁻¹	○
4	精轧温度控制时，喷水的最小流量(flow rate)/m³·h⁻¹	○
5	阀门开关的顺序	○

表7-36　工作辊冷却水喷水流量表

序　号	项　目	钢　族	带钢厚度	机架号
1	工作辊冷却流量(WR cooling Spray flow rate)/m³·h⁻¹	○	○	○

表7-37　润滑轧制表

序　号	项　目	钢　族	带钢厚度	带钢宽度
1	上部流量(Top flow rate)	○	○	○
2	下部流量(Bot flow rate)	○	○	○
3	开始位置(Start Position)	○	○	○
4	停止位置(Stop Position)	○	○	○

表7-38　软空过机架表

序　号	项　目	钢　族	带钢厚度	带钢宽度
1	软空过机架号(Soft dummy stand number)	○	○	○

喷水代码由2位阿拉伯数字组成。假如精轧入口有2组除鳞设备，7机架精轧机之间有6组机架间喷水设备，不同的喷水代码表示除鳞和机架间冷却设备使用的组合方式。

上述工艺参数表的初始值设定和最终值的确定，属于工艺技术人员的工作范畴。

模型系数表储存数学模型的系数。这些系数的具体数值来源于理论或文献、经验、统计和数值分析3个方面。表7-39给出了精轧设定模型所使用的数学模型系数表。

表7-39 精轧设定所使用的数学模型系数表

数学模型表的名称（中文）	数学模型表的名称（英文）	钢族	厚度	宽度	机架
温度模型系数	Temperature model coefficient	○	○	○	—
变形抗力模型系数	Deformation resistance model	①	—	—	②
轧制力函数模型系数	Rolling force function	—	—	—	○
摩擦力模型系数	Friction model coefficient	—	—	—	○
轧制力矩模型系数	Roll torque model coefficient	—	—	—	○
马达功率模型系数	Motor power model coefficient	—	—	—	○
前滑模型系数	Forward slip model coefficient	—	—	—	③
后滑模型系数	Backward slip model coefficient	—	—	—	③
轧机弹跳模型系数	Mill stretch model coefficient	—	—	—	○
油膜厚度模型系数	Oil film thickness model coefficient	—	—	—	○

① 、② 根据使用什么样的变形抗力模型，来决定是否用钢族、机架号做索引。

③ 有的前（后）滑模型的系数与机架号有关，有的前（后）滑模型与机架无关。

自学习系数表存储模型的自学习系数。热负荷试车以前，需要先给自学习系数设置一个初始值，例如：对于加法自学习，其初始值可以是0，对于乘法自学习，其初始值可以是1.0；也可以将相似工艺、相似设备选型的生产线的、比较稳定的模型自学习值作为初始值，这有利于提高模型的初始计算精度、加快模型自学习的收敛速度，一般国外公司的技术人员在调试过程中，通常也采用这种赋初值的方法。

表7-40给出了精轧设定数学模型的自学习系数表。

表7-40 精轧设定数学模型的自学习系数表

数学模型表的名称（中文）	数学模型表的名称（英文）	钢族	厚度	宽度	机架
温度模型自学习系数	Temperature model learning coefficient	○	○	○	—
轧制力模型自学习系数	Roll force model learning	○	○	○	○
变形抗力模型自学习系数	Deformation resistance model learning coefficient	变形温度	变形速度	—	—
轧制力矩模型自学习系数	Roll torque model learning coefficient	○	○	○	○
马达功率模型自学习系数	Motor power model learning coefficient	○	○	○	○
辊缝自学习系数	Roll gap learning coefficient	—	—	—	○

自学习系数还可以分成"Bar To Bar"（即两块钢的）和"Lot To Lot"（即两批钢）的自学习系数，在表格中没有列出来。自学习系数按照什么样的"层别"划分，是由使用什么样的数学模型决定的，表7-40中给出的是应用实例。

7.5.2.2 数学模型表的"层别"划分

数学模型表的划分，也叫做"层别"的划分。数据表层别划分是软件设计时需要解决的一个重要问题。划分太粗，将会影响模型计算精度；划分太细，则不但要占用大量存储空间，而且还会出现有的数据使用（或者更新）频率很低，同样会影响模型计算精度。层别划分包括钢族（Steel family）、钢种代码（Steel grade code）、材质代码（Material code）和产品尺寸等级的划分等。

A　钢族的划分

钢族是数学模型系数表和工艺数据表的重要索引，钢族的划分对于稳定轧制、数学模型的维护工作能够简便地进行，是十分重要的。钢族的划分方法通常有碳当量法、化学元素法和硬度法。

首先，介绍碳当量法。常用的碳当量计算公式如下：

$$Ceq = C + \frac{Mn}{6} + \frac{Si}{24} + \frac{Ni}{40} + \frac{Cr}{5} + \frac{Mo}{4} + \frac{V}{14} \tag{7-1}$$

作为举例，表 7-41 给出一种根据碳当量划分钢族的方法。

表 7-41　钢族的判别（碳当量法）

序　号	钢　　　族	判　别　条　件
	普通钢	
1	低碳钢 1	$Ceq < 0.1$
2	低碳钢 2	$0.1 \leqslant Ceq < 0.21$
3	中碳钢 1	$0.21 \leqslant Ceq < 0.24$
4	中碳钢 2	$0.24 \leqslant Ceq < 0.32$
5	高碳钢 1	$0.32 \leqslant Ceq < 0.40$
6	高碳钢 2	$0.40 \leqslant Ceq$
	合金钢、特殊钢	
7		根据其他化学成分判别
8		根据其他化学成分判别
9		根据其他化学成分判别
⋮		
58		根据其他化学成分判别
59		根据其他化学成分判别
60		根据其他化学成分判别

表 7-42 给出某热轧生产线所生产的钢种的碳当量范围。表中的数据是根据半年生产的 6 万多个钢卷的化学成分统计计算出来的。

从表 7-42 中的数据可以看出，同一个钢种的碳当量 Ceq 的范围还是较宽的。对于同一个钢种，在符合国家标准或国外标准的前提下，对于不同的热连轧生产线，其前工序炼钢、连铸生产出来的板坯的化学成分是有差别的，所以计算出来的碳当量 Ceq 也会不同。这就需要工艺技术人员根据生产实践，总结和归纳出适合自己热连轧生产线的钢种判别方法。

表 7-42　碳当量表

序　号	钢　种	碳当量 Ceq	序号	钢　种	碳当量 Ceq
1	08AL	0.0888 ~ 0.1763	15	S20C	0.2765 ~ 0.3238
2	20	0.2620 ~ 0.2911	16	S35C	0.4462 ~ 0.4935
3	35	0.4935	17	SPCD	0.0488 ~ 0.0510
4	45	0.5269 ~ 0.5975	18	SPHC	0.0625 ~ 0.1244
5	A420L	0.2115 ~ 0.2555	19	SPHD	0.0912 ~ 0.1093
6	A510L	0.2709 ~ 0.3090	20	SPHE	0.0833 ~ 0.0940
7	HP295	0.2679 ~ 0.3377	21	SPHT1	0.1050 ~ 0.1172
8	HP325	0.3047 ~ 0.3049	22	SPHT2	0.1344 ~ 0.1599
9	LQ330	0.0886 ~ 0.1093	23	SPHT3	0.2297 ~ 0.2487
10	Q195	0.0588 ~ 0.1426	24	SS400	0.1838 ~ 0.2904
11	Q215B	0.1326 ~ 0.1685	25	SS490	0.2596 ~ 0.2978
12	Q235B	0.1454 ~ 0.2938	26	ST12	0.0421 ~ 0.0859
13	Q345A	0.3765 ~ 0.4165	27	ST37-2	0.1434 ~ 0.1815
14	QSTE420TM	0.2503 ~ 0.2509			

其次，介绍化学元素法。这种方法是按照钢的碳含量、硅含量和其他合金元素含量来划分钢族，表 7-43 给出了一个例子。

表 7-43　钢族的判别（化学元素法）

钢族	名　称	C 含量	Si 含量	其他合金元素
1	超低碳钢	$w(C) \leqslant 0.01$	—	
2	超低碳钢、IF 钢	$w(C) \leqslant 0.01$	—	Nb 或 Ti 或 Mo 或 V 或 B
3	低碳钢（缺省钢族）	$0.01 < w(C) \leqslant 0.25$	$w(Si) < 0.05$	—
4	低碳、耐腐蚀钢	$0.01 < w(C) \leqslant 0.25$	$w(Si) < 0.05$	Cu
5	低碳、微合金钢	$0.01 < w(C) \leqslant 0.25$	$w(Si) < 0.05$	Nb 或 Ti 或 Mo 或 V
6	低碳、含硼钢	$0.01 < w(C) \leqslant 0.25$	$w(Si) < 0.05$	B
7	低碳、含锰钢	$0.01 < w(C) \leqslant 0.25$	$w(Si) < 0.05$	Mn
8	低碳钢	$0.01 < w(C) \leqslant 0.25$	$w(Si) \geqslant 0.05$	
9	低碳、耐腐蚀钢	$0.01 < w(C) \leqslant 0.25$	$w(Si) \geqslant 0.05$	Cu
10	低碳、微合金钢	$0.01 < w(C) \leqslant 0.25$	$w(Si) \geqslant 0.05$	Nb 或 Ti 或 Mo 或 V
11	低碳、含硼钢	$0.01 < w(C) \leqslant 0.25$	$w(Si) \geqslant 0.05$	B
12	低碳、含锰钢	$0.01 < w(C) \leqslant 0.25$	$w(Si) \geqslant 0.05$	Mn
13	中碳钢	$0.25 < w(C) < 0.40$	—	
14	中碳、微合金钢	$0.25 < w(C) < 0.40$	—	Nb 或 Ti 或 Mo 或 V
15	中碳、含硼钢	$0.25 < w(C) < 0.40$	—	B
16	低碳、含锰钢	$0.25 < w(C) < 0.40$	—	Mn
17	高碳钢	$0.40 \leqslant w(C)$	—	—
18	管线钢			

钢 族	名　称	C 含量	Si 含量	其他合金元素
19	TRIP 钢			
20	双相钢			
21	备　用			
22	备　用			
23	备　用			
24	备　用			
25	备　用			
26	备　用			
27	备　用			
28	备　用			
29	备　用			
30	备　用			

从表 7-43 可以看出，碳、锰、硅是基本的判别元素；铌、钛、钼、钒是微合金钢的判别元素；铜是耐腐蚀钢的判别元素；硼和锰分别是含硼钢及含锰钢的判别元素。表中的管线钢、TRIP 钢、双相钢没有按照化学元素来判别，实际上是下面所说的钢种代码。

计算机中以列表的方式存储了判别标准，以便通过程序自动确定钢族。这些判别标准要按照热连轧生产线的具体情况，在设计阶段尽量周密地、科学地考虑，以避免在以后的生产中做大的变动。

最后，介绍硬度法。这种方法首先使用下式计算"硬度"。

$$Hd = 700 \times C + 90 \times Si + 80 \times Mn + 2000 \times Nb + 1000 \times V + 300 \qquad (7-2)$$

然后按照表 7-44 来划分钢的硬度等级。

表 7-44　硬度等级的划分

硬度等级	硬　度	硬度等级	硬　度
0	≤350	5	551~600
1	351~400	6	601~650
2	401~450	7	651~700
3	451~500	8	701~750
4	501~550	9	751~800

计算钢的硬度除了式（7-2）外，还有其他的公式，不再一一列出了。

B　钢种代码

钢种代码（Steel Grade Code）就是钢种的名称，例如 Q195、Q215、16Mn、09CuPTi 等。钢种代码可按国外一些国家标准、中国标准和国内不同钢铁公司的标准划分，钢种代码来源于 PDI 数据，是轧制力模型、轧制力矩模型和温度模型等"批到批"

自学习值（即长期自学习值）的存储索引。通常在计算机系统中定义 1000 个钢种代码就足够用了。

C 材质代码

材质代码（Material Code）按照美国钢铁学会（AISI）和美国汽车工程师学会（SAE）制定的规则划分，其用途是检索材料的物理特征量和热量特征量，主要包括材料密度（Material density）、材料弹性模量（Material elasticity）、运动黏度（Kinematic viscosity）、材料导热系数（Material thermal conductivity）、材料热辐射系数（Material emissivity）、材料比热容（Material specific heat）、材料热膨胀率（Material expansion）、材料热扩散系数（Material thermal diffusivity）等。将这些参数按照材质代码的区分以后做成数据表，存储在计算机中，供数学模型计算时使用。国外公司的所谓"材料模型"（Material Model）实质上就是这种方法。表 7-45 给出一个应用实例。

表 7-45 材质代码

材质代码	C 含量	备 注	材质代码	钢的分类	备 注
1	0.020 ~ 0.045		16	—	
2	0.046 ~ 0.075		17	高 Mn 钢	Mn≥1.0
3	0.076 ~ 0.105		18	高 Ni 钢	Ni≥3.0
4	0.106 ~ 0.135		19		
5	0.136 ~ 0.165		20	—	
6	0.166 ~ 0.200		21	超低碳钢、IF 钢	
7	0.201 ~ 0.245	7 为材质代码的缺省值	22	合金钢	含少量的 Cr-Mo、Ni-Cr-Mo、Ni-Mo、Cr、Cr-V 合金元素
8	0.246 ~ 0.300		23	HSLA	
9	0.301 ~ 0.365		24	高 Si 钢	Si≥1.0
10	0.366 ~ 0.440		25	含 Cu 钢	Cu≥0.11
11	0.441 ~ 0.520		26	低 Si 钢	Si<0.5
12	0.521 ~ 0.605				
13	0.606 ~ 0.690				
14	0.691 ~ 0.770				
15	0.771 ~ 0.860				

从表 7-45 可以看出，材质代码 1 ~ 15 是按照碳含量划分的，材质代码 16 ~ 26 是按照特殊钢划分的。

D 带钢厚度等级

成品带钢厚度的划分，要按照热轧生产线的产品大纲、订货范围等条件划分。下面给出一个带钢厚度划分的例子，见表 7-46。对于常规热连轧，厚度划分一般从序号 3 到序号 28（或者序号 21）；对于 CSP 轧机，厚度划分一般从序号 1 到序号 21。

表7-46　带钢厚度的等级

序号	厚度范围/mm	组距/mm	序号	厚度范围/mm	组距/mm
1	$0.80 \leqslant h < 0.90$	0.10	15	$4.00 \leqslant h < 5.00$	1.00
2	$0.90 \leqslant h < 1.0$	0.10	16	$5.00 \leqslant h < 6.00$	1.00
3	$1.0 \leqslant h < 1.15$	0.15	17	$6.00 \leqslant h < 7.50$	1.50
4	$1.15 \leqslant h < 1.30$	0.15	18	$7.50 \leqslant h < 9.00$	1.50
5	$1.30 \leqslant h < 1.50$	0.20	19	$9.00 \leqslant h < 10.50$	1.50
6	$1.50 \leqslant h < 1.70$	0.20	20	$10.50 \leqslant h < 11.50$	1.00
7	$1.70 \leqslant h < 1.90$	0.20	21	$11.50 \leqslant h < 12.70$	1.20
8	$1.90 \leqslant h < 2.10$	0.20	22	$12.70 \leqslant h < 14.00$	1.30
9	$2.10 \leqslant h < 2.30$	0.20	23	$14.00 \leqslant h < 16.00$	2.00
10	$2.30 \leqslant h < 2.50$	0.20	24	$16.00 \leqslant h < 18.00$	2.00
11	$2.50 \leqslant h < 2.75$	0.25	25	$18.00 \leqslant h < 20.00$	2.00
12	$2.75 \leqslant h < 3.00$	0.25	26	$20.00 \leqslant h < 22.00$	2.00
13	$3.00 \leqslant h < 3.40$	0.40	27	$22.00 \leqslant h < 24.00$	2.00
14	$3.40 \leqslant h < 4.00$	0.60	28	$24.00 \leqslant h \leqslant 25.40$	1.40

　　从表7-46的数据可以看出，带钢厚度划分时的组距值是不同的。可以根据每个生产线的具体情况，在系统详细设计时进行适当调整。

　　E　带钢宽度等级

　　带钢宽度的划分，与工作辊的辊身长度相关。作为举例，表7-47给出一个2250mm热轧生产线的带钢宽度划分。

表7-47　带钢宽度的等级

序号	宽度范围/mm	组距/mm	序号	宽度范围/mm	组距/mm
1	$W < 900$		6	$1600 \leqslant W < 1750$	150
2	$900 \leqslant W < 1050$	150	7	$1750 \leqslant W < 1850$	100
3	$1050 \leqslant W < 1250$	200	8	$1850 \leqslant W < 1950$	100
4	$1250 \leqslant W < 1450$	200	9	$1950 \leqslant W < 2050$	100
5	$1450 \leqslant W < 1600$	150	10	$2050 \leqslant W$	

　　F　其他

　　另外，还有中间坯的厚度等级（Transfer bar thickness classification）、粗轧入口板坯厚度等级（RM pass entry bar thickness classification）、宽度压下量等级（Width draft classification）和冷却代码（Cooling code）等级等，这里不再详述。

7.5.3　数学模型的调试及其工具

7.5.3.1　数学模型的调试过程

　　数学模型调试一般分成三个阶段。第一阶段，基本钢种和产品尺寸规格的调试，时间用5周左右；第二阶段，所有钢种和产品尺寸规格的调试，时间用5周左右；第三阶段，产品质量指标的调试，时间用8周左右。总共需要18周左右。三个阶段的时间与工作内容允许重叠。上述的调试时间是理想化的时间。其前提条件是，设备正常、工艺稳定、人员到位、坯料充足（包括各个钢种、各种产品尺寸规格）。如果上述前提条件不具备，就会延长数学模型的调试时间。

下面以精轧设定模型（FSU）为例，叙述模型的调试过程。

A　确定数学模型表的初始值

确定数学模型表的初始值，就是要给工艺参数表、数学模型系数表、数学模型的自学习系数表以及所有的常数表赋初值。这个工作在冷负荷试车以前就必须完成，这样才能够进行全线的模拟轧钢。

这些初始值来源于不同的渠道。有的来自于机械设计，例如一些工厂和轧线方面的常数；有的来源于电气设计，例如电机的过负荷率；有的来源于理论，例如材料密度、斯蒂芬-玻耳兹曼常数；有的来源于文献，例如比热容、热辐射率、杨氏模数；有的来源于经验，特别是来源于同类生产线，即根据类似生产线的调试和生产过程，选取适当的初始值。为了保险起见，有的增益可以先取值 1.0。

B　确定轧制第一卷钢的数据

轧制第一卷钢的原则是要保证设备的安全。所以在参数的设定方面主要采取这样一些措施：降低穿带速度，取正常穿带速度的 80%；减少除鳞和机架间冷却喷水的流量；减小机架的前滑值；提高出炉温度；不投入模型的自学习功能和一些反馈控制功能。

C　基本钢种和尺寸规格的调试

所谓基本钢种，是指低碳钢和中碳钢。所谓基本尺寸规格，是指在产品大纲中，钢卷的厚度和宽度处于中间带的尺寸规格。

本阶段调试目标是在保证设备安全、轧制稳定的前提下，尽量提高设定值的精度，即提高模型的计算精度。数学模型表中的数据赋值正常值，取消轧制第一卷钢的一些限制。从参数的修改方面来说，可以分成三种类型。第一种类型，需要多次修改的参数，例如负荷分配率（轧制力比率）、穿带速度、机架间冷却喷水的模式、平滑指数、AGC 的增益（如果由 L2 计算机给定）；第二种类型，只需要修改一次的参数，例如加速度、最高速度、抛钢速度、活套的单位张力，也就是说在设备正常时，尽量使这些参数一步到位；第三种类型，基本不需要修改的参数，例如各种常数、活套的高度。

D　所有钢种和尺寸规格的调试

从轧制低碳钢、中碳钢向轧制高碳钢、合金钢、特殊钢过渡，需要注意的问题是有些钢种的变形抗力高，并且有些钢种又要求精轧目标温度低，所以调整上游机架的负荷分配（轧制力比率）以及提高轧制力模型的计算精度是一项重要的工作。

E　温度模型的调试

根据传热形式，精轧设定模型所使用的温度模型分成空气冷却模型、冷却水冷却模型、轧辊接触传热模型、轧制变形热模型和摩擦热模型五种。模型的公式详见 6.4 节。这些温度模型输入项的值来源于文献值或者实测值，公式本身基本不需要改变。如果发现精轧入口温度 FET 或者精轧出口温度 FDT 的预测精度较差时，就需要对温度模型的一些参数进行调试和修改。

首先，检查计算的轧件的传送时间与实际的轧件传送时间是否一致。如果传送时间的误差引起了温度预报的偏差，就要修改有关的常数，甚至修改轧件传送时间的计算方法。

其次，检查变形热、轧辊接触热、摩擦热的计算结果，比较一个轧制计划中的轧件在这些方面的温度变化量。这是一种粗略的判定。通常这些温度模型不需要修改。如果需要改变，只能改变这些温度模型的调整系数 α_c、α_d、β_f 等。对于空冷模型，能够调整的参数是热辐射率 ε。对于水冷模型，能够调整的是热传导率 a_h。

F   轧制力模型的调试

使用数学模型的调试工具来分析轧制力模型的计算精度，一般计算的轧制力和实际轧制力之间的误差在 5% 以内为好。轧制力模型中的变形抗力、应力状态系数和轧辊接触弧长的计算公式来源于理论公式或者文献公式，不需要进行改变。通常通过调整轧制力模型的自学习项，就能够改善和提高轧制力模型的计算精度。当通过反复调整轧制力模型自学习项的数据，轧制力模型的预报误差仍然很大时，就要考虑是否需要调整和钢的化学成分有关的模型参数了。详细方法见本书 6.4.6.3 节中的"第二类解析方法（'模型修改法'）"。

7.5.3.2   数学模型的调试工具

不同公司开发了不同的数学模型调试工具，例如 M 公司的 MDLMNT，T 公司的 C-TOOL 和 M-TOOL。这些工具的功能和作用基本相同，即查询、修改和更新工艺参数表、数学模型系数表和自学习系数表，并通过曲线和图表来分析和查找影响模型计算精度的因素，为修改和完善数学模型提供有效帮助。

数学模型调试工具的发展趋势是便于监视和分析模型计算精度、界面友好、使用方便等。

A   MDLMNT

MDLMNT 是模型数据维护实用程序（Model Data Maintenance Utility）的缩写，其软件结构如图 7-8 所示。

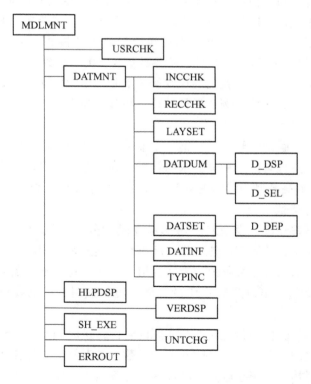

图 7-8   MDLMNT 的软件结构

下面简要介绍各个模块的功能：

（1）MDLMNT：这是主程序，在执行了 USRCHK 的功能以后，等待用户的命令。

（2）USRCHK：对新用户执行"注册"功能，并且建立用户的档案。对老用户执行"登录"功能，并且检查"用户名"和"密码"。

（3）DATMNT：完成模型数据的维护，根据用户的不同的命令，启动、执行不同的模块。

（4）INCCHK：分析"头文件"的结构，给出"头文件"中所包含的变量名、数组名及其维数、变量的相对地址、变量的数据类型和"字节"长度等。把这些信息制作成一个表（List）。

（5）RECCHK：根据给定的命令，给出被指定的数学模型数据文件的记录长度和记录数。

（6）LAYSET：设定数学模型数据文件的"层别号"和记录号。

（7）DATDUM：输出数据。如果指定了变量名，就执行 D_DSP 模块。如果没有指定变量名，就执行 D_SEL 模块。

（8）D_DSP：在指定变量名的情况下，根据 INCCHK 模块制作的数据信息表，检索指定变量的相对地址，调用中间件的数据文件管理程序，从数学模型数据文件中读取数据，然后把数据显示在计算机屏幕上。

（9）D_SEL：在没指定变量名的情况下，根据 INCCHK 模块制作的数据信息表，将变量名显示在计算机屏幕上。

（10）DATSET：根据变量名设定数据，即给变量赋值。生成数据变更履历，包括用户名、时间、旧数据的值、新数据的值等内容。

（11）D_DEP：根据 INCCHK 模块制作的数据信息表，检索指定变量的相对地址，调用中间件的数据文件管理程序，向数学模型数据文件写数据，即完成数据的更新。

（12）DATINF：在计算机屏幕上显示指定数学模型数据文件中一个记录的 16 个字节的内容。显示的内容通常会包含钢卷号和文件记录号的对照表，这样方便用户查找数据。

（13）TYPINC：在计算机屏幕上显示头文件的内容。

（14）HLPDSP：在计算机屏幕上显示该工具软件的"帮助信息"，指导用户使用。

（15）VERDSP：显示该数学模型调试工具软件的版本号。

（16）UNTCHG：改变数据输出的设备。

（17）SH_EXE：执行其他过程。

（18）ERROUT：显示错误信息。

MDLMNT 使用的主要命令如表 7-48 所示。

B　C-TOOL

C-TOOL 是 T 公司开发的数学模型调试和维护工具。C-TOOL 能够把数学模型数据文件中的数据从数据库映射到 Excel 文件中，反过来也能够把 Excel 文件中的数据写入到数据库中。

表 7-48 MDLMNT 使用的主要命令

命 令	功 能	命 令	功 能
OPEN	打开指定的文件	CLEAR	将指定的文件记录的内容清零
LAY	访问指定的文件记录	EXIT、END、QUIT	结束
DUM	输出指定变量的内容	HELP	显示"帮助信息"
SET	变更指定变量的数据	UNIT	改变输出设备
INF	输出指定头文件的信息	VER	显示本软件的版本号
CLOSE	关闭打开的文件	SHELL	执行其他过程
TYPE	显示打开的文件的内容	ABORT	终止当前的处理

　　用户使用 C-TOOL 能够操作数据库，修改数据表中的数据。C-TOOL 有两种操作方式，一种是在线操作方式，可以在线修改过程控制计算机的数据文件；另一种是离线操作方式，可以离线修改 Excel 文件中的数据。

　　我国一些产、学、研单位虽然已经能够自主设计热轧过程控制计算机的应用软件，但是与国外先进公司相比，还有较大的差距，例如同一个功能的应用软件，在源代码的数量上与国外先进公司的相差很多，这个看似表面上的差距，却反映出国外公司对生产过程的复杂性考虑得更周全。因此我们在提高应用软件的稳定性和应用软件对多变生产工况的适应性上，还需要进行更深入和细致的工作。

参 考 文 献

[1] 刘玠，孙一康．带钢热连轧计算机控制[M]．北京：机械工业出版社，1997.

[2] 孙一康．冷热轧板带轧机的模型与控制[M]．北京：冶金工业出版社，2010.

[3] 孙一康．带钢热连轧的模型与控制[M]．北京：冶金工业出版社，2002.

[4] 孙一康．带钢热连轧数学模型基础[M]．北京：冶金工业出版社，1979.

[5] 中国金属学会热轧板带学术委员会．中国热轧宽带钢轧机及生产技术[M]．北京：冶金工业出版社，2002.

[6] 丁修堃．轧制过程自动化[M]．3 版．北京：冶金工业出版社，2009.

[7] [美] V. B. 金兹伯格．板带轧制工艺学[M]．马东清，等译．北京：冶金工业出版社，1998.

[8] [美] V. B. 金兹伯格．高精度板带材轧制理论与实践[M]．姜明东，等译．北京：冶金工业出版社，2000.

[9] 田乃媛．薄板坯连铸连轧[M]．北京：冶金工业出版社，1998.

[10] 唐谋凤．现代带钢热连轧机的自动化[M]．北京：冶金工业出版社，1988.

[11] 黄庆学，梁爱生．高精度轧制技术[M]．北京：冶金工业出版社，2002.

[12] [日] 镰田正诚．板带连续轧制[M]．北京：冶金工业出版社，2002.

[13] 杨卫东．变刚度控制的收敛性与稳态特性分析[J]．冶金自动化，2008，32(3)：43～46.

[14] 杨卫东．GM-AGC 的收敛性与稳态特性分析[J]．冶金自动化，2009，33(1)：52～56.

[15] 刘文仲，等．适应半无头轧制工艺的热轧计算机控制系统跟踪[J]．冶金自动化，2004，28(4)：36～39.

[16] 刘文仲，等．热连轧带钢压力数学模型及其建模方法研究[J]．冶金自动化，2002，37(5)：34～37.

[17] 王舒军，等．过程控制计算机的超薄热带板形控制模型[J]．控制工程，2008，15(增刊).

[18] 刘文仲．中国钢铁工业数学模型的应用现状及对策[J]．中国冶金，2010，20(12)：1～3.

[19] 刘文仲．我国热轧过程控制计算机系统及数学模型的发展[J]．冶金自动化，2012，36(4)：1～7.

[20] 刘文仲．轧钢过程自动化的应用软件设计[J]．冶金自动化，2013，37(1)：1～4.

[21] 刘文仲．国外公司带钢热连轧数学模型的比较与分析[J]．冶金自动化，2013，37(5)：5～11.

[22] 刘文仲．用于冶金工业的中间件[J]．金属世界，2010(5)：1～7，26～27.

[23] 刘文仲．中国热轧控制计算机及其技术的引进和吸收[J]．冶金自动化，2015，39(4)：1～6.

冶金工业出版社部分图书推荐

书　　名	作　　者	定价(元)
冷轧生产自动化技术(第2版)	孙一康　等编著	78.00
冶金企业管理信息化技术(第2版)	许海洪　等编著	68.00
炉外精炼及连铸自动化技术(第2版)	蒋慎言　编著	96.00
炼钢生产自动化技术(第2版)	蒋慎言　等编著	108.00
微机原理及接口技术习题与实验指导	董　洁　等主编	46.00
数据挖掘学习方法(高等教材)	王　玲　编著	32.00
过程控制(高等教材)	彭开香　主编	49.00
工业自动化生产线实训教程(高等教材)	李　擎　等主编	38.00
自动检测技术(第3版)(高等教材)	李希胜　等主编	45.00
钢铁企业电力设计手册(上册)	本书编委会	185.00
钢铁企业电力设计手册(下册)	本书编委会	190.00
物理污染控制工程(第2版)(高等教材)	杜翠凤　等编著	46.00
流体仿真与应用(高等教材)	刘国勇　编著	49.00
散体流动仿真模型及其应用	柳小波　等编著	58.00
C#实用计算机绘图与AutoCAD二次开发基础(高等教材)	柳小波　编著	46.00
烧结节能减排实用技术	许满兴　等编著	89.00
等离子工艺与设备在冶炼和铸造生产中的应用	许小海　等译	136.00
钢铁工业绿色工艺技术	于　勇　等编著	146.00
铁矿石优化配矿实用技术	许满兴　等编著	76.00
稀土采选与环境保护	杨占峰　等编著	238.00
稀土永磁材料(上、下册)	胡伯平　等编著	260.00
中国稀土强国之梦	马鹏起　等主编	118.00
钕铁硼无氧工艺理论与实践	谢宏祖　编著	38.00
稀土在低合金及合金钢中的应用	王龙妹　著	128.00
煤气安全作业应知应会300问	张天启　主编	46.00
智能节电技术	周梦公　编著	96.00
钢铁材料力学与工艺性能标准试样图集及加工工艺汇编	王克杰　等主编	148.00
刘玠文集	文集编辑小组　编	290.00
钢铁生产控制及管理系统	骆德欢　等主编	88.00
安全技能应知应会500问	张天启　主编	38.00
变频器基础及应用(第2版)	原　魁　等编著	29.00
走进黄金世界	胡宪铭　等编著	76.00
解字与翻译	赵　纬　主编	76.00